高职高专“十三五”规划教材

机电专业系列

机电设备安装与调试

主　审　胡成龙

主　编　陈青艳　陈　帆

副主编　杨彦伟　张立娟

　　　　胡　菡　龚东军

参　编　骆　峰

南京大学出版社

图书在版编目(CIP)数据

机电设备安装与调试 / 陈青艳，陈帆主编. -- 南京：南京大学出版社，2016.3

高职高专“十三五”规划教材. 机电专业系列

ISBN 978-7-305-16582-5

Ⅰ. ①机… Ⅱ. ①陈… ②陈… Ⅲ. ①机电设备一设备安装一高等职业教育一教材②机电设备一调试方法一高等职业教育一教材 Ⅳ. ①TH17

中国版本图书馆 CIP 数据核字(2016)第 050610 号

出版发行 南京大学出版社
社　　址 南京市汉口路 22 号　　　邮　编 210093
出 版 人 金鑫荣

丛 书 名 高职高专“十三五”规划教材 · 机电专业系列
书　　名 机电设备安装与调试
主　　编 陈青艳　陈　帆
责任编辑 李松焱　王抗战　　　编辑热线 025-83592401

照　　排 南京南琳图文制作有限公司
印　　刷 扬州市江扬印务有限公司
开　　本 787×1092　1/16　印张 20.25　字数 505 千
版　　次 2016 年 3 月第 1 版　　2016 年 3 月第 1 次印刷
ISBN 978-7-305-16582-5
定　　价 41.00 元

网址：http://www.njupco.com
官方微博：http://weibo.com/njupco
官方微信号：njupress
销售咨询热线：(025) 83594756

前　言

现代机电设备类别繁多且应用广泛，涉及当代工业和科技尤其是机械和汽车制造业的各个领域。与传统机械设备相比较，现代机电设备虽然维护方便且操作简单，但在设备安装、调试、故障诊断和维修等方面要困难得多。

现代机电设备的安装与调试人员要求具备动手能力强、观察判断能力敏锐、现场解决安装调试问题能力强等技能。如数控机床作为典型现代机电设备，数控机床安装与调试人员应具备机械部件装配、电气部件的安装与接线、控制系统的安装与调试、数控系统参数设置与调试和机电联调等方面的能力。

本教材以数控机床为载体，围绕数控机床中典型机械部件、电气部件、控制系统部件、变频器的安装与调试进行编写，充分体现了机电设备安装调试人员的基本职业技能和关键专业技能。为适应目前机电设备安装与调试人员的技能需求，教材采用模块任务化的编写模式和适应“理实一体化”的教学设计。

1. 模块任务化的编写模式。全书共分 8 个模块、31 个任务、10 个实践训练，涵盖机电设备的机械装配、电气部件安装与接线、控制系统的机械安装和电气接线、控制系统的参数设置与调试和机电设备的机电联调五个方面。每个任务是独立的学习型工作任务，实践训练是对模块中各个任务的综合实践。通过模块任务化的方式，将机电设备安装与调试工作任务进行分解，体现了单项技能训练到综合技能培训的学习过程。如模块“HED－21S 数控综合实训台的安装与调试”通过对数控系统 HNC－21 的组成、变频调速主轴单元、步进驱动单元、交流伺服驱动单元、数控装置 HNC－21TF 参数设置 5 个任务的学习，读者可以掌握 HED－21S 数控综合实训台的安装与调试方法；模块“变频器的安装与调试”通过对变频器的基础知识、变频器的安装、MM440 变频器的参数设置和 MM440 变频器的功能调试 4 个任务的学习，读者可以基本掌握西门子变频器的安装与调试方法。

2. 适应“理实一体化”的教学设计。为便于实践操作，全书共设置了 10 个实践训练。实践训练既针对模块内容提出了实训任务，又是引导完成实训任务的指导材料，还是对模块中各个任务内容的综合实践。如在模块“HED－21S 数控综合实训台的安装与调试”模块中，设置了变频调速主轴单元的参数设置与调试实训、伺服驱动单元的参数设置与调试实训、HNC－21TF 数控装置的参数设置与调试实训、输入输出 PLC 单元的参数设置与调试实训和 HED－21S 数控综合实训台的机电联调实训共 5 个实训。在模块“变频器的安装与调试”中，设置了 6 个单项技能实训和 3 个综合实践训练，以适应“理实一体化”教学的需要。

本教材共分 8 个模块，其中模块 2 为数控机床中的滚珠丝杠螺母副、滚动轴承及导轨副等主要机械部件装配，模块 3 为由低压断路器、熔断器、接触器、继电器、异步电动机等电气部件构成的数控机床低压电气电路安装与接线；模块 4 为西门子 MM440 变频器和三菱 FR－E700 变频器的安装与调试；模块 5 为由接近开关、光栅位移传感器、光电编码器、霍尔传感器等传感器、伺服驱动器和驱动电机及数控系统构成的数控控制系统的安装与调试；在模块 2、模块 3、模块 4 和模块 5 基础上，模块 6 与模块 7 为 HED－21S 数控综合实训台和数控机床中进给驱动单元、主轴变频单元、CNC参数设置与调试及机电联调等方面的综合实践及应用。

本书由武汉软件工程职业学院胡成龙院长担任主审，陈青艳、陈帆担任主编，咸宁职业技术学院杨彦伟、平顶山工业职业技术学院张立娟、武汉软件工程职业学院胡菡、武汉软件工程职业学院龚东军担任副主编，同时武汉软件工程职业学院骆峰对整个教材的文字部分进行了校正和理顺。具体章节分工如下：陈青艳负责模块4、模块5、模块6、模块7和附录的编写并对全书进行修改和统稿；陈帆负责模块3的编写；杨彦伟负责模块1的编写；胡菡负责模块2中任务1～任务5的编写；龚东军负责模块2中的实践训练1和实践训练2的编写，此部分内容与武汉市教育局课题2013155有关；张立娟负责模块8的编写；最后由胡成龙院长对整个教材的质量进行了审核与把关，并提出了许多修改建议。

本书属于武汉市第二批品牌专业建设中的机械制造与自动化专业教材建设，除了纸质教材外，还有相关的国家骨干院校精品资源共享课程网站提供课程标准、教案设计、课程视频、多媒体课件、教案，适合教师、学生及社会学习者使用，是助教助学的好帮手。

在编写教材的过程中，参阅了大量的文献资料，许多案例源自西门子、发那科、华中数控、三菱等相关合作企业，在此一并表示感谢。

由于时间仓促和编者水平有限，本教材难免有欠妥和错误之处，恳请读者批评指正。

编　者

2015年11月

目　录

模块 1　机电设备安装与调试概论

【任务知识目标】

1. 了解机电设备的基本构成；
2. 了解金属切削机床的分类；
3. 知道数控机床的组成、分类；
4. 知道数控加工中数据转换过程；
5. 知道机电设备安装调试的基本流程；
6. 了解数控机床发展趋势。

【任务技能目标】

1. 了解机电设备的基本构成；
2. 了解金属切削机床的分类；
3. 熟练掌握数控机床的组成、分类及数控加工中数据转换过程；
4. 熟练掌握机电设备安装调试的基本流程；
5. 了解机电设备的安装与调试发展趋势。

任务 1　机电设备的基本构成

模块1任务1

机电设备的技术水平在一定程度上反映了国家工业生产的水平和能力。传统的机电设备是以机械技术和电气技术应用为主的设备。例如普通机床运动的传递、运动速度的变换主要是由机械机构来实现的，而运动的控制则是由开关、接触器、继电器等电器设备构成的电气系统来实现的，虽然能够实现自动化，但自动化程度低、功能有限、耗材多、能耗大、设备的工作效率低、性能水平不高。

从 20 世纪 60 年代开始，为提高机电设备的自动化程度和性能，人们开始结合机械技术与电子技术，改善了机械产品的性能，出现了许多性能优良的机电设备。自 20 世纪七八十年代以来，微电子技术与大规模集成电路的发展，使得机电设备成为集机械技术、控制技术、计算机与信息技术等为一体的全新技术产品。目前机电一体化产品或设备已经渗透到国民经济和社会生活的各个领域。

一、现代机电设备的特点

现代机电设备，如电动缝纫机、电子调速器、自动取款机、自动售票机、自动售货机、自动分拣机、自动导航装置、数控机床、自动生产线、工业机器人、智能机器人等都是应用机电一体化技术为主的设备。与传统机电设备相比，现代机电设备具有以下特点：

1. 体积小，重量轻

机电一体化技术使原有的机械结构大大简化，如老式缝纫机的针脚花样是由350个零件构成的机械装置控制，而目前电动缝纫机主要是由单片集成电路来控制针脚花样。机械结构的简化，使设备的结构简单，重量减轻，用材减少。

2. 工作精度高

机电一体化技术使机械的传动部件减少，因而使机械磨损所引起的传动误差大大减少。同时还可以通过自动控制技术进行自行诊断、校正、补偿由各种干扰所造成的误差，从而使得机电设备的工作精度有很大的提高。

3. 可靠性、灵敏性提高

由于采用电子元器件装置代替了机械运动构件和零部件，因此避免了机械接触式存在的润滑、磨损、断裂等问题，可靠性和灵敏性大幅度提高。

4. 柔性化

如在数控机床上加工不同零件时，只需重新编制程序就能实现对零件的加工，而不像传统机床需要更换工具、夹具、重新调整机床，所以更适应多品种、小批量的加工要求。

综上所述，现代机电设备具有节能、高质、低成本的共性而广泛用于国民经济各行业。

二、机电设备的分类

机电设备分类多，工作原理各不相同，结构差异性大，但基本构成可以分为机械系统、液压与气压传动系统、电气控制系统和动力源。

1. 机械系统

机械系统主要包括机体、传动机构和润滑、密封装置。

机体是指机器或机电设备的躯体，如机壳、机架、机床的床身、立柱、变速箱体等。其功能是用于固定各种传动装置、驱动装置、控制装置及执行机构等。

现代机电设备对机体的要求很高，如重量轻、体积小、刚度大、精度高、外观美、操作方便，因此，机体结构的合理性和材料的选用直接影响机电设备的性能。

传动机构的作用是把动力源的动力和运动传递给工作机械（执行机构），以完成预定的工作。在传递过程中有时需完成变速、变向和改变转矩的任务。常用的机械传动机构有带传动机构、链传动机构、齿轮传动机构以及滚珠丝杆传动机构等。常用的变速机构主要是分级变速机构及变频器等。

机械系统中做相对运动的零部件，在工作时会产生摩擦。为减少摩擦阻力，降低磨损程度，控制机械系统的温升，提高机械效率和使用寿命，必须对机械的摩擦部位进行润滑。

对机器的接合面应采用适当的密封装置，以防润滑油流失，灰尘水分侵入。

2. 液压与气压传动系统

(1) 电液控制系统

由于电液控制机构具有很大的功率重量比，而且有响应快、精度高、功率大等优点，因而近年来正日益广泛应用于控制系统功率及动态要求都较高的冶金机械、轻工机械、机械制造、大型科学实验装备及航空航天、舰船、军工等部门。

电液控制机构同时具有电子控制灵活性和液压元件巨大功率优点。与计算机技术相结合时，更具控制灵活、操作方便、显示清晰、数据处理及大系统控制功能的优点。

(2) 气动控制系统优点

① 以空气为工作介质，较容易取得，用后空气排到大气中，处理方便，不必设置回收油的油箱和管道。

② 空气黏度约为液压油动力粘度的万分之一，损失很小，便于集中供气、远距离输送。

③ 工作环境适应性好，在易燃、易爆、多尘、强磁、辐射、振动等环境比液压、电子、电气控制优越。

④ 与电气传动比，气动控制具过载自动保护功能。

⑤ 气体可压缩性使得气动控制的能量储存较方便。

⑥ 气动元件体积小、重量轻、成本低，维护简单。

(3) 气动控制系统缺点

① 以可压缩气体为工作介质，故工作速度稳定性较差，系统刚度较差，系统响应速度低。

② 因气体黏度小，造成控制系统阻尼比小，使气动闭环控制较难，一般不能采用简单比例闭环控制。

③ 噪声较大，在高速放气时要加消声器。

④ 由于气动系统没有泵控系统，所以气动伺服系统的效率低。

⑤ 气动系统的润滑性能不好，运动副之间的干摩擦相对较大，负载易于爬行。

任务2　金属切削机床的分类

模块1任务2

机电设备门类、品种、规格繁多，涉及面广，其分类方法多种多样，没有统一的标准。金属切削机床是用切削、特种加工等方法主要加工金属工件，使之获得所要求的几何形状、尺寸精度和表面质量的机器。金属切削机床是机械制造、机械自动化及维修行业的主要设备，金属切削机床通常简称为机床。金属切削机床的分类主要有以下7大类：

(1) 按金属切削机床的主要加工方法、所用刀具及其用途分，机床只有车床、铣床、刨床、磨床和钻床等5种，其他各种机床都由上述5种机床演变而成。如镗床，齿轮加工机床，螺纹加工机床，刨插床，拉床，特种加工机床，锯床和其他加工机床等12类，每类按工艺特征和结构特征的不同，细分为若干组，而每组又细分为系(系列)。

(2) 按通用性程度不同，机床分通用机床、专门化机床、专用机床。

(3) 按工作精度等级不同，机床分普通机床、精密机床及高精度机床。

(4) 按机床自动化程度高低不同，机床分手动机床、机动机床、半自动化机床、自动机床。

(5) 按机床重量和尺寸大小，机床分仪表机床、中型机床、大型机床、重型机床、超重型机床。

(6) 按机床主要部件数目不同，机床分单刀机床、多刀机床、单轴机床、多轴机床。

(7) 按机床数控功能不同，机床分普通机床、数控机床、加工中心、柔性制造单元、柔性制造系统。

通用机床型号表示方式,如图 1-1 所示。机床的类别代号见表 1-1。通用特性是指某类机床,除了普通型式外还具有不同精度等级、不同自动化程度、不同控制方法等不同特性的机型,通用特性及代号见表 1-2。结构特性是指主参数相同而结构、性能不同的机床。结构特性代号为机床制造企业自定代号。

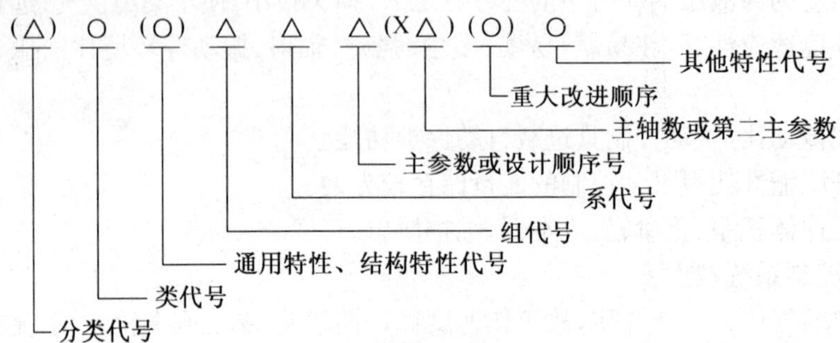

图 1-1 通用机床型号

表 1-1 普通机床的类别代号

类别	车床	铣床	钻床	镗床	磨床	刨插床	齿轮加工机床	锯床	拉床	螺纹加工机床	特种加工机床	其他车床
代号	C	X	Z	T	M	B	Y	G	L	S	D	Q
读音	车	铣	钻	镗	磨	刨	牙	割	拉	丝	电	其

表 1-2 通用特性代号

通用特性	精密	自动	数控	仿形	加工中心	高精度	半自动	轻型	简式	加重型
代号	M	Z	K	F	H	G	B	Q	J	C
读音	密	自	控	仿	换	高	半	轻	简	重

同一类机床中,将其结构性能及使用范围基本相同的机床划为同一组;在同一组机床中,将其主参数相同,而且基本结构及布局型式相同的机床划为同一系。每类机床设有 10 个组别,用 0~9 数字为每组别代号;每组机床设 10 个系列,也用 0~9 数字为每系列代号,因此,组、系代号是两位数字。机床的类代号连同组系代号一起共同组成机床标定名称。组别代号见表 1-3。

表 1-3 机床的组别代号

类别	组别						
	0	1	2	3	4	5	6
车床 C	仪表 C	单轴自动及半自动 C	多轴自动及半自动 C	回轮、转塔 C	曲轴及凸轮 C	立式 C	落地及卧式 C
铣床 X	仪表 X	悬臂及滑枕 X	龙门 X	平面 X	仿形 X	立式升降台 X	卧式升降台 X
钻床 Z		坐标镗 Z	深孔 Z	摇臂 Z	台式 Z	立式 Z	卧式 Z
镗床 T			深孔 T		坐标 T	立式 T	卧式铣 T

（续表）

类别		组别						
		0	1	2	3	4	5	6
磨床	M	仪表 M	外圆 M	内圆 M	砂轮机		导轨 M	刀具刃 M
	2M		超精机	内外圆珩 M	平面、球面珩 M	抛光机	砂带抛光及磨削 M	刀具刃磨及研磨 M
	3M		球轴承套圈沟 M	滚子轴承套圈滚道 M	轴承套圈超精机	滚子及钢球加工 M	叶片 M	滚子超精及磨削 M
齿轮加工机床 Y		仪表		锥齿轮加工机	滚齿机	剃齿及珩齿机	插齿机	花键轴铣床
螺纹加工机床 S					套丝机	攻丝机		螺纹铣床

参数代号反映机床的主要技术规格；当机床结构、性能上有重大改进和提高时采用重大改进序号。

例 1　机床型号 CA6140 的含义：类代号 C—车床；通用特性 A—重大改进序号；组代号 6—卧式 C；系代号 1；主参数 40—最大加工直径 320 mm。

例 2　机床型号 X62 的含义：类代号 X—铣床；组代号 6—卧式升降台铣床；主参数 2—主轴直径 20 mm。

例 3　机床型号 Y3150E 的含义：类代号 Y—齿轮加工机床；组代号 3—滚齿机；系代号 1；主参数 50—最大工件直径 500 mm；重大改进序号 E。

例 4　机床型号 Z525 的含义：类代号 Z—钻床；组代号 5—立式钻床；主参数 25—最大钻孔直径 25 mm。

任务 3　数控机床的组成、分类

模块1任务3

机械制造业是国民经济的支柱产业之一，但在实现多品种、小批量产品自动化生产方面曾遇到困难。为适应机械制造业要求产品高精度、高质量、高生产率、低消耗和中、小批量、多品种生产及自动化生产，结合计算机技术，微电子技术和自动化技术的发展，数控机床已经成为典型的现代机电设备之一。目前数控机床已形成品种齐全，种类繁多、性能完善与外观造型完美的自动化生产装备。

数字机床是采用数字控制技术对机床的加工过程进行自动控制的机床，是数控技术的典型应用。如图 1－2 所示，数控机床由数控系统和机床本体构成，数控系统是实现数字控制的装置，计算机数控系统是以计算机为核心的数控系统。数控系统由操作面板、控制介质和输入输出设备、CNC 装置、伺服单元、驱动装置和测量装置、PLC、机床 I/O 电路和装置组成；机床本体则包括主运动部件、进给运动部件、特殊装置和辅助装置等。

操作面板是操作人员与数控装置进行信息交流的工具，是数控机床特有部件。操作面板由按钮站、状态灯、按键阵列和显示器组成。控制介质是记录零件加工程序的媒介；而输入输出设备是CNC系统与外部设备进行交互的装置。交互的信息通常是零件加工程序，即将编制好的记录在控制介质上的零件加工程序输入CNC系统或将调试好了的零件加工程序通过输出设备存放或记录在相应的控制介质上。

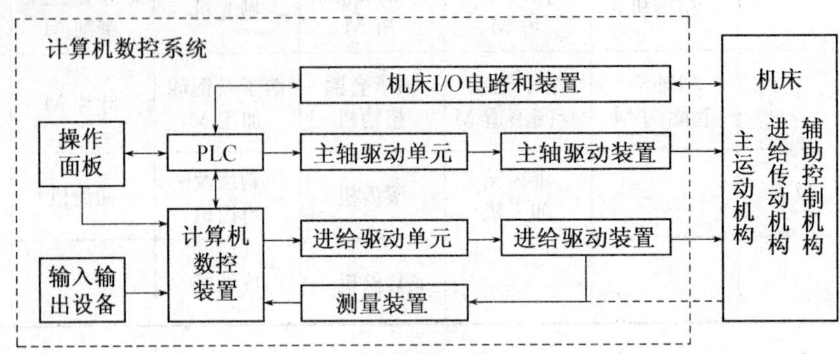

图1-2 数控机床的组成

现代的数控系统除采用输入输出设备进行信息交换外，一般都具有用通信方式进行信息交换的能力。通信采用串行通信(RS-232等串口)、自动控制专用接口和规范(DNC方式，MAP协议等)及网络技术(internet，LAN等)等方式实现CAD/CAM的集成、FMS和CIMS的基本技术。

计算机系统、位置控制板、PLC接口板，通信接口板、特殊功能模块以及相应控制软件构成CNC装置。CNC装置根据输入的零件加工程序进行如运动轨迹处理、机床输入输出处理等相应的处理，然后输出控制命令到如伺服单元、驱动装置和PLC等相应的执行部件，所有这些工作由CNC装置内硬件和软件协调配合，合理组织，使整个系统有条不紊地工作。CNC装置是CNC系统的核心。

伺服驱动/进给装置包括主轴驱动单元主轴电机和进给驱动单元进给电机。目前常用的有步进电机，交、直流伺服电机等。交流伺服电机正逐渐取代直流伺服电机。

测量装置用于测量位置和速度，以保证灵敏、准确地跟踪CNC指令进而实现进给伺服系统的闭环控制。进给运动指令实现零件加工的成形运动速度和位置控制的指令。主轴运动指令实现零件加工的切削运动速度控制。常用测量反馈装置有脉冲编码器、旋转变压器、感应同步器、光栅、磁尺和激光等。

可编程控制器PLC用于完成与逻辑运算有关顺序动作的I/O控制，由硬件和软件组成；机床I/O电路和装置是由继电器、电磁阀、行程开关、接触器等组成的逻辑电路以实现I/O控制功能。其功能主要是一方面接受CNC的M、S、T指令，对其进行译码并转换成对应的控制信号，控制辅助装置完成机床相应的开关动作；另一方面则是接受操作面板和机床侧的I/O信号，送给CNC装置，经其处理后，输出指令控制CNC系统的工作状态和机床的动作。

机床本体是数控机床的主体，实现制造加工的执行部件。机床本体主要由主运动部件，工作台、拖板以及相应的传动机构构成的进给运动部件，立柱、床身等支承件，如刀具自动交换系统、工件自动交换系统构成的特殊装置和如排屑装置等辅助装置组成。

数控机床的种类很多，从不同角度对其进行考查，就有不同的分类方法，通常有以下的分类方法：

1. 按工艺用途的不同

数控机床分切削加工类、特种加工类、成型加工类及其他类型数控机床。切削加工类有数控镗铣床、数控车床、数控磨床、加工中心、数控齿轮加工机床、FMC 等；成型加工类有数控折弯机、数控弯管机等；特种加工类有数控线切割机、电火花加工机、激光加工机等；其他类型有数控装配机、数控测量机、机器人等。

2. 按控制功能不同

数控机床分点位控制数控机床和轮廓控制数控机床。

点位控制数控机床的特点如下：

(1) 仅能实现刀具相对于工件从一点到另一点的精确定位运动；

(2) 对轨迹不作控制要求；

(3) 运动过程中不进行任何加工。

数控钻床、数控镗床、数控冲床和数控测量机的数控系统就是点位控制数控系统。

轮廓控制(连续控制)系统则是具有控制几个进给轴同时谐调运动(坐标联动)，使工件相对于刀具按程序规定的轨迹和速度运动，在运动过程中进行连续切削加工的数控系统。

数控车床、数控铣床、加工中心等用于加工曲线和曲面就是轮廓控制数控系统。现代的数控机床基本上都是轮廓控制数控系统。

3. 按联动轴数不同

数控机床分 2 轴联动(平面曲线)、3 轴联动(空间曲面，球头刀)、4 轴联动(空间曲面)、5 轴联动及 6 轴联动(空间曲面)。

4. 按进给伺服系统的类型不同

数控机床分开环数控系统、半闭环数控系统和闭环数控系统。

按数控系统进给伺服系统有无位置测量装置可分为开环数控系统和闭环数控系统，在闭环数控系统中根据位置测量装置安装位置又可分全闭环数控系统和半闭环数控系统。

任务 4　数控加工中数据转换过程

模块1任务4

数控加工中的数据转换过程主要包括对加工程序进行译码、刀具补偿处理和插补处理后变成进给伺服系统和 PLC 控制可识别的信号完成相应的动作或运动，如图 1-3 所示。

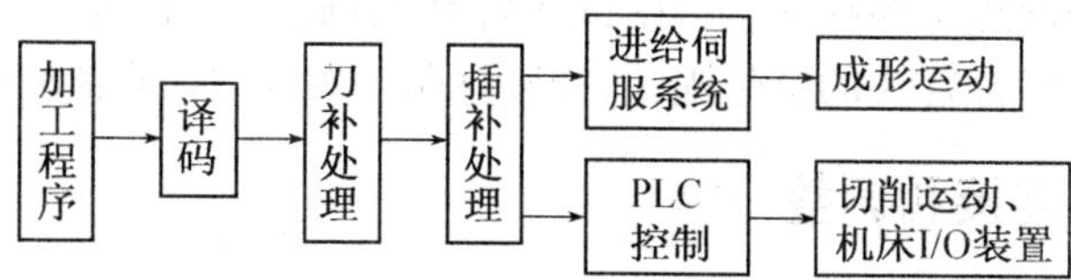

图 1-3　数控加工中的数据转换过程

译码主要功能是将用文本格式(通常用 ASCII 码)表达的零件加工程序,以程序段为单位转换成刀具补偿处理程序所要求的数据结构(格式)。该数据结构用来描述一个程序段解释后的数据信息。

译码数据信息主要包括坐标值、进给速度、主轴转速、G 代码、M 代码、刀具号、子程序处理和循环调用处理等数据或标志的存放顺序和格式。

用户零件加工程序通常是按零件轮廓编制的,而数控机床在加工过程中控制的是刀具中心轨迹,因此在加工前必须将零件轮廓变换成刀具中心的轨迹。刀补处理就是完成零件轮廓转换成的刀具中心的轨迹。

插补计算将由各种线形(直线、圆弧等)组成的零件轮廓,按程序给定的进给速度 F,实时计算出各个进给轴在 Δt 内位移指令($\Delta X1$,$\Delta Y1$…)并送给进给伺服系统以实现成形运动。

PLC 控制以 CNC 内部和机床各行程开关、传感器、按钮、继电器等开关量信号状态为条件,并按预先规定的逻辑顺序对如主轴的起停、换向、刀具的更换、工件的夹紧、松开,冷却、润滑系统等的运行等进行机床动作的"顺序控制"。

任务 5 机电设备安装调试的基本流程

模块1任务5

以典型现代机电设备——数控机床为例,说明机电设备的安装与调试过程。

一、机床的初就位和组装

机床的初就位和组装工作,主要包括以下工作:

(1) 按照机床厂对机床基础的具体要求,做好机床安装基础,并在基础上留出地脚螺栓的孔,以便机床到厂后及时就位安装;

(2) 组织有关技术人员阅读和消化有关机床安装方面的资料,然后进行机床安装。机床组装前要把导轨和各滑动面、接触面上的防锈涂料清洗干净,把机床各部件,如数控柜、电气柜、立柱、刀库、机械手等组装成整机。组装时必须使用原来的定位销、定位块等定位元件,以保证下一步精度调整的顺利进行;

(3) 部件组装完成后就进行电缆、油管和气管的连接。机床说明书中有电气接线图和气、液压管路图,应根据这些图样资料将有关电缆和管道按标记一一对号接好。连接时特别要注意清洁工作和可靠的接触及密封,接头一定要拧紧,否则试车时漏油漏水,给试机带来麻烦。油管、气管连接中要特别防止异物从接口中进入管路,造成整个液压、气压系统故障。电缆和管路连接完毕后,要做好各管线的就位固定,安装好防护罩壳,保证整齐的外观。

二、数控系统的连接和调整

1. 外部电缆的连接

数控系统外部电缆的连接指数控装置与 MDI/CRT 单元、强电柜、机床操作面板、进给伺服电动机和主轴电动机动力线、反馈信号线的连接等,必须符合随机提供的连接手册的规定,最后还要进行地线连接。数控机床地线的连接十分重要，良好的接地不仅对设备和人身的安全十分重要，同时能减少电气干扰以保证机床的正常运行。

地线一般都采用辐射式接地法，即数控柜中的信号地、强电地、机床地等连接到公共接地点上，公共接地点再与大地相连。数控柜与强电柜之间的接地电缆要足够粗，截面积要在 5.5 mm^2 以上。地线必须与大地接触良好，接地电阻一般要求小于 4～7 欧姆。

2. 电源线的连接

数控系统电源线的连接指数控柜电源变压器输入电缆的连接和伺服变压器绕组抽头的连接。对于进口的数控系统或数控机床更要注意，由于各国供电制式不尽一致，国外机床生产厂家为了适应各国不同的供电情况，无论是数控系统的电源变压器，还是伺服变压器都有多个抽头，必须根据我国供电的具体情况正确地连接。

3. 输入电源电压、频率及相序的确认

(1) 输入电源电压和频率的确认。我国供电制式是三相交流 380 V 或单相交流 220 V，频率 50 Hz。有些国家的供电制式与我国不一样，不仅电压幅值不一样，频率也不一样，例如日本的交流三相线电压是 200 V，单相是 100 V，频率是 60 Hz。他们出口的设备为了满足各国不同的供电情况，一般都配有电源变压器。变压器上设有多个抽头供用户选择使用。电路板上设有 50/60 Hz 频率转换开关。所以对于进口的数控机床或数控系统一定要先看懂随机说明书，按说明书规定的方法连接。通电前一定要仔细检查输入电源电压是否正确，频率转换开关是否已置于“50 Hz”位置。

(2) 电源电压波动范围的确认。检查用户的电源电压波动范围是否在数控系统允许的范围之内。我国供电质量不太好，电压波动大，电气干扰比较严重。一般数控系统允许电压波动范围为额定值的 85%～110%，而欧美的一些系统要求更高一些。

如果电源电压波动范围超过数控系统的要求，需要配备交流稳压器。实践证明，采取了稳压措施后会明显地减少故障，提高数控机床的稳定性。

(3) 输入电源电压相序的确认。目前数控机床的进给控制单元和主轴控制单元的供电电源，大都采用晶闸管控制元件，如果相序不对时接通电源，可能会使进给控制单元的输入熔丝烧断。

(4) 确认直流电源输出端是否对地短路。各种数控系统内部都有直流稳压电源单元，为系统提供所需的＋5 V，±15 V，±24 V 等直流电压。因此，在系统通电前应当用万用表检查其输出端是否有对地短路现象。如有短路必须查清短路的原因并排除之后方可通电，否则会烧坏直流稳压单元。

(5) 接通数控柜电源，检查各输出电压。在接通电源之前，为了确保安全，可先将电动机动力线断开。这样，在系统工作时不会引起机床运动。但是，应根据维修说明书的介绍，对速度控制单元作一些必要性的设定，不致因断开电动机动力线而造成报警。接通数控柜电源后，首先检查数控柜中各风扇是否旋转，这也是判断电源是否接通最简便办法。随后检查各印制电路板上的电压是否正常，各种直流电压是否在允许的波动范围之内。一般来说，±24 V 允许误差±10%左右，±15 V 的误差不超过±10%，＋5 V 电源要求较高，误差不能超过±5%，因为＋5 V是供给逻辑电路用的，波动太大会影响系统工作的稳定性。

(6) 检查各熔断器。熔断器是设备的“卫士”，时时刻刻保护着设备的安全。除供电主线路上有熔断器外，几乎每一块电路板或电路单元都装有熔断器，当过负荷、外电压过高或负载端发生意外短路时，熔断器能马上被熔断而切断电源，起到保护设备的作用，所以一定要检查熔断器的质量和规格是否符合要求。

4. 参数的设定和确认

(1) 短路棒的设定。数控系统内的印制电路板上有许多用短路棒短路的设定点，需要对其适当设定以适应各种型号机床的不同要求。一般来说，用户购入的整台数控机床，这项设定已由机床厂完成，用户只需确认一下即可。但是由于数控装置出厂时是按标准方式设定的，不一定适合具体用户的要求，所以对于单体购入的数控装置，用户则必须根据需要自行设定。不同的数控系统设定的内容不一样，应根据随机的维修说明书进行设定和确认。主要设定内容有以下三个部分：

① 控制部分印制电路板上的设定。包括主板、RAM 板、连接单元、附加轴控制板、旋转变压器或感应同步器的控制板上的设定。这些设定与机床回基准点的方法、速度反馈用检测元件、检测增益调节等有关。

② 速度控制单元电路板上的设定。在直流速度控制单元和交流速度控制单元上都有许多设定点，这些设定用于选择检测元件的种类、回路增益及各种报警。

③ 主轴控制单元电路板上的设定。无论是直流或是交流主轴控制单元上，均有一些用于选择主轴电动机电流极性和主轴转速等的设定点。但数字式交流主轴控制单元上已用数字设定代替短路棒设定，故只能在通电时才能进行设定和确认。

(2) 参数的设定。设定系统参数(包括设定 PC(PLC)参数等)的目的是当数控装置与机床相连接时能使机床具有最佳的工作性能。即使是同一种数控系统，其参数设定也随机床而异。数控机床出厂时都随机附有一份参数表(有的还附有一份参数纸带或磁带)。参数表是一份很重要的技术资料，必须妥善保存，当进行机床维修，特别是当系统中的参数丢失或发生了错乱，需要重新恢复机床性能时，更是不可缺少的依据。

对于整机购进的数控机床，各种参数已在机床出厂前设定好，无需用户重新设定，但对照参数表进行一次核对还是必要的。显示已存入系统存储器的参数的方法，随各类数控系统而异，大多数可以通过按压 MDI/CRT 单元上的“PARAM”(参数)键来进行。显示的参数内容应与机床安装调试完成后的参数一致，如果参数有不符的，可按照机床维修说明书提供的方法进行设定和修改。

如果所用的进给和主轴控制单元是数字式的，那么它的设定也都是用数字设定参数，而不用短路棒。此时必须根据随机所带的说明书一一予以确认。

(3) 纸带阅读机的调整。从世界数控技术的发展趋势看，纸带阅读机将会逐渐被淘汰，取而代之的磁带、软磁盘或微机编程系统直接进行数据传输。但是，20 世纪 90 年代前进口的数控机床绝大部分都配有内藏式纸带阅读机。另外，由于操作习惯关系，现在仍有一些用户选择纸带阅读机。通常纸带阅读机在出厂前已经调整好，用户不必重新调整，但一旦发现读带信息出错，则需对光电放大器输出波形进行调整。

5. 确认数控系统与机床间的接口

现代的数控系统一般都具有自诊断的功能，在 CRT 画面上可以显示出数控系统与机床接口以及数控系统内部的状态。在带有可编程控制器 PLC 时，可以反映出从 NC 到 PLC，从 PLC 到 MT(机床)，以及从 MT 到 PLC，从 PLC 到 NC 的各种信号状态。至于各个信号的含义及相互逻辑关系，随每个 PLC 的梯形图(即顺序程序)而异。用户可根据机床厂提供的梯形图说明书(内含诊断地址表)，通过自诊断画面确认数控系统与机床之间的接口信号状态是否正确。

完成上述步骤，可以认为数控系统已经调整完毕，具备了机床联机通电试车的条件。此时，可切断数控系统的电源，连接电动机的动力线，恢复报警设定，准备通电试车。

三、数控机床调试阶段

1. 通电试车

通电试车要先做好通电前的准备工作，首先是按照机床说明书的要求，给机床润滑油箱、润滑点灌注规定的油液或油脂，清洗液压油箱及过滤器，灌足规定标号的液压油，接通气源等。再调整机床的水平，粗调机床的主要几何精度。若是大中型设备，在已经完成初就位和初步组装的基础上，要重新调整各主要运动部件与主轴的相对位置，如机械手、刀库及主轴换刀位置的校正，自动托盘交换装置APC与工作台交换位置的找正等。

机床通电操作可以是一次同时接通各部分电源全面供电，或各部分分别供电，然后再作总供电试验。对于大型设备，为了更加安全，应采取分别供电。通电后首先观察各部分有无异常，有无报警故障，然后用手动方式陆续起动各部件。检查安全装置是否起作用，能否正常工作，能否达到额定的工作指标。起动液压系统时先判断液压泵电动机转动方向是否正确，液压泵工作后液压管路中是否形成油压，各液压元件是否正常工作，有无异常噪声，各接头有无渗漏，液压系统冷却装置能否正常工作等等。总之，根据机床说明书资料粗略检查机床主要部件，功能是否正常、齐全，使机床各环节都能操作运动起来。

在数控系统与机床联机通电试车时，虽然数控系统已经确认，工作正常无任何报警，但为了预防万一，应在接通电源的同时，作好按压急停按钮的准备，以便随时准备切断电源。例如，伺服电动机的反馈信号线接反了或断线，均会出现机床“飞车”现象，这时就需要立即切断电源，检查接线是否正确。在正常情况下，电动机首次通电的瞬时，可能会有微小的转动，但系统的自动漂移补偿功能会使电动机轴立即返回。此后，即使电源再次断开、接通，电动机轴也不会转动。可以通过多次通、断电源或按急停按钮的操作，观察电动机是否转动，从而也确认系统是否有自动漂移补偿功能。

通电正常后，应用手动方式检查一下各基本运动功能，例如各轴的移动、主轴的正转和反转、手摇脉冲发生器等。在检查机床各轴的运转情况时，应用手动连续进给移动各轴，通过CRT或DPL(数字显示器)的显示值检查判断移动方向是否正确。如方向相反，则应将电动机动力线及检测信号线反接才行，然后检查各轴移动距离是否与移动指令相符，如不符，应检查有关指令、反馈参数以及位置控制环增益等参数设定是否正确。

随后再用手动进给，以低速移动各轴，并使它们碰到超程限位开关，用以检查超程限位是否有效，数控系统是否在超程时发出报警。最后还应进行一次返回基准点动作，看用手动回基准点是否正确。机床的基准点是机床进行加工和程序编制的基准位置，因此，必须检查有无基准点功能以及每次返回基准点的位置是否完全一致。总之，凡是手动功能都可以验证一下。当这些试验都正确以后再进行下一步的工作，否则要先查明异常的原因并加以排除。

如果以上试验没发现什么问题，说明设备基本正常，就可以进行机床几何精度的精调和试运行。

2. 机床精度和功能的调试

对于小型数控机床，整体刚性好，对地基要求也不高，机床到位安装后就可接通电源，调整机床床身水平，随后就可通电试运行，进行检查验收。为了机床工作稳定可靠，对大中型设备或加工中心，不仅需要调水平，还需对一些部件进行精确的调整。调整内容主要有以下几项：

(1) 在已经固化的地基上用地脚螺栓和垫铁精调机床床身的水平，找正水平后移动床身上的各运动部件(立柱、溜板和工作台等)，观察各坐标全行程内机床的水平变化情况，并相应调整机床几何精度使之在允差范围之内。在调整时，主要以调整垫铁为主，必要时可稍微改变导轨上的镶条和预紧滚轮等。一般来说，只要机床质量稳定，通过上述调整可将机床调整到出厂精度。

(2) 调整机械手与主轴、刀库的相对位置。首先使机床自动运行到换刀位置，再用手动方式分步进行刀具交换动作，检查抓刀、装刀、拔刀等动作是否准确恰当。在调整中采用一个校对检验棒进行检测，有误差时可调整机械手的行程或移动机械手支座或刀库位置等，必要时也可以改变换刀基准点坐标值的设定(改变数控系统内的参数设定)。调整好以后要拧紧各调整螺钉，然后再进行多次换刀动作，最好用几把接近允许最大重量的刀柄，进行反复换刀试验，达到动作准确无误，不撞击、不掉刀。

(3) 带 APC 交换工作台的机床要把工作台运动到交换位置，调整托盘站与交换台面的相对位置，达到工作台自动交换时动作平稳、可靠、正确。然后在工作台面上装上 70%～80%的允许负载，进行多次自动交换动作，达到正确无误后紧固各有关螺钉。

(4) 仔细检查数控系统和 PLC 装置中参数设定值是否符合随机资料中规定数据，然后试验各主要操作功能、安全措施、常用指令执行情况等。例如各种运动方式(手动、点动、自动方式等)，主轴换挡指令，各级转速指令等是否正确无误。

(5) 检查辅助功能及附件的正常工作，例如机床的照明灯、冷却防护罩和各种护板是否完整；往冷却液箱中加满冷却液，试验喷管是否能正常喷出冷却液；在用冷却防护罩条件下冷却液是否外漏；排屑器能否正确工作；机床主轴箱的恒温油箱能否起作用等。

3. 机床试运行

为了全面地检查机床功能及工作可靠性，数控机床在安装调试后，应在一定负载或空载下进行较长一段时间的自动运行考验。自动运行考验的时间，国家标准 GB9061—88 中规定，数控车床为 16 小时，加工中心为 32 小时，都要求连续运转。在自动运行期间，不应发生除操作失误引起故障以外的任何故障。如故障排除时间超过了规定时间，则应重新调整后再次从头进行运转考验。这项试验，国内外生产厂家都不太愿意进行，但从用户角度理应坚持。

任务 6　数控机床的发展趋势

模块1任务6

计算机技术突飞猛进的发展，数控技术不断采用计算机、控制理论等领域的最新技术成就，数控机床正朝着运行高速化、加工高精化、功能复合化、控制智能化、体系开放化、驱动并联化、交互网络化的方向发展。

1. 运行高速化

速度和精度是数控设备的两个重要指标和数控技术永恒追求的目标。速度和精度直接关系到加工效率和产品质量。新一代数控设备在运行高速化、加工高精化等方面都有了更高的要求。运行高速化使得进给率、主轴转速、刀具交换速度、托盘交换速度实现高速化并且具有高加(减)速率。目前,微处理器的迅速发展为数控系统向高速、高精度方向发展提供了保障,已开发出CPU发展到32位以及64位的数控系统,频率提高到几百兆赫、上千兆赫。由于运算速度的极大提高,使得当分辨率为0.1 μm、0.01 μm时仍能获得高达24～240 m/min的进给速度。数控机床在分辨率为0.01 μm时,进给率高达240 m/min,切削进给率也达100 m/min,加速度达8 g且可获得复杂型的精确加工。机床进给系统采用直线电机直接驱动避免了丝杠传动中的反向间隙、惯性、摩擦力和刚性不足等缺点,实现了"零传动"且快移速度提高了3倍。采用电主轴(内装式主轴电机)实现了主轴最高转速达200 000 r/min。主轴转速的最高加(减)速为1.0 g,即仅需1.8秒即可从0提速到15 000 r/min。电主轴是主轴部件、驱动电动机和刀具自动夹紧机构的集成,结构比较复杂。电主轴要借助精密零部件保持较高回转精度和刚度,还要具备发热少、热变形小、润滑和冷却及热变形补偿等关键技术。目前国外先进加工中心的刀具交换时间普遍已在1秒左右,高的已达0.5秒。德国Chiron公司将刀库设计成篮子样式,以主轴为轴心,刀具在圆周布置,其刀到刀的换刀时间仅0.9秒,工作台(托盘)交换速度6.3秒。

2. 加工高精化

数控机床精度的要求现在已经不局限于静态的几何精度,机床的运动精度、热变形以及对振动的监测和补偿越来越获得重视。通过提高机械设备的制造和装配精度、提高数控系统的控制精度、采用误差补偿技术实现数控机床的加工高精化。

采用高速插补技术,以微小程序段实现连续进给,使CNC控制单位精细化,并采用高分辨率位置检测装置,提高位置的检测精度,目前日本交流伺服电机已有装上106脉冲/转的内藏位置检测器,其位置检测精度能达到0.01 μm/脉冲;位置伺服系统采用前馈控制与非线性控制等方法来提高CNC系统控制精度。

采用反向间隙补偿、丝杆螺距误差补偿和刀具误差补偿等误差补偿技术;设备热变形误差补偿和空间误差综合补偿技术。研究表明,综合误差补偿技术的应用可将加工误差减少60%～80%。三井精机的JidicH5D型超精密卧式加工中心的定位精度为±0.1 μm。

计算机技术的进步促进了数控技术水平、数控装置、进给伺服驱动装置和主轴伺服驱动装置性能的提高,使得现代的数控设备在新的技术水平下,可同时具备运行高速化、加工高精化的性能。通过仿真预测机床的加工精度,以保证机床的定位精度和重复定位精度,使其性能长期稳定,能够在不同运行条件下完成多种加工任务并保证零件的加工质量。

3. 功能复合化

复合机床是指在一台数控机床上实现或尽可能完成从毛坯至成品的多种工艺手段加工的方法。根据其结构特点可分为工艺复合型和工序复合型两类。工艺复合型机床如镗铣钻复合—加工中心、车铣复合—车削中心、铣镗钻车复合—复合加工中心及铣镗钻磨复合—复合加工中心等;工序复合型机床如多面多轴联动加工的复合机床和双主轴车削中心等。采用复合机床进行加工,减少了工件装卸、更换和调整刀具的辅助时间以及中间过程中产生的误差,提高了零件加工精度,缩短了产品制造周期,提高了生产效率和制造商的市场反应能力,相对于传统的工序分散的生产方法具有明显的优势。

加工过程的复合化也导致了机床向模块化、多轴化发展。德国Index公司最新推出的车削加工中心是模块化结构,该加工中心能够完成车削、铣削、钻削、滚齿、磨削、激光热处理等多种工序，可完成复杂零件的全部加工。随着现代机械加工要求的不断提高，大量的多轴联动数控机床越来越受到各大企业的欢迎。在2005年中国国际机床展览会（CIMT2005）上，国内外制造商展出了形式各异的多轴加工机床（包括双主轴、双刀架、9轴控制等）以及可实现4～5轴联动的五轴高速门式加工中心、五轴联动高速铣削中心等。

4. 控制智能化

随着人工智能技术的不断发展，并为满足制造业生产柔性化、制造自动化发展需求，数控技术智能化程度不断提高，具体体现在以下几个方面：

(1) 加工过程自适应控制技术

通过监测加工过程中的切削力、主轴和进给电机的功率、电流、电压等信息，利用传统或现代算法进行识别，以辨识出刀具的受力、磨损、破损状态及机床加工的稳定性状态，并根据这些状态实时调整加工参数（主轴转速、进给速度）和加工指令，使设备处于最佳运行状态，以提高加工精度、降低加工表面粗糙度并提高设备运行的安全性。

(2) 加工过程的智能感知与控制技术

将工艺专家或技师的经验、零件加工的一般与特殊规律，用现代智能方法，构造基于专家系统或基于模型的"加工参数的智能优化与选择器"，利用它获得优化的加工参数，从而达到提高编程效率和加工工艺水平，缩短生产准备时间的目的。采用经过优化的加工参数编制的加工程序，可使加工系统始终处于较合理和较经济的工作状态。

(3) 作业规划智能化技术

智能故障诊断技术是根据已有的故障信息，应用现代智能方法（AI、ES、ANN等）实现故障的快速准确定位。

智能故障自修复技术指能根据诊断确定故障原因和部位，以自动排除故障或指导故障的排除技术。智能自修复技术集故障自诊断、自排除、自恢复、自调节于一体，并贯穿于加工过程的整个生命周期。

智能故障诊断技术在有些日本、美国公司生产的数控系统中已有应用，基本上都是应用专家系统实现。

(4) 智能化操作，编程技术

智能化操作能够完整记录系统的各种信息，对数控机床发生的各种错误和事故进行回放和仿真，用以确定错误引起的原因，找出解决问题的办法，积累生产经验。

(5) 各种几何与物理补偿

目前已开始研究能自动识别负载，并自动调整参数的智能化伺服系统，包括智能主轴交流驱动装置和智能化进给伺服装置。这种驱动装置能自动识别电机及负载的转动惯量，并自动对控制系统参数进行优化和调整，使驱动系统获得最佳运行。

(6) 专有、复合加工工艺专家系统在数控系统中集成

如恒切削力自适应控制加工、机床热变形的补偿等技术是专有、复合加工工艺专家系统在数控系统的典型集成。

5. 体系开放化

体系开放化具有在不同的工作平台上均能实现系统功能，且可与其他的系统应用进行互操作的系统。

开放式数控系统具有以下特点：

(1) 系统构件(软件和硬件)具有标准化与多样化和互换性的特征。

(2) 允许通过对构件的增减来构造系统,实现系统“积木式”的集成,构造应该是可移植的和透明的。

(3) 具有可移植性、可扩展性、可维护性、可升级性;与企业制造信息系统的可集成性、特殊工艺软件的可开发性及使用操作的简易性。

6. 驱动并联化

并联加工中心(又称 6 条腿数控机床、虚轴机床)是数控机床在结构上取得的重大突破,并联结构机床是现代机器人与传统加工技术相结合产物。

并联结构机床没有传统机床所必需的床身、立柱、导轨等制约机床性能提高的结构,具有现代机器人的模块化程度高、重量轻和速度快等优点。

7. 交互网络化

支持网络通信协议,既满足单机需要,又能满足 FMC、FMS、CIMS 对基层设备集成要求的数控系统,是形成“全球制造”的基础单元。

模块 2　机电设备的机械部件装配

机电设备安装调试就是准确、牢固地把机电设备安装到预定的空间位置上，经过检测、调整和试运转，使各项技术指标达到规定的标准。

机电设备安装调试质量的好坏，不仅影响产品的产量和质量，而且会直接影响设备自身的使用寿命，所以整个安装调试过程必须对每个环节严格把关，以确保安装质量。因此，掌握机电设备安装调试的机械部件装配技术至关重要。

任务 1　机电设备安装的装配技术

模块2任务1

【任务知识目标】

1. 了解机电设备的装配工艺过程与规程；
2. 理解机电设备的装配尺寸链及精度；
3. 理解互换装配法、修配装配法及选择原则；
4. 了解选择装配法、调整装配法及选择原则。

【任务技能目标】

1. 知道机电设备的装配工艺过程与规程；
2. 会正确计算机电设备安装的装配尺寸链及精度；
3. 会正确选择调整装配法和选择装配法；
4. 会正确使用互换装配法和修配装配法。

子任务 1　机电设备的装配工艺与规程

机电设备运抵现场后，首先将包装箱打开，以备检查和安装。机电设备开箱的过程中尽量做到不损伤设备和不丢失附件；尽可能减少箱板或包装箱的损失。所以机电设备开箱前不仅要检查设备名称、型号和规格，核对箱号和箱数以及包装情况；还要将灰尘扫除干净，防止灰土落入设备内及应选择合适的打开包装箱工具。最好将机电设备搬至安装地点附近，以减少开箱后的搬运工作，同时拆卸机电设备包装箱的过程中要注意周围设备或人员的安全。

机电设备开箱后，安装单位应会同有关部门人员对设备进行清点检查设备的零件、部件、附件是否齐全和设备有否损坏；清点检查完毕后要填写设备开箱检查记录单，设备由安装单位保管。清点设备时应注意以下几点：

（1）按机电设备制造厂提供的设备装箱单进行。核实机电设备的名称、型号和规格，必要时应对照设备图样进行检查。

（2）核对机电设备的零件、部件、随机附件、备件工具、出厂合格证和其他技术文件是否齐全。

（3）检查机电设备外观质量，如有缺陷、损伤等情况，应做好记录并及时进行处理。

（4）机电设备的运动部件在防锈油料未清除前，不得转动和滑动。因检查除去的油料，检查后应及时涂上。

机电设备开箱检查只能初步了解外观质量及缺损情况，要查出所有的缺陷和问题，需在此后的各施工工序中进行。

按规定的技术要求，将机电设备的零件或部件进行配合和连接，使之成为半成品或成品的工艺过程称为机电设备的装配。机电设备的装配工艺过程包括装配前准备阶段、装配阶段、调整、精度检验及试运行阶段。

1. 机电设备装配前的准备工作阶段

（1）研究、熟悉机电设备装配图及其他工艺文件和各项技术规范，了解机电设备的结构、工作原理、各零件作用及相互连接关系。

（2）确定机电设备的装配方法、顺序和准备所需要的工具。

（3）对机电设备的零件装配前必须彻底清理和清洗，去掉零件上的毛刺、铁锈、切屑、油污等脏物或灰尘，以防引起严重磨损。

（4）对有些零件还需要进行刮削等修配工作，有些特殊要求的零件还要进行平衡试验、密封性实验等。

（5）检查零部件在搬运和堆放时有无变形碰伤，零件表面不应有缺陷。

（6）对所有耦合件和不能互换的零件，应按拆卸、修理或制造时所做的记号成对或成套的装配，不许混乱。

（7）准备好各种铜皮、铁皮、保险垫片、弹簧垫圈、止动铁丝等。纸垫、软木垫及毛毡的油封件均应换新并注意原来厚度。各种垫料在安装时不应涂油漆和黄油，但可以用机油。

2. 装配工作阶段

按机电设备装配工艺的规划，先进行部件装配，然后进行总装。机电设备的装配工作内容包括零件清洗、刮研、平衡、过盈连接、螺纹连接、校正等。部件装配是将两个或两个以上的零件组合在一起或将零件与几个组件结合在一起成为一个单元的装配工作。而零件和部件结合成为一台完整产品的过程称为总装配。

目前，装配方法有一般装配方法和过盈连接装配，其中一般装配方法有完全互换法、不完全互换法、分组选配法、调整法和修配法；过盈连接的装配方法基本上有压入法、热装法和冷装法三种方法。一般装配方法与过盈连接装配方法的适用场合分别见表 2-1、表 2-2。

表 2-1 一般装配方法及适用场合

装配方法		适用场合
互换法	完全互换法	优先选用,多用于低精度或较高精度少环装配
	不完全互换法	大批量生产装配精度要求较高环数较多的情况
选配法	直接选配法	成批大量生产精度要求很高环数少的情况
	分组选配法	大批量生产精度要求特别高环数少的情况
	复合选配法	大批量生产精度要求特别高环数少的情况
调整法	可动调整法	小批生产装配精度要求较高环数较多的情况
	固定调整法	大批量生产装配精度要求较高环数较多的情况
	误差抵消法	小批生产装配精度要求较高环数较多的情况
修配法		单件小批生产装配精度要求很高环数较多的情况

表 2-2 过盈连接装配方法及适用场合

装配方法		装配工具	特点	适用场合
压装法	冲击压装	手锤或重物冲击	简便,导向性差,易歪斜	适用于配合要求低,长的零件,多用于单件生产
	工具压装	压装工具	导向性较冲击压装好,生产率高	适用于小尺寸连接件的装配,多用于中小批量生产
	压力机压装	压力机或液压机	压力范围(1～1 000)×10^4 N/cm^2,配合夹具使用,导向性较高	适用于采用轻型过盈配合的连接件,成批生产中广泛采用
热装法	火焰加热	喷灯、氧乙炔、丙烷加热器、炭炉	加热温度小于 350 ℃,使用加热器,热量集中,易控制,操作方便	适用于局部加热的中或大型连接件
	介质加热	沸水槽、蒸汽加热槽、热油槽	沸水槽温度 80 ℃～100 ℃ 蒸汽槽温度 120 ℃ 热油槽温度 90 ℃～320 ℃ 去污,热胀均匀	适用于过盈量较小的连接件
	电阻和辐射加热	电阻炉、红外线辐射加热箱	加热温度达 400 ℃以上,加热时间短,温度调节方便,热效率高	适用于采用特重型和重型过盈配合的中、大型连接件
	感应加热	感应加热器	加热温度可达 400 ℃以上,热胀均匀,表面洁净,易于自控	适用于中、小型连接件成批生产
冷装法	干冰冷缩	干冰冷箱装置	可冷至－78 ℃,操作简便	适用于过盈量小的小型连接件的薄壁衬套等
	低温箱冷缩	各种类型低温箱	可冷至－40 ℃～－140 ℃,冷缩均匀,表面洁净,冷缩温度易于自控,生产率高	适用于配合面精度较高的连接件,在热套下工作的薄壁套筒件
	液氮冷缩	移动或固定式液氮槽	可冷至－195 ℃,冷缩时间短,生产率高	适用于过盈量较大的连接件

3. 调整、精度检验和试运行阶段

装配完后要对零件或机构的相互位置、配合间隙、结合松紧等进行调整，直到精度检验合格为止，最后要对机构或机器运转的灵活性及振动、温升、噪声、转速、功率、密封性等性能进行试运行，看看机电设备安装调试是否符合技术要求和规定。

机电设备的装配工艺规程包括分析装配图、确定装配的组织形式、确定装配顺序、划分工序及工步、选择装配工艺设备、确定检验方法及编写装配工艺文件等。分析装配图的目的是了解产品结构特点，确定装配方法；装配组织形式的确定是根据工厂生产规模和产品结构特点来决定的；产品结构和装配组织形式决定装配顺序；根据装配单元系统图划分装配工序及工步。根据产品结构特点和生产规模选择装配工艺设备和检验方法。

子任务 2　机电设备安装的装配尺寸链及其精度

尺寸链在制造行业的产品设计、工艺规程设计、零部件加工和装配等方面用于分析、测量或检验几何精度，以达到经济合理地规定各零件的尺寸公差和形位公差，从而提高机电设备的质量和生产率。

装配尺寸链是指机电设备在装配过程中，由相互连接的不同零件尺寸形成的封闭尺寸链。如图 2－1 所示，车床主轴线与尾座中心线的等高性要求 A_0 就是车床的主要装配技术之一，影响等高性要求的尺寸有主轴轴线高度 A_1，尾座底板厚度 A_2 和尾座顶尖轴线高度 A_3。封闭环是装配过程中最后自然形成的装配尺寸，决定了机电设备如位置精度、距离精度、装配间隙及过盈等装配精度参数。即装配尺寸链是各组成环分别属于不同的零件或部件所形成的封闭尺寸链。

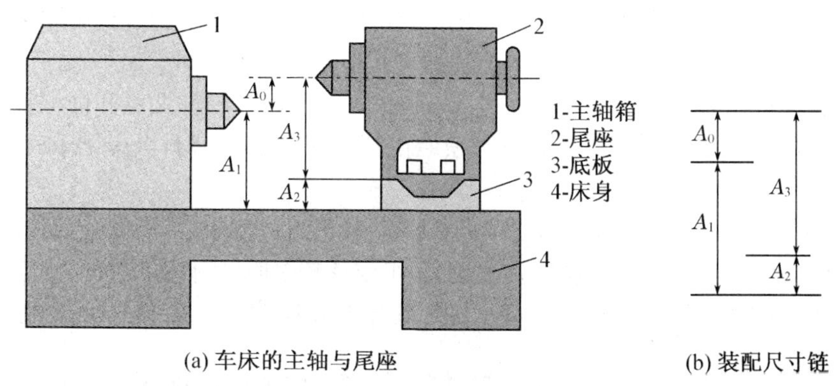

(a) 车床的主轴与尾座　　(b) 装配尺寸链

图 2－1　车床主轴中心线与尾座中心线的等高性要求

建立装配尺寸链时，首先在装配图中看清装配关系、找到各零件的装配基准、明确装配要求，确定封闭环和各组成环。

机电设备装配后几何参数实际达到的精度称为机电设备的装配精度。机电设备的装配精度一般包括尺寸精度、位置精度、相对运动精度及接触精度。

尺寸精度是指相关零、部件间的距离精度及配合精度，如卷筒主轴与相关零件间的间隙，或相配合零件间的过盈量。位置精度则是指相关零件平行度、垂直度、同轴度等。相对运动精度是指产品中相对运动的零部件间在运动方向及相对运动速度上的精度，如各带的传动精度等。接触精度是指产品两配合表面中的接触表面和连接表面间达到规定的接触面积大小和接触点分布情况，如带啮合、各轴承与挡油板之间的接触精度等。

影响产品装配精度的因素主要有零件的加工精度、零件之间的配合要求和接触质量、零件的变形、旋转零件的不平衡、工人的装配技术等因素。

零件的加工精度是保证机电设备产品装配精度的基础，但装配精度并不完全取决于零件的加工精度。如装配不当，即使零件的加工质量再高，仍可能出现不合格机电设备产品；相反即使零件的加工质量不是很高，但在装配时采用合适工艺方法，依然可能使机电设备产品达到规定的精度要求。机电设备产品的装配精度与零部件制造精度直接相关，而零部件精度等级及偏差是通过解算装配尺寸链来确定。根据装配精度要求和装配方法通过解算装配尺寸链来确定零部件的尺寸精度和偏差。装配方法不同，解算尺寸链的方法及结果也不同。

机电设备产品的质量取决于产品结构设计的正确性、装配质量、装配精度及组成产品的各零件加工质量。为保证机电设备产品可靠性和精度稳定性，装配精度稍高于标准。通用产品有国标、部标，无标准根据用户使用要求。

在装配机电设备时，首先将零部件分解成若干个独立的装配单元便于装配与拆卸，使用尽可能少的修配工作和机加工工作量。

子任务3　机电设备安装的装配方法与原则

表 2-1 中已经讲述过一般装配方法及适用场合，下面描述一下各种装配方法的定义、特点、分类及应用场合。

互换装配法分完全互换法和不完全互换法/统计互换法，是在装配过程中零件互换后仍能达到装配精度要求的装配方法。互换装配法的实质是用控制零件加工误差来保证装配精度。

完全互换装配法是指合格的零件在进入装配时，不经任何选择、调整和修配就可使装配对象全部达到装配精度的装配方法。完全互换装配法要求各相关零件公差之和小于等于装配公差。

完全互换装配法具有装配工作简单、生产率高、利于组成流水生产和配件制造、协作生产、维修方便，生产成本低；但当装配精度要求较高，组成环较多时，零件难以按经济精度制造等特点。完全互换装配法适用任何生产类型，尤其适合少环尺寸链或多环尺寸链但精度不高的场合。

不完全互换装配法是指机电设备的所有合格零件在装配时无须选择、修配或改变其大小或位置，装入后即能达到要求的装配精度。其实质是将组成环公差适当放大，零件加工容易。不完全互换装配法要求满足各有关零件公差平方之和应小于等于装配公差的平方。

不完全互换装配法扩大了组成环的制造公差，零件制造成本低，装配过程简单，生产效率高；但会有少数产品达不到规定的装配精度要求，要采取另外的返修措施。不完全互换装配法适用于大批量生产中装配精度要求高、组成环较多的尺寸链的场合。

选择装配法是把配合零件按经济精度制造，然后选择合适的零件进行装配以保证装配精度。选择装配法包括直接选配法、分组选配法（分组互换法）、复合选配法（组内选配法）。

直接选配法是工人凭经验挑选合适零件试凑的装配方法。具有简单且不需要将零件分组的优点，但是存在没有互换性、挑选零件时间长、劳动量大、装配质量取决于工人的技术水平，不宜节拍要求较严大批量生产等缺点。

分组选配法(分组互换法)是把组成环公差增大若干倍(一般 2～4 倍)，使组成环零件按经济精度进行加工，然后再将各组成环按实际尺寸大小分为若干组，各对应组进行装配，同组零件具有互换性，并保证达到规定装配精度。其实质是零件按经济精度制造，公差适当放大，容易加工。分组选配法扩大了组成环的制造公差，零件制造成本不高，但可获得高装配精度；但增加了零件测量、分组、存储及运输工作量。分组选配法应用于大批量生产装配精度要求高、组成环数少的场合。

应用分组装配法要注意以下事项：

(1) 配合件公差相等；公差要同方向增大；增大倍数＝分组数。

(2) 要保证分组后各组配合精度和配合性质符合原设计要求，原规定形位公差和表面粗糙度值不能随公差增大而增大。

(3) 相配件尺寸分布相同以保证对应组内相配件数量配套；不配套零件聚集至一定数量时，专门加工一批零件与之配套。

(4) 分组数不宜太多。分组法只适用于封闭环精度要求很高的少环尺寸链，一般相关零件只有 2～3 个。

复合选配法(组内选配法)是先把零件测量分组，然后在组内再直接选配。复合选配法的配合件公差可以不等，装配质量高，且装配速度较快能满足一定的生产节拍要求。

修配装配法是把各组成环均按经济精度制造，而对其中某一环(称补偿环或修配环)预留一定的修配量，在装配时用钳工或机械加工的方法将修配量去除，使装配对象达到装配精度要求。修配装配法的实质就是装配时去除补偿环的部分材料以改变其实际尺寸，使封闭环达到其公差与极限偏差要求。

修配装配法的组成环可按经济精度制造，可获得高的装配精度；但增加了修配工作，生产效率低，对装配工人技术要求高。修配装配法适用于产品结构比较复杂、尺寸链环数较多、产品精度要求高的单件小批生产的场合。修配装配法可以分成单件修配法、合并加工修配法及自身加工修配法 3 类。

应用修配装配法时要注意以下事项：

(1) 选择便于装拆、易于修配与测量、非公共环做修配环，尽量不选公共环为修配环。

(2) 修配件余量要经过计算。

(3) 尽量利用机械加工代替手工修配。

调整装配法是将组成环按经济精度加工，采用调整的方法改变某个组成环(称补偿环或调整环)的实际尺寸或位置，使封闭环达到其公差和极限偏差的要求。其实质是装配时调节调整件的相对位置，或选用合适的调整件，使封闭环达到其公差与极限偏差要求。调整装配法可分为可动调整法、固定调整法、误差抵消调整法 3 类。调整装配法具有组成环可按经济精度制造，可获得高的装配精度，但增加了调整装置等特点。

可动调整法是先选定某个零件为调整环，然后根据封闭环的精度要求，采用改变调整环的位置，即移动、旋转或移动旋转同时进行以达到装配精度要求的方法。可动调整法用于小批生产的场合。

固定调整法是选择一个组成环作调整环，调整环零件按一定尺寸间隔制成的一组零件，装配时根据封闭环超差的大小，从中选出某一尺寸等级适当的零件来进行补偿，从而保证装配精度要求。通常使用的调整环有垫圈、垫片、轴套等。固定调整装配法适于大批量生产装配精度要求较高的产品，调整环可采用多件拼合的方式。

误差抵消调整法则是在装配中通过调整零部件的相对位置，使加工误差相互抵消，达到或提高装配精度的要求。误差抵消调整法适于在小批生产中应用。如车床主轴装配中调整前后轴承径跳方向控制主轴径向跳动；而在滚齿机工作台分度蜗轮装配中，调整轮和轴承的偏心方向来抵消误差，提高分度蜗轮工作精度。

任务2 机电设备安装调试的测量工器具

模块2任务2

【任务知识目标】

1. 掌握条式水平仪、杠杆百分表/千分表、深度游标卡尺、内径百分表及万用表的使用；
2. 了解三坐标测量机、激光干涉仪及电烙铁的使用。

【任务技能目标】

1. 会正确使用条式水平仪、杠杆百分表/千分表、深度游标卡尺、内径百分表及万用表；
2. 了解三坐标测量机、激光干涉仪及电烙铁的使用。

子任务1 条式水平仪的使用

如图2-2所示，条式水平仪是利用液体流动和液面水平的原理以水准泡直接显示角位移测量相对于水平位置微小斜角的一种通用角度测量器具。条式水平仪用于测量各种导轨和平面的直线度、平面度、平行度和垂直度，还能调整各种设备水平和垂直安装位置。

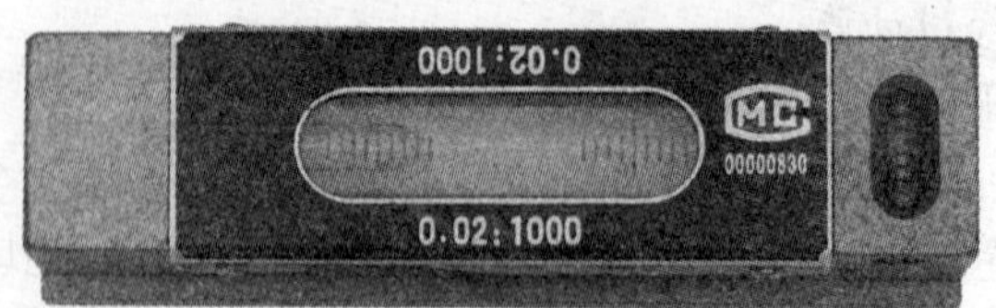

图2-2 条式水平仪

1. 条式水平仪的工作原理

条式水平仪由作为工作平面的V型底平面和与工作平面平行的水准器（俗称气泡）两部分组成。工作平面的平直度和水准器与工作平面的平行度都做得很精确。当水平仪的底平面放在准确的水平位置时，水准器内的气泡正好在中间位置（即水平位置）。在水准器玻璃管内气泡两端刻线为零线的两边，刻有不少于 8 格的刻度，刻线间距为 2 mm。当水平仪底平面两端有高低时，水准器内的气泡由于地心引力的作用总是往水准器高的一侧移动。两端高低相差不多时，气泡移动也不多，两端高低相差较大时，气泡移动也较大，在水准器的刻度上就可读出两端高低的差值。

当水平仪发生倾斜时，气泡就向水平仪升高的一端移动，水准泡内壁曲率半径越大，分辨率越高；反之，曲率半径越小，分辨率越低；因此水准泡的曲率半径决定了水平仪的精度。

玻璃管上在气泡两端均有刻度分划，一个刻度的示值为水平仪的分度值也表示水平仪精度，数控机床安装调试常用的水平仪精度为 0.02 mm/1 000 mm。

2. 条式水平仪的使用方法

测量时使水平仪工作面紧贴被测表面，待气泡静止后方可读数。水平仪的分度值是主水准泡的气泡移动一个刻度所产生的倾斜比，以一米为基准长的倾斜高与底边的比表示，如需测量长度 L 的实际倾斜值则按下式计算：

$$\text{实际倾斜值}=\text{标称分度值}\times L\times\text{偏差格数}$$

例：条式水平仪标称分度值 0.02 mm/1 000 mm，偏差格 2 格，$L=200$ mm，则实际倾斜值：$0.02/1\,000\times200\times2=0.008$ mm

为避免由于水平仪零位不准而引起的测量误差，在使用前必须对水平仪的零位进行检查或调整。

将水平仪的工作底面与检测平板或被测表面接触，待气泡稳定后第一次读数 a_1，然后在原地旋转 180°，读取第二次读数 a_2，两次读数代数差的一半则为零位误差$=(a_1-a_2)/2$ 格。

普通水平仪的零值正确与否是相对的，只要水平仪的气泡在中间位置就表明零值正确，否则需调整零位机构。

3. 条式水平仪的使用注意事项

(1) 测量前，认真清洗测量面并擦干，检查测量表面是否有划伤、锈蚀和毛刺等缺陷。

(2) 测量前检查水平仪零位是否正确。

(3) 水准器的气泡易受温度的影响而使气泡长度改变，测量时可在气泡两端读数，再取平均值作结果。

(4) 测量时使水平仪工作面紧贴被测表面，待气泡静止后读数。

(5) 在垂直水准器的位置上进行读数以避免视差造成读数误差。

子任务 2　杠杆百分表/千分表的使用

如图 2-3 所示，杠杆百分表(杠杆表或靠表)是利用杠杆-齿轮传动机构或者杠杆-螺旋传动机构，将尺寸变化为指针角位移，并指示出长度尺寸数值的计量器具。用于测量工件几何形状误差和相互位置正确性，并可用比较法测量长度。

如图 2-4 所示，杠杆千分表适用于测量工件几何形状和相互位置正确性，并可用于对小尺寸工件用绝对法进行测量和对大尺寸工件用相对法进行测量。因杠杆千分表体积小，测量头可回转 180°，故适宜于测量一般测微仪表难于达到的工件，如内孔径向跳动、端面跳动、导轨相互位置误差等。测量时尽量让杠杆千分表的测针与被测量面形成的夹角小。

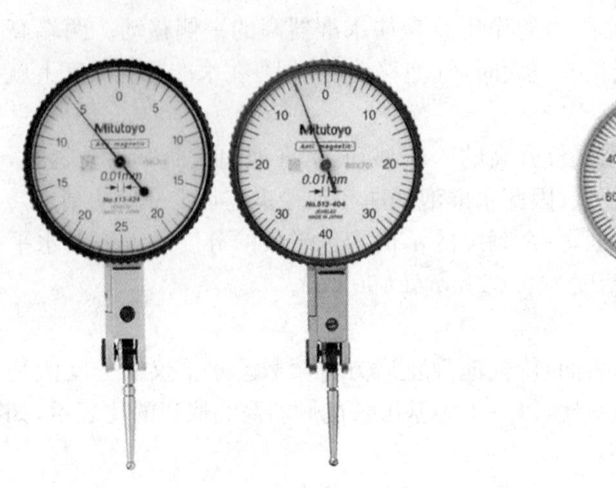

图 2-3　杠杆百分表

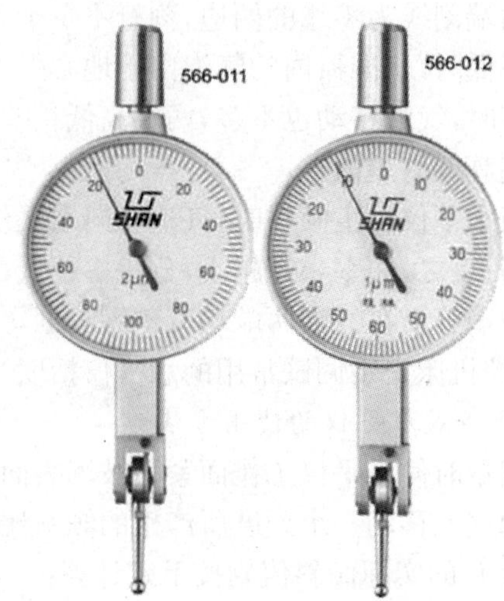

图 2-4　杠杆千分表

$$实际值=测量值\times 补正值$$

1. 杠杆百分表/千分表的使用方法

在使用时应使测量运动方向与测头中心线垂直，以免产生测量误差。杠杆百分表的测量杆轴线与被测工件表面的夹角愈小，误差就愈小。如果由于测量需要，α 角无法调小时（$\alpha>15°$），其测量结果应进行修正。从图 2-5 可知，当平面上升距离为 a 时，杠杆百分表摆动的距离为 b，也就是杠杆百分表的读数为 b，因为 $b>a$，所以指示读数增大。具体修正计算式如下：

$$a=b\cos\alpha$$

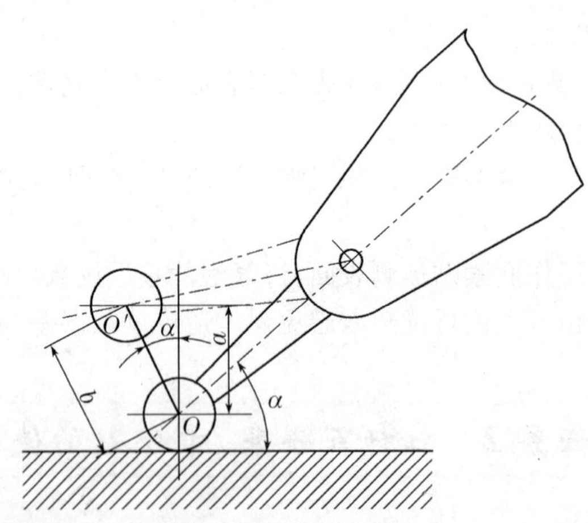

图 2-5　杠杆百分表测杆轴线位置引起的测量误差

2. 杠杆百分表/千分表的使用注意事项

（1）应固定在可靠的表架上，测量前必须检查表是否夹牢，并多次提拉表测量杆与工件接触，观察其重复指示值是否相同。

（2）测量时，不准用工件撞击测头，以免影响测量精度或撞坏千分表。为保持一定的起始测量力，测头与工件接触时，测量杆应有 0.3～0.5 mm 的压缩量。

（3）测量杆上不要加油，以免油污进入表内，影响千分表的灵敏度。

(4) 表测量杆与被测工件表面必须垂直，以防产生误差。

子任务 3　深度游标卡尺的使用

如图 2-6 所示，深度游标卡尺由主尺和附在主尺上能滑动的游标两部分构成。若从背面看，游标是一个整体。

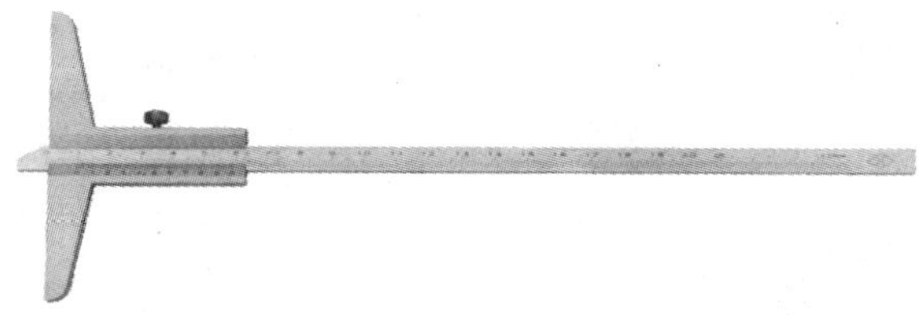

图 2-6　深度游标卡尺

1. 深度游标卡尺的工作原理

游标与尺身之间有一弹簧片，利用弹簧片的弹力使游标与尺身靠紧。游标上部有一紧固螺钉，可将游标固定在尺身上的任意位置。

主尺一般以毫米为单位，而游标上则有 10、20 或 50 个均匀分度格，即在游标上 9 mm 刻 10 格，19 mm 刻 20 格，49 mm 刻 50 格。

根据分度格的不同，可分为十分度格、二十分度格、五十分度格深度游标卡尺即对应的深度游标卡尺精度为 0.1 mm、0.05 mm、0.02 mm。

2. 深度游标卡尺的使用方法

读数时首先以游标零刻度线为准在尺身上读取毫米整数，即以毫米为单位的整数部分。然后看游标上第几条刻度线与尺身的刻度线对齐。判断游标上哪条刻度线与尺身刻度线对准，可用下述方法：选定相邻的三条线，如左侧的线在尺身对应线之右，右侧的线在尺身对应线之左，中间那条线便可以认为是对准了。如有零误差，则一律用上述结果减去零误差(零误差为负，相当于加上相同大小的零误差)，读数结果为：

$$L=\text{整数部分}+\text{小数部分}-\text{零误差}$$

3. 深度游标卡尺的使用注意事项

(1) 使用时，先将深度尺的尺身、尺框测量面上的油污、灰尘擦去。

(2) 检查深度游标卡尺的零位是否正确。

(3) 深度游标卡尺的尺身测量面小，容易磨损，使用时必须加以注意。

(4) 读数时，目光应垂直于游标刻度值从上往下，不可从侧面或斜视读数。

(5) 由于尺框测量面比较大，使用时应保持测量面的清洁。

子任务4　内径百分表的使用

如图 2-7 所示，内径百分表是内量杠杆式测量架和百分表的组合，用以测量或检验零件的内孔、深孔直径及其形状精度。

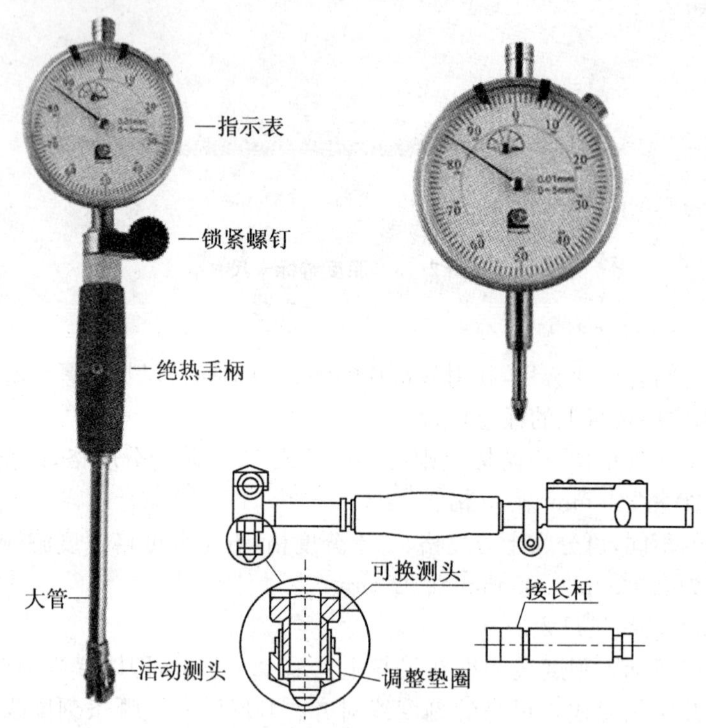

图 2-7　内径百分表

1. 内径百分表的使用方法

(1) 测量圆柱孔前，必须先进行组合和校对零位。

组合时，将百分表装入连杆内，使小指针指在 0～1 的位置上，长针和连杆轴线重合，刻度盘上的字应垂直向下，以便于测量时观察，装好后应予紧固。

(2) 粗加工时，工件加工表面粗糙不平而测量不准确，最好先用游标卡尺或内卡钳测量，避免内径百分表测头磨损。

(3) 测量前，根据被测孔径大小用外径百分尺调整好尺寸后使用。在调整尺寸时，正确选用可换测头的长度及其伸出距离，应使被测尺寸在活动测头总移动量的中间位置。

(4) 测量时，连杆中心线应与工件中心线平行且应在圆周上多测几个点，找出孔径实际尺寸是否在公差范围内。

2. 内径百分表的使用注意事项

(1) 选取并安装可换测头，紧固。

(2) 把百分表插入量表直管轴孔中，压缩百分表一圈后紧固。

(3) 测量时手握隔热装置。

(4) 根据被测尺寸调整零位。用已知尺寸的环规或千分尺调整零位，以孔轴向的最小尺寸或平面间任意方向内均最小的尺寸对0位，然后反复测量同一位置2～3次后检查指针是否仍与0线对齐；否则重调零位。

(5) 测量时，摆动内径百分表，找到轴向平面的最小尺寸(转折点)来读数。

(6) 测杆、测头、百分表等配套使用，不要与其他表混用。

子任务5　万用表的使用

如图2-8所示，VC890D型数字式万用表由液晶显示屏、功能选择旋钮、测试表笔、测量电路和电池等组成。

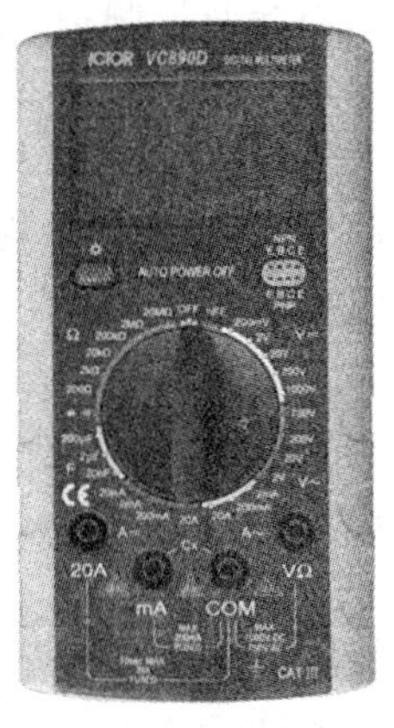

图2-8　VC890D型数字式万用表

1. 万用表的工作原理

数字万用表的基本功能是将输入的直流电压(模拟量)量化并输出；其他的功能一般需要增加外部电路。

2. 万用表的使用方法

(1) 交直流电压的测量：根据需要将功能选择旋钮拨至DCV(直流)或ACV(交流)的合适量程，红表笔插入V/Ω孔，黑表笔插入COM孔，并将表笔与被测线路并联，读数即显示。

(2) 交直流电流的测量：将量程开关拨至DCA或ACA的合适量程，红表笔插入mA孔(<200 mA时)或20A孔(≥200 mA时)，黑表笔插入COM孔，并将万用表串联在被测电路中即可。测量直流量时，数字万用表能自动显示极性。

(3) 电阻的测量：将量程开关拨至Ω的合适量程，红表笔插入V/Ω孔，黑表笔插入COM孔。如果被测电阻值超出所选择量程的最大值，万用表将显示"1"，这时应选择更高的量程。

3. 万用表的使用注意事项

(1) 如果无法预先估计被测电压或电流的大小，则应先拨至最高量程挡测量一次，再视情况逐渐把量程减小到合适位置。测量完毕，应将量程开关拨到最高电压挡，并关闭电源。

(2) 满量程时，仪表仅在最高位显示数字"1"，其他位均消失，这时应选择更高的量程。

(3) 测量电压时，应将数字万用表与被测电路并联。测电流时应与被测电路串联，测直流量时不必考虑正、负极性。

(4) 在测量时，请先连接公共测试表笔(黑表笔)再连接带电表笔(红表笔)；断开连接时，请先断开带电表笔，再断开公共表笔。

子任务6　三坐标测量机的使用

如图2-9所示，三坐标测量机用于测量各种机械零件、模具（如箱体、机架、齿轮、凸轮、蜗轮、蜗杆、叶片）等尺寸、形状、形位公差、孔位、孔中心距及各种形状轮廓，能进行精密检测以完成零件检测、外形测量、过程控制、逆向工程等任务。由基础平台、机架系统、运动支承、驱动系统、测量系统、测头系统及控制系统等组成。

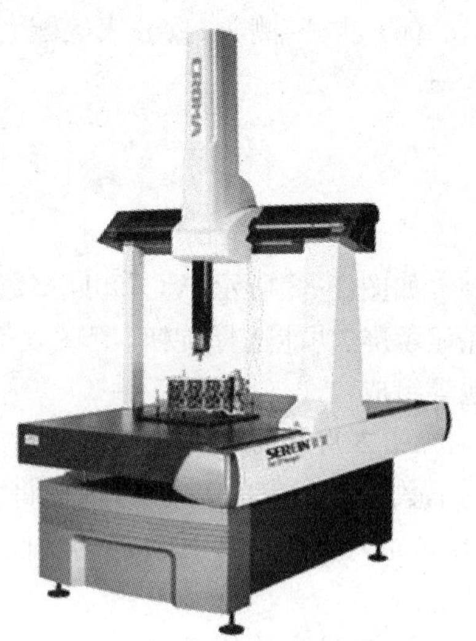

图2-9　三坐标测量机

1. 三坐标测量机的使用方法

(1) 明确测量要求，确认测量方法与数据处理方法。

(2) 制订零件测量工艺，建立相关规范。

(3) 确认测量坐标系的建立方法并验证其准确性。

(4) 注意探针组合的标定误差。

(5) 确认零件安装的稳定性及零件加工工艺的影响。

(6) 确认具体采点方法与密度，特别是具体取点方法及零件状况。

(7) 逐步确认所测几何元素的精度状态（多次测量、直观数据）。

(8) 注意使用重复测量验证测量结果的稳定性。

(9) 注意测量结果计算的条件。

(10) 注意结果输出的方式方法（数据集成与管理）。

2. 三坐标测量机的使用注意事项

(1) 工件吊装前，要将探针退回坐标原点，为吊装位置预留较大空间；工件吊装要平稳，不可撞击三坐标测量仪任何构件。

(2) 正确安装零件，安装前确保符合零件与测量机等温。

(3) 建立正确坐标系，保证所建的坐标系符合图纸要求，确保所测数据准确。

(4) 当编好程序自动运行时，要防止探针与工件干涉，需注意要增加拐点。

(5) 对于一些大型、较重的模具、检具，测量结束后应及时吊下工作台，以避免工作台长时间处于承载状态。

子任务7　激光干涉仪的使用

如图2-10所示，激光干涉仪是利用激光作为长度基准，对数控设备（加工中心、三坐标测量机等）的位置精度、几何精度进行精密测量的精密测量仪器。

(1) 位置精度的检测及自动补偿可检测数控机床定位精度、重复定位精度、微量位移精度等。

(2) 几何精度检测可用于检测直线度、垂直度、俯仰与偏摆、平面度、平行度等。

(3) 检测数控转台分度精度。用雷尼绍 ML10 激光干涉仪不仅能自动测量机器的误差，而且还能通过 RS232 接口自动对其线性误差进行补偿，比通常的补偿方法节省大量时间，并且避免手工计算和手动数控键入而引起的操作者误差，同时可最大限度地选用被测轴上的补偿点数，使机床达到最佳精度，且操作者无需具有机床参数及补偿方法的知识。

图 2-10　激光干涉仪

用 ML10 激光干涉仪加上 RX10 转台基准还能进行回转轴的自动测量，可对任意角度位置，以任意角度间隔进行全自动测量，精度达±1。新国际标准已推荐使用此项新技术，比传统用自准直仪和多面体方法不仅节约了大量测量时间，而且还得到完整的回转轴精度曲线，知晓其精度的每一细节，并给出按相关标准处理的统计结果。

(4) 检测双轴定位精度及其自动补偿。雷尼绍双激光干涉仪系统可同步测量大型龙门移动式数控机床，由双伺服驱动某一轴向运动的定位精度，而且还能通过 RS232 接口，自动对两轴线性误差分别进行补偿。

(5) 数控机床动态性能检测。利用 RENISHAW 动态特性测量与评估软件，可用激光干涉仪进行机床振动测试与分析(FFT)，滚珠丝杠的动态特性分析，伺服驱动系统响应特性分析，导轨动态特性(低速爬行)分析等。

子任务 8　电烙铁的使用

如图 2-11 所示，40 W 内热式电烙铁用于电器元件之间电线连接工作、电线头部上锡、电线与叉形接线端头焊接等。

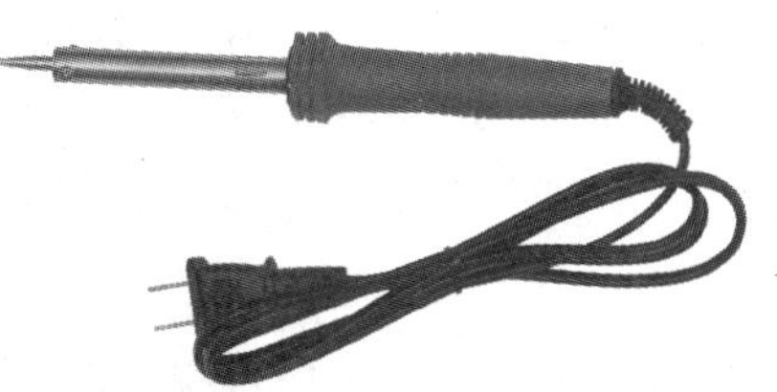

图 2-11　40W 内热式电烙铁

1. 电烙铁的工作原理

电烙铁一般由烙铁头、烙铁芯、外壳、手柄、电源线插头等部分组成。烙铁头安装在烙铁芯内，用以热传导性好的铜为基体的铜合金材料制成，它的作用是储存热量和传导热量，温度必须比被焊接元件的温度高很多。

2. 电烙铁的使用方法

电烙铁使用前要上锡，具体方法是将电烙铁烧热，待刚刚能熔化焊锡时，涂上焊锡膏，再用焊锡均匀地涂在烙铁头上使烙铁头均匀地吃上一层锡。

电线头部上锡方法是把电线头部拧紧成麻花状，涂上焊锡膏。用烙铁头沾取适量焊锡，接触电线头部并旋转导线，待焊锡全部熔化并浸没入电线头部后，电线头部轻轻往上一提离开烙铁头即可。

电线与叉形接线端头焊接方法则是首先电线头部上锡，然后将其插入叉形接线端头尾部线管内，用烙铁头沾取适量焊锡，接触焊点，待焊点上的焊锡全部熔化后，电烙铁头沿着接线端头轻轻往上一提离开焊点。焊点应呈正弦波峰形状，表面应光亮圆滑，无锡刺，锡量适中。

3. 电烙铁的使用注意事项

(1) 使用过程中不可乱甩、乱放，以防烫伤他人。

(2) 电烙铁不用时应放在烙铁架上，注意电源线不可搭在烙铁头上，以防烫坏绝缘层而发生事故。

(3) 较长时间不用时应切断电源，防止高温烙铁头被氧化。

(4) 不要把电烙铁猛力敲打，以免震断电烙铁内部电热丝或引线而产生故障。

(5) 焊接电子元件时，时间不宜过长，否则容易烫坏元件，必要时可用镊子夹住管脚帮助散热。

任务3　滚珠丝杠螺母副的装配

模块2任务3

【任务知识目标】

1. 了解滚珠丝杠螺母副的分类；
2. 了解滚珠丝杠螺母副的特点；
3. 掌握滚珠丝杠螺母副的安装步骤；
4. 了解螺旋传动机构的装配方法。

【任务技能目标】

1. 知道滚珠丝杠螺母副的分类；
2. 知道滚珠丝杠螺母副的特点；
3. 会正确安装滚珠丝杠螺母副；
4. 了解螺旋传动机构的装配方法。

子任务1　滚珠丝杠副的基础知识

滚珠丝杠螺母副，又称滚动螺旋传动，是在螺杆和螺母之间设有封闭循环的滚道，在滚道间填充钢珠，使螺旋副的滑动摩擦变为滚动摩擦以提高传动效率的传动方式。滚珠丝杠螺母副是能够将直线运动与回转运动相互转换的传动装置，如图2-12所示。

图2-12　滚珠丝杠螺母副传动装置

按用途分，滚珠丝杠螺母副可分为定位滚珠丝杠和传动滚珠丝杠。其中定位滚珠丝杠通过旋转角度和导程控制轴向位移量，故又称P类滚珠丝杠，如图2-13所示。传动滚珠丝杠是用于传动动力的滚珠丝杠，也称 T 类滚珠丝杠如图 2－14 所示。

图 2－13　P 类滚珠丝杠

图 2－14　T 类滚珠丝杠

按循环方式分，滚珠丝杠螺母副可分为内循环与外循环滚珠丝杠螺母副。滚珠在循环过程中始终与螺杆保持接触的循环称内循环；滚珠在返回时与螺杆脱离接触的循环称外循环。

内循环滚珠丝杠螺母副具有回路短，滚珠少，滚珠的流畅性好，灵敏度高，效率高，径向尺寸小，零件少，装配简单等优点，但是存在反向器的回珠槽具有空间曲面，加工复杂等缺点，所以内循环滚珠丝杠螺母副适于高速、高灵敏度、高刚度精密进给系统。

外循环滚珠丝杠螺母副具有滚珠循环回路长，流畅性差，效率低，工艺简单，螺母径向尺寸大，易于制造，挡珠器刚性差，易磨损等特点。

按结构的不同，外循环滚珠丝杠螺母副又可分为端盖式、插管式和螺旋槽式三种，如图 2－15 所示。

端盖式是在螺母上钻出纵向孔作为滚子回程滚道，螺母两端装有的块扇形盖板或套筒，滚珠的回程道口就在盖板上。端盖式结构具有结构紧凑、工艺性好等优点，但是滚珠通过短槽时容易卡住，故常以单螺母形式用作升降传动机构。

插管式是用一弯管代替螺纹凹槽，弯管的两端插入与螺纹滚道相切的两个内孔，用弯管的端部引导滚珠进入弯管，构成滚珠的循环回路，再用压板用螺钉将弯管固定。该结构具有结构简单、工艺性好的优点，适于批量生产等优点，但存在弯管突出在螺母的外部，径向尺寸较大；如图用弯管端部作挡珠器，则耐磨性较差。

(a) 端盖式

(b) 插管式

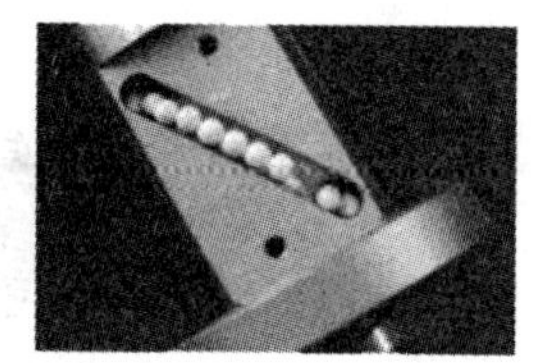

(c) 螺旋槽式

图 2－15　外循环滚珠丝杠螺母副

螺旋槽式是在螺母外围表面上铣出螺纹凹槽，槽两端钻出两个与螺纹滚道相切的通孔，螺纹滚道内装入两个挡珠器引导滚珠通过这两个孔，应用套筒盖住凹槽，构成滚珠的循环回路。

具有结构工艺简单、易于制造、螺母径向尺寸小等优点，但是挡珠器刚度较差，容易磨损。

与滑动螺旋传动和其他直线传动副相比，滚珠丝杠螺母副具有以下特点：

(1) 传动效率高，摩擦损失小。一般地，滚珠丝杠螺母副的传动效率高达90%以上。

(2) 给予适当预紧可消除丝杠和螺母的螺纹间隙，反向时就可以消除空程死区，定位精度高，刚度好。

(3) 运动平稳，传动精度高。滚珠摩擦系数接近常数，起动与工作力矩差别很小。滚珠丝杠副摩擦小、温升小、无爬行、无间隙，能达到较高的定位精度和重复定位精度。

(4) 具有可逆性，可以从旋转运动转换为直线运动，也可以从直线运动转换为旋转运动。

(5) 磨损小，使用寿命长。滚珠丝杠螺母副使用寿命约为滑动螺旋传动的4～10倍以上。

(6) 制造工艺复杂。由于滚珠丝杠和螺母等零件加工精度、表面粗糙度要求高，导致滚珠丝杠螺母副的制造成本高。

(7) 不能自锁。在用于垂直传动或防止逆转机构中，要添加自锁或制动装置。

(8) 承载能力不如滑动螺旋传动大。

子任务2 滚珠丝杠螺母副的安装

安装滚珠丝杠螺母副的具体步骤如下：

步骤1 如图2-16所示，把丝杠的两端底座预紧。

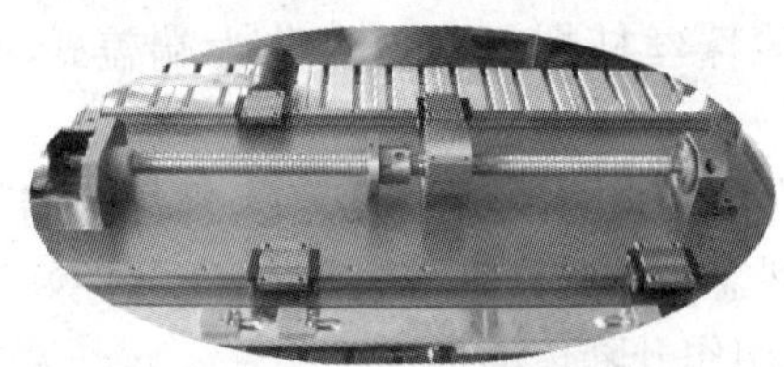

图2-16 预紧丝杠的两端底座

步骤2 用游标卡尺分别测丝杠两端与导轨之间的距离，使之相等，以保持丝杠的同轴度，如图2-17所示。

图2-17 测量丝杠两端与导轨的距离

步骤 3　丝杠的同轴度测好后，把杠杆百分表放在导轨滑块上，分别测量导轨上螺栓的高度，低的一端底座下边垫上铜片，保证导轨两端在同一高度上(即同轴度)，如图 2－18 所示。

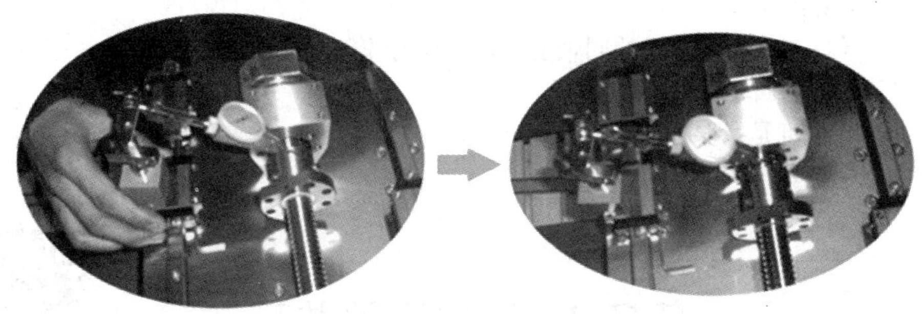

图 2－18　测量导轨上螺栓的高度

步骤 4　如图 2－19 所示，若底座下面垫铜片时底座位置改变了，丝杠与导轨之间的距离也发生改变，则进行下一步；如果底座没垫铜片，丝杠正好在同一高度时，而底座没动，就不用进行下一步。

图 2－19　底座下垫铜片

步骤 5　再用游标卡尺分别测丝杠两端与导轨之间的距离，使之相等以保持丝杠的对称度。目的是丝杠在运动时，保证丝杠的同轴度、对称度，防止变形。测完后把各个螺栓拧紧。

子任务 3　螺旋传动机构的装配

螺旋机构可将旋转运动变换为直线运动。螺旋机构具有传动精度高、工作平稳、无噪音、易于自锁、能传递较大扭矩等特点，所以在机床中螺旋机构用得较多。

1. 螺旋机构的装配技术要求

(1) 保证规定的配合间隙。

(2) 丝杠与螺母的同轴度及丝杠轴心线与基准面的平行度应符合规定要求。

(3) 丝杠与螺母相互转动应灵活。

(4) 丝杠的回转精度应在规定范围内。

2. 螺旋机构的装配方法

(1) 丝杠螺母副配合间隙的测量及调整

丝杠螺母副配合间隙包括径向和轴向两种。轴向间隙直接影响丝杠螺母副的传动精度，因此需要采用消隙机构予以调整。但测量时径向间隙比轴向间隙更能准确反映丝杠螺母副的配合精度，故配合间隙常用径向间隙来表示。

(2) 轴向间隙的调整

(3) 校正丝杠与螺母轴心线的同轴度及丝杠轴心线与基准面的平行度

(4) 调整丝杠的回转精度

丝杠的回转精度是指丝杠的径向跳动和轴向窜动的大小，主要是通过正确安装丝杠两端的轴承支座来保证。

任务 4 导轨副的装配

模块2任务4

【任务知识目标】

1. 了解导轨副的基本要求和种类；
2. 掌握常见导轨副的安装步骤；
3. 掌握导轨副的安装精度；
4. 了解导轨副的安装注意事项。

【任务技能目标】

1. 知道导轨副的基本要求及种类；
2. 会正确安装导轨副；
3. 知道如何控制导轨副的安装精度；
4. 知道导轨副的安装注意事项。

子任务 1 导轨副的基础知识

机电设备的支承部件包括导向支承部件(导轨副或导轨)、旋转支承部件和机座机架。

导轨(副)是用于支承和限制运动部件按给定的运动要求和规定的运动方向运动。在导轨副中，运动的一方称动导轨，不动的一方称支承导轨。动导轨相对于支承导轨的运动通常是直线运动或回转运动。导轨副主要由定导轨、动导轨、辅助导轨、间隙调整元件以及工作介质/元件等组成。

导轨副的分类很多，按运动方式的不同，导轨可分为直线运动导轨(滑动摩擦导轨)和旋转运动导轨(滚动摩擦导轨)；按接触表面的摩擦性质，导轨可分为滑动导轨、滚动导轨等，滑动导轨又可分为动压导轨、静压导轨及普通滑动导轨；按工作性质分为主运动导轨进给运动导轨及移置导轨；按导轨副的结构不同，导轨可分为开式导轨和闭式导轨。按导轨副的截面形状分，导轨可分为三角形导轨、圆形导轨、矩形导轨和燕尾形导轨，其中三角形导轨又可分对称型和非对称型三角形导轨。

当动压导轨面间的相对滑动速度达到一定值后，液体的动压效应使导轨油腔处出现压力油楔，把两个导轨面分开形成液体摩擦，所以动压导轨只用于高速主运动导轨。两静压导轨面间有一层静压油膜，故静压导轨多用于进给运动导轨。

普通滑动导轨属于混合摩擦导轨，速度不高，导轨面仍处于直接接触状态。滚动导轨是两导轨面间装有滚动元件，具有滚动摩擦的性质，广泛地应用于进给运动和旋转主运动。

主运动导轨适用于动导轨与支承导轨之间相对运动速度较高的场合；而进给运动导轨中，由于动导轨与支承导轨之间相对运动速度较低，所以机床中多数导轨属于进给导轨；移置导轨只用于调整部件之间的相对位置。

三角形导轨具有在垂直载荷作用下，具有磨损量自动补偿功能，无间隙工作，导向精度高等特点。为防止因振动或倾翻载荷引起两导向面较长时间脱离接触，应有辅助导向面并具备间隙调整能力。但存在导轨水平与垂直误差的相互影响，为保证高的导向精度（直线度），导轨面加工、检验、维修困难。圆形导轨具有结构简单，制造、检验、配合方便，精度易保证，但摩擦后很难调整，结构刚度较差等特点。矩形导轨具有结构简单，制造、检验、维修方便，导轨面宽、承载能力大，刚度高，但无磨损量自动补偿功能等特点。由于矩形导轨在水平和垂直面位置互不影响，因而在水平和垂直两方向均需间隙调整装置，安装调整方便。而燕尾形导轨则具有无磨损量自动补偿功能，需间隙调整装置，燕尾起压板作用，镶条可调整水平垂直两方向的间隙，可承受颠覆载荷，结构紧凑，但刚度差，摩擦阻力大、制造、检验、维修不方便等特点。

导轨副必须具有以下基本要求：

1. 导向精度高

导向精度主要是指运动件按给定方向做直线运动的准确程度，主要取决于导轨本身几何精度及导轨配合间隙。影响导向精度的主要因素有制造精度、导轨的结构形式、装配质量、导轨及其支承件的刚度和热变形；对于动压和静压导轨还有油膜刚度等。

对直线运动的导轨来说，几何精度分导轨在竖直平面内的直线度（A 项精度）、导轨在水平平面内的直线度（B 项精度）、两导轨面间的平行度（C 项精度）。

2. 精度保持性

精度保持性的主要影响因素是磨损；提高耐磨性以保持精度是提高机床质量的主要内容之一。导轨的常见磨损有磨料磨损、粘着磨损、接触疲劳等。

3. 低速运动平稳性（不出现爬行现象）

导轨运动的不平稳性主要表现在低速运动时导轨速度的不均匀，使运动件出现时快时慢、时动时停的爬行现象。而爬行现象主要取决于导轨副中摩擦力的大小及其稳定性。

导轨的平稳性与导轨结构、材料和润滑、动静摩擦系数差值、传动链的刚度等因素有关。为此，设计时应合理选择导轨类型、材料、配合间隙、配合表面的几何形状精度及润滑方式。

4. 耐磨性好

导轨的耐磨性是指导轨在长期使用过程中能否保持一定的导向精度。导轨的初始精度由制造保证，而导轨在使用过程中的精度保持性则与导轨面的耐磨性密切相关。导轨的耐磨性主要取决于导轨的类型、材料，导轨表面的粗糙度及硬度、润滑状况和导轨表面压强的大小。

5. 对温度变化的不敏感性

导轨对温度变化的不敏感性是指导轨在温度变化的情况下仍能正常工作，导轨的不敏感性主要取决于导轨类型、材料及导轨配合间隙等。

6. 足够的刚度

在载荷的作用下，导轨的变形不应超过允许值。刚度不足不仅会降低导向精度，还会加快导轨面的磨损。刚度主要与导轨的类型、尺寸以及导轨材料等有关。

在导轨副中，为提高耐磨性和防止咬焊，动导轨和支承导轨应分别采用不同材料。如采用相同的材料，也应采用不同的热处理使双方具有不同硬度。

7. 结构简单、工艺性好

子任务2　导轨副的配置方式与安装

一、导轨与滑块基准的识别

通过导轨底面和滑块侧面的退刀槽识别安装基准侧面，在导轨基准侧面相反的一侧刻有出厂标记“编号月份—年份”。在两根导轨配对使用时，基准导轨在出厂标记后加“J”以作识别，如图 2-20 所示。

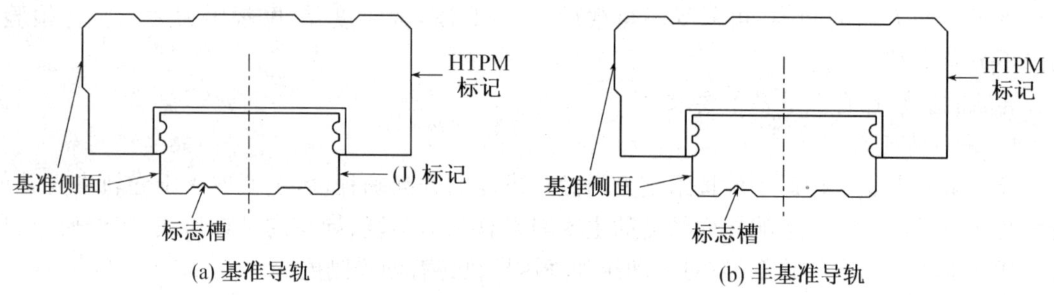

图 2-20　导轨副的基准导轨与非基准导轨

二、导轨副的配置方式

导轨副的基本配置方式有双根正装、双根侧装、双根混装、双根斜装及双根倒装。

1. 双根正装

如图 2-21 所示，双根正装具有容易进行高精度安装的特点。大多数导轨副的安装方式采用双根正装配置方式。

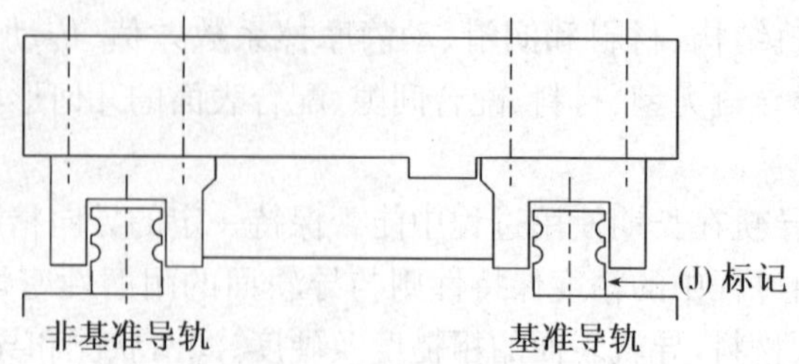

图 2-21　双根正装

2. 双根侧装

如图 2 - 22 与图 2 - 23 所示，双根侧装具有安装精度不高，导轨副寿命对安装精度比较敏感且使用油润滑时需考虑注油管路设计等特点。

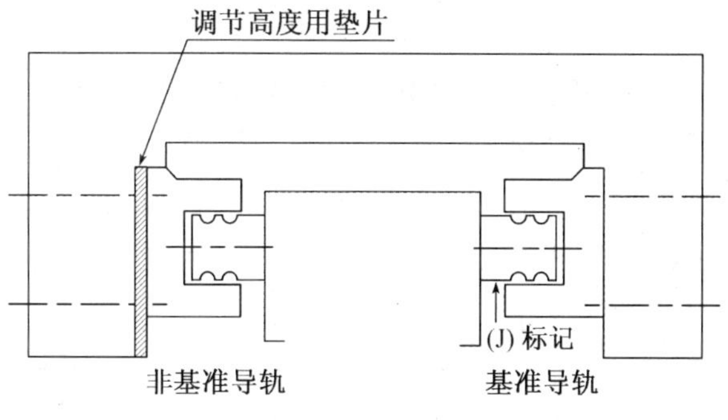

图 2 - 22　双根侧装(a)

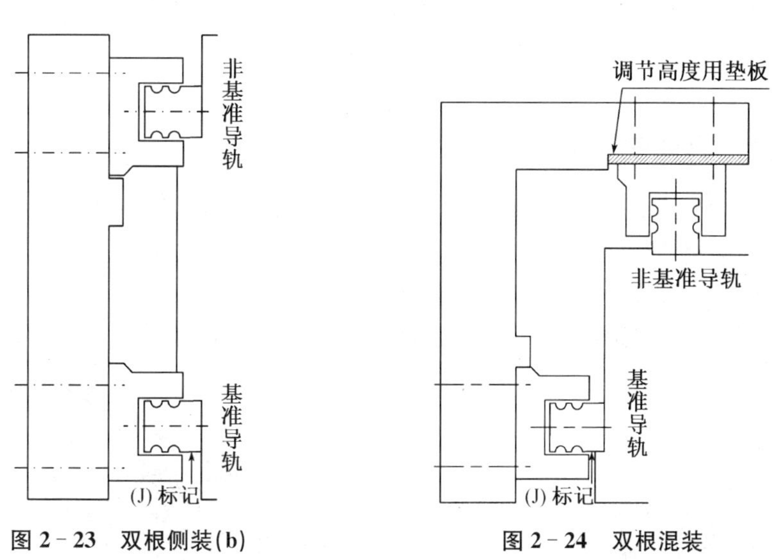

图 2 - 23　双根侧装(b)　　图 2 - 24　双根混装

3. 双根混装

如图 2 - 24 所示，双根混装难于进行高精度安装；对于横向导轨且使用油润滑时，双根混装需考虑注油管路设计。

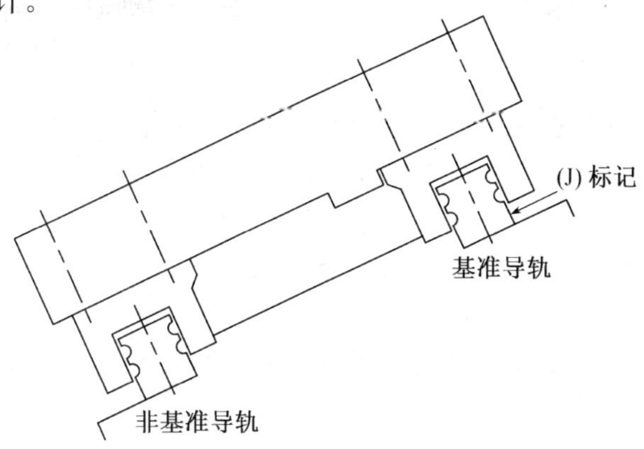

图 2 - 25　双根斜装

4. 双根斜装

如图 2 - 25 所示，双根斜装具有以下特点：(1) 较容易进行高精度安装；(2) 使用油润滑时要考虑注油管路设计。

5. 双根倒装

如图 2 - 26 所示，双根导轨倒装后如采用倒置整个工作台，较容易进行高精度安装；如导轨副损坏导致滑块滚动体全部脱落，就会有滑块从导轨坠落的危险，故应采取防脱落措施。

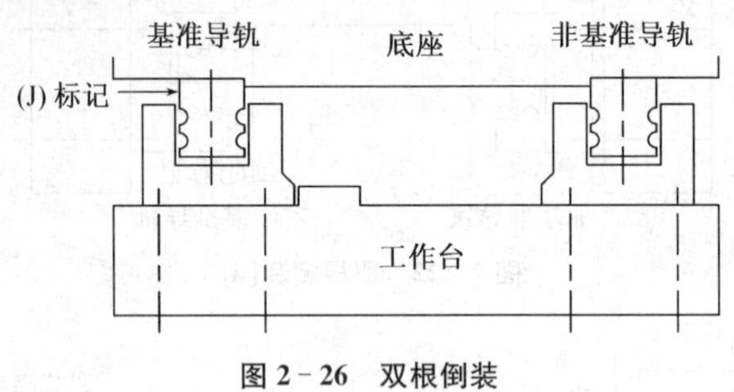

图 2 - 26 双根倒装

三、导轨副的具体安装步骤

步骤 1 如图 2 - 27 所示，检查装配面，并清除床台装配面污物；滑轨在正式安装前均涂有防锈油，安装前请用清洗油类将基准面洗净后再安装，通常将防锈油清除后，基准面较容易生锈，所以建议涂抹上黏度较低的主轴用润滑油。

步骤 2 设置导轨的基准侧面与安装台阶的基准侧面相对，如图 2 - 28 所示。

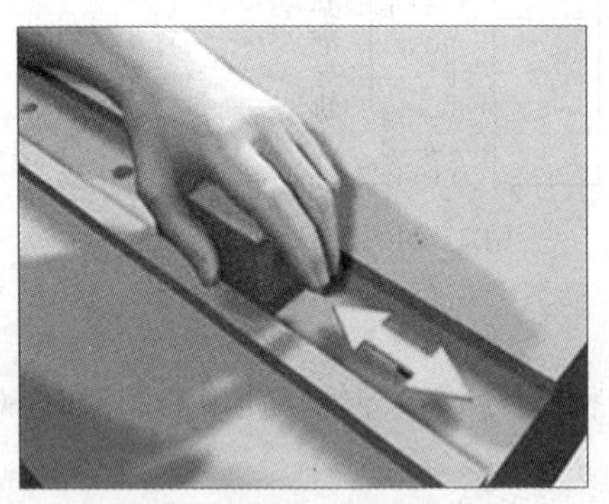

图 2 - 27 检查装配面

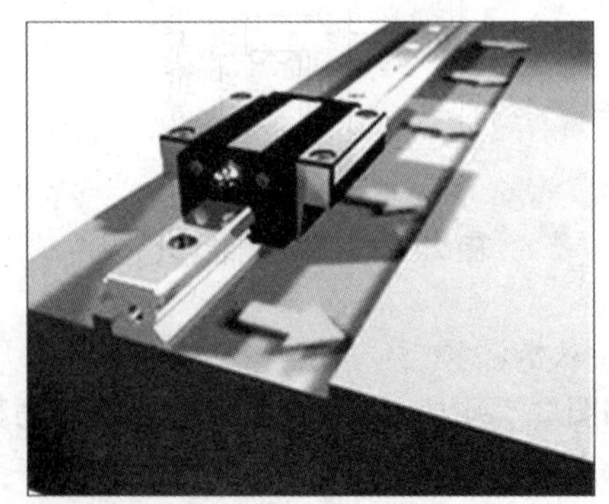

图 2 - 28 导轨基准侧面的放置

步骤 3 检查螺栓的位置确认螺栓孔位置正确，并将导轨底部基准面大概固定于安装台底部装配面，如图 2 - 29 所示；应先行洗净固定滑轨之装配螺丝，同时再将装配螺丝插入滑轨的安装孔，要先确认螺丝孔是否吻合，要是孔不吻合强行锁紧螺栓，会影响到组合精度。

步骤 4 拧紧固定螺钉，使导轨基准侧面与安装台阶侧面相接，以确定导轨位置，如图 2 - 30 所示。

步骤 5 使用扭力扳手，以规定扭力按顺序拧紧安装螺钉/丝，将导轨底部基准面贴紧安装台底部装配面，如图 2 - 31 所示。

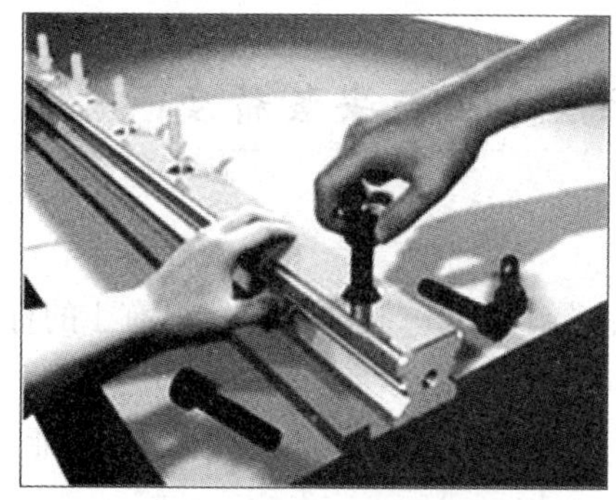

图 2-29　检查并确认螺栓的位置

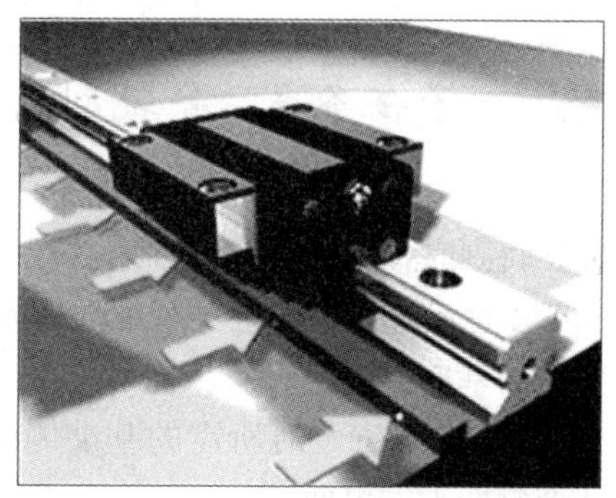

图 2-30　导轨位置的确定

图 2-31　拧紧安装螺钉

步骤 6　按步骤 1～步骤 5 安装其余配对导轨。

四、滑块的具体安装步骤

步骤 1　将滑块按预定间隔定位，将工作台轻轻放在滑块上，工作台安装孔对准滑块顶面安装螺孔，使用螺栓大概固定工作台。

步骤 2　用侧向固定螺钉，使基准导轨上的滑块基准侧面贴紧工作台的台阶侧面，以确定滑块位置。

步骤 3　按图 2-32 的对角线顺序逐个拧紧滑块上安装螺钉。

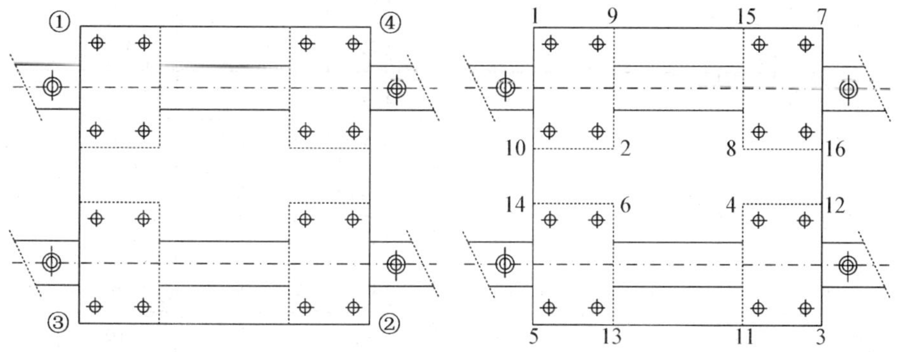

图 2-32　拧紧滑块上的螺钉顺序

子任务3　导轨副的安装注意事项与安装精度

安装导轨副时,应注意下列事项:

(1) 安装时首先要正确区分基准导轨副与非基准导轨副,一般基准导轨上有J的标记,滑块上有磨光的基准侧面。

(2) 认清导轨副安装时所需的基准侧面。基准导轨副的基准侧面为磨光面,而非基准导轨副的基准侧面为发黑面。

(3) 将导轨固定在工作台时,使用规定的紧固力矩,可获得磨削时相同的精度。螺栓拧紧扭矩见表2-3。

表2-3　螺栓拧紧力矩值(螺栓材质:铬钼钢材;单位:N·m)

螺栓号	紧固力矩	螺栓号	紧固力矩
M3	1	M10	43
M4	2.5	M12	75.5
M5	5	M14	121.5
M6	8.8	M16	196
M8	22	M20	382

(4) 安装面的台肩高度和倒角半径大小。安装导轨副时,导轨基准侧面和滑块基准侧面紧靠安装面的台阶面,台阶的高度、倒角半径、厚度和垂直度对安装效果都有一定影响,因此不同型号导轨副台肩高和倒角半径有相应推荐值见表2-4。

表2-4　不同型号导轨副台肩高和倒角半径推荐值

导轨副型号	倒角半径R(最大)	导轨台肩高H	滑块台肩高H	导轨副型号	倒角半径R(最大)	导轨台肩高H	滑块台肩高H
LG65	1.0	10	10	LM12	0.3	2.5	4
LGS15	0.5	3	4	LMW15	0.3	2.5	3
LGS20	0.5	4	5	LG15	0.5	4	4
LGS25	0.5	5.5	5	LG20	0.5	4.5	5
LGS30	0.5	6	6	LG25	0.5	5	5
LGR35	0.5	5.5	6	LGW25	0.5	4	5
LGR45	0.7	7	8	LG30	0.5	6	6
LGR55	0.7	9	10	LG35	0.5	6	6
LGR65	1.0	10	10	LG45	0.7	8	8
—	—	—	—	LG55	0.7	10	10

（5）拼接导轨的安装。如果导轨的长度不够需要拼接导轨时，必须按照导轨上标示顺序安装以确保直线导轨精度。拼接标识刻在导轨拼接口的上表面，将相同标识的两端接在一起，如图 2－33 所示。

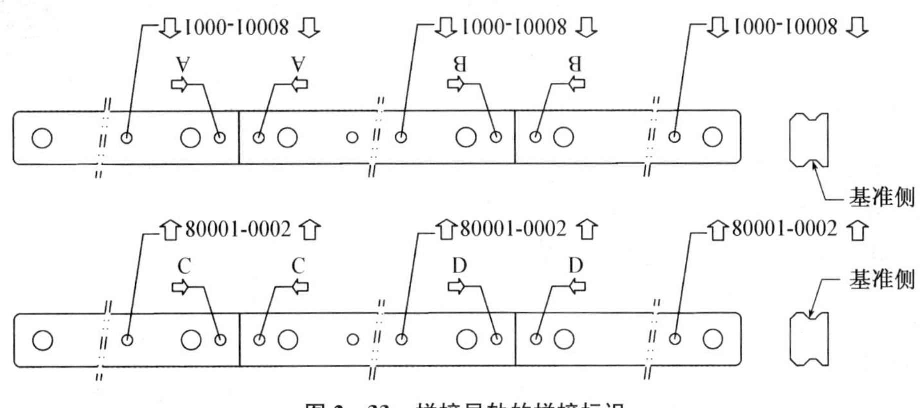

图 2－33　拼接导轨的拼接标识

为避免拼接口的精度变化，建议安装时配对的两根拼接导轨的拼接口错开，错开长度大于滑块长度，如图 2－34 所示。

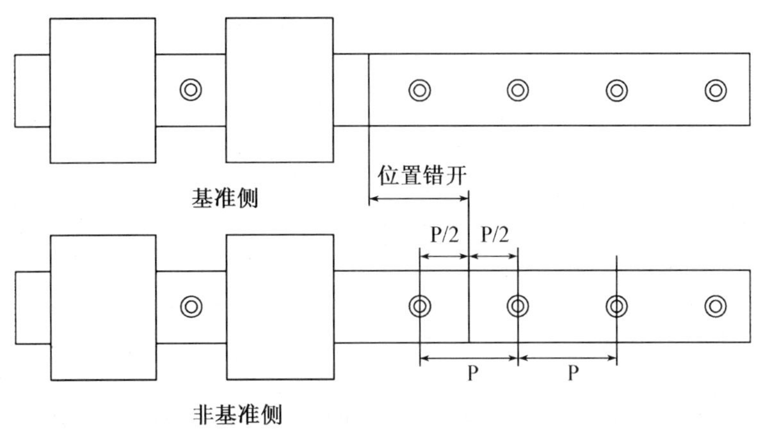

图 2－34　拼接导轨的安装

一般情况下安装面的精度和表面质量要求无需很高，采用精刨或精铣即可。若要求导轨副安装后达到很高的精度时，安装面也必须有较高的精度。

若一根导轨上只有一个滑块，则工作台精度与安装面精度相近；若一根导轨上有两个滑块以上，由于工作台行程短于安装面长度以及安装误差的均化效果，使工作台精度高于安装面精度，大约平均缩小 1/3。

假设两根导轨四个滑块组合成工作台，由于工作台行程短，以及导轨间和滑块间的干涉会产生均化效果，因此工作台的直线度约为安装面直线度的 1/5。

任务5 滚动轴承的装配

模块2任务5

【任务知识目标】

1. 了解轴承的功用、类型及正确装拆滚动轴承的重要性；
2. 掌握圆柱孔滚动轴承的安装；
3. 掌握滚动轴承的游隙调整及测量方法；
4. 掌握安装滚动轴承的常见错误情况。

【任务技能目标】

1. 知道轴承的功用、类型及正确装拆滚动轴承的重要性；
2. 会正确安装圆柱孔滚动轴承；
3. 会正确调整滚动轴承的游隙；
4. 知道安装轴承的常见错误情况。

子任务1 滚动轴承的基础知识

轴承起到支承轴及轴上零件、保持轴的旋转精度、同时减少转子在旋转过程中的摩擦和磨损的作用，是机械设备中的重要组成部分。所以，轴承应满足以下基本要求：

(1) 要具备承担一定的载荷的能力，具有一定的强度和刚度；

(2) 具有小的摩擦力矩，使回转件转动灵活；

(3) 具有一定的支承精度，保证被支承零件的回转精度。

根据轴承中摩擦的性质，轴承分为滑动轴承(图2-35)和滚动轴承(图2-36)；根据能承受载荷的方向，轴承可分为向心轴承(径向轴承)、推力轴承(止推轴承)、向心推力轴承(径向止推轴承)。向心推力球轴承及向心滚子轴承依次如图2-37及图2-38所示。

图2-35 推力滑动轴承

图2-36 滚动轴承

图 2-37　向心推力球轴承

图 2-38　向心滚子轴承

滚动轴承是由内圈、外圈、滚动体和保持架组成的，使相对运动的轴和轴承座处于滚动摩擦的轴承部件。滚动轴承具有摩擦系数小、效率高、轴向尺寸小、装拆方便等优点，广泛地应用于各类机器设备。滚动轴承是由专业厂大量生产的标准部件，其内径、外径和轴向宽度在出厂时已确定，因此，滚动轴承的内圈是基准孔，外圈是基准轴。

轴承的正确安装好坏将影响到轴承的精度、寿命和性能。不正确装拆轴承的常见后果有轴承挡边被敲坏的痕迹（图 2-39）、内圈和外圈滚道表面被敲坏的痕迹（图 2-40）和深沟球轴承的滚道和滚动体损坏（图 2-41）。

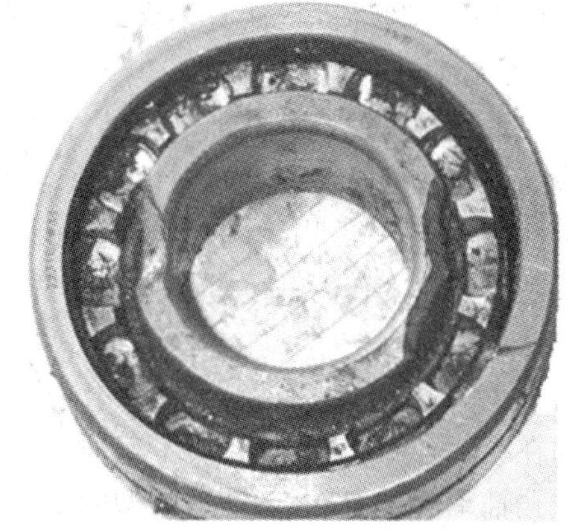

图 2-39　轴承挡边被敲坏

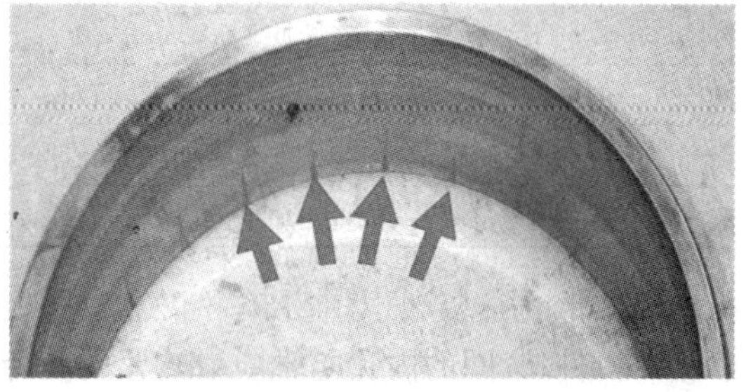

图 2-40　内圈和外圈滚道表面被敲坏

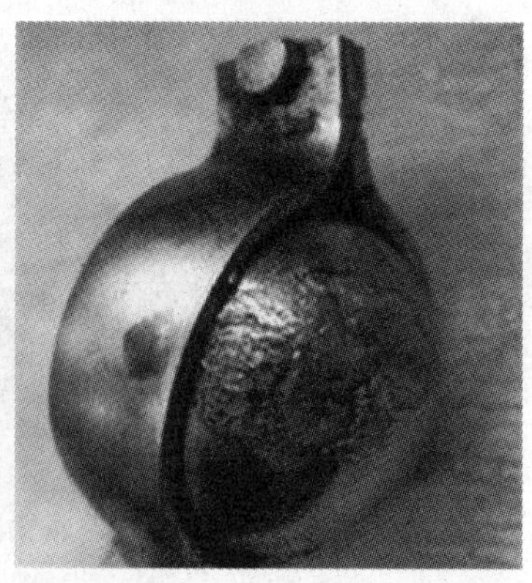

图 2-41 深沟球轴承的滚道和滚动体损坏

滚动轴承是精密部件，安装前的准备工作非常重要，安装前要注意以下几点：

(1) 准备好安装所必需的工具、量具、手套、抹布等。

(2) 检查轴承的型号是否与图样一致。

(3) 对与轴承相配合的各零件表面尺寸应认真检查是否符合图样要求，特别要核查安装部位的配合尺寸、形位公差和表面粗糙度。

(4) 对主机安装配合表面可能存在的毛刺、锈斑、磕碰凸痕、附着物作彻底清除。

(5) 对轴承和附件进行认真清洗，清洗剂可用汽油、煤油、甲苯、二甲苯等，然后涂上润滑油(脂)。

由于轴承经过防锈处理并加以包装，因此不到临安装前不要打开包装。在安装准备工作没有完成前，不要拆开轴承的包装，以免使轴承受到污染。另外，轴承上涂布的防锈油具有良好的润滑性能，对于一般用途的轴承或充填润滑脂的轴承，可不必清洗直接使用。但对于仪表用轴承或用于高速旋转的轴承，应用清洁的清洗油将防锈油洗去。此时轴承容易生锈，不可长时间放置。

滚动轴承的安装方法应根据轴承的结构、尺寸大小及轴承部件的配合性质来确定。压力应直接加在紧配合的套圈端面上，不得通过滚动体传递安装力。

圆柱孔轴承的装配，由于轴承类型的不同，轴承内、外圈安装顺序也不同。对于不可分离轴承，应根据配合松紧程度来决定其安装顺序。如向心球轴承的安装顺序见表 2-5。

表 2-5 向心球轴承的安装顺序

配合性质	安装顺序
内圈与轴配合较紧，外圈与座孔配合较松	先装内圈
外圈与座孔配合较紧，内圈与轴配合较松	先装外圈
外圈与座孔、内圈与轴配合均较紧	内、外圈同时安装

推力球轴承的安装，推力轴承有松圈和紧圈之分，松圈的内孔比轴大，与轴能相对转动，应紧靠静止的机件；紧圈的内孔与轴应取较紧的配合，并装在轴上。

轴承的安装方法主要有压入配合、加热安装。滚动轴承内、外圈的压入，当配合过盈量较小时，可用铜棒、套筒手工敲击的方法压入；当配合过盈量较大时，可用压力机械压入，也可采用温差法进行安装。装拆轴承的专用工具如图 2-42 所示。

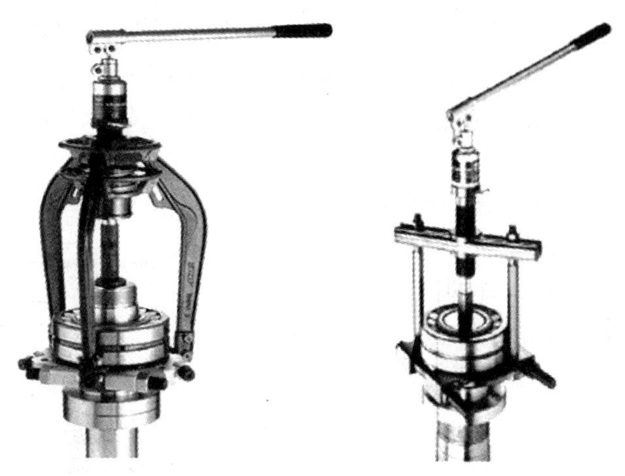

图 2－42　装拆轴承的专用工具

子任务 2　滚动轴承的装配

前面所述，根据轴承的结构、尺寸大小及轴承部件的配合性质来确定滚动轴承的安装方法，以圆柱孔滚动轴承的安装为例说明。

一、根据轴承结构来安装

1. 压力法

压力法分内圈过盈配合、外圈过盈配合、内外圈过盈配合；压力法适用于中小型轴承，过盈量不太大的配合。采用机械或液压式压力机设备对圆柱孔滚动轴承进行安装。

内圈过盈配合是指轴承内圈与轴过盈配合，外圈与壳体过渡配合，如图 2－43 所示。内圈过盈配合用压力机将轴承先压装在轴上，再将轴连同轴承一起装入壳体孔内，压装时在轴承内圈端面上，垫一个软金属材料做的装配套管，装配套管内径应比轴径略大，外径直径应比轴承挡边略小，以免压在保持架上。

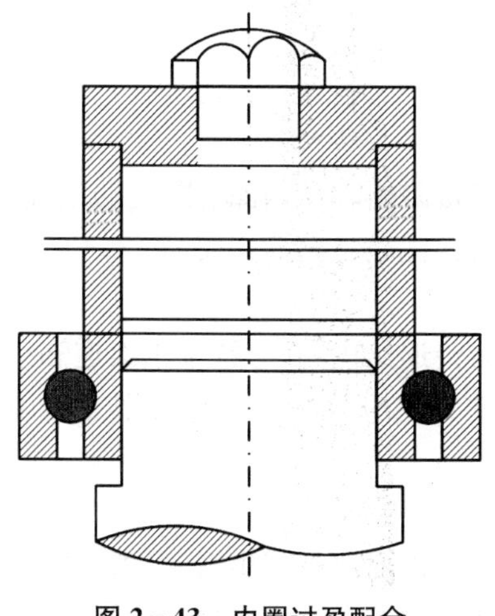

图 2－43　内圈过盈配合

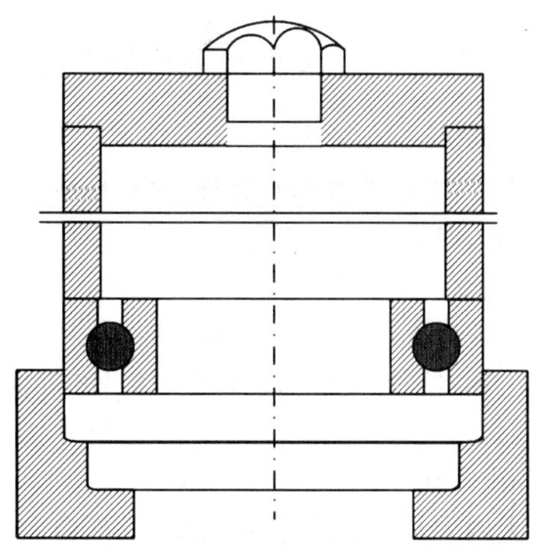

图 2－44　外圈过盈配合

外圈过盈配合是指轴承外圈与轴承座过盈配合，内圈与轴过渡配合，如图 2－44 所示。外圈过盈配合将轴承先压入轴承座孔内，再将轴承连同轴承座一起装在轴上，压装时在轴承外圈端面上，垫一个软金属材料做的装配套管，装配套管内径应比轴承外圈内径略大，外径直径应略小于轴承座孔直径。

内外圈过盈配合是指轴承外圈与轴承座过盈配合，轴承内圈与轴过盈配合，如图 2－45 所示。内外圈过盈配合先将轴承内圈和轴承外圈同时压入轴和轴承座孔内，压装时在轴承外圈端面上，垫一个软金属材料做的装配套管，装配套管的结构应能同时压紧轴承内圈和外圈的端面。

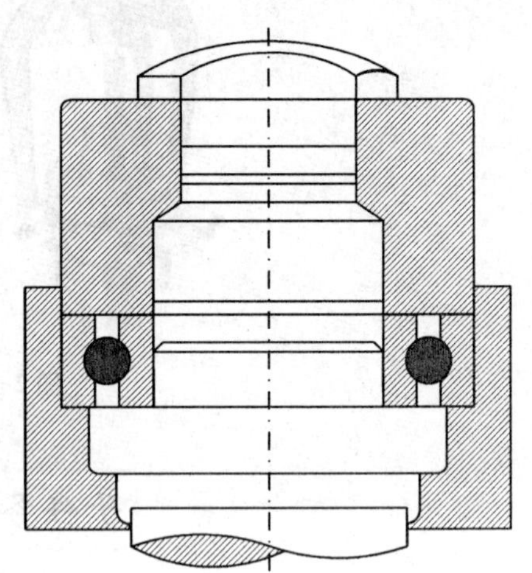

图 2－45 内外圈过盈配合

2. 加热法

加热法适用于尺寸较大的轴承，过盈量较大的配合。加热方式有油浴加热和电感应加热两种。

油浴加热是通过加热轴承或轴承座，利用热膨胀将过盈配合转变为过渡配合的安装方法。电感应加热法则使用电感应加热装置将轴承加热使其膨胀后再安装在轴上，可以用电在短时间内均匀加热，即清洁又效率高，但需要额外投资，还需要注意是否带有退磁机构。

采用加热法安装轴承时，要注意以下事项：

(1) 加热温度可根据轴承的大小及过盈量参考相关图确定。

(2) 加热不可超过 120 ℃，若超过 120 ℃时则轴承的硬度会降低，一般不要超过 100 ℃。

(3) 使用金属网架或挂吊器具，避免轴承接触油槽底部。

(4) 热装后的轴承再冷却时轴向也会收缩，为防止内圈与轴肩之间出现间隙，可用轴用螺母等将轴承锁紧。

轴承在安装中操作不当会造成轴承提前损坏或使用中早期失效。滚动轴承安装的常见错误有用铁锤直接敲击轴承来安装、通过滚动体来传递安装力、走内圈(轴与轴承内孔配合过松)、走外圈(壳体孔径与轴承外径配合过松)、安装不到位使轴承单面受力。

二、根据尺寸大小及轴承部件的配合性质来安装

1. 用铁锤直接敲击轴承来安装

安装内圈(或外圈)过盈配合的轴承时，禁止用铁锤直接敲击轴承内圈(或外圈)端面，很容易把挡边敲坏。应采用套筒放在内圈(或外圈)端面上，用铁锤敲击套筒来安装。

2. 通过滚动体来传递安装力

安装内圈过盈配合的轴承时，通过外圈和滚动体把力传递给内圈，导致轴承滚道和滚动体表面敲坏，使轴承在运转时产生噪音并提前损坏。正确的方法应该用套筒直接把力作用在内圈端面上。

3. 走内圈

走内圈是由于轴与内孔选择的配合太松，导致轴与内孔表面之间产生滑动，滑动摩擦将会引起发热使轴承因发热而损坏。当“走内圈”时，内圈与轴之间的滑动摩擦将产生高温，由于内

圈端面与轴肩接触面很小，其温度会更高，致使内圈端面产生热裂纹。热裂纹的不断延伸导致轴承内圈在使用中断裂。因“走内圈”使内孔与轴表面之间产生滑动摩擦，引起高温使表面金属熔化并产生粘连。

4. 走外圈

走外圈是由于壳体孔径与轴承外径选择的配合太松，使它们表面之间产生滑动。滑动摩擦将会引起发热，使轴承发热而损坏。

5. 安装不到位使轴承单面受力

安装不到位使得调心滚子轴承一列滚子受力而另一列滚子没有受力，使轴承内圈及外圈一侧滚道和一列滚子损坏。

子任务 3　滚动轴承游隙的测量方法与调整

滚动轴承的间隙分为轴向间隙和径向间隙。滚动轴承的间隙具有保证滚动体正常运转、润滑及热膨胀补偿作用，但是滚动轴承的间隙不能太大，也不能太小。间隙太大，会使同时承受负荷的滚动体减少，单个滚动体负荷增大、降低轴承寿命和旋转精度，引起噪声和振动；间隙太小，容易发热，磨损加剧，同样影响轴承寿命。因此，轴承安装时，间隙调整是一项十分重要的工作环节。

一、滚动轴承径向游隙的测量方法

国家和轴承行业都有专门的检测标准(JB/T 3573—93)来规定轴承径向游隙的测量方法。在轴承制造工厂都有专用的检测仪器来测量轴承的径向游隙。对于调心滚子轴承的径向游隙，通常采用塞尺测量方法。下面介绍用塞尺测量调心滚子轴承径向游隙方法：

步骤 1　将轴承竖起来，合拢后要求轴承内圈与外圈端面平行，不能倾斜，如图 2-46 所示。将大拇指按住内圈并摆动 2～3 次，向下按紧，使内圈和滚动体定位入座。定位各滚子位置，使在内圈滚道顶部两边各有一个滚子，将顶部两个滚子向内推，以保证它们和内圈滚道保持合适的接触。

步骤 2　根据游隙标准选配好塞尺，如图 2-47 所示。

图 2-46　轴承竖起来合拢

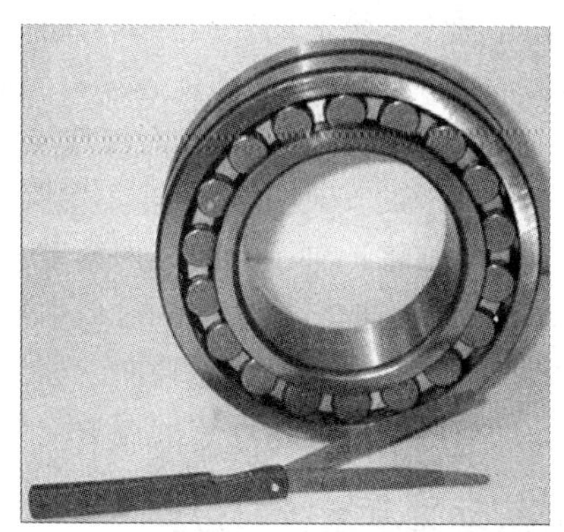

图 2-47　选配好塞尺

首先由轴承的内孔尺寸查阅游隙标准中相对应的游隙数值，再根据其最大值和最小值来确定塞尺中相应的最大和最小塞尺片。

步骤 3 选择径向游隙最大处测量，即轴承竖起来后，其上部外圈滚道与滚子之间的间隙就是径向游隙最大处，如图 2-48 所示。

步骤 4 用塞尺测量轴承的径向游隙，如图 2-49 所示。

转动套圈和滚子保持架组件一周，在连续三个滚子能通过，而在其余滚子上均不能通过时的塞尺片厚度为最大径向游隙测值；在连续三个滚子上不能通过，而在其余滚子上均能通过时的塞尺片厚度为最小径向游隙测值。取最大和最小径向游隙测值的算术平均值作为轴承的径向游隙值。在每列的径向游隙值合格后，取两列的游隙值的算术平均值作为轴承的径向游隙。

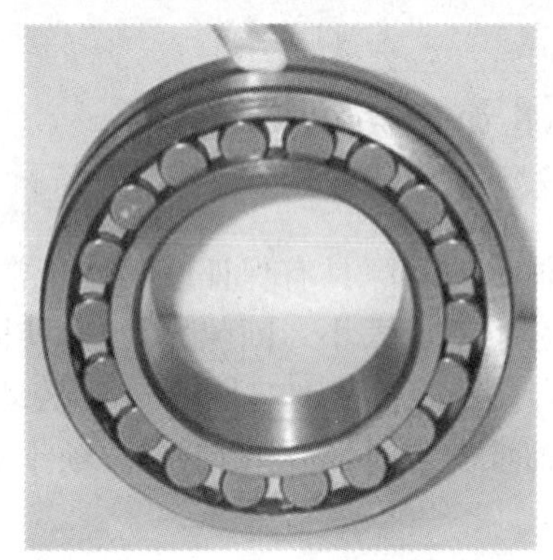

图 2-48 选择最大径向游隙

图 2-49 测量轴承径向游隙

二、滚动轴承轴向游隙的测量方法

对单列角接触球轴承、圆锥滚子轴承和推力轴承，其安装的最后工作是调整轴承的轴向游隙。

轴承的轴向游隙需要根据安装结构、载荷、工作温度和轴承性能进行精确调整。

用千分表测量轴承轴向游隙的方法是将带千分表的支座稳固地置于机身或壳体内，把千分表表头顶在轴光洁表面上，向两个方向推轴，表针指示界限偏差就是轴向游隙数值。

三、滚动轴承安装时的游隙调整

1. 圆柱孔轴承安装后的径向游隙

圆柱孔轴承安装后的径向游隙大小由所选取的壳体孔和轴的公差决定的，它们之间的过盈量越大，安装后的径向游隙就越小。因此正确选择与轴承相配合的轴和孔的公差非常重要。

2. 圆锥孔轴承安装后的径向游隙

圆锥孔轴承的安装，其过盈量不像圆柱孔轴承的内孔那样，由所选取的轴的公差决定的，而取决于轴承在锥形轴颈上或锥形紧定套上推入距离的长短。

轴承的初始径向游隙在推入过程中逐步减小，而推入量的大小决定配合程度。因此，安装之前必须首先测量轴承的初始径向游隙。在轴承的推入过程中，不断测量径向游隙，直至达到要求的径向游隙减小量及理想的过盈配合为止。

四、滚动轴承运行前检查

轴承安装结束后，在正常运行前进行以下检查：

(1) 手动运转(如可能),检查是否有卡紧,非正常摩擦,转矩不均或过大等现象。

(2) 无负载动力运转(点动),对于不能作手动运转的以此替代。

(3) 无负载动力运转,检查噪音、温升是否正常。

(4) 带负载运转(有条件的应逐步加载),检查振动、噪音、温升、润滑剂泄漏、变色等。可参照运行前检查异常状态原因分析和对策表处理异常情况。

实践训练 1　十字工作台的机械装配与检测实训

理论知识

如图 2-50 所示,十字 XZ 工作台集成了雷塞 57HS13 四相混合式步进电机、P50B05020DXS00 交流伺服电机、光栅尺及笔架。机械部分采用滚珠丝杠传动的模块化十字工作台,用于实现目标轨迹和动作。

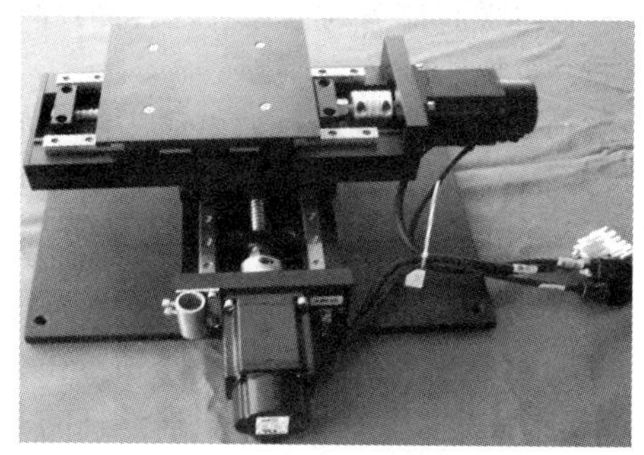

图 2-50　HED-21S 数控综合实训台的工作台

X 轴执行装置采用四相混合式步进电机,步进电机没有传感器,不需要反馈,用于实现开环控制。

Z 轴执行装置的交流伺服和交流伺服电机采用三洋 Q 系列 QS1A01AA0M601P00 伺服驱动器和交流伺服电机 P50B05020DXS00,构成闭环控制系统以提供位置控制、速度控制、转矩控制三种控制方式(需设置交流伺服参数,并修改相应连线)。安装在交流伺服电机轴上的增量式码盘充当位置传感器,用于间接测量机械部分的移动距离,可构成一个位置半闭环控制系统;也可用安装在十字工作台上的光栅尺直接测量机械部分移动距离,构成一个位置全闭环控制系统。笔架可绘出工作台的运动轨迹,便于观察数控编程的结果。

XZ 工作台的装配涉及滚珠丝杠传动的装配、导轨的装配及工作台的装配。其中滚珠丝杠传动的装配具体步骤见模块 2 任务 3;导轨的具体步骤装配模块 2 任务 4;工作台的装配见模块 7 任务 1 子任务 2。XZ 工作台的具体装配如下:

一、安装底座平板

(1) 在安装可调底脚以前,将 4 只可调底脚的内六角螺栓拧至 37 mm 左右的高度(螺杆顶端到尼龙底座底部的距离),螺栓中间的螺母与尼龙底座间隙约为 1 mm,并将扁平螺母放到工作台的固定槽中;

(2) 将底座平板放在工作台上,将可调底脚安装到底座平板底部,对准扁平螺母与底座平板的固定孔,将内六角螺栓拧进扁平螺母留 1 mm 的间隙,然后将水平仪放在底座平板上,调节可调底脚,达到水平要求后,将可调底脚上的螺母与尼龙底座固定紧,用内六角螺栓将底座平板安装在铝质型材平台上。

二、安装Z轴部件

1. 安装导轨

(1) 将长导轨中的一根安放到底座平板上，用两颗内六角螺栓预紧该导轨的两端；

(2) 以底座平板的侧面为粗基准，根据导轨安装孔中心到侧面的距离，调整导轨与底座侧面基本平行，将剩余的螺栓装上并将该导轨固定到底座平板上，后续的安装工作均以该直线导轨为安装基准（以下称该导轨为基准导轨）；

(3) 将另一根导轨安放到底座上，用两颗内六角螺栓预紧此导轨的两端，用游标卡尺初测导轨之间的平行度并进行粗调；

(4) 将杠杆式百分表吸在导轨的滑块上，百分表的表头接触基准导轨的侧面，沿导轨移动滑块，通过橡胶榔头调整导轨，使得两导轨平行，将导轨固定在底座平板上。

2. 安装丝杠

(1) 用内六螺栓预装好电机支座上的压盖；

(2) 将滚珠丝杠上的螺母与螺母支座拆开；

(3) 将滚珠丝杠组件放入电机支座和轴承支座内，用内六角螺栓预紧电机支座与轴承支座；

(4) 用游标卡尺初测导轨与滚珠丝杠之间的平行度并进行粗调；

(5) 将电机支座与轴承支座锁紧在底座平板上；

(6) 用摇把将螺母停在滚珠丝杠的一端，将杠杆式百分表吸在基准导轨的滑块上，用百分表打螺母上用于装配的圆柱面，多打几次，以百分表读数基本不变为准，记录百分表此时读数；

(7) 用摇把将螺母停在滚珠丝杠的另一端，用百分表打螺母上用于装配的圆柱面，记录百分表此时的读数，计算电机支座与轴承支座用于滚珠丝杠安装孔的高度差；

(8) 将电机支座与轴承支座的螺栓松开，根据螺母支座和下移动平台间的间隙将合适的填隙片填入到电机支座或轴承支座下面，并固定紧电机支座与轴承支座；

(9) 重新打表，调整螺母在丝杠两端的高度差一致；

(10) 用摇把将螺母停在滚珠丝杠的一端，用卡尺测量滚珠丝杠的螺母与导轨的距离，记录此时的读数；

(11) 用摇把将螺母停在滚珠丝杠的另一端，用卡尺测量滚珠丝杠的螺母与导轨的距离，调整轴承支座与电机支座使滚珠丝杠与导轨平行，同时使两根导轨相对丝杠对称，固定滚珠丝杠。

3. 安装支撑块

安装支撑块，使侧面有螺孔的支撑块对应底座平板有螺孔的一侧。

4. 安装下移动平台

(1) 用内六角螺栓将下移动平台预紧放置在支撑块上；

(2) 用塞尺测出丝杠支承座与下移动平台之间的间隙；

(3) 用填隙片填充上述间隙，预紧下移动平台，用摇把转动滚珠丝杠，检查下移动平台是否移动平稳灵活，否则检查填隙片是否合适，重新填充；

(4) 固定下移动平台。

三、安装X轴部件

1. 安装导轨

(1) 将导轨中的一根安装到下移动平台上，用两颗内六角螺栓将该导轨预紧；

(2) 以下移动平台的侧面为参考基准，根据导轨安装孔中心到侧面的距离，调整导轨与下移动平台侧面基本平行，将剩余的螺栓装上并将该导轨固定到下移动平台上；

(3) 松开下移动平台，将直角尺的一边靠紧固定好的直线导轨，将杠杆式百分表吸在底座平板上，用百分表接触直角尺的另一条直角边，打表检测下移动平台上的直线导轨与底座平板上的直线导轨的垂直度，用橡胶榔头轻轻敲击下移动平台的一侧，使测量误差在 0.01 mm 以内，将下移动平台锁紧；

(4) 将另一根导轨安放到底座上，用两颗内六角螺栓将该导轨预紧，用游标卡尺初测导轨之间的平行度并进行粗调；

(5) 将杠杆式百分表吸在预紧导轨的滑块上，百分表的表头接触固定导轨的侧面，沿基准导轨移动滑块，通过橡胶榔头调整导轨，使得两导轨平行，将导轨固定在底座平板上。

2. 安装丝杠

(1) 用内六螺栓预装好电机支座上的压盖；

(2) 将滚珠丝杠上的螺母与螺母支座拆开；

(3) 将滚珠丝杠组件放入的电机支座和的轴承支座内，用内六角螺栓预紧电机支座与轴承支座；

(4) 用游标卡尺初测导轨与滚珠丝杠之间的平行度并进行粗调；

(5) 将电机支座与轴承支座锁紧在下移动平台上；

(6) 用摇把将螺母停在滚珠丝杠的一端，将杠杆是百分表吸在滚珠丝杠一侧导轨的滑块上，用百分表打螺母上用于装配的圆柱面，多打几次，以百分表读数基本不变为准，记录百分表此时读数；

(7) 用摇把将螺母停在滚珠丝杠的另一端，用百分表打螺母上用于装配的圆柱面，记录百分表此时读数，计算电机支座与轴承支座用于滚珠丝杠安装孔的高度差；

(8) 将电机支座与轴承支座的螺栓松开，根据螺母支座和上移动平台间的间隙将合适的填隙片填入到电机支座或轴承支座下面，并固定紧电机支座与轴承支座；

(9) 重新打表，调整螺母在丝杠两端的高度差一致；

(10) 用摇把将螺母停在滚珠丝杠的一端，用卡尺测量滚珠丝杠的螺母与导轨的距离，记录此时读数；

(11) 用摇把将螺母停在滚珠丝杠的另一端，用卡尺测量滚珠丝杠的螺母与导轨的距离，调整轴承支座与电机支座使滚珠丝杠与导轨平行，同时使两根导轨相对丝杠对称，固定滚珠丝杠。

3. 安装支撑块

安装等高块，使侧面有螺孔的等高块对应底座平板有螺孔的一侧。

4. 安装上移动平台

(1) 用内六角螺栓，将下移动平台预紧放置在支撑块上；

(2) 用塞尺测出丝杠支承座与上移动平台之间的间隙；

(3) 用填隙片填充上述间隙，预紧上移动平台，用摇把转动滚珠丝杠，检查上移动平台是否移动平稳灵活，否则检查填隙片是否合适，重新填充；

(4) 固定上移动平台。

四、安装限位开关支架

(1) 将Z轴限位开关安装板安装到底座平板的一侧,并安装好Z轴限位开关挡板;

(2) 将X轴限位开关挡板安装到下移动平台的一侧,并安装好X轴限位开关挡板;

(3) 用摇把转动X、Z轴滚珠丝杠,调整X、Z轴限位开关挡板与X、Z轴限位开关的间隙为2～3 mm。

五、安装电机

(1) 用摇把转动X、Z轴滚珠丝杠,检测其能否平稳灵活运行;

(2) 分别将X、Z轴电机安装板、联轴器、电机安装到电机座上。

实践训练

【实训目的与要求】

1. 熟悉十字工作台的功能及结构组成,并能完成机械十字工作台的装配;
2. 根据要求进行各部件装配后的精度检测;
3. 解决机械十字工作台装配过程中出现的常见问题。

【实训仪器与设备】

实训所需要的仪器与设备见表2-6。

表2-6 实训的工量具与零件清单

安装十字工作台所需工量具清单			十字工作台零件清单			
序号	名 称	数量	序号	名称	数量	备注
1	内六角扳手	1套	15	直线导轨副	4副	长、短各2副
2	活动扳手	1	16	滚珠丝杠组件	2套	长、短各1套
3	橡胶榔头	1	17	轴承支座	2	
4	摇把	1	18	电机支座	2	
5	镊子	1	19	支撑块	8	
6	剪刀	1	20	电机安装块	2	
7	水平仪	1	21	底座平板	1	
8	深度游标卡尺	1	22	下移动平台	1	
9	杠杆式百分表	1	23	上移动平台	1	
10	磁性表座	4	24	可调底脚	4	
11	游标卡尺	1	25	限位开关支架	2套	1长1短
12	直角尺	1	26	限位开关挡板	2套	
13	塞尺	1	27	联轴器	2	
14	铜皮	若干	28	伺服电机	2	

表 2-7　十字工作台机械安装几何精度检测单

序号	检测内容	允许误差/mm	实测结果/mm
1	底座平板安装水平	<1 格	
2	Z 轴主导轨与底座平板侧面的平行度	0.02	
3	Z 轴两根导轨平行度与等高	0.02	
4	Z 轴电机支座与轴承支座对于滚珠丝杠安装孔的同轴度	0.02	
5	Z 轴滚珠丝杠与两根导轨平行对称度	0.02	
6	下移动平台与底座平板的平行度	0.02	
7	X 轴主导轨与下移动平台侧面的平行度	0.02	
8	Z 轴运动相对于 X 轴运动的垂直度	0.02	
9	X 轴两根导轨平行度与等高	0.02	
10	X 轴电机支座与轴承支座对于滚珠丝杠安装孔的同轴度	0.02	
11	X 轴滚珠丝杠与两根导轨平行对称度	0.02	
12	移动平台与底座平板的平行度	0.02	
13	手摇转动 X、Z 轴，检查十字工作台移动是否灵活平稳	灵活平稳	
14	工作台移动是否有异响	无异响	

【实训原理与内容】

已提供电机、联轴器、电机支座、轴承支座、直线导轨、滑块、等高块、滚珠丝杠、螺母、螺母支座、轴承、运动平台等，其中滚珠丝杠、轴承已装成组件，要求根据安装装配工艺要求和提供的零部件进一步自行完成十字工作台的机械装配，十字工作台机械安装几何精度检测单如表 2-7。

十字工作台的装配要求如下：

(1) 导轨、滚珠丝杠平行度误差 0.02 mm；

(2) Z 轴运动相对于 X 轴运动的垂直度 0.02 mm；

(3) 工作台面的安装水平误差小于 1 格。

【注意事项】

1. 零件在装配前要去除油污，擦拭干净；
2. 工量具在使用前要擦拭干净；
3. 杠杆百分表使用时，表架一定要拧紧，以免晃动产生测量偏差；
4. 零件和工量具摆放整齐有序；
5. 零件装配时，不要过大力去敲击，以免损坏零件；
6. 丝杠、导轨运动要确保灵活，否则要重新调试；
7. 螺钉预紧、紧固力度要适度；
8. 限位开关与其挡板之间安装距离应为 1～2 mm；
9. X 轴的电机和限位开关电缆线，要为跟随平台移动预留出足够的长度，以免 Z 轴运动时干涉。

【实训步骤】

1. 底座的装配，底座平板安装水平的调试、检测；

2. 安装 Z 轴部件

(1) Z 轴主导轨副的装配，Z 轴主导轨副与底座平板侧面平行度的调试、检测；

(2) Z 轴副导轨副的装配，Z 轴两根导轨副之间平行度与等高的调试、检测；

(3) Z 轴滚珠丝杠螺母副组件的装配，Z 轴电机支座与轴承支座对于滚珠丝杠安装孔的同轴度的调试、检测，Z 轴滚珠丝杠与两根导轨平行对称度的调试、检测；安装支撑块；

(4) 下移动平台的装配，下移动平台与底座平板平行度的调试、检测；

3. 安装 X 轴部件

(1) X 轴主导轨副的装配，X 轴主导轨副与下移动平台侧面平行度的调试、检测；

(2) Z 轴运动相对于 X 轴运动的垂直度的调试、检测；

(3) X 轴副导轨副的装配，X 轴两根导轨副之间平行度与等高的调试、检测；

(4) X 轴滚珠丝杠螺母副组件的装配，X 轴电机支座与轴承支座对于滚珠丝杠安装孔的同轴度的调试、检测，X 轴滚珠丝杠与两根导轨平行对称度的调试、检测；

(5) 上移动平台的装配，上移动平台与底座平板平行度的调试、检测；

4. 电机与联轴器装配，联轴器轴向安装距离调试、检测；

5. 限位开关装配，限位开关安装位置调试、检测。

【实训总结与思考】

1. 连接用紧固件滑扣如何处理？

2. 如何提高 Z 轴运动相对于 X 轴运动的垂直度调试速度？

3. 生产型数控车床床鞍如何安装调试？

实践训练 2　四工位回转刀架的机械装配实训

理论知识

如图 2－51 所示，四工位回转刀架的工作原理如下：主机系统发出转化信号，刀架电机电源接通后开始正转，电机带动蜗杆转动，带动蜗轮转动，蜗轮与螺杆用键连接，螺杆转动把上刀体抬起来，使上刀体与下刀体的齿盘脱开，此时离合销进入离合盘槽内，同时反靠销离开反靠盘槽子，旋转到所需的刀位后，发讯盘上霍尔元件与磁钢对准，发出到位讯号给主机系统，后系统发出电机反转延时讯号，电机反转，上刀体稍有反转，反靠销进入反靠盘槽子，而离合销脱离离合盘槽，上刀体只能下落与下刀体啮合并锁紧，电机反转定位锁紧延时结束。

图 2－51　HED－21S 数控综合实训台的四工位回转刀架

实践训练

【实训目的与要求】

1. 掌握四方电动刀架的结构及特点。
2. 掌握四工位回转刀架的装拆过程。
3. 了解自动换刀机构的组成及其工作原理。
4. 掌握四方电动刀架的使用注意事项。

【实训仪器与设备】

1. 数控机床本体。
2. 立式四方电动回转刀架。

【实训内容与步骤】

转位刀架是一种刀具存储装置，可以同时安装 4、6、8、12 把刀具，是数控车床的一种专用自动化部件，电动回转刀架在数控加工程序运行过程中要完成刀具松开、转位、定位、夹紧等动作。

1. 观察立式电动回转刀架的选刀定位控制过程。具体实训内容与步骤见表 2-8。
2. 拆装一台立式四方电动回转刀架。

【注意事项】

1. 按照数控综合实训台电气原理图，检查数控系统的接线。
2. 上电进行系统测试与调试。
3. 以刀架刀位选择线路为重点，分析其电气控制过程以及信号的传递过程，同时观察现象。

转位四方电动刀架的电动机在电气控制设计时要设计为正、反转互锁，电气元件连接时勿接错导线，还要注意电动机三相电源线相序不要接错，以免损坏电动机。电动机在刀架换刀时必须先正转后反转，这是由四方电动刀架机械结构所决定的，否则会造成机械卡死，电动机过载，可能损坏电动机。

表 2-8　立式电动回转刀架的实训内容与步骤

步骤	内　容	计划时间	实际时间	完成情况
1	低压断路器铭牌数据的识别和理解	5 min		
2	交流接触器铭牌数据的辨识和理解	5 min		
3	中间继电器铭牌数据的辨识和理解	5 min		
4	根据刀架电动机的铭牌数据，计算电路的工作电流和电压	5 min		
5	根据电路的工作电流和电压，选择适当的电气元件及导线，并将电气元件安装于网孔板上	15 min		
6	根据机床电气原理图，完成刀架电动机主电路的连接	10 min		
7	根据机床电气原理图，完成刀架电动机辅助电路连接	10 min		
8	在教师的监督下完成刀架控制电路的通电前检测和带电检测	10 min		

（续表）

步骤	内　容	计划时间	实际时间	完成情况
9	归纳、总结项目实施中遇到的问题及解决方法	10 min		
10	回答教师提出的问题	5 min		
11	任务成绩的评估	5 min		

【实训小结】

1. 绘制出立式四方电动回转刀架的结构图。
2. 实训总结与思考立式四方电动回转刀架的控制过程。

模块 3　机电设备的电气部件安装与接线

作为现代典型机电设备的数控机床控制电路是由各种不同的控制电气元件组成的，不仅要了解和熟悉数控机床控制电路的各种不同控制电气元件及其接线，而且要掌握电气控制原理图才能对机电设备的电气部件进行机械安装与电气接线、调试等工作。

任务 1　机电设备的常用低压控制电器安装与接线

模块3任务1

【任务知识目标】

1. 掌握常用低压控制电器的电气符号；
2. 掌握常用低压控制电器的使用方法；
3. 掌握常用低压控制电器的具体安装；
4. 掌握常用低压控制电器的具体接线；
5. 掌握常用低压控制电器的检测方法。

【任务技能目标】

1. 会识别常用低压控制电器的电气符号；
2. 会正确安装常用低压控制电器；
3. 会正确接线常用低压控制电器；
4. 会正确检测常用低压控制电器。

低压电器是用于交流 1 200 V、直流 1 500 V 级以下的电路中起通断、保护、控制或调节作用的电器产品。控制系统中通常采用低压电器。机床中的常用低压控制电器包括低压断路器、熔断器、接触器、电压继电器、电流继电器、时间继电器、速度继电器、中间继电器与热继电器、主令电器、变压器、开关电源等低压电器。

子任务 1　低压断路器

低压断路器(自动空气开关)是在电路中可同时起控制作用与保护功能的电器，如图 3－1 所示。常用作不频繁的接通和断开的电路的总电源开关或部分电路的电源开关。不仅可接通和分断正常负荷电流和过负荷电流，还可接通和分断短路电流的开关电器。当发生过载、短路或欠压等故障时能自动切断电路，有效地保护串接在它后面的电器设备并且在分断故障电流后一般不需要更换零部件，因此广泛应用于低压配电系统各级馈出线，各种机械设备的电源控制和用电终端的控制和保护。

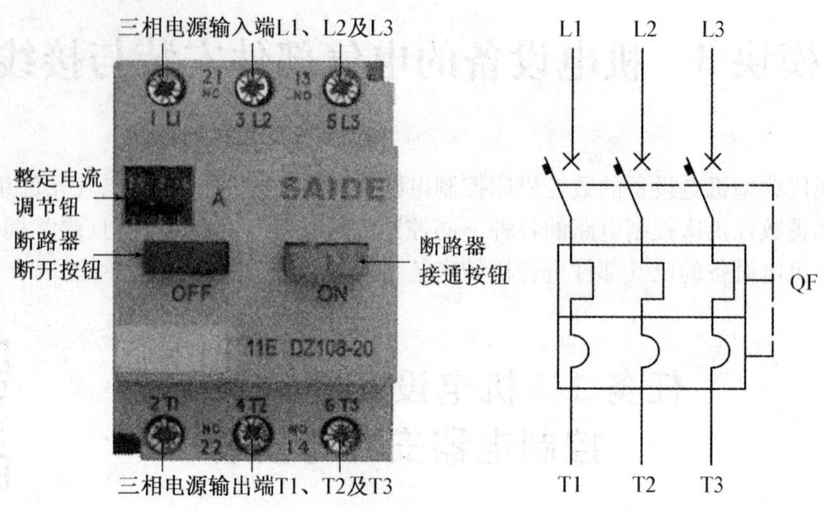

图 3－1 低压断路器实物图及电气符号

低压断路器具有多种保护功能、动作值可调、分断能力高、操作方便、安全等特点。其中保护功能包括过载、短路、欠电压保护和漏电保护等。

一般地，低压断路器由触头、脱扣器、操作机构及灭弧装置等结构组成。如图 3－2 所示，低压断路器的主触点是靠手动操作或电动合闸的。主触点闭合后，自由脱扣机构将主触点锁在合闸位置上。过电流脱扣器的线圈和热脱扣器的热元件与主电路串联，欠电压脱扣器的线圈和电源并联。当电路发生短路或严重过载时，过电流脱扣器的衔铁吸合，使自由脱扣机构动作，主触点断开主电路。当电路过载时，热脱扣器的热元件发热使双金属片上弯曲，推动自由脱扣机构动作。当电路欠电压时，欠电压脱扣器的衔铁释放，也使自由脱扣机构动作。分励脱扣器则作为远距离控制用，在正常工作时，其线圈是断电的，在需要距离控制时，按下起动按钮，使线圈通电，衔铁带动自由脱扣机构动作，使主触点断开。

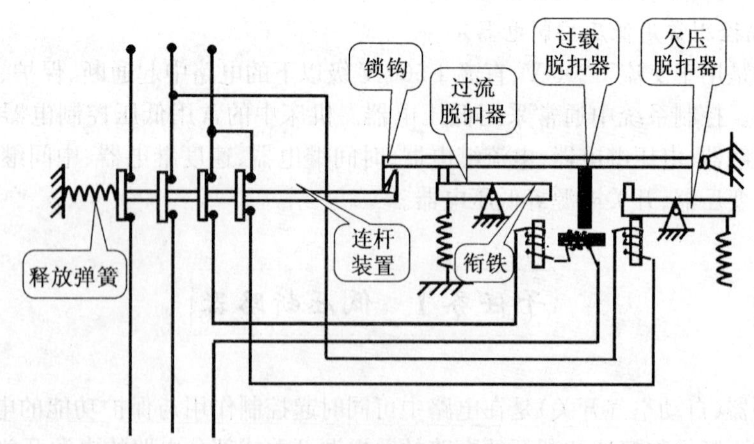

图 3－2 低压断路器工作原理

低压断路器的分类多种多样，按结构型式可分为塑壳式(DZ)低压断路器、万能式(DW)低压断路器、限流式(DZX，DWZ)低压断路器、直流快速式低压断路器、灭磁式低压断路器、漏电保护式低压断路器；按操作方式可分为人力操作式低压断路器、动力操作式低压断路器、储能操作式低压断路器；按极数可分为单极低压断路器、二极低压断路器、三极低压断路器、四极低压断路器；按安装方式可分为固定式低压断路器、插入式低压断路器、抽屉式低压断路器；按在电路中的用途可分为配电用低压断路器、电动机保护用低压断路器、其他负载用低压断路器。低压断路器的命名方式也不同，如塑壳式低压断路器型号及含义如图 3－3 所示。

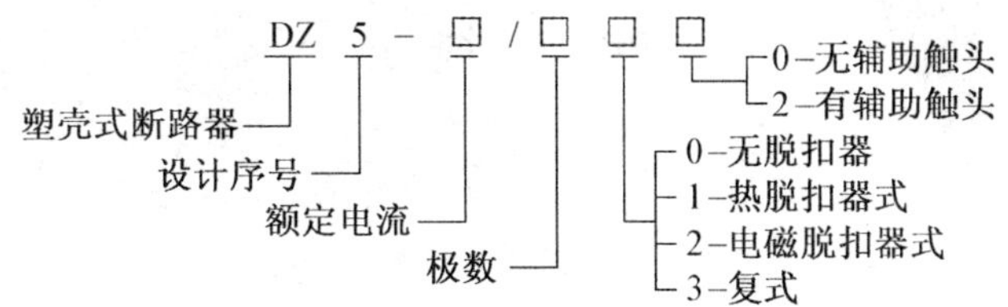

图 3－3　塑壳式低压断路器型号及含义

安装与使用低压断路器时，应注意以下几点：

(1) 断路器应垂直安装，电源线应接在上端，负载接在下端。

(2) 低压断路器用作电源总开关或电动机的控制开关时，在电源进线侧必须加装刀开关或熔断器等以形成明显的断开点。

(3) 低压断路器使用前应将脱扣器工作面上的防锈油脂擦净，以免影响其正常工作。同时应定期检修，清除断路器上的积尘，给操作机构添加润滑剂。

(4) 各脱扣器的动作值调整好后，不允许随意变动，并应定期检查各脱扣器的动作值是否满足要求。

(5) 断路器的触头使用一定次数或分断短路电流后，应及时检查触头系统，若触头表面有毛刺、颗粒等应及时维修或更换。

(6) 断路器安装应保证电气间隙和爬电距离，没有附加机械应力。

子任务 2　熔断器

熔断器是电流超过规定值一定时间后以其本身产生的热量使熔体熔化而分断电路的电器，因此广泛应用于低压配电系统及用电设备中作短路和过电流保护。

熔断器主要由熔体、安装熔体的熔管和熔座三部分组成，在使用时将熔断器的熔芯放入熔断器外壳内。熔体(熔断器主要组成部分)常做成丝状、片状或栅状，熔体材料通常由铅、铅锡合金或锌等低熔点材料制成称低熔点熔体，多用于小电流电路；而由银、铜等较高熔点金属制成则称高熔点材料，多用于大电流电路。熔管(熔体保护外壳)用耐热绝缘材料制成，在熔体熔断时兼有灭弧作用。熔座(熔断器底座)固定熔管和外接引线。

按结构形式分，熔断器种类有插入式熔断器、无填料封闭管式熔断器、有填料封闭管式熔断器、螺旋式熔断器、半导体器件保护熔断器(快速熔断器)等。

(1) 插入式熔断器：插入式熔断器主要应用于额定电压 380 V 以下的电路末端，作为供配电系统中对导线及如电动机、负荷电器等电气设备及 220 V 单相民用照明电路及电气设备的短路保护电器，如图 3－4 所示。

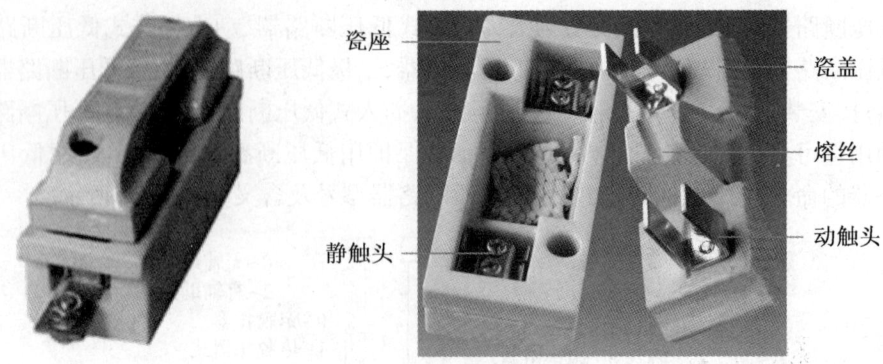

图 3-4 插入式熔断器结构

(2) 无填料封闭管式熔断器:无填料封闭管式熔断器主要用于经常发生过载和断路故障电路中作低压电力线路的连续过载及短路保护,其中 RT 系列熔断器的熔座与熔体如图 3-5 所示。

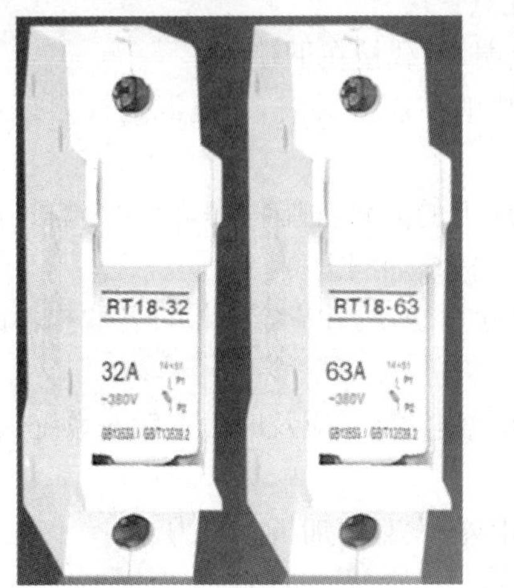

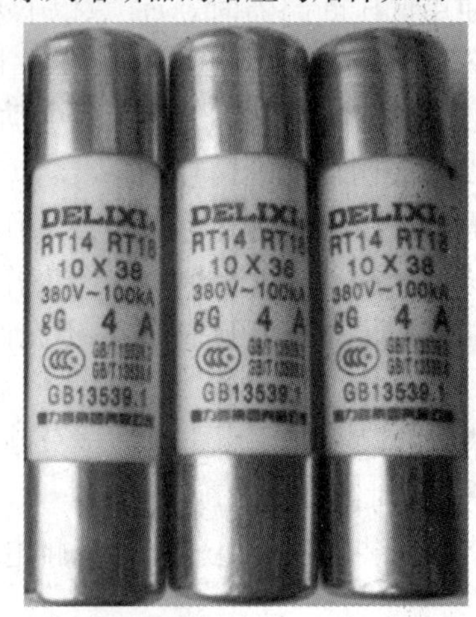

图 3-5 RT 系列熔断器的熔座与熔体

(3) 有填料封闭管式熔断器:有填料封闭管式熔断器是在熔断管内添加灭弧介质后的一种封闭式管状熔断器,如图 3-6 所示。由于石英砂具有热稳定性好、熔点高、热导率高、化学惰性大和价格低廉等优点而广泛作为有填料封闭管式熔断器的灭弧介质。

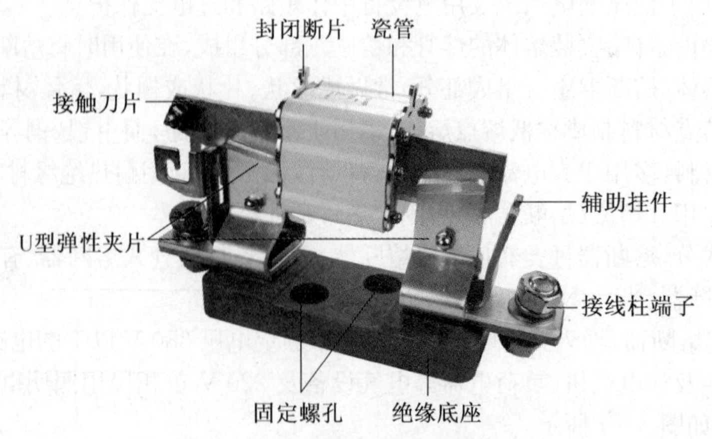

图 3-6 有填料封闭管式熔断器

(4) 螺旋式熔断器：螺旋式熔断器应用于交流电压 380 V 电流 200 A 以内的电力线路和用电设备中作短路保护，如图 3-7 所示，特别是在机床电路中应用比较广泛。

图 3-7　螺旋式熔断器

选择低压熔断器时，一般应遵循以下原则：

(1) 根据线路要求、适用场合和安装条件确定熔断器的类型；如 RM、RL 系列熔断器主要用于保护电动机；RM、RC(照明)系列熔断器主要用于容量不大，短路电流较小的电网中；RT 系列熔断器用于短路电流较大的配电电路中；

(2) 选择熔断器的规格时首先确定熔体的规格，再根据熔体规格选择熔断器的规格；

(3) 熔断器的保护特性与被保护对象的过载特性有良好的配合；

(4) 熔断器的额定电压大于等于实际电路的工作电压；

(5) 熔断器额定电流大于等于所装熔体的额定电流；

(6) 熔断器额定分断能力大于线路中可能产生的最大短路电流；

(7) 相关标准规定电路中的上、下级熔断器的配合要求，上、下级熔断器达到选择性保护时额定电流之比 1.6∶1 和 2∶1；

(8) 熔体额定电流 I_{RN}

① 照明电路中，熔体额定电流 I_{RN}大于等于被保护电路所有照明电器工作电流之和 I_{FN}。一般取 $I_{RN}=1.1I_{FN}$。

干线熔断器的熔体额定电流等于或稍大于各分支线熔断器的熔体额定电流之和。

各分支线熔断器的熔体额定电流等于或稍大于各照明灯的工作电流之和。

② 用于保护电动机的熔断器，为避开电动机起动电流而根据电动机类型、起动时间长短及其工作制等条件进行选择，过载保护主要由热继电器负责。

a. 不经常起动且起动时间较短的单台电机，熔体额定电流 I_{RN}大于等于电动机起动电流 $I/(2.5\sim3)$；

b. 经常起动且起动时间较长的单台电机，熔体额定电流 I_{RN}大于等于电动机起动电流 $I/(1.6\sim2)$；

c. 多台电机，熔体额定电流 I_{RN}大于等于容量最大的电动机起动电流 $I/(2.5\sim3)$与其余电机的额定电流之和。

在使用时熔断器时，熔断器的三相线路分别连接到三相交流电源 L1、L2、L3 上，分别对三相电路进行限流保护，接线如图 3-8 所示。

安装低压熔断器时，需要注意以下事项：

(1) 安装前应检查所安装的熔断器的型号、额定电流、额定电压、额定分断能力、所配装的熔体的额定电流等参数是否符合被保护电路所规定的要求；

(2) 安装时熔断器装在各相线/单相线路的中性线；不允许装在三相四线中性线/接零保护的零线；

(3) 熔断器一般垂直安装以保证接触刀或接触帽与其相对应的接触片、夹接触良好，避免产生电弧，造成温度升高而引起的熔断器误动作和周围电器元件损坏；

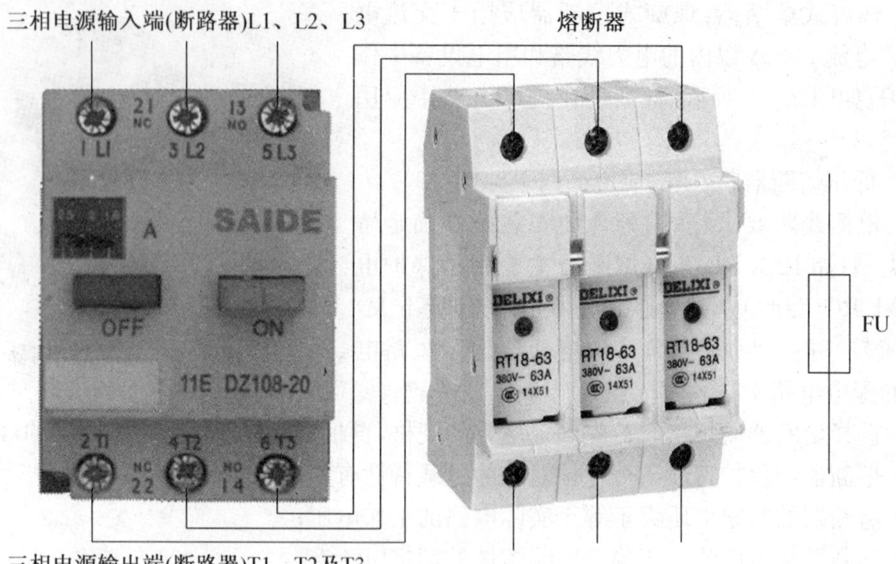

图 3-8 熔断器的接线及电气符号

(4) 安装熔体时不让熔体受机械损伤,不宜用多根熔丝绞合在一起代替较粗的熔体;

(5) 螺旋式熔断器的进线接底座的中心点,出线接螺纹壳;

(6) 熔断器两端的连接线应连接可靠,螺钉应拧紧;

(7) 熔断器所安装的熔体熔断后,应由专职人员更换同一规格、型号的熔体;

(8) 定期检修设备时,对已损坏的熔断器应及时更换同一型号的熔断器。

子任务 3 接触器

用来自动地接通或断开大电流电路的电器称为接触器。按主触点连接回路形式不同,接触器可分为交流接触器和直流接触器。按操作机构不同,接触器可分为电磁式接触器、永磁式接触器等。其中 CJX1 系列与 CJX2 系列小容量交流接触器分别如图 3-9、图 3-10 所示。

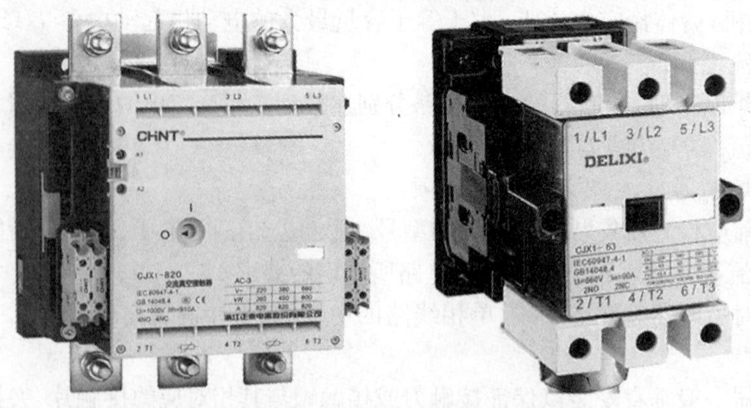

图 3-9 CJX1 系列小容量交流接触器

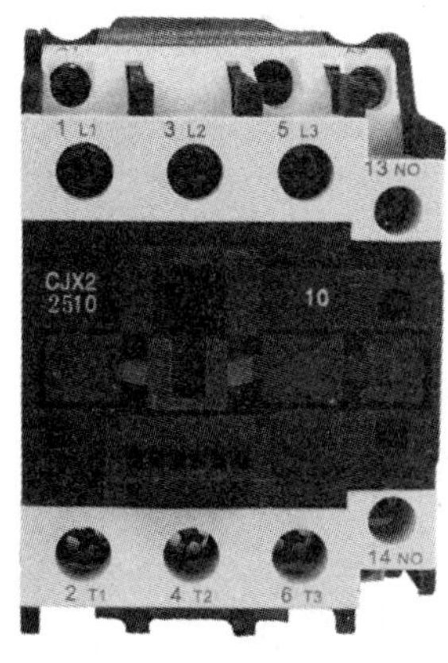

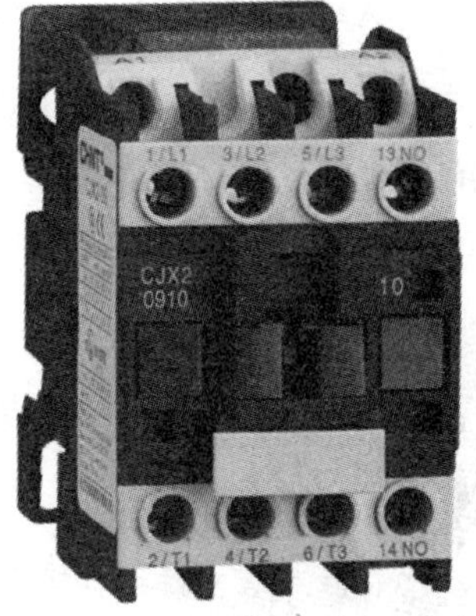

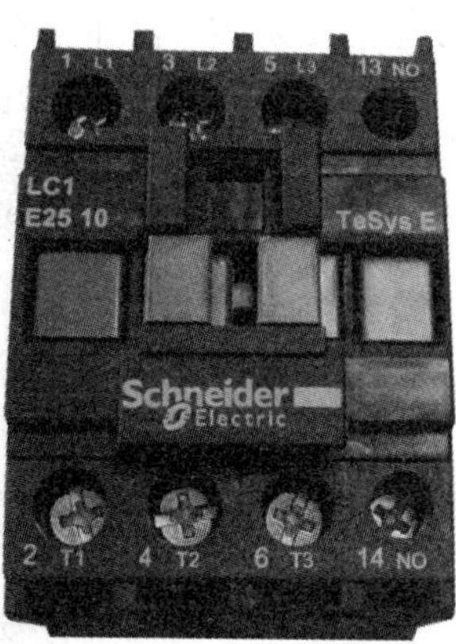

图 3-10　CJX2 系列小容量交流接触器

接触器主要由触点系统、电磁机构、灭弧装置组成。接触器的电磁机构是利用通电线圈在铁心中产生磁场，而磁场又对磁性材料产生吸力的原理制造的机构。当线圈得电后，线圈产生磁场使静铁心产生电磁吸力将衔铁吸合。衔铁带动动触点动作，使常闭触点先断开，常开触点后闭合，分断或接通相关电路。反之，线圈失电时，电磁吸力消失，衔铁在反作用弹簧的作用下释放，各触点随之复位。换句话说，交流接触器主触点的动触点装在与衔铁相连的连杆上，静触点固定在壳体上。交流接触器利用主触点接通主电路，用常开常闭辅助触头导通控制回路。接触器的电气符号如图 3-11 所示。

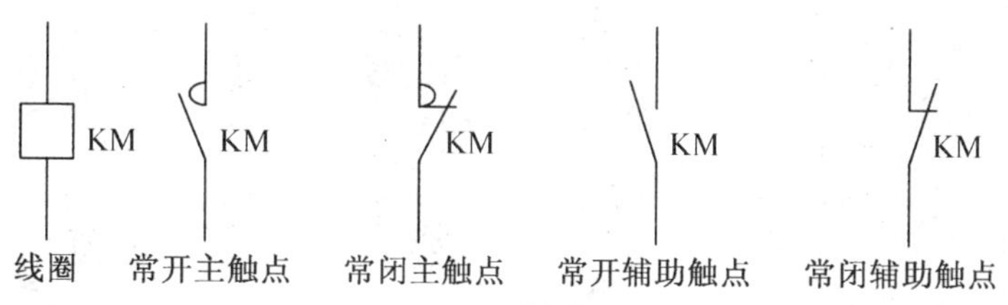

图 3-11　交流接触器电气符号

交流接触器的主要技术参数有极数和电流种类，额定工作电压、额定工作电流（或额定控制功率）、额定通断能力、线圈额定电压、允许操作频率、使用寿命、接触器线圈的起动功率和吸持功率、使用类别等。

选择交流接触器时，应注意以下事项：

（1）根据接触器所控制负载的工作任务选择相应类别接触器。

（2）根据负载功率和操作情况确定接触器主触头电流等级。

（3）根据接触器主触头接通与分断主电路电压等级决定接触器的额定电压。

（4）接触器吸引线圈额定电压由所接控制电路电压确定。触头数和种类应满足主电路和控制电路要求。

安装接触器时触头部分应平整，不应有金属碎屑或杂物，触头的接触紧密且各触头的分合顺序正确。CJX2 系列交流接触器的主体接线如图 3-12 所示，如果控制电路有自锁或互锁，则还需从交流接触器控制电路的常开辅助触头常闭辅助触头的端子接线。

用数字式万用表判断接触器的触头接线如图 3-13 所示。

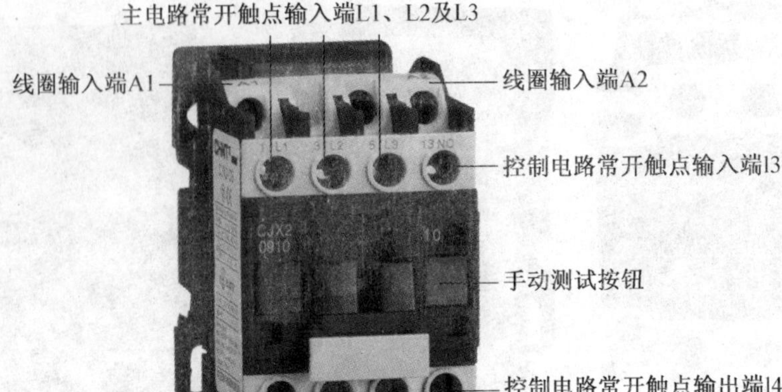

图 3-12 CJX2 系列交流接触器的主体接线

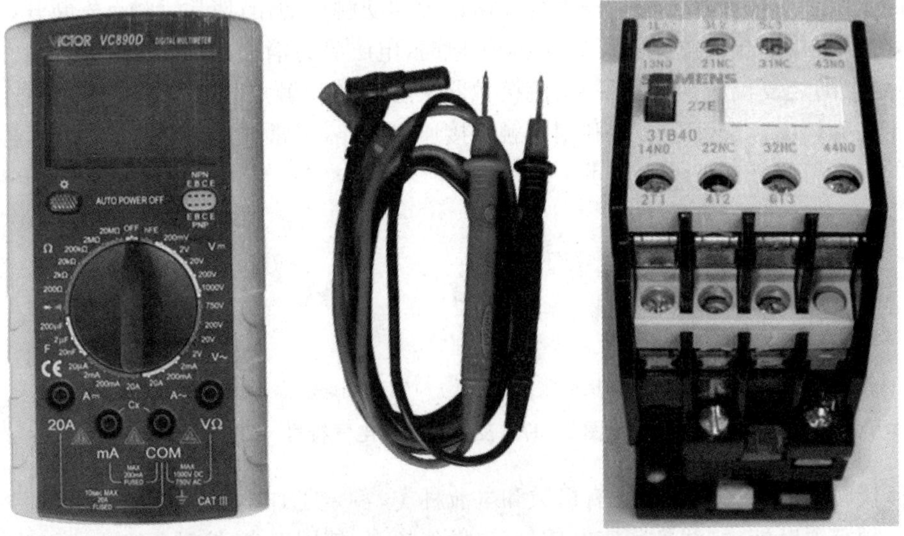

图 3-13 用数字式万用表判断接触器的触头接线

子任务 4 继电器

继电器是利用各种物理量的变化，将电量或非电量信号转化为电磁力或使输出状态发生阶跃变化，从而通过其触头或突变量促使在同一电路或另一电路中的其他器件或装置动作的控制元件。

继电器的种类很多，按用途可分为控制继电器、保护继电器、中间继电器等；按照原理可分为电磁式继电器、感应式继电器、热继电器等；按照参数可分为电流继电器、电压继电器、速度继电器、压力继电器等；按照动作时间可分为瞬时继电器、延时继电器等；按照输出形式可分为有触点继电器、无触点继电器等。

继电器主要用于各种控制电路中进行信号传递、放大、转换、联锁等，控制主电路和辅助电路中的器件或设备按预定的动作程序进行工作，实现自动控制和保护目的。

继电器在使用时一般由继电器和继电器底座组合而成，继电器底座可快速安装在导轨上并能把线圈和触电接点引出到底座快速连接柱上，如图 3－14 所示，便于使用和接线。图 3－14 中继电器的“即拔即插”安装方式，大大节省了维修时间。在接线时要注意继电器底座和继电器插针的对应关系。用数字式万用表判断继电器的触头接线如图 3－15 所示。

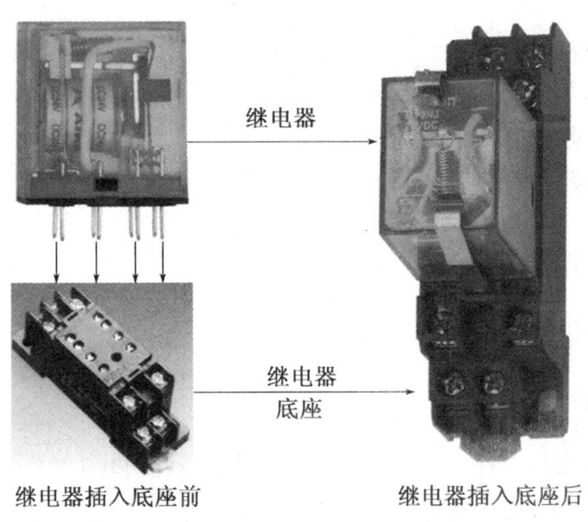

图 3－14　继电器“即拔即插”的安装方式

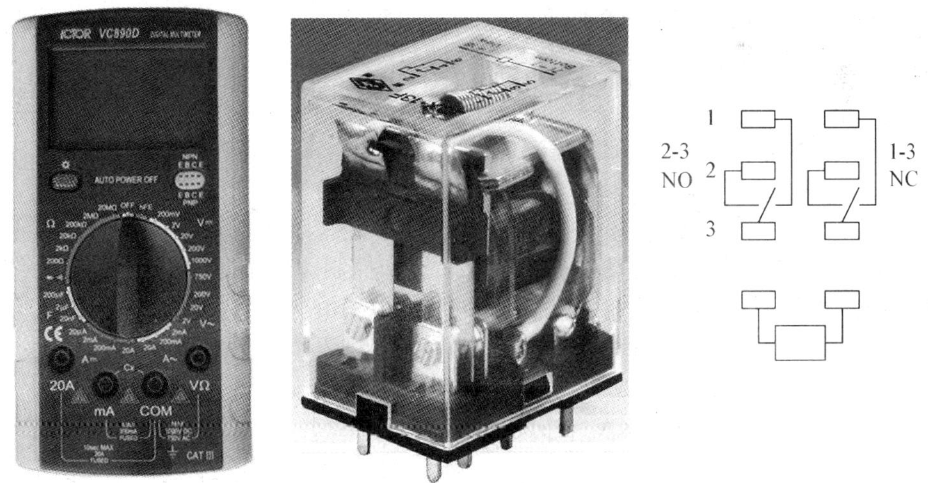

图 3－15　用数字式万用表判断继电器的触头接线

电磁式继电器按输入信号不同分电压继电器、电流继电器、时间继电器、速度继电器和中间继电器。

电压继电器主要用于发电机、变压器和输电线的继电保护装置中作为过电压保护或低电压闭锁的启动原件。使用时，电压继电器的线圈并联在被测电路中，线圈匝数多、导线细、阻抗大。电压继电器电气符号如图 3－16 所示。

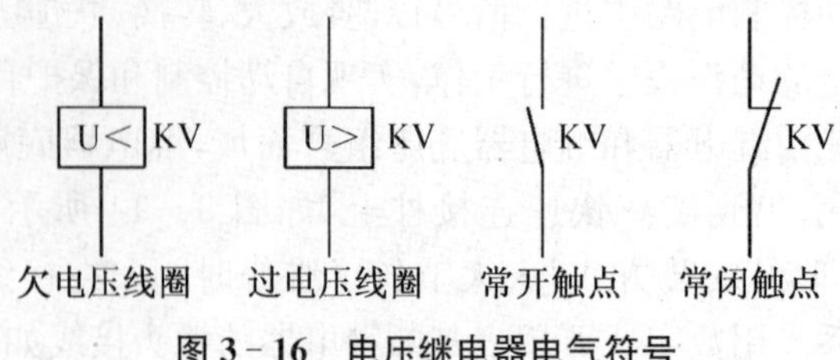

图 3－16　电压继电器电气符号

根据动作电压值不同，可分为欠电压继电器和过电压继电器两种。过电压继电器的电压升至整定值或大于整定值时，过电压继电器线圈通电，常开触点闭合，常闭触点断开；当电压降低到 0.8 倍整定值时，过电压继电器线圈断电，常开触点断开，常闭触点闭合。而低电压（欠电压）继电器电压降低到整定电压时，低电压继电器线圈通电，常开触点闭合，常闭触点断开。

电压继电器的主要型号有 DY、JY、NDY、DJ 及 LY 系列等。其中 DY－3×型电压继电器实物与接线如图 3－17 所示。

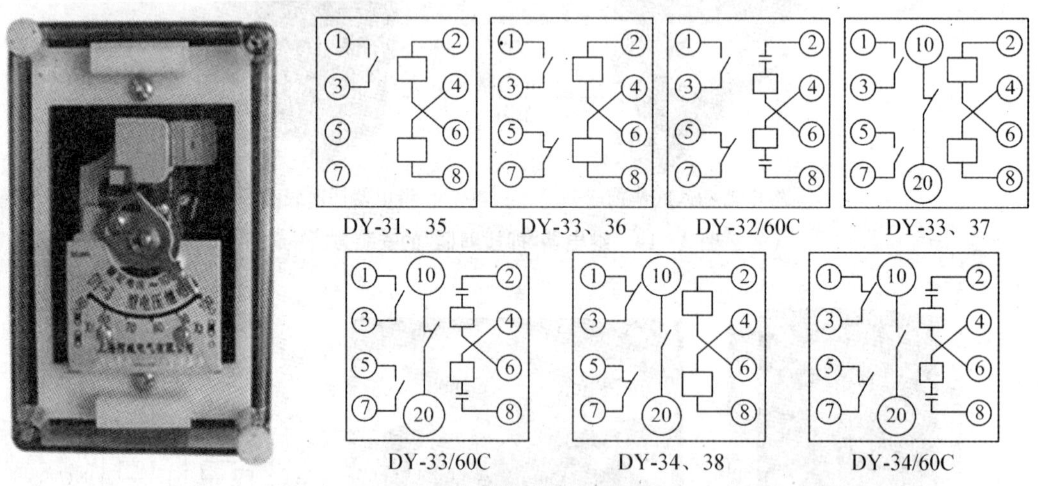

图 3－17　DY－3×型电压继电器实物与接线图

电流继电器主要用于电力拖动系统的电流保护和控制。使用时，电流继电器的线圈串联在被测电路中，线圈匝数少、导线粗、阻抗小。电流继电器电气符号如图 3－18 所示。

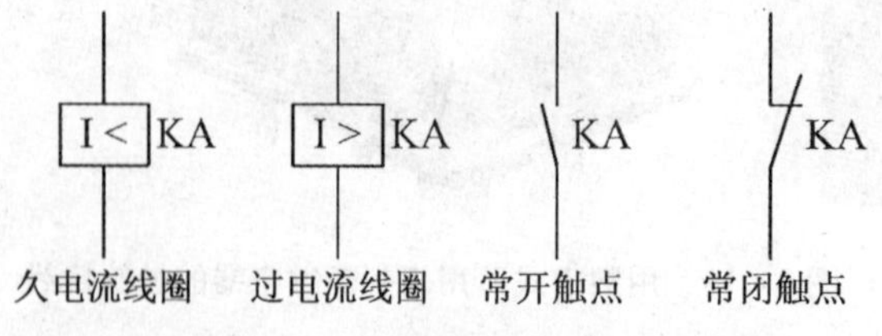

图 3－18　电流继电器电气符号

根据动作电流值不同，可分为欠电流继电器和过电流继电器两种。过电流继电器的电流升至整定值或大于整定值时，过电流继电器线圈通电，常开触点闭合而常闭触点断开；当电流降低到 0.8 倍整定值时，过电流继电器线圈断电，常开触点断开而常闭触点闭合。而欠电流继电器电流降低到整定电流时，欠电流继电器线圈通电，常开触点闭合，常闭触点断开。

电流继电器的型号主要有 DL、JL、JT 及 DFL 等系列，不同系列使用场合不同。其中 DL－1×型电流继电器实物与接线如图 3－19 所示。

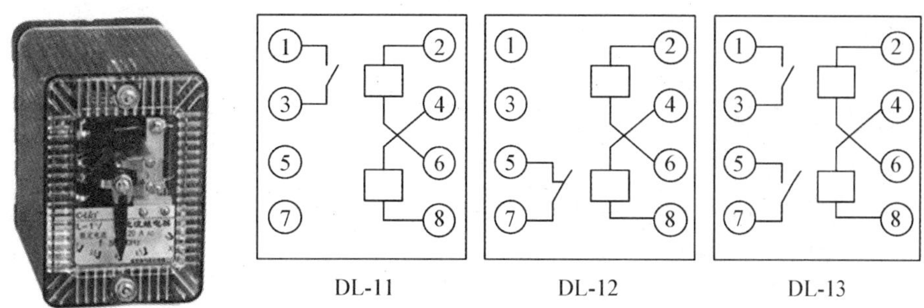

图 3－19　DL－1×型电流继电器实物图与接线图

时间继电器是从接收控制信号时间开始，经过一定延时后，触点才动作的继电器。时间继电器主要应用在需要时间顺序进行控制的电路中。时间继电器的电气符号图如图 3－20 所示。

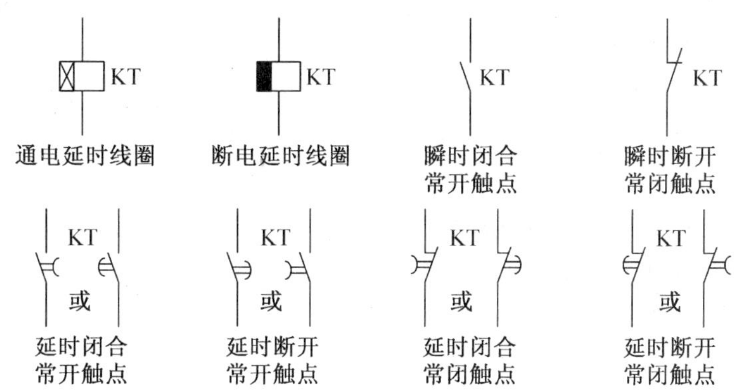

图 3－20　时间继电器的电气符号

时间继电器有通电延迟型时间继电器和断电延时型时间继电器之分。通电延迟型时间继电器在线圈通电一定时间后常开触点闭合，常闭触点断开。断电延时型时间继电器在线圈通电后常开触点立即闭合，常闭触点立即断开；在线圈断电一定时间后常开触点断开，常闭触点闭合。通电延迟型和断电延时型时间继电器组成元件相同，只需将电磁机构反转 180°安装即可。

时间继电器的型号主要有 JS、NJS、JSSZ、DH 及 ST3PA 等系列。数字式时间继电器 JS14P 实物与接线如图 3－21 所示。

速度继电器，又称反制动继电器，主要用于配合接触器实现三相异步电动机的反接制动。速度继电器常用于超速保护，即当电机超速时发出报警、限速或切断供电；也可检测零速以判别电机是否已停止。

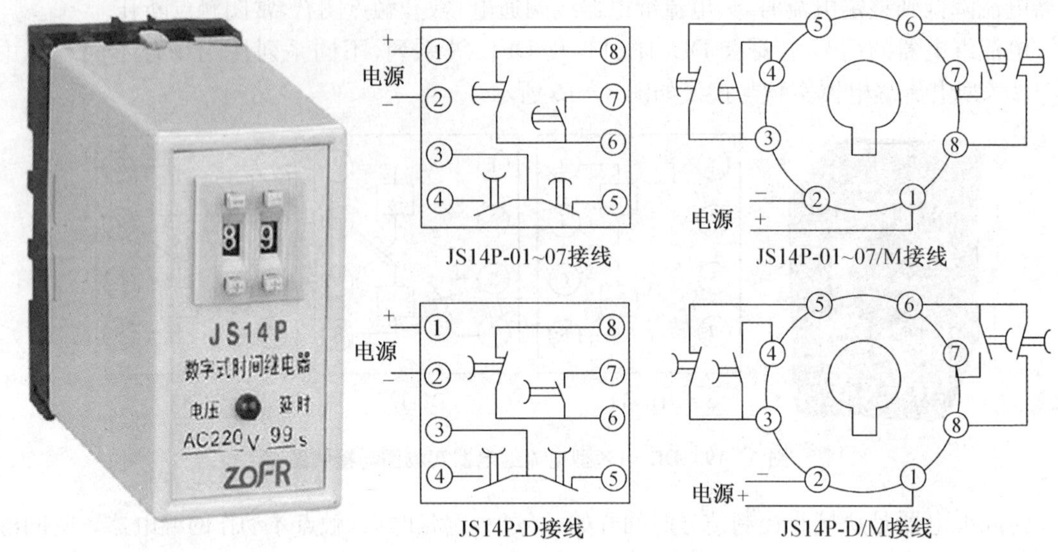

图 3－21　JS14P 时间继电器及其接线

当电机转动时，速度继电器转子随之转动，绕组切割磁场产生感应电动势和电流从而产生转矩，使定子向轴转动方向偏摆，通过摆锤拨动触点，使常闭触点断开、常开触点闭合。当电机转速下降到接近零时，转矩减小，摆锤在弹簧力作用下恢复原位，触点也复位。

速度继电器主要是根据所需控制的转速大小、触点数量和电压、电流选用。速度继电器的电气符号如图 3－22 所示。

安装速度继电器时，要注意速度继电器的转轴应与电动机同轴连接，且使两轴的中心线重合。速度继电器的轴可用联轴器与电动机的轴连接。安装接线时应注意正、反向触点不能接错，否则不能实现反接制动控制。金属外壳应可靠接地。

常用速度继电器型号 JY1、JMP-S、JFZ0 系列等。速度继电器 JY1 如图 3－23 所示。

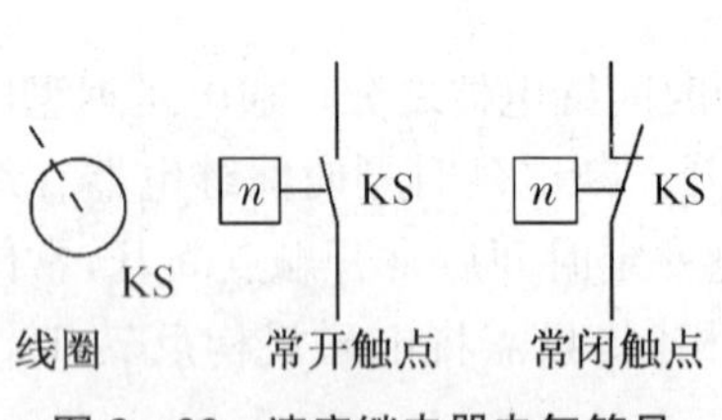

图 3－22　速度继电器电气符号

图 3－23　JY1 速度继电器

中间继电器用于在控制电路中传递中间信号。中间继电器的结构和原理与交流接触器基本相同，与接触器的主要区别在于接触器的主触头可以通过大电流，而中间继电器的触头只能通过小电流，故中间继电器一般没有主触点，只有数量较多的辅助触头且只能用于控制电路中。中间继电器的电气符号如图 3－24 所示。

中间继电器主要是根据控制电路的电压和对触点数量的需要来选择线圈额定电压等级及触点数目。中间继电器的型号主要有 JZ、DZK、JDZ、3TH、DZ 系列等，其中 JZ7 系列中间继电器实物及其接线分别如图 3－25、图 3－26 所示。

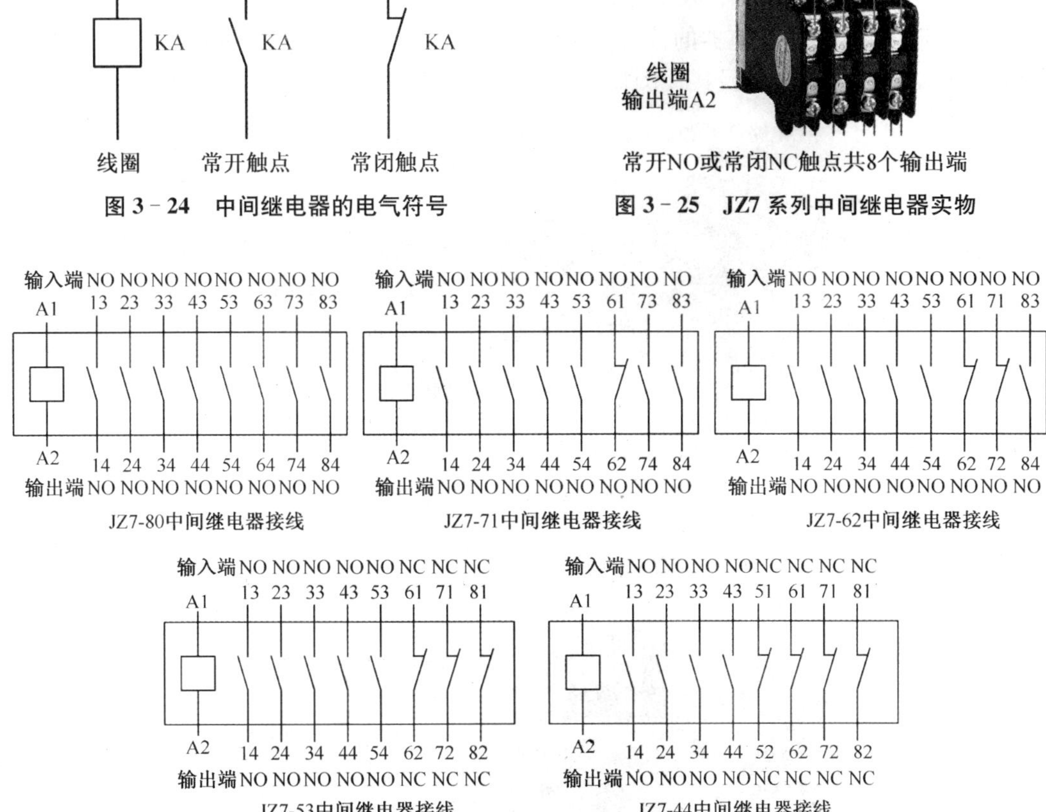

图3-24　中间继电器的电气符号

图3-25　JZ7系列中间继电器实物

图3-26　JZ7系列中间继电器接线

热继电器是利用电流的热效应原理来工作的保护电器。热继电器的电气符号如图3-27所示。热继电器由流入热元件的电流产生热量，使有不同膨胀系数的双金属片发生形变，当形变达到一定距离时，就推动连杆动作，使控制电路断开，使接触器失电，主电路断开实现电动机过载及过载保护。热继电器的工作原理如图3-28所示。

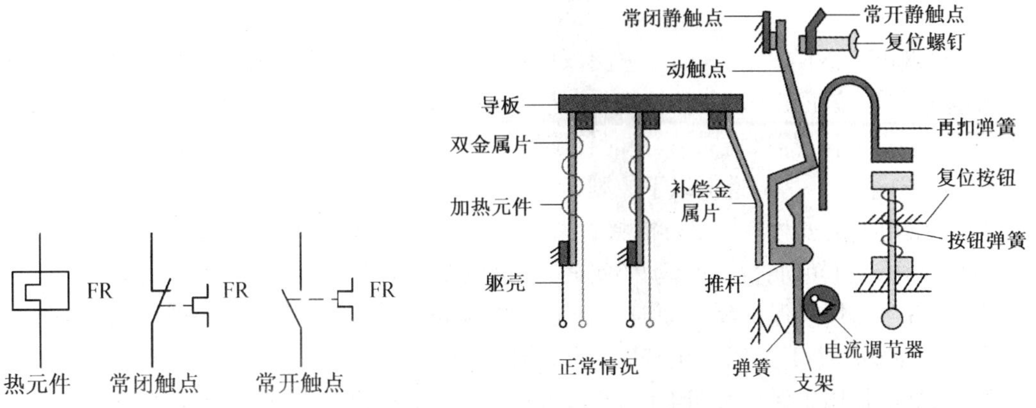

图3-27　热继电器的电气符号

图3-28　JR15系列热继电器工作原理

安装和使用热继电器时，注意将热继电器的热元件串接在主电路中，遵循上进下出的原则，而常开常闭触点串接在控制电路中。不同型号的热继电器与不同接触器相配合。热继电器的型号有 NR、JR、JRS、JRE、LR 等系列。

下面介绍两种常用热继电器的接线。热继电器 JR36－160 实物及接线如图 3－29 所示，而热继电器 NR4－12.5 实物及接线图如图 3－30 所示。

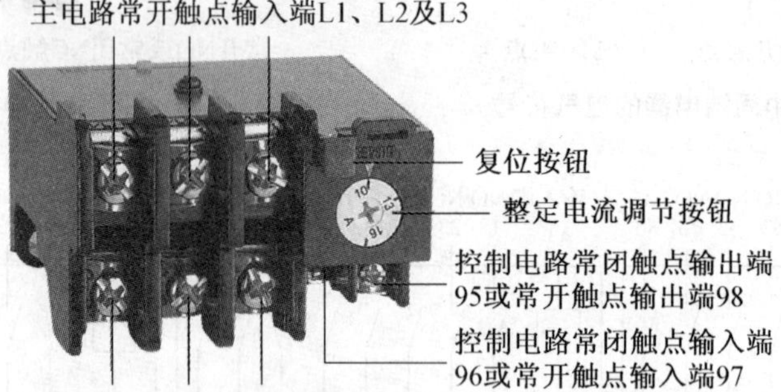

图 3－29 热继电器 JR36－160 实物及接线

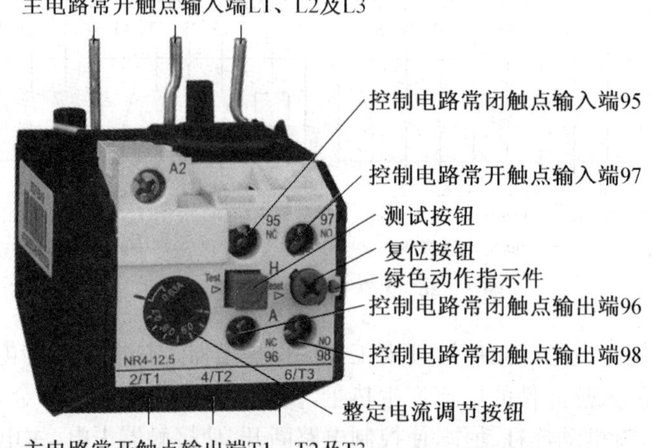

图 3－30 热继电器 NR4－12.5 实物及接线

按下热继电器 NR4－12.5 的红色测试按钮时，常闭触点 95、96 断开，常开触点 97、98 闭合；如果蓝色复位按钮在手动复位状态，绿色动作指示件弹出。蓝色按钮豁口指向 H 表示热继电器处于手动复位，豁口指向 A（逆时针旋转 90°）表示热继电器处于自动复位。

选择热继电器，一般应遵循以下原则：

（1）热继电器的安秒特性尽可能接近甚至重合电动机的过载特性，或在电动机的过载特性下，同时在电动机短时过载和起动的瞬间，热继电器不动作。

（2）热继电器用于保护反复短时工作制的电动机时，热继电器仅有一定范围的适应性。如短时间内操作次数很多，需选用带速饱和电流互感器的热继电器。

（3）热继电器用于保护长期工作制或间断长期工作制的电动机时，一般按电动机额定电流选用。如热继电器整定值等于 0.95～1.05 倍电动机额定电流，或热继电器整定电流中值等于电动机额定电流，然后再进行调整。

（4）正反转和通断频繁的特殊工作制电动机，不宜用热继电器。

（5）热继电器要安装在垂直平面上，且安装热继电器的地方不能有强烈的冲击与振动，否则需使用带防冲击装置的热继电器。

子任务5　主令电器

主令电器是主要用来发号施令，使接触器和继电器动作，以达到接通与分断控制电路的目的。主令电器一般分为按钮、行程开关与接近开关。

行程开关，也叫限位开关或位置开关，是利用生产机械运动部件的碰撞使其触头动作来实现接通或分断控制电路，以达到控制生产机械目的。通常，行程开关被用来限制机械运动的位置或行程，使运动机械按一定位置或行程自动停止、反向运动、变速运动或自动往返运动等。当被控对象运动部件上安装的撞块碰压到行程开关的推杆或滚轮时，推杆或滚轮被压下，行程开关的常闭触点先断开，常开触点后闭合，从而断开或接通控制电路。当撞块离开后，行程开关在复位弹簧的作用下恢复到原始状态。

行程开关可分为直动式行程开关、滚轮式行程开关和微动式行程开关等。其中直动式行程开关有 LX1、JLXK1 系列，滚轮式行程开关有 LX2、JLXK2 系列，而微动式行程开关有 LXW. 11、JLXK1. 11 系列。JW2、JW2A 行程开关如图 3－31 所示。

按钮是手动且可以自动复位的主令电器。按钮可分为启动按钮、停止按钮和复合按钮等。按钮在控制电路中用于手动发出控制信号以控制接触器、继电器等。按钮由钮帽、复位弹簧、桥式触点和外壳等组成。按下按钮帽时，常闭触点先断开，常开触点后闭合；松开按钮帽时，触点在弹簧作用下恢复到原来位置，常开触点先断开，常闭触点后闭合。按钮的电气符号如图 3－32 所示。

图 3－31　JW2、JW2A 行程开关

SB　SB　SB

常开触点　常闭触点　复合触点

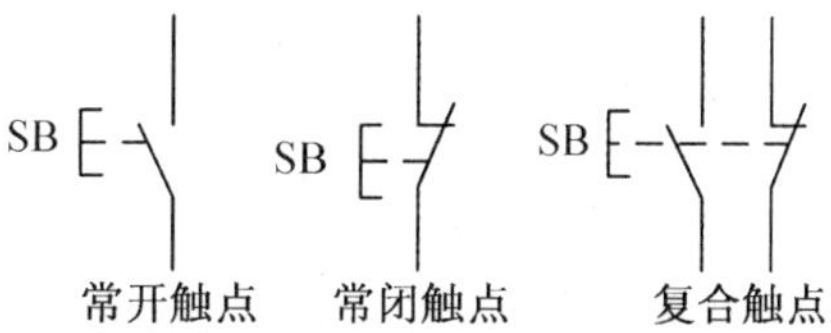

图 3－32　按钮的电气符号

子任务6 交流变压器

交流变压器(Transformer)是应用法拉第电磁感应定律而升高或降低电压的装置。交流变压器原边、副边之间的电流或电压比例,则取决于两方电路线圈的圈数。圈数较多的一方电压较高但电流较小,反之亦然。如果撇除泄漏等因素,变压器两方的电压比例相等于两方的线圈圈数比例,亦即电压与圈数成正比。因此可减小或者增加原线圈和副线圈的匝数比,从而升高或者降低电压,控制变压器与电气符号如图 3-33 所示。

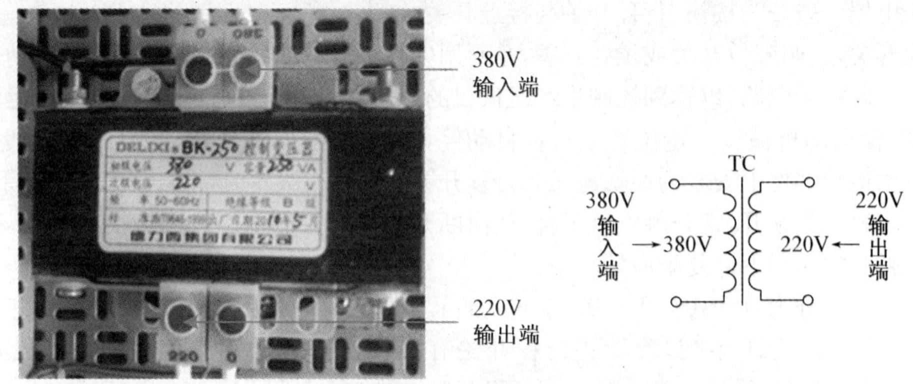

图 3-33 控制变压器与电气符号

子任务7 开关电源

开关电源(Switching Mode Power Supply)是一种高频化电能转换装置。其功能是将一种形式的电能转换为另一种形式的电能。

根据输入及输出电压形式不同,开关电源包括交流-交流变换器、交流-直流变换器、直流-交流变换器及直流-直流变换器,其中变频器、变压器属于交流-交流变换器,整流器是典型的交流-直流变换器,逆变器是典型的直流-交流变换器,电压变换器、电流变换器则属于典型的直流-直流变换器。

使用开关电源时,要注意以下事项:

(1) 开关电源的输入电压可以是 220 V 或者 110 V,根据电路设计合理选择输入电压挡位,否则会造成开关电源的损害。

(2) 注意分辨开关电源输出电压接线柱的地线端和零线端,并确保开关电源接地可靠。

如图 3-34 所示的开关电源右边接点中,下面三个接点接电源的输入端 220 V 交流电 L、N 和接地;上面四个点分别是两个 24 V 接点和 2 个公共端接点 COM,在接线操作中可以分别引出两组 24 V 直流电压供电。

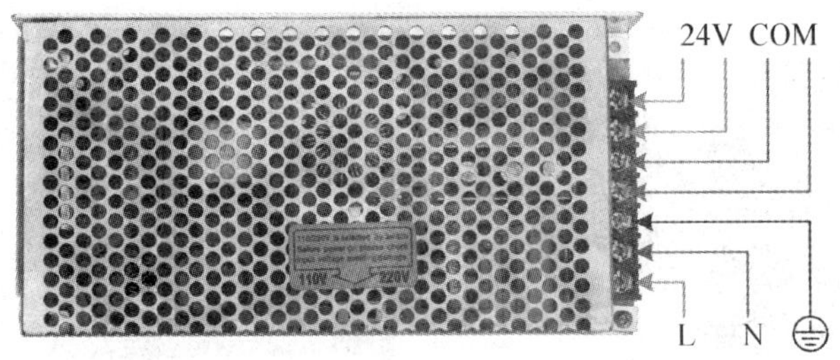

图 3-34 220 V 交流转变 24 V 直流整流器开关电源

任务 2 异步电动机的安装与调试

模块3任务2

【任务知识目标】

1. 了解目前异步电动机的结构及铭牌参数；
2. 掌握目前异步电动机的定子绕组接法；
3. 掌握小型三相异步电动机的拆卸与安装步骤；
4. 掌握小型异步电动机的安装与拆卸注意事项。

【任务技能目标】

1. 知道异步电动机铭牌参数的具体含义；
2. 会对异步电动机的定子绕组进行正确接线；
3. 会正确拆卸小型三相异步电动机；
4. 会正确安装小型三相异步电动机。

子任务 1 异步电动机的结构及铭牌参数

电动机种类可按防护形式、安装方式、绝缘等级、额定功率、电源电压、电源频率、运行特性、结构、用途等来分类。目前大部分以电动机功率来划分大类，并以其性能、用途、结构特征、形式等作补充细分。如功率 1 kW～100 kW 属于小型电动机；100 kW～103 kW 属于中型电动机。目前，最广泛应用的电动机是鼠笼式异步电动机，如图 3-35 所示。

异步电动机一般由定子、转子组成。其中定子铁心、定子绕组和机座构成定子；转子铁心、转子绕组和转轴组成转子。一般三相异步电动机的铭牌上有型号、定子绕组接法、额定功率、额定电压、额定电流、额定频率、额定转速、额定效率、额定功率因素、绝缘等级、工作制等，如图 3-36 所示。

图 3-35 异步电动机实物

图 3-36 三相异步电动机铭牌

目前电动机铭牌上定子绕组接法有星形和三角形两种，如图 3-37 所示。为便于接线，将电动机三相绕组六个出线端引到接线盒中。实际接线根据电动机绕组的额定电压和电源的电压来确定。额定电压 380 V/220 V 的定子绕组接法为星形 Y/三角形△，表明每相定子绕组的额定电压是 220 V，如果电源线电压 220 V，定子绕组则应接成三角形。如果电源线电压是 380 V，则应接成星形，切不可误将星形接错为三角形，否则每相绕组电压太大超过其额定值，电动机将被烧毁。另一种是额定电压 380 V 的定子绕组接法为三角形，表明每相定子绕组的额定电压是 380 V，适用于电源线电压 380 V 的场合。

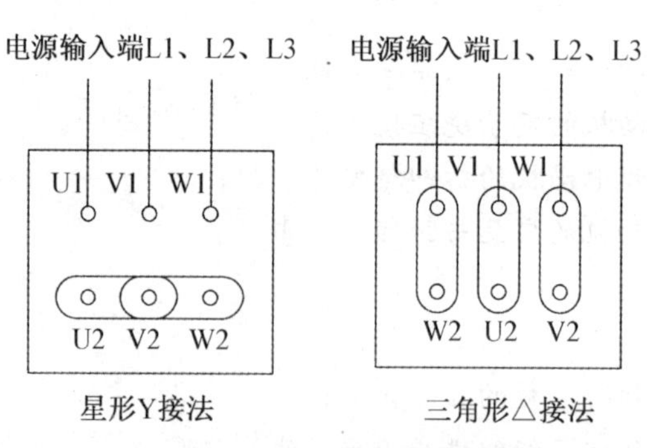

图 3-37 三相异步电动机的接法

电动机的工作制可分成连续工作制、短时工作制及断续周期工作制。其中连续工作制 S1 表示电动机按额定运行可长时间持续使用。短时工作制 S2 表示电动机只允许在标准规定的时间 10 min、30 min、60 min 和 90 min 内按额定运行使用。

一般情况下，电动机三相绕组的 6 个出线端分别接在电动机接线盒的 6 个接线柱上，接线柱标有数字或符号以表示电动机定子绕组的首尾，但使用电动机的过程中，接线板可能损坏，首尾分不清楚。采用适当的定子绕组首尾端判断方法为电动机的正确接线提供保障。下面介绍 3 种常用的定子绕组首尾端判断方法。

方法 1：用 36 V 交流电源和灯泡判断定子绕组首尾端

用 36 V 交流电源和灯泡判断定子绕组首尾端的具体操作步骤：

(1) 用万用表电阻挡分别找出三相绕组各相的两个线头。接线图如图 3-38 所示。

(2) 先给三相绕组的线头做假设编号 U1、U2、V1、V2、W1、W2，同时把 V1、U2 连接起来构成两相绕组串联。

(3) 在 U1、V2 线头上接一只灯泡。

(4) W1、W2 两个线头上接通 36V 交流电源，若灯泡发亮表明线头 U1、U2 和 V1、V2 编号正确。若灯泡不亮，则把 U1、U2 或 V1、V2 中任意两个线头的编号对调即可。

(5) 再按上述方法对 W1、W2 两个线头进行判别。

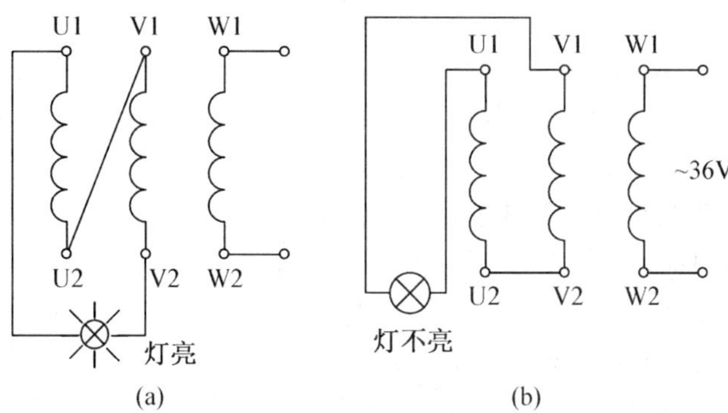

图 3-38　用 36V 交流电源和灯泡判别定子绕组首尾端

方法 2：用万用表或微安表判别定子绕组首尾端

用万用表或微安表判别定子绕组首尾端的具体操作步骤：

(1) 用万用表电阻挡分别找出三相绕组各相的两个线头。

(2) 给各相绕组假设编号为 U1、U2、V1、V2 和 W1、W2。

(3) 按图 3-39(a)、(b)接线，用手转动电动机转子，如万用表(微安挡)指针不动($i=0$)表明假设的编号正确；若指针有偏转($i\neq0$)，说明其中有一相首尾端假设编号不对。应逐相对调重试，直至正确为止。

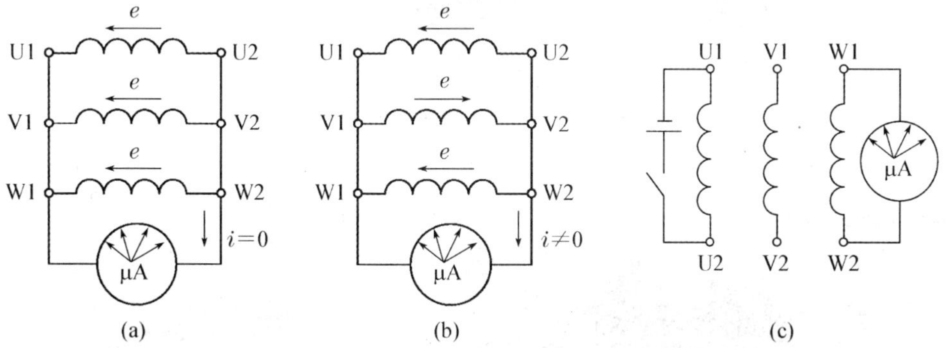

图 3-39　用万用表或微安表判别绕组首尾端方法

方法 3：用万用表或微安表判别定子绕组首尾端

用万用表或微安表判别定子绕组首尾端的具体操作步骤：

(1) 分清各相绕组两个线头，按图 3-39(c)接线并进行假设编号。

(2) 观察万用表(微安挡)指针摆动的方向。合上开关瞬间，若指针摆向大于零的一边，则接电池正极的线头与万用表负极所接的线头同为首端或尾端；如指针反向摆动，则接电池正极的线头与万用表正极所接的线头同为首端或尾端。

(3) 再将电池和开关接另一相两个线头进行测试，就可正确判别各相的首尾端。图 3-39(c)中开关可用按钮开关。

子任务2 小型三相异步电动机的拆卸

1. 小型三相异步电动机拆装前准备工作

(1) 必须断开电源,拆除电动机与外部电源的连接线,并标好电源线在接线盒的相序标记,以免安装电动机时搞错相序。

(2) 检查拆卸电动机的专用工具是否齐全,拆卸工具如图 3-40 所示。

2. 小型异步电动机拆卸步骤

(1) 拆卸皮带轮或联轴器。

① 在带轮(或联轴器)的轴伸端上做好安装时的复原标记。

② 将三爪拉具的丝杆尖端对准电动机轴端的中心,挂住带轮(或联轴器),使其受力均匀,把带轮(或联轴器)慢慢拉出。

③ 用合适工具将固定皮带轮(或联轴器)的销子拆下。

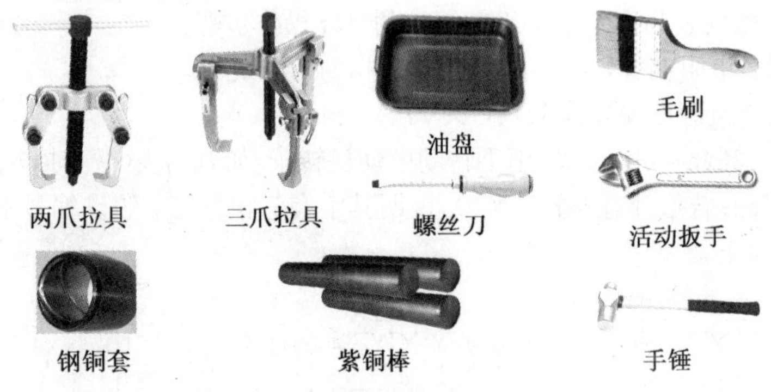

图 3-40 拆卸电动机的专用工具

(2) 拆卸风罩,如图 3-41 所示。用螺丝刀将风罩四周的螺栓拧下,用力将风罩往外一拔便可脱离机壳,同时把螺栓放入盒子以免丢失拆下的电动机配件螺栓。

图 3-41 拆卸风罩

(3) 拆卸风扇，如图 3－42 所示。取下转轴尾部风叶上的定位销或螺钉，用金属棒或手锤在风叶四周均匀地轻敲，取下风扇。

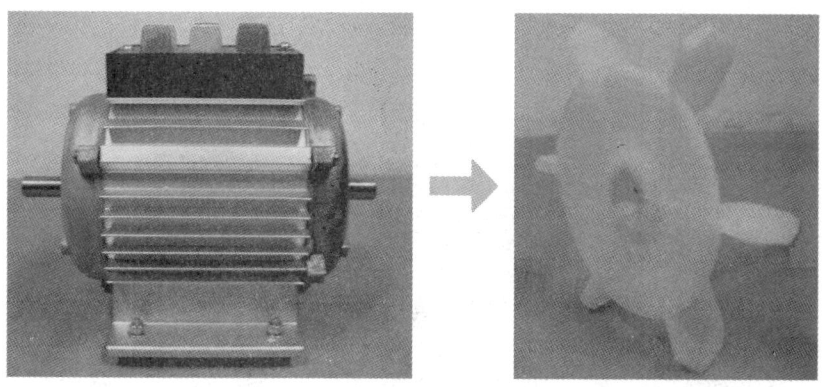

图 3－42　拆卸风扇

(4) 拆卸前端盖螺钉和后端盖螺钉。

(5) 拆卸后端盖，如图 3－43 所示。用木锤敲打轴伸端使后端盖脱离机座；当后端盖稍与机座脱开后，即可把后端盖连同转子一起抬出机座。

图 3－43　拆卸后端盖

(6) 拆卸前端盖，如图 3－44 所示。用硬杂木条从后端伸入，顶住前端盖的内部敲打，取下前端盖。

图 3－44　拆卸前端盖

(7) 取后端盖(包含拆卸转子),如图 3－45 所示。用木锤均匀敲打后端盖四周,即可取下。拆卸小型电动机的转子时,一手握住转子把转子拉出一些,随后用另一只手托住转子铁心渐渐往外移,切记移动过程中不能碰伤定子绕组。

图 3－45 取后端盖

(8) 拆电动机轴承:选择适当的拉具,使拉具的脚爪紧扣在轴承内圈上,拉具的丝杆顶点对准转子轴的中心,缓慢均匀地扳动丝杆,轴承就会逐渐脱离转轴被拆卸下来。轴承拆卸的定子结构如图 3－46 所示。

图 3－46 定子结构

3. 小型三相异步电动机安装步骤

在组装前应清洗电动机内部的灰尘,清洗轴承并加足润滑油。

(1) 在转轴上装上轴承、后端盖。可先安装后端盖一侧轴承、后端盖,再安装另一侧轴承用木棒均匀敲打后端盖四周,即可装上。安装轴承的具体方法是用紫铜棒将轴承压入轴颈,要注意使轴承内圈受力均匀,切勿总是敲击一边或敲轴承外圈。

(2) 安装转子时用手托住转子慢慢移入定子中,以免损伤转子表面。

(3) 安装后端盖时用木棒均匀敲打后端盖四周与后端盖三个耳朵使螺丝孔对准标记,再用螺栓固定后端盖。

(4) 安装前端盖时用木棒均匀敲打前端盖四周与后端盖三个耳朵使螺丝孔对准标记,再用螺栓固定前端盖。

(5) 安装风扇和风罩时，先用木锤敲打风扇，再安装风扇固定销，最后安装风罩。

(6) 安装皮带轮或联轴器时，先安装皮带轮(或联轴器)固定销，再安装皮带轮(或联轴器)。

4. 拆装小型三相异步电动机的操作注意事项

(1) 拆卸带轮或轴承时，要注意使用拉具。

(2) 电动机解体前，要做好记号，以便组装。

(3) 端盖螺钉松动与紧固必须按对角线上下左右依次旋动。

(4) 不能用锤子直接敲打电动机的任何部位，只能用紫铜棒在垫好木块后再敲击或直接用木锤敲打。

(5) 抽出转子或安装转子时动作要小心，不可擦伤定子绕组。

(6) 装配后要检查电动机转子转动是否灵活，有无卡阻现象。

子任务 3　异步电动机装配后的检验

电动机装配后必须对电动机进行必要的检测和试验以检验电动机质量是否符合要求。

1. 外观检查

电动机在试验开始前，要先进行一般性的检查。检查电动机的装配质量，各部分的紧固螺栓是否拧紧，引出线的标记是否正确，转子转动是否灵活，轴伸端径向有无偏摆的情况。在确认电动机的一般情况良好后，才能进行试验。

2. 测定绝缘电阻

测量时将定子绕组的六个线头拆开。测定电动机定子绕组相与相、相对地的绝缘电阻值≥5 MΩ。对于绕线式电动机还应测量转子绕组间和绕组对地的绝缘电阻值≥5 MΩ。

3. 绕组直流电阻测量

测量电动机定子绕组的直流电阻可用来检查定子绕组有无断路和局部短路情况，各绕组直流电阻可使用直流双臂电桥测量。电动机定子三相绕组的直流电阻不平衡值≤5%，如相差较大可能有局部短路，需要用短路测试器进行仔细检查。

4. 空载试验

经上述检查合格后，根据电动机铭牌与电源电压进行正确接线，并在机壳上接好接地线，接通电源进行空载试验，空载试验是在定子绕组上施加额定电压，使电动机不带负载运行。空载试验是测定电动机的空载电流和空载损耗功率。利用电动机空转检查电动机的装配质量和运行情况。注意试验中空载电流变化，测定三相空载电流是否平衡，空载电流与额定电流百分比是否超过范围，要求空载试验 1 小时以上。同时，还应检查电动机是否有杂声、振动，检查铁心是否过热、轴承的温升及运转是否正常。起动过程中，要慢慢升高电压，以免过大的起动电流冲击仪表。修理时也可用钳形电流表测定空载电流。三相空载电流不平衡值应不超过 5%，如相差较大或有嗡嗡声，则可能是接线错误或有短路现象。如空载电流过大，表明定子与转子间气隙超过允许值或定子绕组匝数太少。若空载电流过低，表明定子绕组匝数太多或三角形误联成星形、两路误接成一路等。

5. 用转速表测量电动机的转速

用转速表测量电动机的转速以确认电动机的绕组接线是否正常，转速是否符合铭牌数据要求。

6. 电动机的温升试验

温升试验须在电动机满载运行时进行，从电动机开始运转到电动机温度稳定需几个小时，当电动机温度稳定后，用温度计测出电动机的表面温度。测得的温度加上 10 ℃约为电动机的内部绕组温度，内部绕组温度减去环境温度就是电动机的温升。温升应符合铭牌数据要求。

任务3　低压电气的基本控制电路

模块3任务3

【任务知识目标】

1. 掌握三相异步电动机的全压起动控制电路；
2. 掌握三相异步电动机的降压起动控制电路；
3. 掌握三相异步电动机的制动控制电路；
4. 掌握典型数控机床的电气控制线路。

【知识技能目标】

1. 会正确接线异步电动机的全压起动控制电路；
2. 会正确接线异步电动机的降压起动控制电路；
3. 会正确接线异步电动机的制动控制电路；
4. 会正确接线典型数控机床的电气控制线路。

子任务1　三相异步电动机的全压起动控制电路

三相异步电动机的控制电路主要由接触器、继电器、按钮、开关等有触头的电器组合而成，具有结构简单、成本低廉、运行可靠等优点而广泛应用。

电动机通电后由静止状态逐渐加速到稳定运行状态过程称为三相异步电动机起动。三相异步电动机的起动方法分全压起动和降压起动。

全压起动，也称直接起动，是通过开关或接触器将额定电压全部加到电动机定子绕组上使电动机起动的方式，如图 3－47 所示。全压起动具有操作控制简单、电气设备少、运行可靠的优点，但起动电流较大会导致电网电压降低而影响其他用电设备的稳定运行，故全压起动仅用于小容量电动机。

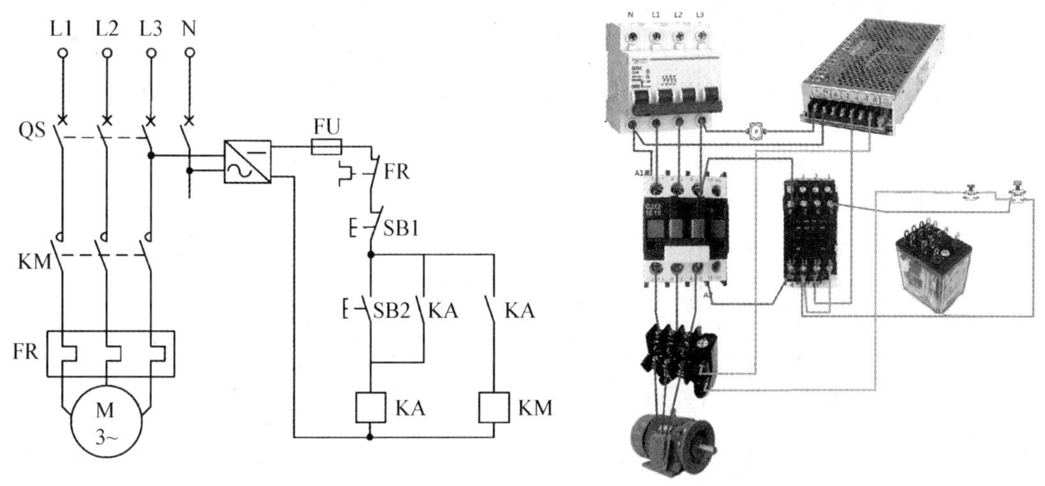

图 3-47　电动机全压起动控制电路与实物接线

1. 通过接触器互锁控制电动机正反转

接触器互锁正反转控制电路如图 3-48 所示，接触器互锁正反转控制电路用到了两个接触器，分别用于控制电动机的正反转。根据互锁原理，两个接触器不能同时接通，否则会引起电源短路。

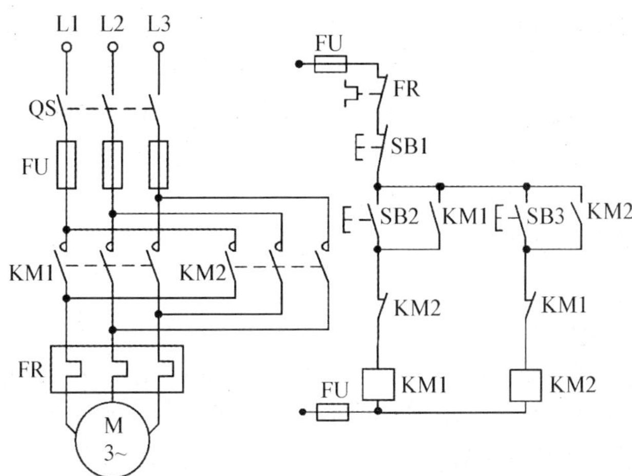

图 3-48　接触器互锁正反转控制电路

接触器互锁正反转控制电路的工作原理如下：在闭合 QS 刀开关的前提下，若按下正转按钮 SB2，正转接触器 KM1 线圈得电并自锁。KM1 主触点闭合接通主电路，输入电源相序为 L1、L2、L3，使得电动机 M 正转。同时，KM1 常闭触点断开，保证 KM2 线圈不会得电。

同样地，在闭合 QS 刀开关的前提下，若按下反转按钮 SB3，反转接触器 KM2 线圈得电并自锁。KM2 主触点闭合接通主电路，输入电源相序 L1、L3、L2，使得电动机 M 反转。同时，KM2 常闭触点断开，保证 KM1 线圈不会得电。

按下停止按钮 SB1，接触器 KM1 或 KM2 线圈失电，KM1 或 KM2 主触点断开，电动机 M 停转。

2. 通过按钮互锁控制电动机正反转

按钮互锁正反转控制电路如图 3-49 所示，按钮互锁正反转控制电路用到了两个复合按钮与两个接触器，分别用于控制电动机的正反转。

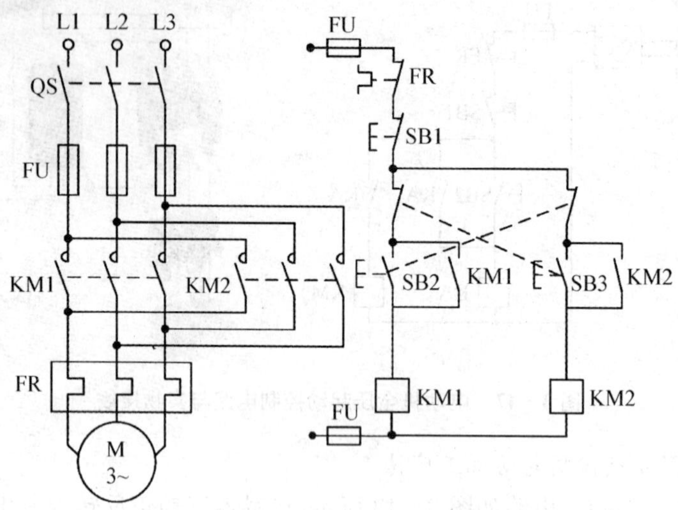

图 3-49 按钮互锁正反转控制电路

按钮互锁正反转控制电路的工作原理如下：在闭合 QS 刀开关的前提下，若按下正转起动按钮 SB2，接触器 KM1 线圈得电并自锁。KM1 主触点闭合接通主电路，输入电源相序为 L1、L2、L3，使得电动机 M 正转。同时复合按钮 SB2 的常闭触点断开，切断 KM2 线圈支路。在闭合 QS 刀开关的前提下，若按下反转起动按钮 SB3，SB3 的常闭触点断开，接触器 KM1 线圈失电，KM1 主触点断开，电动机 M 停转。同时 KM2 线圈得电并自锁，KM2 主触点闭合接通主电路，输入电源相序为 L1、L3、L2，使得电动机 M 反转。

按下停止按钮 SB1，接触器 KM1 或 KM2 线圈失电，KM1 或 KM2 主触点断开，电动机 M 停转。

3. 通过按钮、接触器双重互锁控制电动机正反转

双重互锁正反转控制电路如图 3-50 所示，双重互锁控制正反转的电路用到了复合按钮的机械互锁与接触器的电气互锁。双重互锁不仅克服了接触器互锁不能直接从正转过渡到反转的缺陷，而且克服了按钮互锁很容易产生短路事故的缺点，实现了能安全可靠地从正转直接过渡到反转的控制要求。

4. 顺序控制

生产机械中多台电动机按预先设计好的次序先后起动或停止的控制称为顺序控制。常见的顺序控制有顺序起动、同时停止和同时起动、顺序停止两种情况。

(1) 顺序起动、同时停止

如图 3-51 所示，控制线路是通过接触器 KM1 的“自锁”触点来制约接触器 KM2 的线圈的。只有在 KM1 动作后，KM2 才允许动作。而右图控制线路是通过接触器 KM1 的“互锁”触点来制约接触器 KM2 的线圈的，也只有 KM1 动作后，KM2 才允许动作。

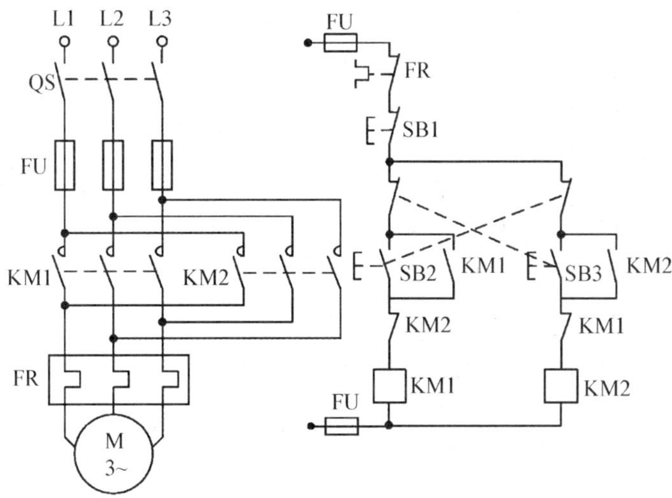

图 3-50　双重互锁正反转控制电路

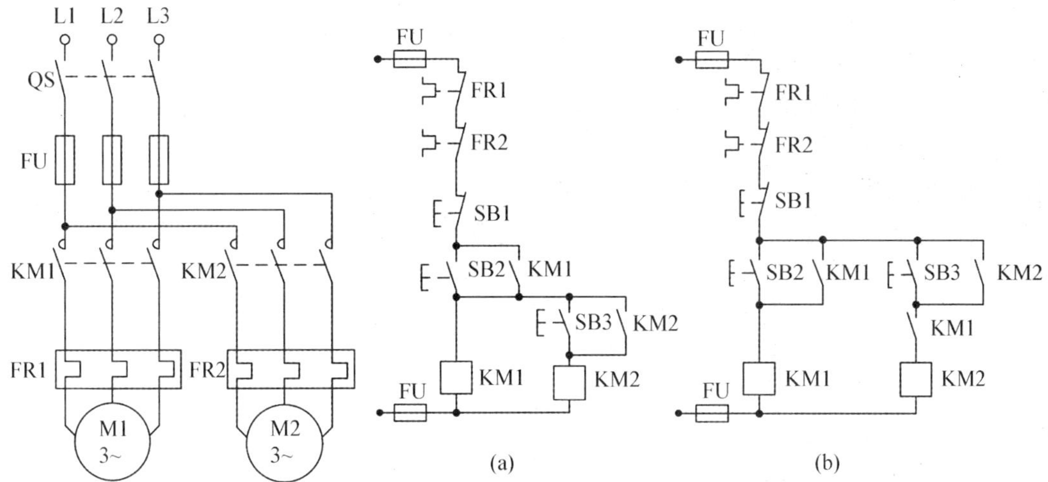

图 3-51　顺序起动、同时停止控制回路

(2) 同时起动、顺序停止

同时起动、顺序停止的控制回路如图 3-52 所示，电动机 M1 停止后才允许停止电动机 M2。

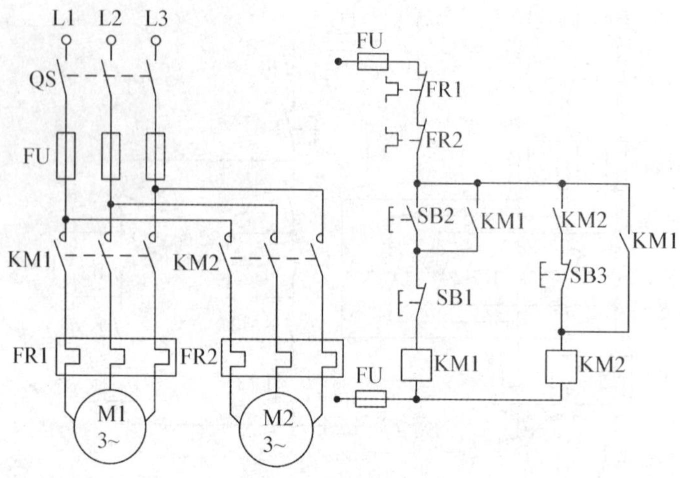

图 3-52 同时起动、顺序停止控制回路

5. 行程控制

以行程开关代替按钮用以实现对电动机的起停控制称为行程开关。若在预定位置电动机需要停止,则将行程开关安装在相应位置处,其常闭触点串接在相应的控制电路中。当机械装置运动到预定位置时行程开关动作,其常闭触点断开相应的控制电路,电动机停转,机械运动也停止。若要实现机械装置停止后立即反向运动,则应将此行程开关的常开触点并联在另一个控制回路的起动按钮上,当行程开关动作时,常闭触点断开了正向运动控制的电路,同时常开触点又接通了反向运动的控制电路,从而实现了机械装置的自动往返循环运动。

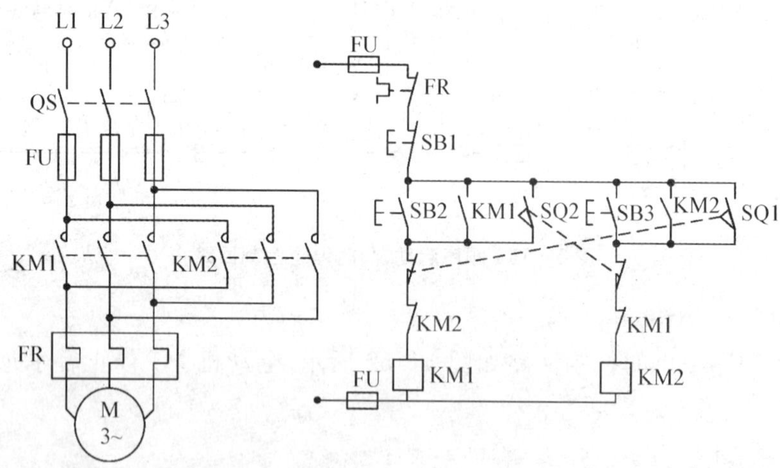

图 3-53 控制小车的自动往返控制回路

如图 3-53 所示,控制小车的自动往返控制的工作原理如下:在合上电源开关 QS 的前提条件下,若按下前向运动起动按钮 SB2,接触器 KM1 线圈得电并自锁,KM1 主触点闭合,电动机正转,小车向前运行。当小车运行到左端终端位置时,因小车上的挡铁碰撞行程开关 SQ1,使 SQ1 的常闭触点断开,KM1 线圈断电,主触点释放,电动机也将断电,使小车停止前进。此时即使再按下 SB1,KM1 线圈也不会得电,保证小车不会超出 SQ1 位置。行程开关 SQ1 常闭触点断开,SQ1 复合常开触点闭合,接触器 KM2 得电并自锁,KM2 主触点闭合使电动机电源

相序改变，电动机由正转改变为反转，使得小车向右运动。小车挡铁离开 SQ1，SQ1 复位，为下一次 KM1 动作做好准备。小车运行到右端终端位置时，小车挡铁碰撞行程开关 SQ2，使 SQ2 常闭触点断开，KM2 线圈断电，主触点释放，电动机断电。同时 SQ2 常开触点闭合使得 KM1 得电，KM1 主触点闭合使电动机正转。如此周而复始的自动往返运动，当按下停止按钮 SB1 时，电动机停止转动，小车也停止运动。

子任务2　三相异步电机的降压起动控制电路

由于大型笼式异步电动机的容量较大（大于等于 4kW），直接起动时起动电流为额定电流的 4～8 倍，会导致降低电网电压，引起电动机转矩降低，甚至起动困难，同时还会影响电网中的其他设备，所以大容量异步电动机是不允许全压起动的。

电动机起动时降低加在电动机定子绕组上的电压，起动后再恢复到正常电压运行称为降压起动。降压起动常用方法有定子绕组串电阻、星形/三角形（Y/△）起动等。

定子绕组串电阻降压起动电路是电动机起动时，在主电路的三相定子绕组电路串接入电阻 R，使加在电动机绕组上的电压降低。起动完成后，再将这个串接的电阻“短路”，即用导线（或触点机构）将此电阻两端的接点在跨过电阻后直接“跨接”，使电动机获得额定电压后正常运行。

如图 3－54 所示，定子绕组串电阻降压起动控制线路原理：起动时按下起动按钮 SB2，接触器 KM1 线圈得电并自锁，KM1 主触点闭合，电动机串入电阻 R 进行降压起动，同时时间继电器 KT 得电开始计时。当起动结束后，KT 延时时间到，KT 常开触点闭合，使得 KM2 线圈得电，KM2 主触点闭合将电阻 R 短接，电动机进入全压运行。

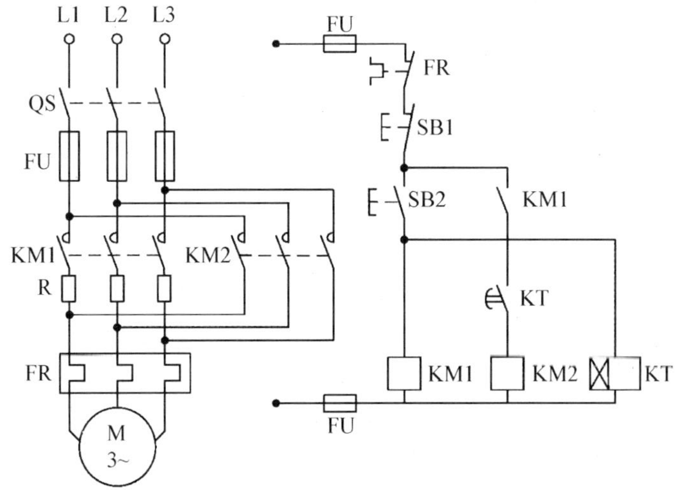

图 3－54　定子绕组串电阻降压起动控制电路

星形 Y/三角形△降压起动控制线路也是“按时间原则控制”对电动机进行降压起动的一种控制方法。电动机起动时，将定子绕组接成 Y 形，待起动过程结束后，再将定子绕组换接成三角形接法。

如图 3－55 所示，星形 Y/三角形△起动控制电路原理：起动电动机时，按下起动按钮 SB2，接触器 KM1 线圈得电自锁，KM3 线圈和时间继电器 KT 也得电，主电路中 KM1 和 KM3 主触点闭合，电动机绕组接成星形进行降压起动；当 KT 延时时间到，KT 的延时常开触点闭合，延时常闭触点断开，使得接触器 KM2 线圈得电自锁，接触器 KM3 线圈失电，主电路中 KM2 主触点闭合，KM3 主触点断开，电动机绕组由星形连接换接为三角形连接，电动机进入全压运行状态。

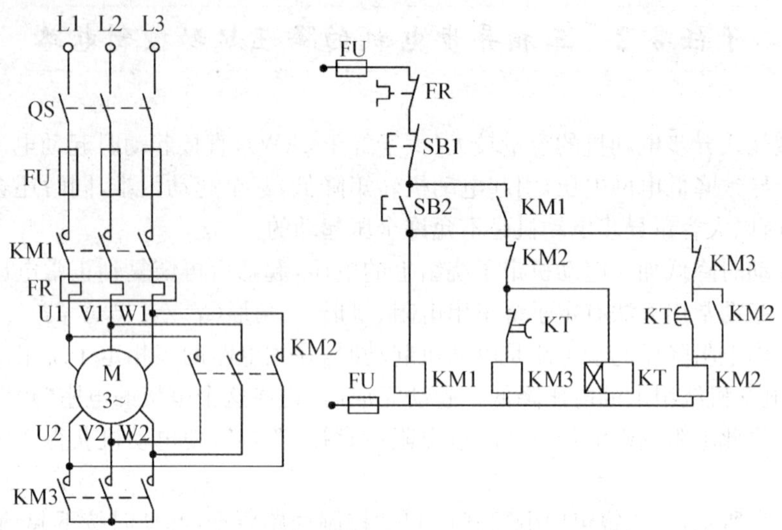

图 3－55　星形 Y/三角形Δ降压起动控制电路

子任务 3　三相异步电机的制动控制电路

常见的制动方法有反接制动和能耗制动。

反接制动是指在切断电动机的三相电源后，立即通上与原电源相序相反的三相交流电源，以形成与原来转速方向相反的电磁力矩，用此制动力矩迫使电动机迅速停止转动的方法。

如图 3－56 所示，反接制动控制电路运转控制原理：按下起动按钮 SB2，接触器 KM1 线圈得电并自锁，KM1 主触点闭合，电动机进行全压起动。当电动机转速上升到 100 r/min 时（此数值可调），速度继电器 KS 的常开触点闭合。但是由于接触器 KM2 线圈支路的互锁触点 KM1 断开，所以 KM2 线圈不会得电。按下停止按钮 SB1，接触器 KM1 线圈失电，KM1 主触点断开，电动机失电惯性运转。同时 KM1 常闭触点闭合，KM2 线圈得电，KM2 主触点闭合将电动机电源反接。当转速下降到接近于零时，速度继电器 KS 常开触点断开，使 KM2 线圈失电，切断电动机反接电源，电动机停止。

能耗制动是将正在运转的电动机脱离三相交流电源后，给定子绕组加一直流电源，以产生一个静止磁场，利用转子感应电流与静止磁场的作用，产生反向电磁力矩而迫使电动机制动停转的过程。

如图 3－57 所示，能耗制动控制电路运转控制原理：

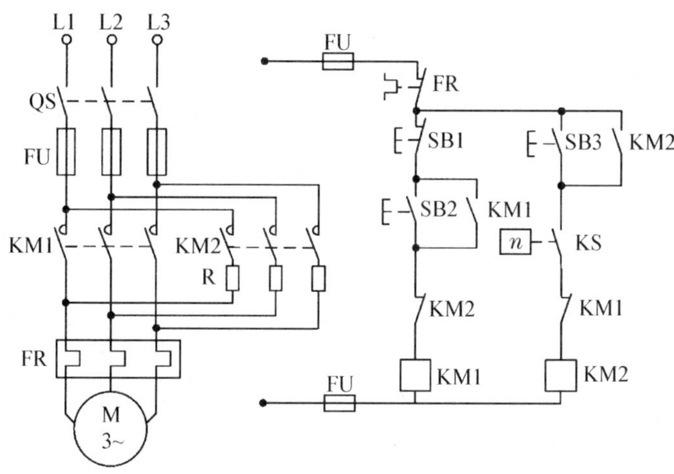

图 3 - 56　反接制动控制电路

(1) 起动:按下起动按钮 SB2,接触器 KM1 线圈得电自锁,KM2 常闭触点互锁,电动机运转。

(2) 制动:按下停止按钮 SB1,使接触器 KM1 线圈失电切断交流电源,接触器 KM2 线圈得电,KM2 常开辅助触点接通直流电源,同时时间继电器 KT 得电,经过一定延时后,时间继电器 KT 常闭触点断开,使 KM2 线圈失电,断开直流电源,制动结束。

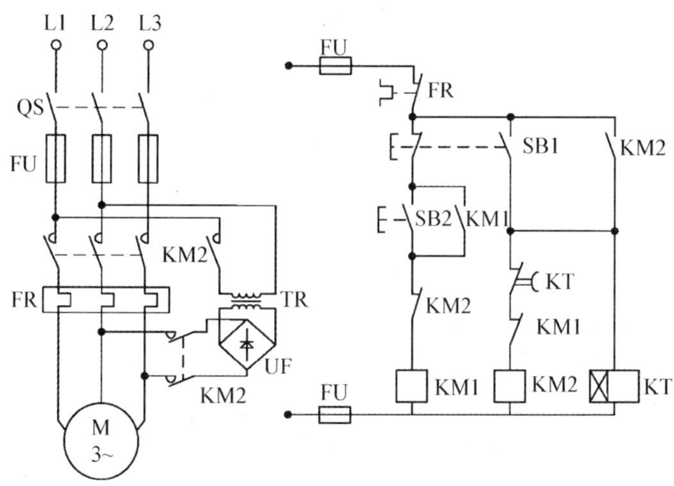

图 3 - 57　能耗制动控制电路

实践训练　HED - 21S 数控综合实训台的电气控制安装与接线

理论知识

HED - 21S 数控综合实训台电气原理图见附录 IV,HED - 21S 数控综合实训台电气原理图包括强电回路图、直流控制回路图、主轴驱动单元图、伺服进给驱动单元图、PLC 输入输出单元图、单元外接图、互联线缆图。现对 HED - 21S 数控综合实训台的强电回路和直流控制回路进行详细阐述与分析。

1. 强电/控制回路分析

HED-21S数控综合实训台的强电回路如附录Ⅳ图1所示。该实训台的主电路有4台电动机。第1台电动机是主轴电机+M－M1,用于控制主轴的主运动;第2台电动机是Z轴伺服电机+M－MZ,用于控制进给轴Z轴的进给运动;第3台电动机是X轴伺服电机+M－MX,用于控制进给轴X轴的进给运动;第4台电动机是刀架电机+M－M2,用于控制刀架的正反转。

主轴电机+M－M1、Z轴伺服电机+M－MZ及刀架电机+M－M2的三相交流电压为380 V,都是采用全压直接起动并且通过电源开关+T－QF1引入。主轴电机+M－M1的转速是通过主轴变频器+T－US来控制。Z轴伺服电机+M－MZ的运行与停止是通过伺服变压器+T－TC2进入Z轴伺服驱动单元+T－SDMZ来控制,且由编码器－MZ－PG把位置与速度信号经+T－SDMZ的CN2接口反馈校正并实时控制伺服电机+M－MZ,属于闭环驱动系统。刀架电机+M－M2的运行与停止则是由接触器的主触点来控制,其中接触器+T－KM1、+T－KM2分别控制刀架电机+M－M2的正反转,并且使用了接触器互锁功能。刀架电机的控制电压为交流220 V是经过电源开关+T－QF1、由控制变压器器+T－TC1变换成220 V的。

X轴伺服电机+M－MX的单相直流电压24 V,也是采用全压直接起动,依次通过电源开关+T－QF1、经控制变压器器+T－TC1、整流器+T－AP1、单相开关+T－QF1进入X轴伺服驱动单元+T－SDMX,属于步进开环驱动系统。

2. 直流控制回路分析

HED-21S数控综合实训台的直流控制回路如附录Ⅳ图2所示。该实训台的直流电源24 V来源是从通过两种途径获得的。第一种380 V三相交流电源依次经电源开关+T－QF1、控制变压器器+T－TC1变换成单相交流24 V后通过整流器+T－AP1、单相开关+T－QF1获得直流24 V;第二种途径则是380 V三相交流电源依次经电源开关+T－QF1、控制变压器器+T－TC1变换成单相交流220 V后通过单相开关+T－QF4、整流器+T－VC1及开关+T－KA9获得直流24 V。

直流电源24 V的用途也分为两种,第一种是用于控制进给轴X的步进电机+M－MX;第二种用途主要用于控制刀架电机的正反转、主轴电机的正反转、伺服使能及外部运行允许等,其中外部运行允许包括急停、进给轴X轴和Z轴的超程(限位)及超程解除。其中KA1、KA2是控制刀架电机正、反转的开关;KA4、KA5是控制主轴电机正、反转的开关;+T－KA10用于控制伺服使能;+T－KA9用于控制外部运行允许;+P－CBD－SB1、+P－CBD－SB2、SQX-1、SQX-3、SQZ-1和SQZ-3是控制急停、超程解除、X轴正限位、X轴负限位、Z轴正限位和Z轴负限位的开关。

实践训练

【实训目的与要求】

1. 了解HED-21S综合实训台中的常用低压电器工作原理;
2. 掌握HED-21S综合实训台中的常用低压电器使用方法和使用注意事项;

3. 能熟练使用 HED－21S 数控综合实训台中的常用低压电器；

4. 掌握 HED－21S 数控综合实训台中的常用低压电器的安装及接线方法。

【实训仪器与设备】

1. HED－21S 数控综合实训台；

2. 工具包；

3. HED－21S 数控综合实训台电气原理图一套。

【实训内容】

1. 阅读查看《数控综合实训台电气原理图》，一一检查 HED－21S 数控综合实训台的连线是否正确；

2. HED－21S 数控综合实训台通电检查；

3. 系统功能检查；

4. 电动刀架刀位选择控制回路的分析；

5. 刀架刀位选择线路的控制过程。

【实训步骤】

1. 阅读查看《数控综合实训台电气原理图》，一一检查 HED－21S 数控综合实训台的连线是否正确；

（1）主电源回路的连接；

（2）数控系统刀架电机的连接；

（3）数控系统继电器和输入输出开关量控制接线的连接；

（4）数控装置和手摇单元的连接；

（5）数控装置和步进电机驱动器、变频器、交流伺服驱动器的连接；

（6）工作台上的电机电源线、反馈电缆及其其他控制信号线的连接。

2. HED－21S 数控综合实训台通电检查

（1）按下急停按钮，断开系统中的所有空气开关；

（2）合上空气开关 QF1；

（3）合上空气开关 QF4；

（4）合上空气开关 QF3；

（5）合上空气开关 QF2。

3. 系统功能检查

（1）左旋并拔起操作台右上角的“急停”按钮使系统复位；系统默认进入“手动”方式，软件操作界面的工作方式变为“手动”。

（2）按住“＋X”或“－X”键（指示灯亮），X 轴应产生正向或负向的连续移动。松开“＋X”或“－X”键（指示灯灭），X 轴即减速运动后停止。以同样的操作方法使用“＋Z”、“－Z”键可使 Z 轴产生正向或负向的连续移动。

（3）在手动工作方式下，分别点动 X 轴、Z 轴，使之压限位开关。仔细观察它们是否能压到限位开关，若到位后压不到限位开关，应立即停止点动；若压到限位开关，仔细观察轴是否立即停止运动，软件操作界面是否出现急停报警，这时一直按压“超程解除”按键，使该轴向相反方向退出超程状态；然后松开“超程解除”按键，若显示屏上运行状态栏“运行正常”取代了“出错”，表示恢复正常，可以继续操作。

检查完 X 轴、Z 轴正、负限位开关后，以手动方式将工作台移回中间位置。

(4) 按一下“回零”键，软件操作界面的工作方式变为“回零”。按一下“＋X”和“＋Z”键，检查 X 轴、Z 轴是否回参考点。回参考点后，“＋X”和“＋Z”指示灯应点亮。

(5) 在手动工作方式下，按一下“主轴正转”键(指示灯亮)，主轴电动机以参数设定的转速正转，检查主轴电动机是否运转正常；按住“主轴停止”键，使主轴停止正转。按一下“主轴反转”键(指示灯亮)，主轴电动机以参数设定的转速反转，检查主轴电动机是否运转正常；按住“主轴停止”键，使主轴停止反转。

(6) 在手动工作方式下，按一下“刀号选择”键，选择所需的刀号，再按一下“刀位转换”键，转塔刀架应转动到所选的刀位。

(7) 调入一个演示程序，自动运行程序，观察十字工作台的运行情况。

4. 电动刀架刀位选择控制回路的分析

(1) 在电气原理图中找出刀架电机的控制回路，并进行简单分析得出 KM1、KM2 控制电机的正、反转，并检查接触器的线圈、主触点以及辅助触点的接线。

(2) 在电气原理图上，找出控制接触器线圈得、失电的是 KA4、KA5，并在综合实验台上找出这两个继电器。

(3) 查找电路图上控制 KA4、KA5 的回路，并在实验台上查找实物。

(4) 分析输出信号的来源。

(5) 绘制刀架控制回路的信号传递总图。

5. 刀架刀位选择线路的控制过程

按下刀位选择按键，选择不同的刀号，再按一下刀位转换按键，观察 KA4、KA5 的指示灯，KM1、KM2、刀架的动作情况并记录。

6. 关机

(1) 按下急停按钮；

(2) 断开空气开关 QF2；

(3) 合上空气开关 QF3；

(4) 合上空气开关 QF4；

(5) 合上空气开关 QF1。

【实训报告】

1. 记录上电后按下操作面板上控制按键时，机床的动作情况。

2. 绘制电动刀架电气原理图。

3. 绘制电动刀架的信号传递总图。

模块 4　变频器的安装与调试

变频器是利用电力半导体器件的通断作用将工频电源变换为另一频率的电能控制装置。其功能是将固定频率、电压的交流电源变成频率、电压连续可调的交流电源，改变电动机的转速。

任务 1　变频器的基础知识

模块4任务1

【任务知识目标】

1. 了解变频器的原理；
2. 掌握变频器的控制方式；
3. 了解主要品牌的变频器；
4. 掌握变频器的使用注意事项。

【任务技能目标】

会正确使用变频器

变频器的种类多种多样，按变换环节有无直流环节变频器分为交-交变频器和交-直-交变频器两大类变频器；按直流电源的性质变频器可分为电流型变频器和电压型变频器；按输出电压的调节方式变频器可分为脉冲幅值调节（PAM）变频器、脉冲宽度调节（PWM）变频器及正弦脉冲宽度调节（SPWM）变频器；按变频控制方式变频器可分为 U/F 控制变频器、转差频率控制变频器及矢量控制变频器；按其供电电压等级不同变频器可分为低压变频器（220 V 和 380 V）、中压变频器（660 V 和 1 140 V）和高压变频器（3 kV、6 kV、6. 6 kV、10 kV）；按实现功能的不同变频器可分为恒功率变频器、平方转矩变频器、简易型变频器、通用型变频器及专用变频器；按主开关器件的不同变频器可分为 IGBT 变频器、GOT 变频器及 BJT 变频器；按外形的不同变频器可分为塑壳变频器（小功率变频器）、铁壳变频器（中功率变频器）及柜式变频器（大功率变频器）。

交-交变频器也称直接式变频器，是将频率固定交流电源直接变成频率连续可调的交流电源。其主要优点是没有中间环节、变换率高；但其连续可调的频率范围较窄，所以主要用于容量较大的低速拖动系统中。电压型变频器与电流型变频器的主要区别在滤波环节的不同。电压型变频器在整流后靠电容来滤波，现在使用的大都为电压型。电流型变频器在整流后靠电感来滤波。

交-直-交变频器也称间接性变频器，是先将频率固定交流电整流后变成直流，再经过逆变电路，把直流电变成频率连续可调的三相交流电。由于把直流电逆变成交流电较易控制，故在频率调节范围上就有明显优势。脉幅调制（PAM）变频器是通过改变直流电压改变输出电压大小。脉宽调制(PWM)变频器是通过改变输出脉冲的占空比改变输出电压大小。脉宽调制波(PWM 波)变频器是将一个正弦波电压分为 N 等份,并把正弦曲线每一等份所包围的面积都用一个与其面积相等的等幅矩形脉冲来代替,脉冲的宽度与正弦波的大小成正比,得到宽度不等的脉冲列。

变频器要保证正常工作就必须要有相应的功能,故任何品牌变频器的内部功能框图基本相同。一般地,变频器主要由主电路、控制回路组成,控制回路则包含 CPU、操作面板、接口电路、控制端子、驱动电路、稳压电源、电流保护电路、电压保护电路、过热保护电路等。目前,整流电路和逆变电路是两个标准模块,没有变化的空间,所以不管什么品牌的变频器,其主电路结构基本相同,其中通用交-直-交变频器的主电路如图 4-1 所示。

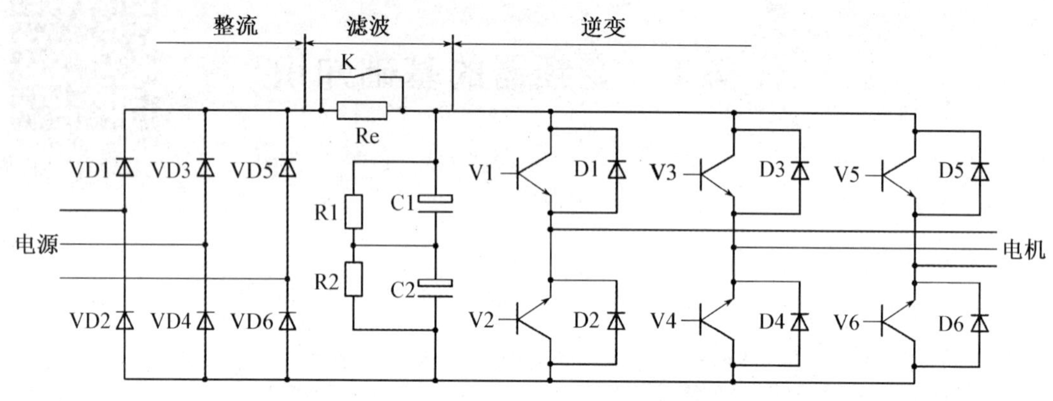

图 4-1 通用交-直-交变频器的主电路

一般地,变频器具备以下特点:

(1) 平滑软起动,降低起动冲击电流,确保电机安全;

(2) 在机械允许情况下,可提高变频器输出频率提高工作速度;

(3) 无级调速,调速精度大大提高;

(4) 电机正反向无需通过接触器切换;

(5) 具有多种信号输入输出端口,非常方便接入通信网络控制,实现生产自动化控制;

目前,变频器的控制方式主要有 U/F 控制方式、转差频率控制(U/F 闭环控制)、矢量控制、直接转矩控制方式等。

如图 4-2 所示,U/F 控制方式是在改变电动机电源频率的同时改变电动机电源的电压,使电动机磁通保持一定,在较宽的调速范围内,电动机的效率、功率因素不下降。U/F 控制方式的特点是通过压频变换器使变频器的输出电压与输出频率成比例的改变,即 U/F=常数。具有性价比高,输出转矩恒定即恒磁通控制的性能特点,但速度控制精度不高,所以适用对速度精度要求较低的场合。采用 U/F 控制方式的变频器存在低频稳定性较差且低速运行时会造成转矩不足而需要进行转矩补偿,无法准确控制电动机的实际转速等缺陷,所以 U/F 控制方式的变频器为开环控制,安装调试方便,但存在稳定误差不能准确控制。

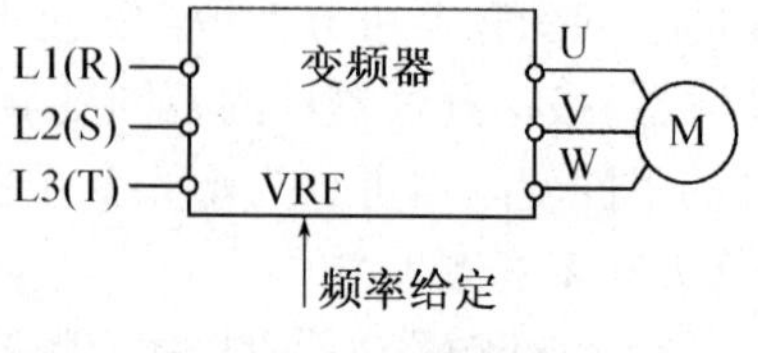

图 4-2 U/F 控制方式

转差频率控制方式也称 U/F 闭环控制方式,如图 4-3 所示,是通过控制转差频率来控制转矩和电流。变频器给定一个目标量，从变频器的控制量中取回反馈量，反馈量和目标量进行比较大小决定电机转矩和转速的变化，从而使电动机的实际转速按给定目标要求转动。当变频器的反馈量小于目标量，变频器给出频率上升信号使频率上升，转速差 Δn 上升，转矩随之上升，电动机转速随之上升；反之，变频器给出频率下降信号，转速差 Δn 下降，转矩随之下降，电动机转速随之下降。就是说，转差频率控制方式需要检出电动机转速以构成速度闭环，速度调节器的输出为转差频率，然后以电动机速度与转差频率之和作为变频器的给定频率。

可以看出，转差频率控制方式和 U/F 控制方式的区别在于 U/F 控制变频器内部不用设置 PID 控制功能，不用设置反馈端子。而转差频率控制在变频器的内部要设比较电路和 PID 控制电路。如果用 U/F 控制变频器实现闭环控制，要在变频器之外配置 PID 控制板。

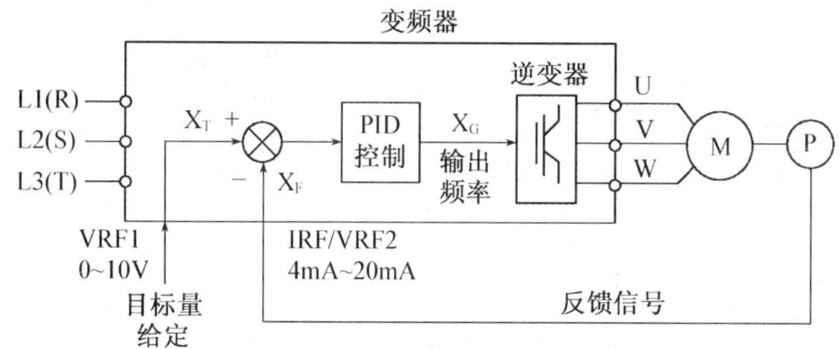

图 4－3　转差频率控制(U/F 闭环控制)

综上所述，转差频率控制方式与 U/F 控制方式相比，转差频率控制方式的加减速特性和限制过电流的能力得到提高，同时通过速度调节器构成闭环控制，速度静态误差小；但是要达到自动控制系统稳态控制，还是达不到良好的动态性能。

矢量控制方式是交流电动机用模拟直流电动机的控制方法来进行控制，对电动机的转速或转矩进行矢量直接控制而不是间接控制。矢量控制方式的控制信号按直流电动机的控制方法分为励磁信号和电枢信号，不管哪种控制信号都是按照三相交流电动机的控制要求变换为三相交流电控制信号，驱动变频器输出逆变电路。变频器的矢量控制方式分有、无传感器(闭/开环)两种控制方式。无传感器控制方式是经变频器内部反馈形成闭环。一台矢量控制的变频器只能控制一台电动机。所以矢量控制的变频器既能控制电动机电流幅值，同时又能控制电流相位。矢量控制不仅可从零转速进行控制，调速范围宽；又可对转矩进行精确控制，系统响应速度快，速度控制精度高。

直接转矩控制则是利用空间矢量、定子磁场定向的分析方法，直接在定子坐标系下分析异步电动机的数学模型，计算与控制异步电动机的磁链和转矩，采用离散的两点式调节器，把转矩检测值与转矩给定值作比较，使转矩波动限制在一定的转差范围内，转差的大小由频率调节器来控制，并产生 PWM 脉宽调制信号，直接对逆变器的开关状态进行控制，以获得高动态性能的转矩输出。

直接转矩控制也是一对一控制，不能一台变频器控制多台电动机，且不能用于过程控制。直接转矩控制技术则是把转矩检测值与转矩给定值作比较，使转矩波动限制在一定的转差范围内，转差的大小由频率调节器来控制，并产生 PWM 脉宽调制信号，直接对逆变器的开关状态进行控制。直接转矩控制是直接控制转矩，而不是控制电流、磁链等物理量来间接控制转矩。

换句话说，直接转矩控制同样具备矢量控制的优点，矢量适用于有较高的转矩特性，OHZ

仍保持输出转矩的场合，如造纸、轧钢、机床、起重等。转矩控制是控制定子磁链而不需要转速信息就能估算出同步速度信息，能方便地实现无速度传感器。

目前市场的主要品牌的变频器有西门子 SIEMENS 系列变频器、三菱 MITSUBISHI 系列变频器、安川 YASKAWA 系列变频器、ABB 变频器及施耐德等。由于西门子的多功能标准变频器 MicroMaster440（简称 MM440）采用高性能的矢量控制技术，能够为低速提供高转矩输出和良好的动态特性，同时具备超强的过载、过电压、欠电压、过热、接地故障、短路闭锁电机及防止失速保护等优势，因而得到了全球最广泛的应用。西门子 MM440 系列通用变频器，如图 4-4 所示。

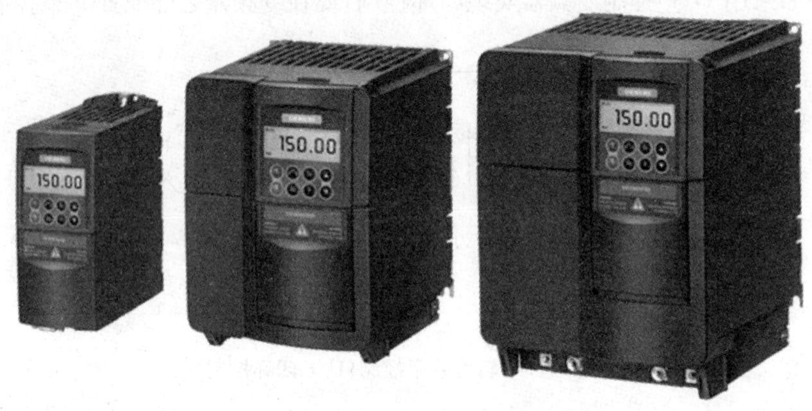

图 4-4 MM440 系列变频器

使用变频器时，要注意以下事项：

(1) 严禁将变频器的输出端子 U、V、W 连接到交流 AC 电源上。

(2) 变频器要正确接地，接地电阻$<10\ \Omega$。

(3) 变频器存放两年以上，通电时应先用调压器逐渐升高电压。存放 6 个月或 1 年应通电运行 1 天。

(4) 变频器断开电源后，待几分钟后方可操作，直流母线电压应在 25 V 以下。

(5) 避免变频器安装在水滴飞溅的场合。

(6) 不准将直流母线电压 P+、P−、PB 任何两端短路。

(7) 主回路端子与导线必须牢固连接。

(8) 变频器驱动三相交流电机长期低速运转时，建议选用变频电机。

(9) 变频器驱动电机长期超过 50 Hz 运行时，应保证电机轴承等机械装置在使用的速度范围内，注意电机和设备的震动、噪音。

(10) 变频器驱动减速箱、齿轮等需润滑机械装置，在长期低速运行时应注意润滑效果。

(11) 变频器在一确定频率工作时，如遇到负载装置的机械共振点，应设置跳跃频率避开共振点。

(12) 变频器与电机之间连线过长，应加输出电抗器。

(13) 严禁在变频器的输入侧使用接触器等开关器件进行频繁起停操作。

(14) 电机首次使用或长期放置后使用，必须对电机进行绝缘检测。使用 500 V 电压型兆欧表检测，电机绝缘电阻$>5\ \mathrm{M}\Omega$。

(15) 对电机绝缘检测时,必须将变频器与电机连线断开。

(16) 变频器输出侧严禁连接功率因素补偿器、电容及防雷压敏电阻。

(17) 变频器输出侧严禁安装接触器、开关器件。

(18) 变频器在海拔 1 000 m 以上地区使用时,必须降额使用。

(19) 变频器输入侧与电源之间应安装空气开关和熔断器;变频器输出侧不必安装热继电器。

任务 2　变频器的安装

模块4任务2

【任务知识目标】

1. 了解变频器的安装方式;
2. 掌握变频器的机械安装与电气接线;
3. 掌握变频器的布线原则和注意事项。

【任务技能目标】

1. 会正确安装变频器;
2. 会正确接线变频器。

变频器的工作环境温度一般为−10 ℃～+40 ℃,当环境温度大于变频器规定的温度时,变频器要降额使用或采取相应的通风冷却措施。变频器工作环境的相对湿度为5%～90%,即无结露现象。变频器的正确安装是变频器正常工作的基础。变频器应安装在不受阳光直射、无灰尘、无腐蚀性气体、无可燃气体、无油污、无蒸汽滴水等环境中;变频器安装场所的周围振动加速度小于 5.88 m/s^2,与变频器产生电磁干扰的装置要与变频器相隔离。海拔高度高于 1 000 m 时,变频器降额使用。

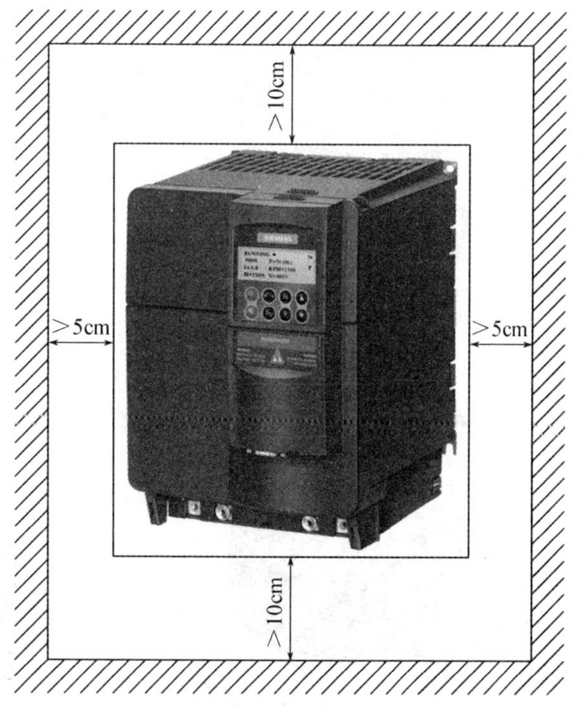

图 4－5　变频器的墙挂式安装距离

变频器的安装方式有墙挂式安装和控制柜中安装两种形式。用螺栓把变频器垂直安装在坚固物体上的安装方式称为墙挂式安装。在墙挂式安装变频器时,变频器文字键盘作为变频器正面且不能上下颠倒或平放安装。因变频器运行过程中会产生热量,必须保持冷风畅通,所以,变频器安装的周围要留有一定空间,如图 4－5 所示。一般地,安装上下距离应大于 10 cm,左右距离应大于 5 cm。

在控制柜中安装变频器时,排风扇的安装位置要正确,尽可能安装在变频器的上方柜顶,而不是安装在控制柜的底部,如图 4-6 所示。

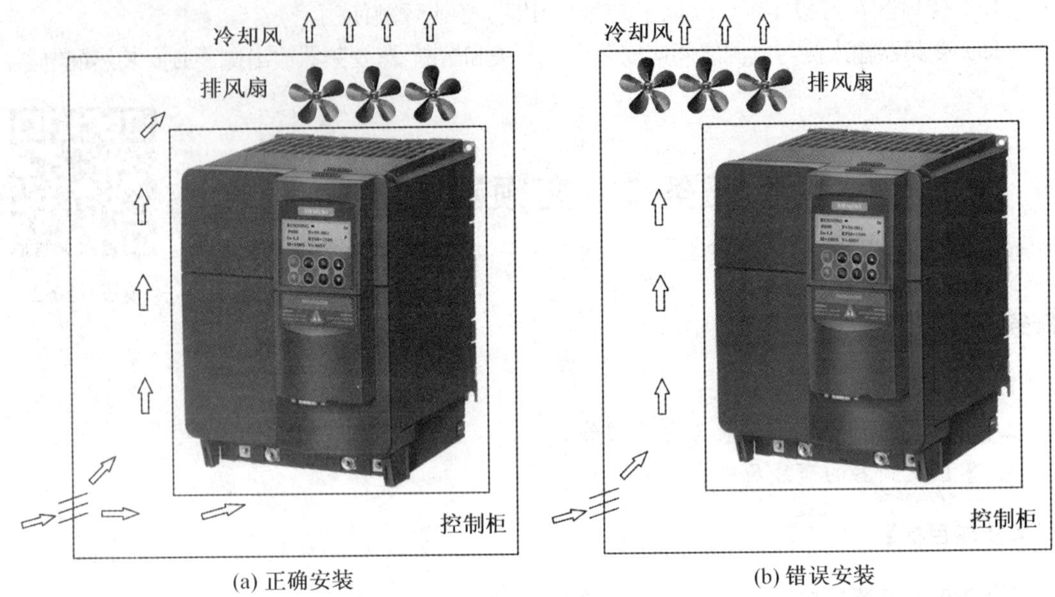

(a) 正确安装　　(b) 错误安装

图 4-6　变频器排风扇的正确安装方式与错误安装方式

变频器竖向安装会影响上部变频器的散热,因此各台变频器尽量不要竖向安装,如图 4-7 所示。

图 4-7　变频器错误安装

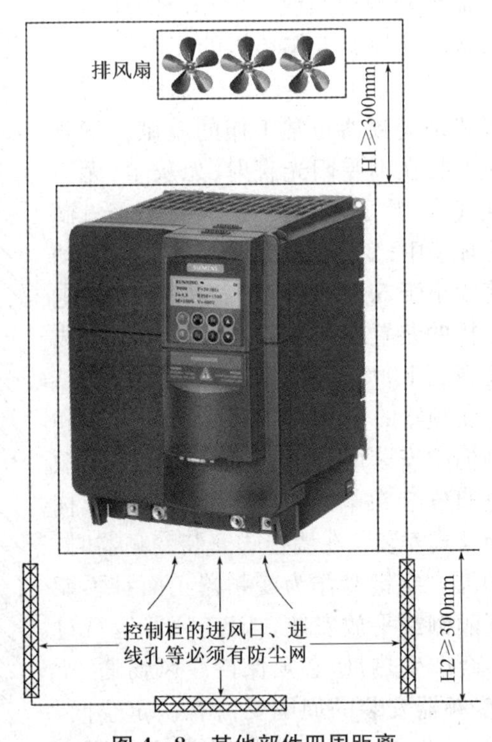

图 4-8　其他部件四周距离

在控制柜中安装变频器，变频器最好安装在控制柜的中部或下部。要求垂直安装，其正上方和正下方要避免安装可能阻挡进风、出风的大部件；变频器四周距控制柜顶部、底部、隔板或其他部件的距离大于等于300 mm，如图4-8中的H1、H2间距。

综上所述，要在控制柜中安装多台变频器，各台变频器要横向安装，如图4-9所示。

图4-9 控制柜中变频器的正确安装方式

另外，在控制柜中安装变频器时，要注意变频器的通风、防尘、维护要求。安装变频器的控制柜应密封，使用专门设计的进风和出风口进行通风散热；控制柜顶部应设有出风口、防风网和防护盖；底部应设有底板、进线孔、进风口和防尘网；控制柜的风道要设计合理使排风通畅，不易产生积尘；控制柜内的轴流风机风口需设防尘网，并在运行时向外抽风。同时对控制柜要定期维护，及时清理内部和外部的粉尘、絮毛等杂物。特别是在多金属粉尘、煤粉、絮状物等多粉尘的场所使用变频器时，正确、合理的防尘措施是保证变频器正常工作的必要条件。

合理选择安装位置及布线是变频器安装的重要环节。电磁选件的安装位置、各连接导线是否屏蔽、接地点是否正确等都直接影响到变频器对外干扰的大小及自身工作情况。

变频器与外围设备之间的布线，应遵循以下原则：

(1) 输出端子U、V、W连接交流电动机时，输出高频脉冲调制波。

(2) 当外围设备与变频器共用供电系统时，要在输入端安装噪声滤波器或用隔离变压器隔离噪声。

(3) 当外围设备与变频器装入同一控制柜中且布线又很接近变频器时，要对变频器的信号做好抑制干扰外围设备的相关措施，如图4-10所示。

对于易受变频器干扰的外围设备及信号线必须远离变频器安装，且信号线尽可能使用屏蔽电缆线或套入金属管中。使用屏蔽电缆线时，屏蔽层要正确牢靠接地，如图4-11所示。信号线穿越主电源线时，确保信号线与电源线正交。

在变频器的输入输出侧安装无线电噪声滤波器或线性噪声滤波器。滤波器的安装位置要尽可能靠近电源线的入口处，且滤波器的电源输入线在控制柜内要尽可能短。

变频器到电动机的电缆要采用4芯电缆并将电缆套入金属管，其中一根电缆的两端分别接到电动机外壳和变频器的接地侧。

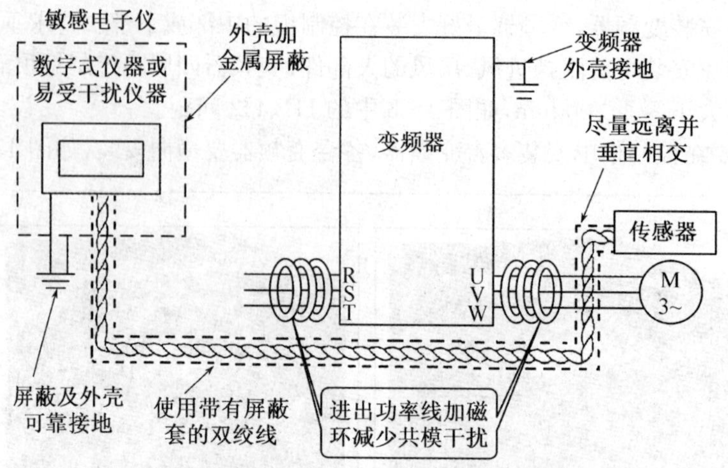

图 4-10 外围设备与变频器的抗干扰措施

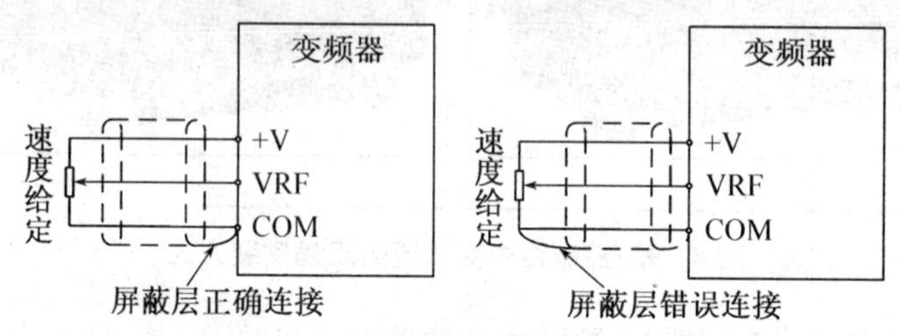

图 4-11 变频器的屏蔽层连接

(4) 避免信号线与动力线平行布线或捆扎成束布线;易受影响的外围设备应尽量远离变频器安装;易受影响的信号线尽量远离变频器的输入输出电缆。

(5) 当操作台与控制柜不在一处或具有远方控制信号线,要对导线进行屏蔽,特别注意各连接环节以避免干扰信号串入。

(6) 接地端子接地线要粗而短,保证接点接触良好。必要时采用专用接地线。

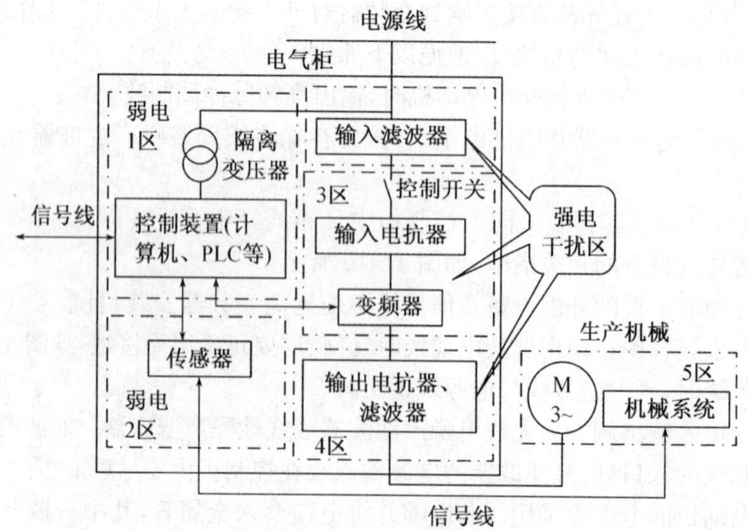

图 4-12 变频器分区安装

如图4－12所示，变频器分区安装的区域划分应依据各外围设备的电磁特性，分别安装在不同的区域，以抑制变频器工作时的电磁干扰。

变频器分区安装时，要注意以下事项：

（1）电动机电缆地线在变频器侧接地，但最好电动机与变频器分别接地。在处理接地时，如采用公共接地端，不能经过其他装置的接地线接地，要独立走线，如图4－13所示。

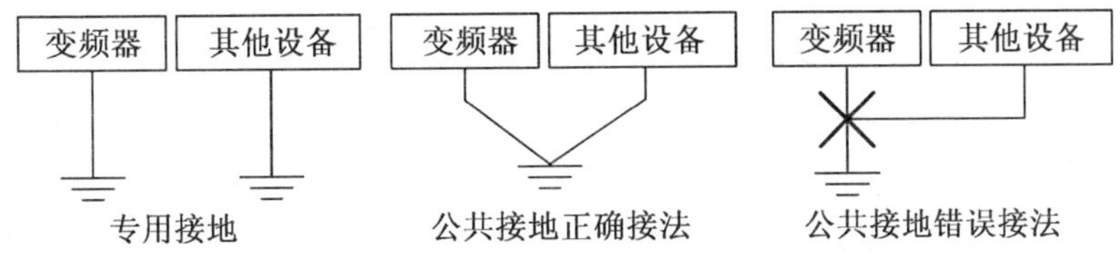

图4－13　电动机与变频器的接地线

（2）电动机电缆和控制电缆应使用屏蔽电缆，机柜内强制要求将屏蔽金属丝网与地线两端连接起来。

（3）如果现场只有个别敏感设备，可单独在敏感设备侧安装电磁滤波器，可降低成本。

任务3　MM440变频器的参数设置与调试

模块4任务3

【任务知识目标】

1. 掌握变频器的参数含义；
2. 掌握变频器的参数设置与调试；
3. 掌握变频器的三种调试方式、快速调试及功能调试。

【任务技能目标】

会正确设置和调试变频器的参数

前面已经讲述过，西门子多功能标准变频器MM440是全球应用最广泛的变频器。下面详细介绍MM440变频器的参数设置与调试。

先介绍MM440变频器的基本技术指标，其中电源电压和功率范围的技术指标见表4－1。MM440的输出功率范围在0.12 kW～75 kW时，采用U/F控制方式时频率的范围为0～650 Hz；采用矢量控制方式时频率的范围0～200 Hz。MM440的输出功率范围在0 kW～200 kW时，采用U/F控制方式时频率的范围为90～267 Hz；采用矢量控制方式时频率的范围0～200 Hz。MM440的输出功率范围在功率0.12 kW～75 kW时，150%恒转矩过载持续时间60 s，200%恒转矩过载持续时间3 s。MM440的输出功率范围在90 kW～200 kW时，136%恒转矩过载持续时间57 s，160%恒转矩过载持续时间3 s。MM440的输出功率范围在5.5 kW～90 kW时，140%变转矩过载持续时间3 s，110%变转矩过载持续时间60 s。MM440

的输出功率范围在 110 kW～250 kW 时，150％变转矩过载持续时间 1 s，110％变转矩过载持续时间 59 s。

表 4－1 变频器 MM440 的电压与功率技术指标

电源电压		功率范围(kW)	
相数	输入电压(V)	恒转矩负载	变转矩负载
1 相交流	(200～240)±10％	0.12～3	无
3 相交流	(200～240)±10％	0.12～45	5.5～45
3 相交流	(380～480)±10％	0.37～200	7.5～250
3 相交流	(500～600)±10％	0.75～75	1.5～90

MM440 变频器的接线主要包括强电电路、输入控制回路、输出控制回路、保护回路及通讯回路等接线，如图 4－14 所示。主电路中的 L1、L2 及 L3 作为强电输入接口，依次与三相交流电 L1/R、L2/S 及 L3/T 相连接；而主电路中的 U、V 及 W 作为强电输出接口，依次连接到电动机的 U、V 及 W 端子上。输入输出控制回路分为模拟量和数字量输入输出控制回路。模拟量输入输出控制回路有两路输入输出，通过变频器背面的拨码开关来控制，在数控机床中用于实现对主轴转速的控制；数字量输入输出控制回路用来控制电动机的正反转、多段速度选择等功能。

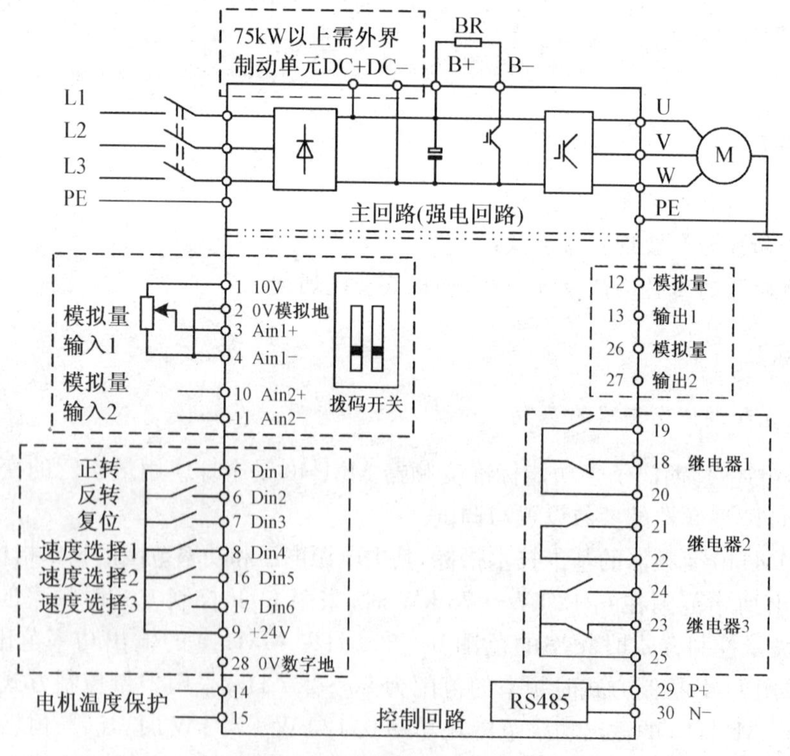

图 4－14 变频器 MM440 接线

根据现场工程的需要，MM440 变频器的调试有状态显示屏 SDP 调试、基本操作板 BOP

调试及高级操作板(AOP)调试三种调试方法。下面详细介绍 SDP 调试、BOP 调试及 AOP 调试三种调试方法。

子任务 1　MM440 变频器的 SDP 调试

在调试前要熟悉与之配套的电动机基本参数,特别看清楚电动机的频率,MM440 变频器是通过 DIP 开关中的 DIP2 开关来设置频率的,DIP 开关如图 4－15 所示。

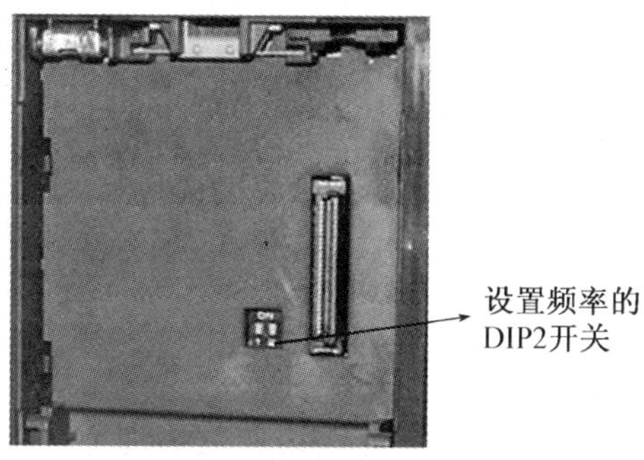

图 4－15　DIP 开关的 DIP2

对 MM440 变频器进行状态显示屏 SDP 调试前,变频器的基本接线如图 4－16 所示,用于正转起动和停止电动机的外接开关要接数字输入 Din1;用于反转起动电动机的外接开关要接数字输入 Din2;用于电动机故障复位的外接开关要接数字输入 Din3。同时选择模拟量输入输出通道 1 用模拟电位计来控制电动机的转速和最大转速。对 MM440 变频器进行状态显示屏 SDP 调试时,必须根据电动机的额定功率、额定电压、额定电流、额定频率等基本参数进行预设定。状态显示屏 SDP 上有两个 LED 指示灯用于指示变频器的运行状态,如图 4－17 所示。

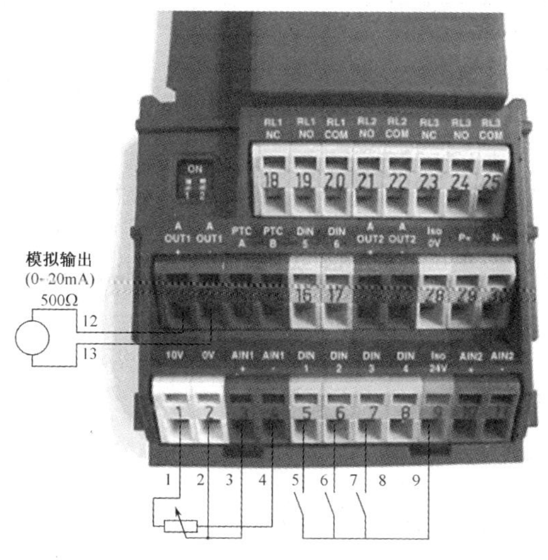

图 4－16　SDP 调试的基础电路

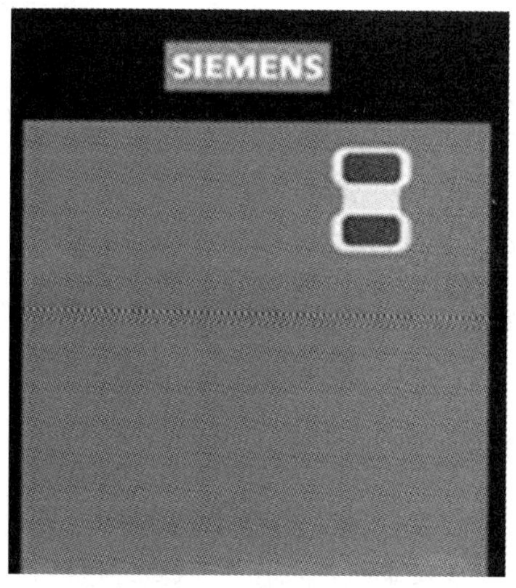

图 4－17　状态显示屏 SDP

采用 SDP 调试 MM440 变频器时,变频器控制端子的参数设置见表 4－2。

表 4-2 变频器控制端子的参数设置

输入信号	端子号	参数设置值	缺省操作	输入信号	端子号	参数设置值	缺省操作
数字输入 1	5	P0701=‘1’	ON 正向运行	数字输入 5	16	P0705=‘15’	固定频率
数字输入 2	6	P0702=‘12’	反向运行	数字输入 6	17	P0706=‘15’	固定频率
数字输入 3	7	P0703=‘9’	故障确认	数字输入 7	经由 AIN1	P0707=‘0’	不激活
数字输入 4	8	P0704=‘15’	固定频率	数字输入 8	经由 AIN2	P0708=‘0’	不激活

子任务 2 MM440 变频器的 BOP 调试

利用变频器的基本操作板(BOP)可设置与更改变频器各个参数称为基本操作板 BOP 调试。基本操作板 BOP 具有五位数字七段显示,用于显示参数的序号和数值、报警和故障信息以及该参数设定值和实际值,如图 4-18 所示。BOP 基本操作板上各键的具体含义见表 4-3。

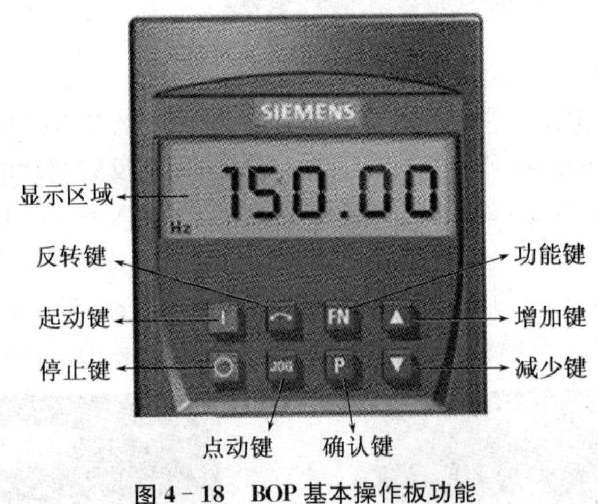

图 4-18 BOP 基本操作板功能

MM440 变频器在进行基本操作板(BOP)调试前检查并确认机械和电气安装已经完成;设置电动机频率的 DIP2 开关在 OFF 位置(50 Hz)还是 ON 位置(60 Hz);电源是否接通;快速调试参数 P0010 是否为 1;访问等级参数 P0003 与功能参数 P0004 是否已经设置好。变频器采用 BOP 基本操作板时,默认参数设置见表 4-4。

下面介绍利用 BOP 操作板更改参数,以更改参数 P0004 数值为例说明如何更改参数数值,并以修改下标参数 P0719 为例说明如何修改下标参数的数值。

更改参数见改变 P0004 参数的具体步骤如下:

步骤 1 按确认键 P 访问参数,此时显示区域显示“r0000”;

步骤 2 按增加键或减少键,直到显示区域显示“P0004”;

步骤 3 按确认键 P 进入参数数值访问级,此时显示区域显示“0”;

步骤 4 按增加键或减少键达到所需要的数值,此时显示区域显示“7”;

步骤 5　按确认键 P 确认并存储数值“7”，此时显示区域显示“P0004”；

步骤 6　使用者只能看到电机的参数。

修改下标参数 P0719 的具体步骤如下：

步骤 1　按确认键 P 访问参数，此时显示区域显示“r0000”；

步骤 2　按增加键，直到显示区域显示“P0719”；

步骤 3　按确认键 P 进入参数数值访问级，此时显示区域显示“in000”；

步骤 4　按确认键 P 显示当前的设定值，此时显示区域显示“0”；

步骤 5　按增加键或减少键达到所需要的数值，此时显示区域显示“12”；

步骤 6　按确认键 P 确认并存储数值“12”，此时显示区域显示“P0719”；

步骤 7　按增加键，直到显示区域显示“r0000”；

步骤 8　按确认键 P 返回标准的变频器显示。

表 4－3　BOP 基本操作板的按键及其功能

按键	按键功能
确认键 P	访问参数键
增加键	增加当前显示参数数值
减少键	减少当前显示参数数值
显示区域	显示变频器当前设定值
起动键	起动变频器，设定 P0700＝1 后，此键操作才有效
反转键	改变电动机的转动方向。用负号（－）或闪烁的小数点表示电动机反向运行。 缺省值运行时此键是被封锁的，为使此键操作有效，设定 P0700＝1。
停止键	OFF1 功能：按选定斜坡下降速率减速停车。设置 P0700＝1 此键操作才有效，而缺省值时此键被封锁。 OFF2 功能：电动机在惯性作用下自由停车，但要按两次此键或按时间较长的一次键。此功能总是“使能”，故无需设置 P0700。
点动键	在变频器无输出时按下此键，将使电动机起动，并按预设定的点动频率运行。释放此键时，变频器停车。如变频器/电动机正在运行，按此键将不起作用。
功能键	用于浏览辅助信息。变频器运行过程中，在显示任何一个参数时按下此键并保持不动 2 秒钟，将显示以下参数值： 1. 直流回路电压（V）；2. 输出电流（A）；3. 输出频率（Hz）；4. O—输出电压（V）；5. 由 P0005 选定数值。连续多次按下此键，将轮流显示以上参数。 跳转功能 在显示任何一个参数（rXXXX 或 PXXXX）时短时间按下此键，将立即跳转到 r0000，如果需要，可接着修改其他参数。跳转到 r0000 后，按此键将返回原来的显示点。 退出 出现故障或报警时，按此键可以将操作板上显示的故障或报警信息复位。

表 4-4 用 BOP 基本操作板的默认参数设置

参数	说明	缺省值,欧洲(北美)地区
P0100	运行方式,欧洲/北美	50 Hz,kW(60 Hz,hp)
P0307	电动机额定功率	量纲取决于 P0100 设定值
P0310	电动机额定频率	50 Hz(60 Hz)[数值决定于变量]
P0311	电动机额定速度	1 395(1 680)rpm[决定于变量]
P1082	最大电动机频率	50 Hz(60 Hz)

子任务 3 MM440 变频器的 AOP 调试

如图 4-19 所示,利用变频器的高级操作板(AOP)可设置与更改变频器各个参数称为高级操作板(AOP)调试。AOP 按键及其功能除同 BOP 一样能够进行参数设置与修改外,还具有显示清晰的多种语言;多组参数组的上装和下载功能;可通过 PC 机编程;具有连接多个站点能力及最多连接 30 台变频器。

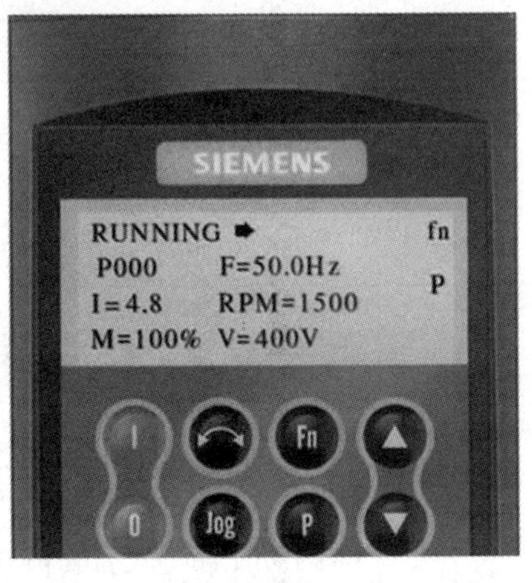

图 4-19 高级操作板(AOP)调试

在工厂现场调试时,为尽快进入生产环节,还可以对 BOP/AOP 进行快速调试,BOP/AOP 快速调试是通过设置电机参数和变频器的命令源及频率给定源,从而达到简单快速运转电机的一种操作模式。BOP/AOP 快速调试的具体操作步骤如图 4-21 所示。

采用高级操作板 AOP 控制单台变频器设定参数步骤如图 4-20 所示。

1) 在变频器上安装好 AOP。
2) 用▲和▼键选择显示文本语言语种。
3) 用P键,确认所选择的文本语言。
4) 按P键,翻过开机“帮助”显示屏幕。
5) 用▲和▼键选择参数。
6) 按P键,确认选择的参数。
7) 选定所有的参数。
8) 按P键,确认所有参数的选择。
9) 用▲和▼键选择 P0010(参数过滤器)。
10) 按P键,编辑参数的数值。
11) 将 P0010 的访问级设定为 1。
12) 按P键,确认所做的选择。
13) 用▲和▼键选择 P0700(选择命令源)。
14) 按P键,编辑参数的数值。
15) 设定 P0700=4(AOP 链路 USS 进行设置)
16) 按P键,确认所做的选择。
17) 用▲和▼键选择 P1000(频率设定值源)。
18) 设定 P1000=1(电动电位计 MOP 设定值)。
19) 用▲和▼键,选择 P0010。
20) 按P键,编辑参数的数值。
21) 把 P0010 的访问级设定为 0。
22) 按P键,确认所做的选择。
23) 按Fn键,返回 r0000。
24) 按P键,显示标准屏幕。
25) 按I键,起动变频器/电动机。
26) 用▲键增加输出。
27) 用▼键减少输出。
28) 按0停止变频器/电动机。

图 4-20 采用 AOP 控制单台变频器设定参数步骤

如图 4－21 所示，采用 BOP 或 AOP 进行快速调试中，P0010 参数过滤调试功能和 P0003 选择用户访问级别的功能非常重要。快速调试与设定参数 P3900 有关，P3900＝1 时，快速调试结束后要完成必要电动机计算，并使其他所有参数复位为工厂缺省设置，完成快速调试以后，变频器即已做好运行准备。

如图 4－22 所示，参数复位是将变频器参数恢复到出厂时参数默认值。在变频器初次调试或参数设置混乱时，需要将变频器的参数值恢复到确定的出厂默认状态。

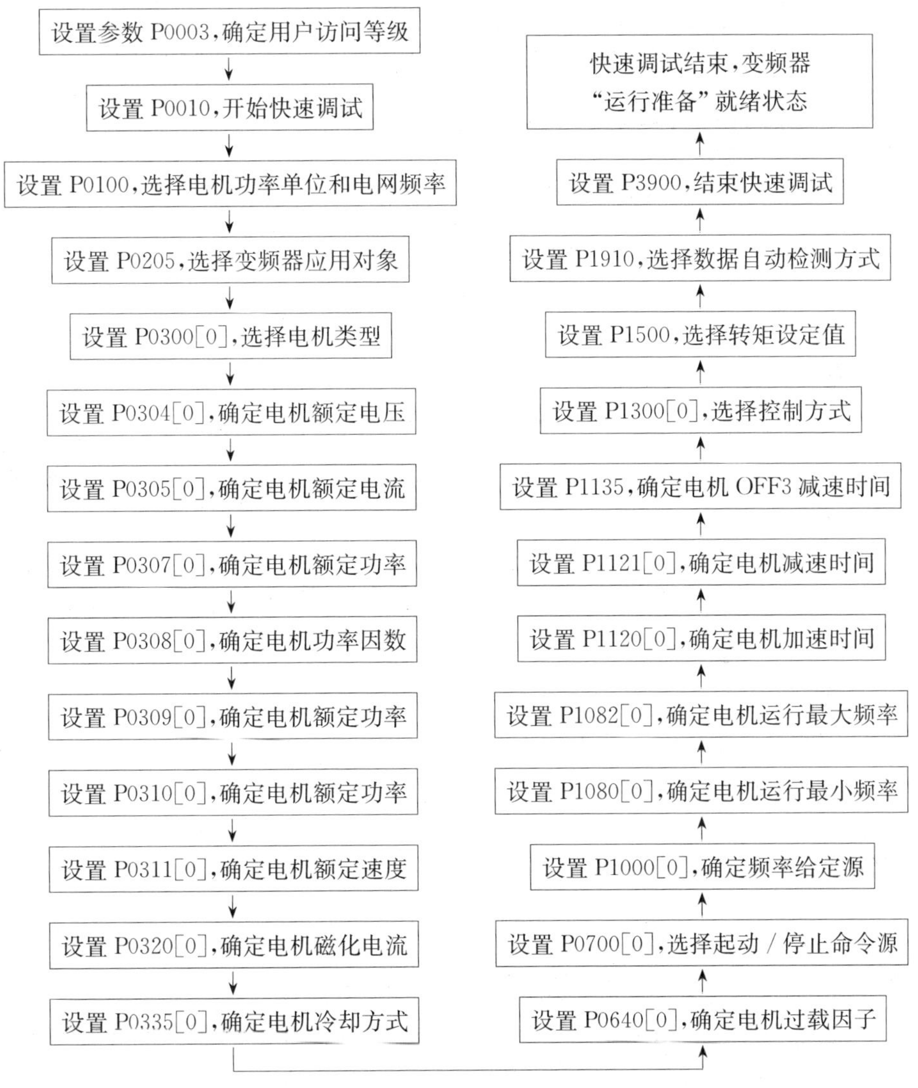

图 4－21　BOP/AOP 快速调试的操作步骤

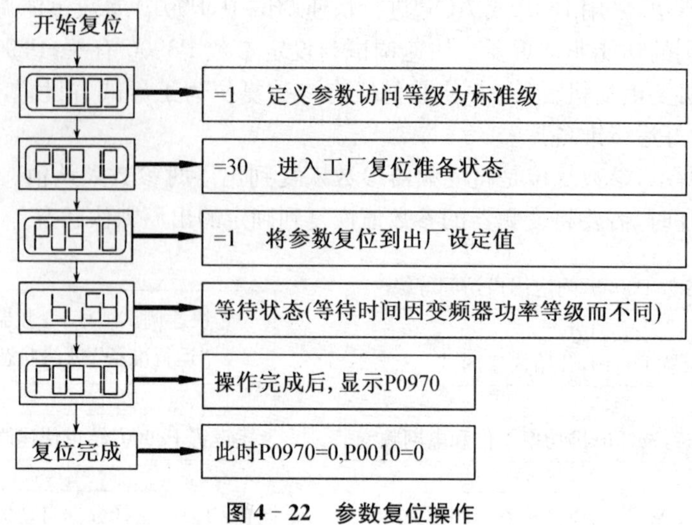

图 4-22 参数复位操作

任务 4 MM440 变频器的功能调试

模块4任务4

子任务 1 输入输出功能调试

1. 开关量输入功能

MM440 包含六个数字开关量的输入端子，每个端子都有一个对应的参数用来设定该端子的功能。开关量输入功能见表 4-5。

设置开关量输入功能时，要注意：(1) 通过 P0725 改变开关量的输入逻辑。(2) 参数 r0722 监控开关量的输入状态，开关闭合时相应笔画点亮。

表 4-5 开关量输入功能

数字输入	端子编号	参数编号	出厂设置	表功能说明
$D_{in}1$	5	P0701	1	D6 D5 D4 D3 D2 D1 6#端子断开 5#端子闭合
$D_{in}2$	6	P0702	12	
$D_{in}3$	7	P0703	9	
$D_{in}4$	8	P0704	15	
$D_{in}5$	16	P0705	15	
$D_{in}6$	17	P0706	15	
	9	公共端		

（续表）

出厂设置说明：		
=1 正转/断开停车；	=2 反转/断开停车；	=3 按惯性自由停车；
=4 按第二降速时间快速停车；	=9 故障复位；	=10 正向点动；
=11 反向点动；	=12 反转（与正转命令配合使用）；	=13 电动电位计升速；
=14 电动电位计降速；	=15 固定频率直接选择；	=16 固定频率选择+ON 命令；
=17 固定频率编码选择+ON 命令；	=25 使能直流制动；	=29 外部故障信号触发跳闸；
=33 禁止附加频率设定值；	=99 使能 BICO 参数化。	

2. 开关量输出功能

为方便用户通过输出继电器状态来监控变频器内部状态量，变频器当前状态以开关量形式用继电器输出，开关量输出功能见表 4-6。每个输出逻辑是可以进行取反操作，即通过操作 P0748 的每一位更改。

表 4-6　开关量输出功能

继电器	参数	默认值	输出状态	功能解释
继电器 1	P0731	=52.3	故障监控	继电器失电
继电器 2	P0732	=52.7	报警监控	继电器得电
继电器 3	P0733	=52.2	变频器运行	继电器得电

3. 模拟量输入功能

MM440 变频器两路模拟量输入的相关参数以 in000 和 in001 区分，通过 P0756 分别设置每个通道属性。模拟量输入功能见表 4-7。MM440 变频器除表 4-7 设定范围外，还可支持常见的 2～10 V 和 4 mA～20 mA 模拟标定方式。

表 4-7　模拟量输入功能

参数	设定值	参数功能
P0756	=0	单极性电压输入（0～+10 V）
	=1	带监控的单极性电压输入（0～+10 V）
	=2	单极性电流输入（0～20 mA）
	=3	带监控的单极性电流输入（0～20 mA）
	=4	双极性电压输入（-10 V～+10 V）
说明："带监控"是指模拟通道具有监控功能，当断线或信号超限，报故障 F0080。		

如果以模拟量通道 1 电压信号 2～10 V 作为频率给定，则需要设置表 4-8 中的参数。

表 4-8 模拟量通道 1 电压信号参数及功能

参数	设定值	参数功能	表功能说明
P0757[0]	2	电压 2 V 对应 0%的标度，即 0 Hz	频率 50Hz 0Hz 2V 10V 电压
P0758[0]	0%		
P0759[0]	10	电压 10 V 对应 100%的标度，即 50 Hz	
P0760[0]	100%		
P0761[0]	2	死区宽度	

如果以模拟量通道 2 电流信号 4 mA～20 mA 作为频率给定，相应通道的拨码开关必须拨至 ON 位置且需要设置表 4-9 中的参数。

表 4-9 模拟量通道 2 电流信号参数及功能

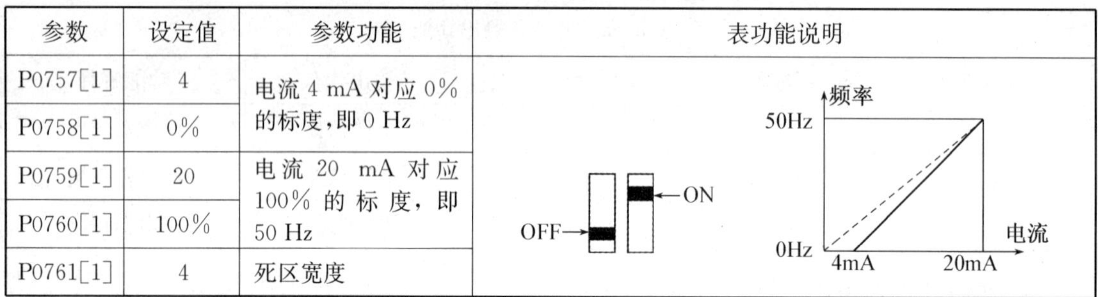

参数	设定值	参数功能	表功能说明
P0757[1]	4	电流 4 mA 对应 0%的标度，即 0 Hz	OFF ON 频率 50Hz 0Hz 4mA 20mA 电流
P0758[1]	0%		
P0759[1]	20	电流 20 mA 对应 100% 的标度，即 50 Hz	
P0760[1]	100%		
P0761[1]	4	死区宽度	

4. 模拟量输出功能

MM440 变频器两路模拟量输出的相关参数以 in000 和 in001 区分，出厂值 0～20 mA 输出，可标定 4 mA～20 mA 输出(P0778=4)，如需要电压信号可在相应端子并联一支 500 Ω 电阻。需要输出的物理量可通过 P0771 设置，如表 4-10 所示。

表 4-10 P0771 需要设置的输出物理量

参数号码	设定值	参数功能	说明
P0771	=21	实际频率	模拟输出信号与所设置的物理量呈线性关系
	=25	输出电压	
	=26	直流电压	
	=27	输出电流	

输出信号标定为 0～50 Hz 输出 4 mA～20 mA，见表 4-11。

表 4-11 模拟量输出参数及功能

参数	设定值	参数功能	
P0777	0%	0 Hz 对应输出电流 4 mA	电流 20mA 4mA 0Hz 50Hz 频率
P0778	4		
P0779	100%	50 Hz 对应输出电流 20 mA	
P0780	20		

子任务 2　其他功能调试

1. 加减速时间

电机从静止状态加速到最高频率所需要的时间称加速时间；电机从最高频率减速到静止状态所需要的时间称减速时间。MM440 变频器设置电机加减速时间参数见表 4 - 12。

表 4 - 12　加减速时间(斜坡时间)参数及功能解释

<table>
<tr><td>参数编号</td><td>功能解释</td><td rowspan="4">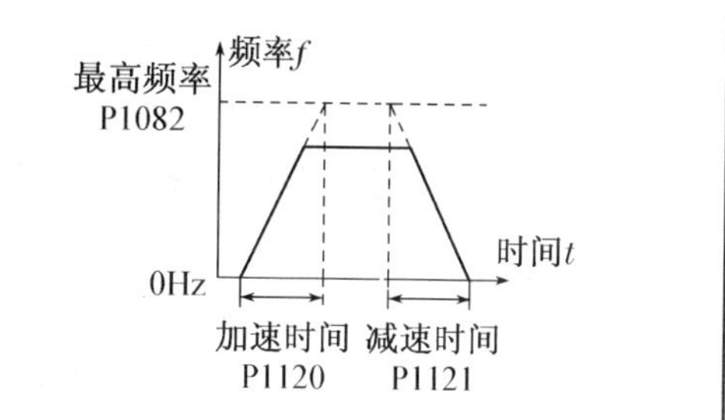
</td></tr>
<tr><td>P1120</td><td>加速时间</td></tr>
<tr><td>P1121</td><td>减速时间</td></tr>
<tr><td colspan="2">注意：P1120 设置过小可能导致变频器过电流。P1121 设置过小可能导致变频器过电压。</td></tr>
</table>

2. 频率限制

用户可设置电机的运行频率区间和所要避开的一些共振点。MM440 变频器的频率限制参数及功能解释见表 4 - 13。

表 4 - 13　频率限制参数及功能解释

参数编号	功能解释	说明
P1080	最低频率	两个参数用于限制电机的最低和最高运行频率，不受频率给定源的影响
P1082	最高频率	
P1091—P1094	跳跃频率，避开共振点	MM440 可设置四段跳跃率，通过 P1101 设置频带宽度

3. 多段速功能(固定频率)

MM440 变频器在设置参数 P1000＝3 条件下，用开关量端子选择固定频率的组合，实现电机多段速度运行。可通过如下三种方法实现：

(1) 直接选择(P0701－P0706＝15)

MM440 变频器采用直接选择控制方法时，一个数字输入选择一个固定频率，需设置的对应参数及频率设置见表 4 - 14。

表 4-14　直接选择+ON 命令

端子编号	对应参数	对应频率设置	说明
5	P0701	P1001	1. 频率给定源 P1000 必须设置为 3 2. 当多个选择同时激活时，选定的频率是它们的总和
6	P0702	P1002	
7	P0703	P1003	
8	P0704	P1004	
16	P0705	P1005	
17	P0706	P1006	

(2) 直接选择+ON 命令(P0701－P0706＝16)

MM440 变频器采用直接选择+ON 命令时，数字量输入既选择固定频率，又具备起动功能。

(3) 二进制编码选择+ON 命令(P0701－P0704＝17)

MM440 变频器采用二进制编码选择+ON 命令时，最多可选择 15 个固定频率，具体频率设定见表 4-15。

表 4-15　二进制编码选择+ON 命令

频率设定	端子 8	端子 7	端子 6	端子 5	频率设定	端子 8	端子 7	端子 6	端子 5
P1001	0	0	0	1	P1009	1	0	0	1
P1002	0	0	1	0	P1010	1	0	1	0
P1003	0	0	1	1	P1011	1	0	1	1
P1004	0	1	0	0	P1012	1	1	0	0
P1005	0	1	0	1	P1013	1	1	0	1
P1006	0	1	1	0	P1014	1	1	1	0
P1007	0	1	1	1	P1015	1	1	1	1
P1008	1	0	0	0	—	—	—	—	—

4. 停车

将电机的转速降到零速的操作，MM440 变频器支持的停车方式见表 4-16。

表 4-16　停车方式

停止方式	功能解释	应用场合
OFF1	变频器按照 P1121 所设定的斜坡下降时间由全速降为零	一般场合
OFF2	变频器封锁脉冲输出，电机惯性滑行状态直至速度为零	设备需急停，配合机械抱闸
OFF3	变频器按照 P1135 所设定的斜坡下降时间由全速降为零	设备需快速停车

5. 制动

为缩短电机减速时间，MM440 变频器支持两种制动方式，可实现电机快速制动，具体见

表 4－17。

表 4－17　快速制动

制动方式	功能解释	相关参数
直流制动	变频器向电机定子注入直流	P1230＝1 使能直流制动 P1232＝直流制动强度 P1233＝直流制动持续时间 P1234＝直流制动的起始频率
能耗制动	通过制动单元和制动电阻，将电机回馈能量以热能形式消耗掉	P1237＝1—5，能耗制动工作停止周期；P1240＝0，禁止直流电压控制器，防止斜坡下降时间自动延长

6. 自动再起动和捕捉再起动

自动再起动(P1210 上电自起动)表示变频器在主电源跳闸或故障后重新起动的功能。需要起动命令在数字输入且保持常 ON 才能自动再起动。自动再起动参数及功能见表 4－18。

表 4－18　自动再起动和捕捉再起动参数及功能解释

自动再起动(P1210)	捕捉再起动(P1200)
＝0 禁止自动再起动 ＝1 上电后跳闸复位 ＝2 在主电源中断后再起动 ＝3 在主电源消隐或故障后再起动 ＝4 在主电源消隐后再起动 ＝5 在主电源中断和故障后再起动 ＝6 在电源消隐，电源中断或故障后再起动	＝0 禁止捕捉再起动 ＝1 捕捉再起动总是有效，双方向搜索电机速度 ＝2 捕捉再起动功能在上电，故障，OFF2 停车时，双方向搜索电机速度 ＝3 捕捉再起动在故障，OFF2 停车时有效，双方向搜索电机速度 ＝4 捕捉再起动总是有效，单方向搜索电动机速度 ＝5 捕捉再起动在上电，故障，OFF2 停车时有效，单向搜索电机速度 ＝6 故障，OFF2 停车时有效，单方向搜索电机速度

捕捉再起动(P1200 重新起动旋转的电机)表示变频器快速地改变输出频率去搜寻正在自由旋转的电机的实际速度。一旦捕捉到电机的速度实际值，使电机按常规斜坡函数曲线升速运行到频率的设定值。捕捉再起动参数及功能见表 4－18。一般建议同时采用自动再起动和捕捉再起动两种功能。

7. 矢量控制

将测得变频器实际输出电流按空间矢量方式进行分解，形成转矩电流分量与磁通电流分量两个电流闭环，同时又可借助编码器或内置观测器模型构成速度闭环，此双闭环控制方式可改善变频器动态响应能力，减小滑差，保证系统速度稳定以确保低频时转矩输出。典型应用如行车、皮带运输机、挤出机、空气压缩机等。为提高电机数学模型的精确性，以确保得到较为理想矢量控制效果，必须进行电机优化操作，优化步骤如图 4－23 所示。

图 4－23　电机优化步骤

若已经进行了恢复出厂设置和快速调试，可直接进行电机静态识别和动态优化。电机静态识别和动态优化的参数设置见表 4-19。

表 4-19 矢量控制参数及功能解释

操作	参数	功能解释
静态识别	P1910	=0 禁止 =1 识别所有电机数据并修改，并将这些数据应用于控制器 =2 识别所有电机数据但不进行修改，这些数据不用于控制器 =3 识别电机磁路饱和曲线并修改 激活电机数据识别后将显示报警 A0541，需要马上起动变频器
动态优化	P1300	=20 选择矢量控制方式
	P1960	=1 激活电机动态优化后，将显示报警 A0542，需马上起动变频器，电机会突然加速
注：表中电机动态优化必须脱开机械负载		

8. 本地远程控制

本地远程控制主要用于现场（机旁箱）手动调试，远程（中控室）运行的转换。变频器软件本身具备 3 套控制参数组（CDS），在每组参数里边设置不同的给定源和命令源以选择不同参数组，实现本地远程控制的切换。例如本地由操作面板（BOP）控制，远程操作由模拟量和开关量控制以 $D_{in}4$（端子 8）作为切换命令，如图 4-24 所示。需设置以下参数：

P1000[0]=2、P0700[0]=2，第 0 组参数为本地操作方式；

P1000[1]=1、P0700[1]=1，第 1 组参数为远程操作方式；

P0704[0]=99、P0810=722.3，通过 DIN4 作为切换命令。

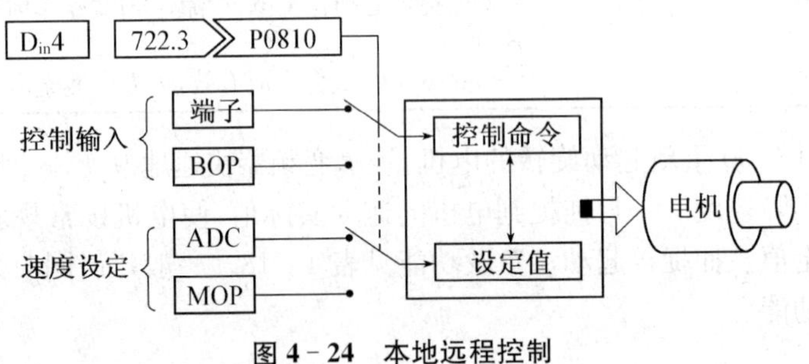

图 4-24 本地远程控制

9. PID 控制

MM440 变频器闭环控制应用 PID 控制，使控制系统被控量迅速而准确地接近目标值。实时地将传感器反馈信号与被控量目标信号相比较，如有偏差，则通过 PID 控制使偏差为 0，适用压力、温度及流量控制等，如图 4-25 及表 4-20 所示。

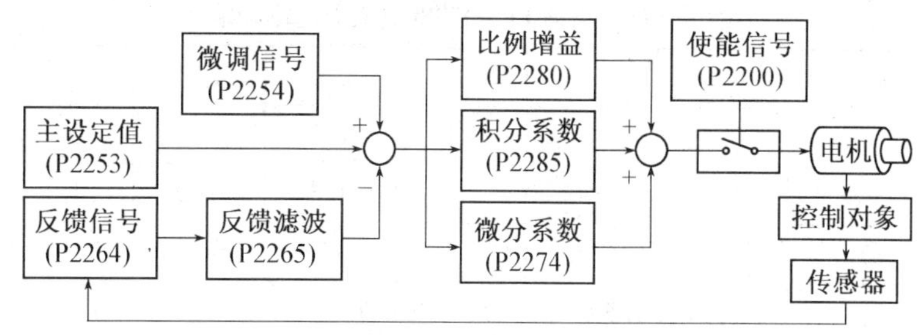

图 4-25　PID 控制

表 4-20　PID 控制参数及功能解释

参数		设定值	功能解释	说明
PID 给定源	P2253	=2 250	BOP 面板	经改变 P2240 改变目标值
		=755.0	模拟通道 1	经模拟量大小改变目标值
		=755.1	模拟通道 2	
PID 反馈源	P2264	=755.0	模拟通道 1	模拟量波动较大时，适当加大滤波时间确保系统稳定
		=755.1	模拟通道 2	

实践训练　三菱 FR-E700 变频器的安装与调试

理论知识 1　FR-E700 变频器的硬件及说明

三菱 FR-E700 变频器是日本的经济型高性能变频器，其铭牌如图 4-26 所示，包括变频器的型号、输入电压及频率、输出电压及频率范围、输出功率、输出电流等参数。

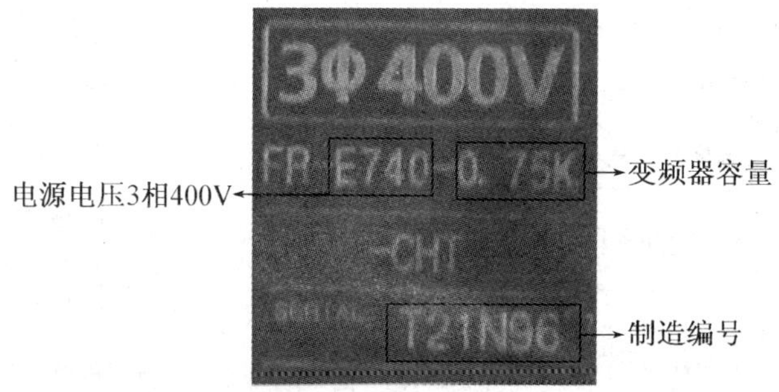

图 4-26　三菱 FR-E700 变频器的铭牌及含义

三菱 FR-E700 变频器基本功能见表 4-21。

三菱 FR-E700 变频器外接端子如图 4-27 所示。三菱 FR-E700 系列变频器的主电路端子说明如下：

(1) R/L1、S/L2、T/L3 端子是变频器的主电路电源输入端子，通过断路器接到三相电源。实训使用的变频器既可接单相电源，使用 L1、L2 端子；又可以接三相电源，使用 L1、L2、L3 端子。

表 4-21 三菱 FR-E700 变频器基本功能

	FR-E700 系列	0.4	0.75	1.5	2.2	3.7	5.5	7.5	11	15
	电机容量(kW)	0.4	0.75	1.5	2.2	3.7	5.5	7.5	11	15
输出	额定容量(kV·A×2)	1.2	2.0	3.0	4.6	7.2	9.1	13	17.5	23
	额定电流(A×6)	1.6(1.4)	2.6(2.2)	4.0(3.8)	6.0(5.4)	9.5(8.7)	12	17	23	30
	过载能力×3	150%,60 s;200%,3 s(反时限特性)								
	电压×4	3 相 380～480 V								
电源	交流电压及频率	3 相 380～480 V/50 Hz/60 Hz								
	交流电压允许波动范围	325～528 V/50 Hz/60 Hz								
	允许频率波动范围	±5%								
	防护等级	IP20								
	冷却方式	自冷		强制风冷						

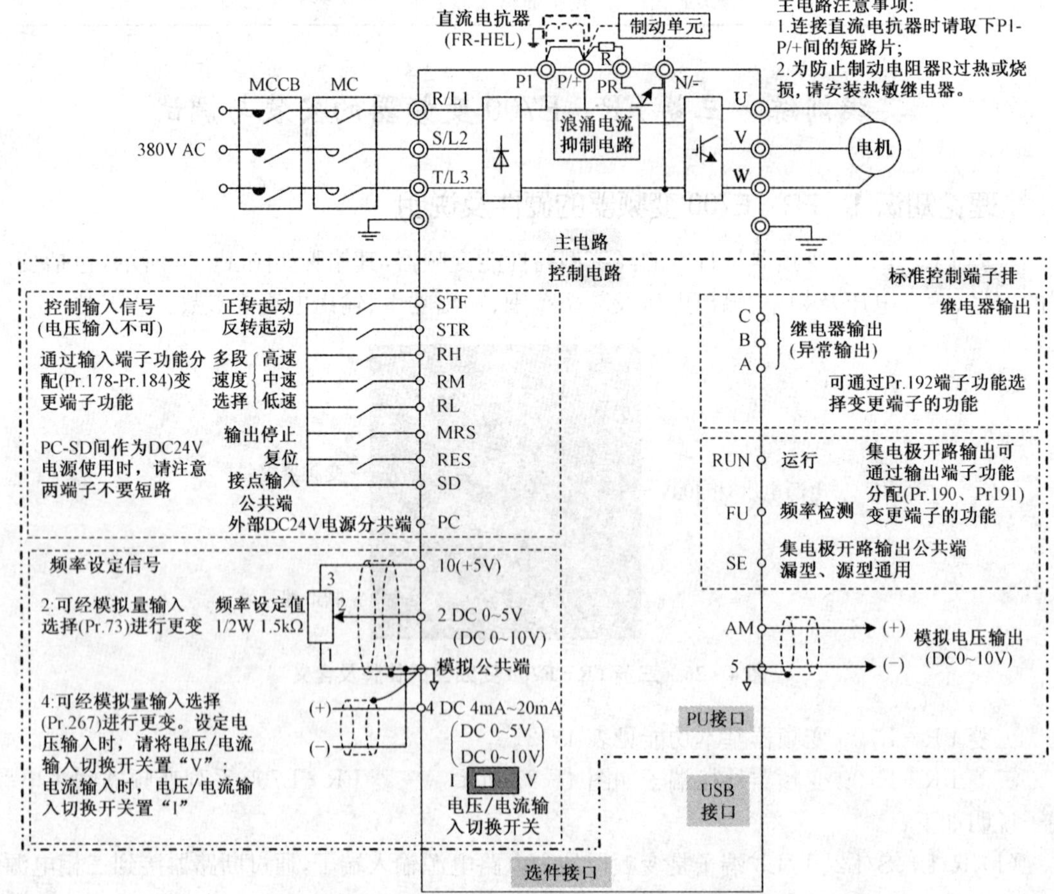

图 4-27 三菱 FR-E700 系列变频器的外接端子

(2) U、V、W 端子是变频器的主电路输出端子，接三相电动机。变频器在使用时，主电路电源输入端子与输出端子一定不要弄错，否则会造成变频器的损坏。

(3) P/+、PR 端子是制动电阻器连接端子，当负载惯性较大或减速时间较短，致使变频器容易过压跳闸时使用。

(4) P/+、N/−端子是制动单元连接端子，变频主电路中间直流电路电压的输出端可连接外部制动单元电源，其中 P 接电压正端(+)，N 接电压负端(−)。

需要特别指出的是变频器如不接制动单元，P、N 端子应保持开路状态，切不可将两端短路，否则将会造成变频器损坏。

(5) P/+、P1 端子是直流电抗器连接，要拆下 P/+—P1 间的短路片，连接直流电抗器。

三菱 FR-E740 变频器控制电路的标准输入控制端子符号和功能说明见表 4-22。

端子 SE 是集电极开路输出信号的公共端端子。

漏型逻辑指信号输入端子有电流流出时信号为 ON 的逻辑。端子 SD 是接点输入信号的公共端端子。

源型逻辑指信号输入端子中有电流流入时信号为 ON 的逻辑。端子 PC 是接点输入信号的公共端端子。

表 4-22　标准控制电路输入信号端子

<table>
<tr><th colspan="2">端子名称与符号</th><th colspan="2">功能说明</th></tr>
<tr><td colspan="2">正转起动 STF</td><td>STF 信号 ON 时正转、OFF 时停止指令。</td><td rowspan="2">STF、STR 信号同时 ON 时变成停止指令。</td></tr>
<tr><td colspan="2">反转起动 STR</td><td>STR 信号 ON 时反转、OFF 时停止指令。</td></tr>
<tr><td colspan="2">多段速度选择
RH、RM、RL</td><td colspan="2">用 RH、RM 和 RL 信号的组合可以选择多段速度。</td></tr>
<tr><td colspan="2">输出停止 MRS</td><td colspan="2">MRS 信号 ON(20 ms 或以上)时，变频器输出停止。
用电磁制动器停止电机时用于断开变频器的输出。</td></tr>
<tr><td colspan="2">复位 RES</td><td colspan="2">用于解除保护电路动作时的报警输出。请使 RES 信号处于 ON 状态 0.1 秒或以上，然后断开。
初始设定为始终可进行复位，但进行了 Pr.75 的设定后，仅在变频器报警发生时可进行复位，复位所需时间约为 1 秒。</td></tr>
<tr><td rowspan="3">SD</td><td>接点输入公共端(漏型)</td><td colspan="2">接点输入端子(初始设定)的漏型逻辑公共端子。</td></tr>
<tr><td>外部晶体管公共端(源型)</td><td colspan="2">源型逻辑时当连接晶体管输出(即集电极开路输出)、例如可编程控制器(PLC)时，将晶体管输出用的外部电源公共端接到该端子时，可以防止因漏电引起的误动作。</td></tr>
<tr><td>DC24 V 电源公共端</td><td colspan="2">DC24 V、0.1 A 电源(端子 PC)的公共输出端子。
与端子 5 及端子 SE 绝缘。</td></tr>
<tr><td rowspan="3">PC</td><td>外部晶体管公共端(漏型)</td><td colspan="2">漏型逻辑(初始设定)时当连接晶体管输出(即集电极开路输出)、例如可编程控制器(PLC)时，将晶体管输出用的外部电源公共端接到该端子时，可以防止因漏电引起的误动作。</td></tr>
<tr><td>接点输入公共端(源型)</td><td colspan="2">接点输入端子(源型逻辑)的公共端子。</td></tr>
<tr><td>DC24 V 电源</td><td colspan="2">可作为 DC24 V、0.1 A 的电源使用。</td></tr>
</table>

（续表）

端子名称与符号	功能说明
频率设定用电源 10	作为外接频率设定(速度设定)用电位器时电源使用。
频率设定(电压)2	如果输入 DC0～5 V(或 0～10 V)，在 5 V(10 V)时为最大输出频率，输入输出成正比。通过 Pr. 73 进行 DC0～5 V(初始设定)和 DC0～10 V 输入的切换操作。
频率设定(电流)4	如果输入 DC4 mA～20 mA(或 0～5 V，0～10 V)，在 20 mA 时为最大输出频率，输入输出成正比。只有 AU 信号为 ON 时端子 4 的输入信号才会有效(端子 2 的输入将无效)。通过 Pr. 267 进行 4 mA～20 mA(初始设定)和 DC0～5 V、DC0～10 V 输入的切换操作。 电压输入(0～5 V/0～10 V)时，请将电压/电流输入切换开关切换至“V”。
频率设定公共端 5	频率设定信号端子 2 或 4 及端子 AM 的公共端子，请勿接大地。

晶体管输出使用外部电源且输入选择漏型逻辑时，变频器的 SD 端子不要与外部电源的 0 V 端子连接。晶体管输出使用外部电源且输入选择源型逻辑时，变频器的 PC 端子不要与外部电源的＋24 V 端子连接。

另外，把端子 PC-SD 间作为 DC24 V 电源使用时，变频器的外部不可以设置并联的电源，有可能会因漏电流而导致误动作。

端子 SD 是接点输入端子 STF、STR、RH、RM、RL、MRS 及 RES 的公共端子。集电极开路电路和内部控制电路采用光电耦合器绝缘。

三菱 FR－E740 变频器控制电路的标准输出控制端子符号和功能说明见表 4－23。

表 4－23　标准控制电路输出信号端子

种类	符号	端子名称	功能说明
继电器	A、B、C	继电器输出(异常)	指示变频器因保护功能动作时输出停止的 1c 接点输出。异常时，B-C 间不导通(A-C 间导通)；正常时，B-C 间导通(A-C 间不导通)。
集电极开路	RUN	变频器正在运行	变频器输出频率大于或等于起动频率(初始值 0.5 Hz)时为低电平，已停止或正在直流制动时为高电平。 低电平表示集电极开路输出用的晶体管处于 ON(导通)。高电平表示处于 OFF(不导通)。
	FU	频率检测	输出频率大于或等于任意设定的检测频率时为低电平，未达到时为高电平。
	SE	集电极开路输出公共端	端子 RUN、FU 的公共端子。
模拟	AM	模拟电压输出	可以从多种监示项目中选一种作为输出。变频器复位中不被输出。输出信号与监示项目的大小成比例。初始设定为输出频率。

端子 SD、SE 以及端子 5 是输入输出信号的公共端端子。任何一个公共端端子都是互相绝缘的。不允许公共端端子接大地。在接线时应避免端子 SD－5、端子 SE－5 互相连接的接线方式。

端子 5 是模拟量输出端子 AM、频率设定信号端子 2 和端子 4 的公共端端子。采用屏蔽线或双绞线避免受外来噪音干扰。

端子 SE 为集电极开路输出端子 RUN、FU 的公共端端子。接点输入电路和内部控制电路采用光电耦合器绝缘。

三菱 FR－E700 系列变频器的接线端子如图 4－28 所示。

控制电路端子的接线应使用屏蔽线或双绞线，而且必须与主电路、强电电路分开接线。

图 4－28　三菱 FR－E700 变频器端子接线

理论知识 2　FR－E700 变频器的操作面板

三菱 FR－E700 系列变频器操作面板的外形如图 4－29 所示，主要由键盘操作键、LED 显示屏、LED 指示灯、频率设置旋钮等组成。变频器操作面板不能从变频器上拆下。

图 4－29　三菱 FR－E700 系列变频器操作面板的各部分组成

三菱 FR－E700 系列变频器的基本操作如图 4－30 所示。通过运行模式切换(PU/EXT)键切换变频器是处于 PU 运行模式还是外部运行模式,此时相对应的运行模式显示(PU, EXT, NET)灯亮。在 PU 运行模式操作面板显示频率时,旋转 M 旋钮和点击 SET 键可以修改变频器运行频率。在 PU 运行模式时,通过点击 SET 键切换操作面板依次显示运行频率、输出电压和输出电流。在参数设定模式下,通过模式切换 MODE、M 旋钮和 SET 键可以进行修改参数、清除参数、参数全部清除及清除历史报警。下面介绍三菱 FR－E700 变频器的典型操作。

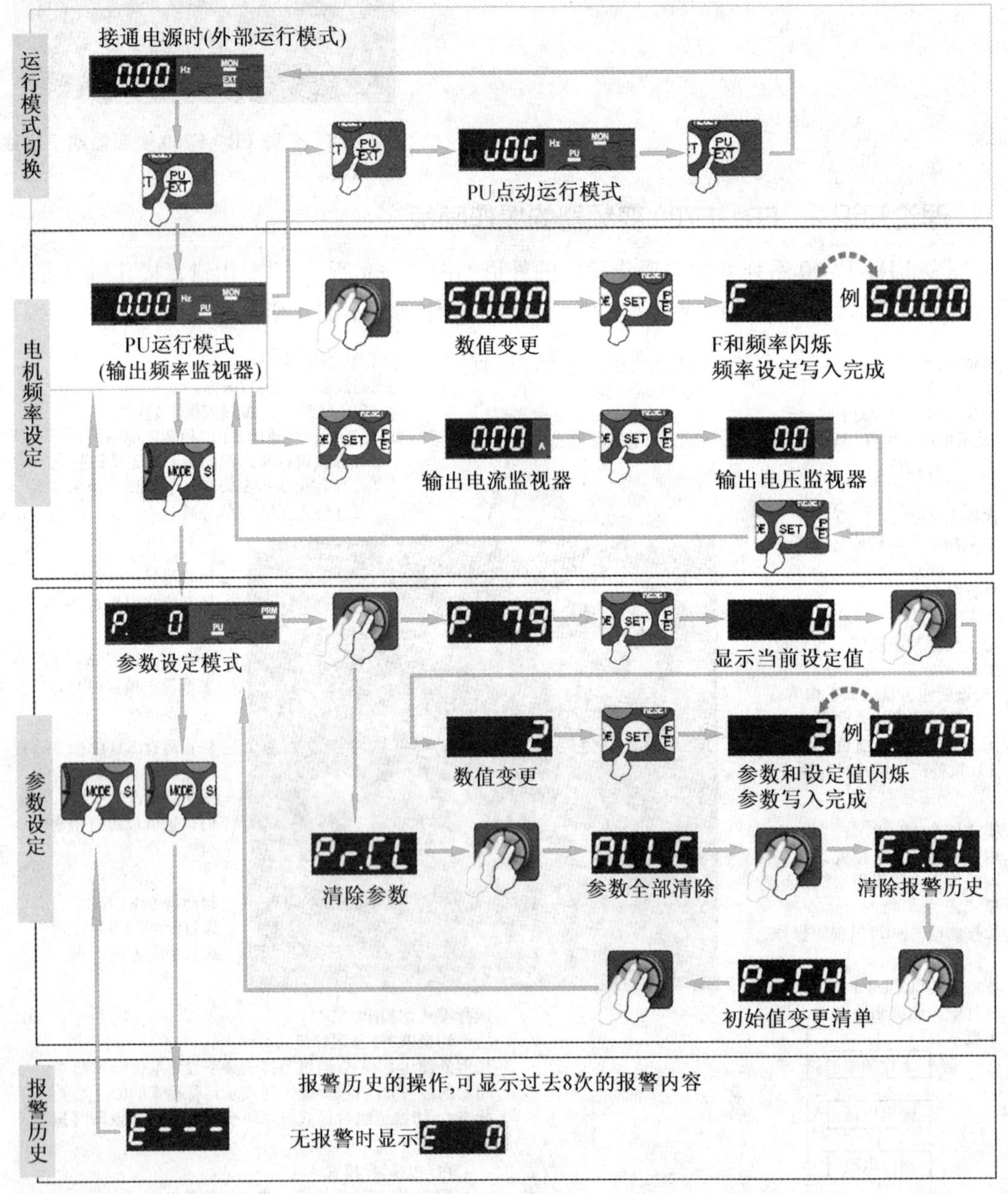

图 4－30 变频器的基本操作

理论知识 3　FR－E700 变频器的参数设置

三菱 FR－E700 变频器可通过简单的操作来完成利用起动指令和速度指令的组合进行的 Pr. 79 运行模式选择设定。简单设定运行模式参数见附录Ⅰ。

起动三菱 FR－E700 变频器的四种简单设定运行模式如图 4－31 所示。

通过操作面板 RUN 运行键起动三菱 FR－E700 变频器，通过 M 旋钮改变变频器运行频率，需要设置 Pr. 79＝1；

通过外部 STF 或 STR 起动三菱 FR－E700 变频器，通过模拟量电压输入改变运行频率，需要设置 Pr. 79＝2；

通过外部 STF 或 STR 起动三菱 FR－E700 变频器，通过 M 旋钮改变变频器运行频率，需要设置 Pr. 79＝3；

通过操作面板 RUN 运行键起动三菱 FR－E700 变频器，通过模拟量电压输入改变运行频率，需要设置 Pr. 79＝4。

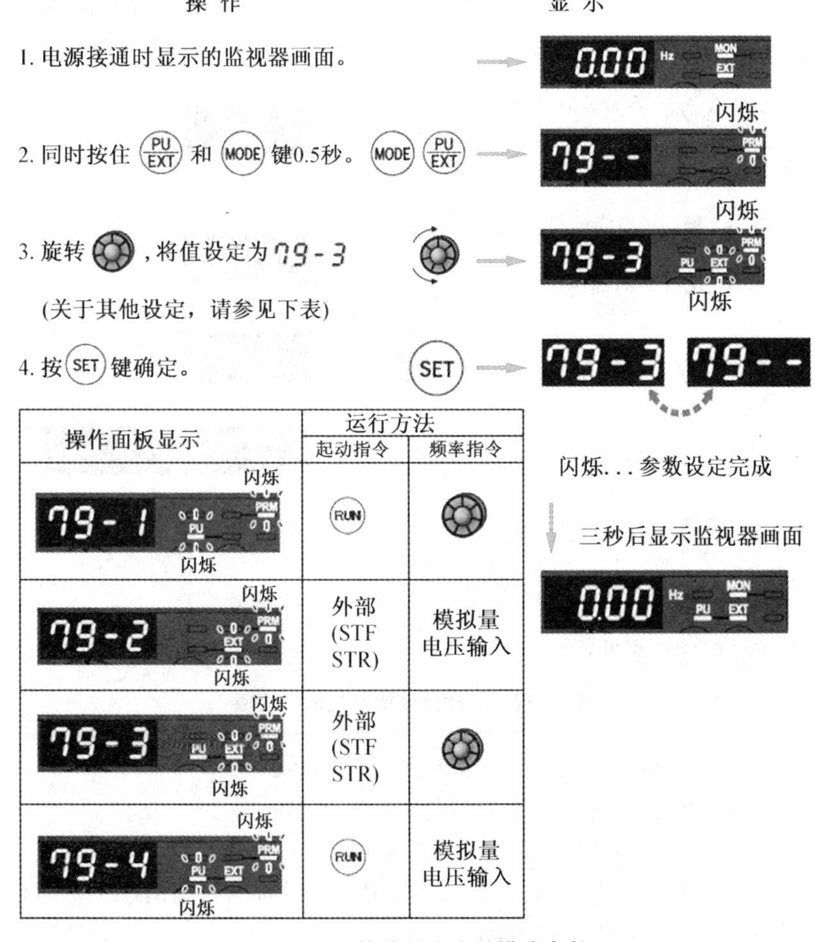

操作面板显示	运行方法	
	起动指令	频率指令
79-1	RUN	
79-2	外部(STF STR)	模拟量电压输入
79-3	外部(STF STR)	
79-4	RUN	模拟量电压输入

图 4－31　简单设定运行模式参数

变频器变更参数的设定值的具体操作如图 4－32 所示。

步骤 1　电源接通时显示的监视器为当前运行的频率画面。

步骤 2　按运行模式切换(PU/EXT)键,进入 PU 运行模式。

步骤 3　按模式切换 MODE 键,进入参数设定模式。

步骤 4　旋转 M 旋钮,将参数编号设定为需要变更的参数。

步骤 5　按 SET 键,读取当前设定值。

步骤 6　旋转 M 旋钮,将数值设定所需的数值。

步骤 7　按 SET 键确定。

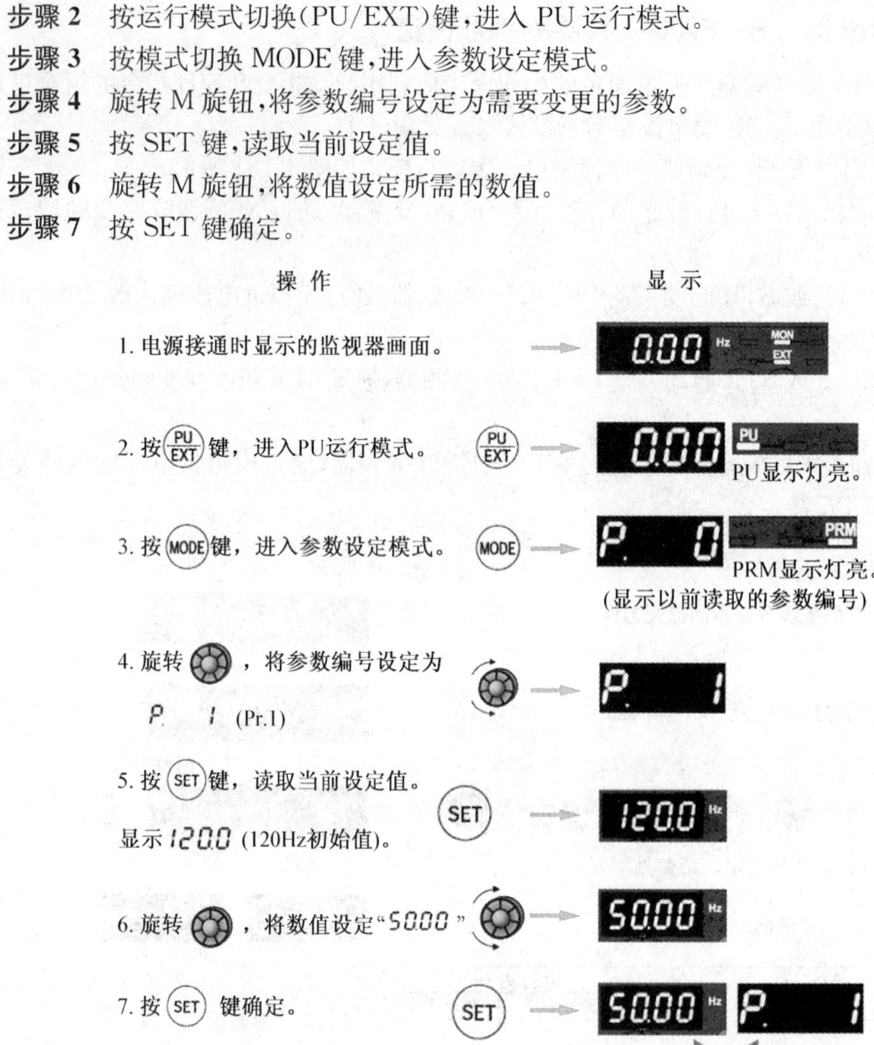

图 4-32　变频器变更参数的设定值

变频器 PU 模式点动运行的具体操作如图 4-33 所示。

步骤 1　电源接通时显示的监视器为当前运行的频率画面。

步骤 2　按运行模式切换(PU/EXT)键,进入 PU 运行模式。

步骤 3　点击运行 RUN 键,电机开始以参数 Pr. 15 设置的初始值(5 Hz)运行。

步骤 4　松开运行 RUN 键,电机停止。

步骤 5　按模式切换 MODE 键,进入参数设定模式。

步骤 6　旋转 M 旋钮,将参数编号 Pr. 15 设定为点动频率。

步骤 7　按 SET 键,读取显示当前设定值。

步骤 8　旋转 M 旋钮,将数值设定所需的数值(如 10 Hz)。

步骤 9　按 SET 键确定。

步骤 10　重复步骤 1～4 发现电机以 10 Hz 运行。

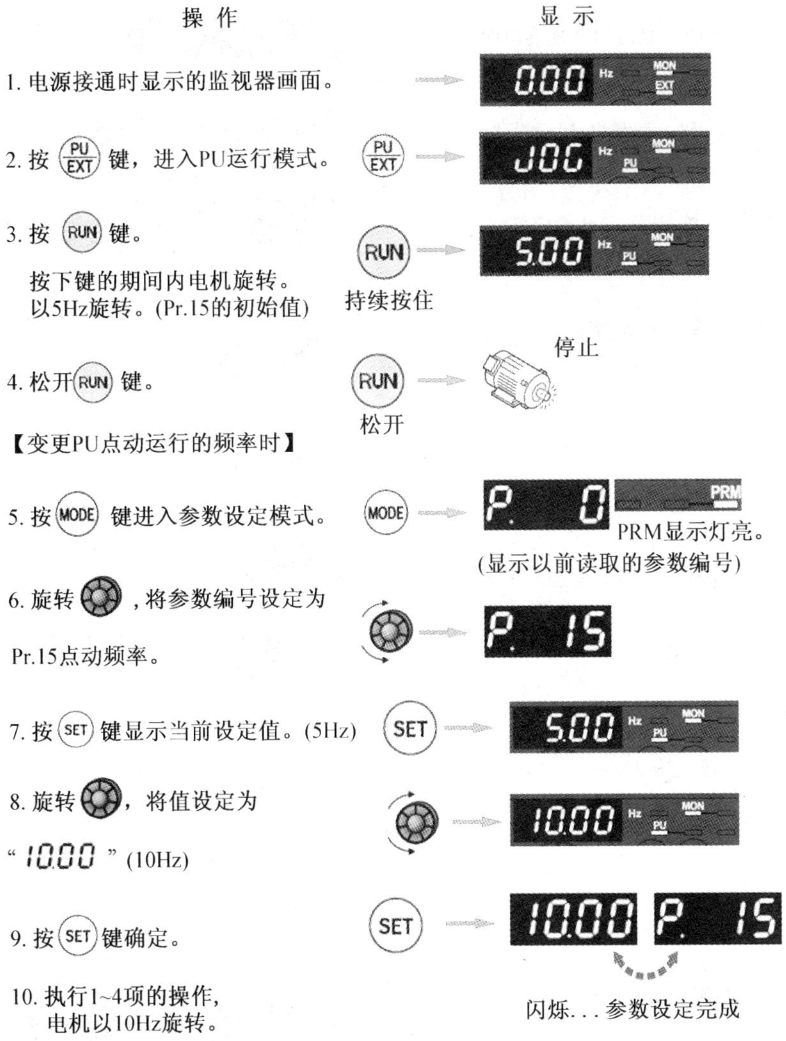

操 作		显 示
1. 电源接通时显示的监视器画面。		0.00 Hz MON EXT
2. 按 PU/EXT 键，进入PU运行模式。	PU/EXT	JOG Hz MON PU
3. 按 RUN 键。 按下键的期间内电机旋转。 以5Hz旋转。(Pr.15的初始值)	RUN 持续按住	5.00 Hz MON PU
4. 松开 RUN 键。	RUN 松开	停止
【变更PU点动运行的频率时】		
5. 按 MODE 键进入参数设定模式。	MODE	P. 0 PRM PRM显示灯亮。 (显示以前读取的参数编号)
6. 旋转 M 旋钮，将参数编号设定为Pr.15点动频率。	M 旋钮	P. 15
7. 按 SET 键显示当前设定值。(5Hz)	SET	5.00 Hz MON PU
8. 旋转 M 旋钮，将值设定为"10.00" (10Hz)	M 旋钮	10.00 Hz MON PU
9. 按 SET 键确定。	SET	10.00 P. 15 闪烁...参数设定完成
10. 执行1~4项的操作，电机以10Hz旋转。		

图 4-33　变频器 PU 模式点动运行

变频器的设定频率的具体操作如图 4-34 所示。

步骤 1　电源接通时显示的监视器为当前运行的频率画面。

步骤 2　按运行模式切换(PU/EXT)键,进入 PU 运行模式。

步骤 3　按模式切换 MODE 键,进入参数设定模式。

步骤 4　旋转 M 旋钮,将参数编号设定为 Pr. 161。

步骤 5　按 SET 键,读取显示的当前设定值(如 0)。

步骤 6　旋转 M 旋钮,将数值设定所需的数值(如 1)。

步骤 7　按 SET 键确定。

步骤 8　按模式切换 MODE 键两次显示频率/监视画面。

步骤 9 点击运行 RUN 键起动变频器。

步骤 10 旋转 M 旋钮,设定运行频率。

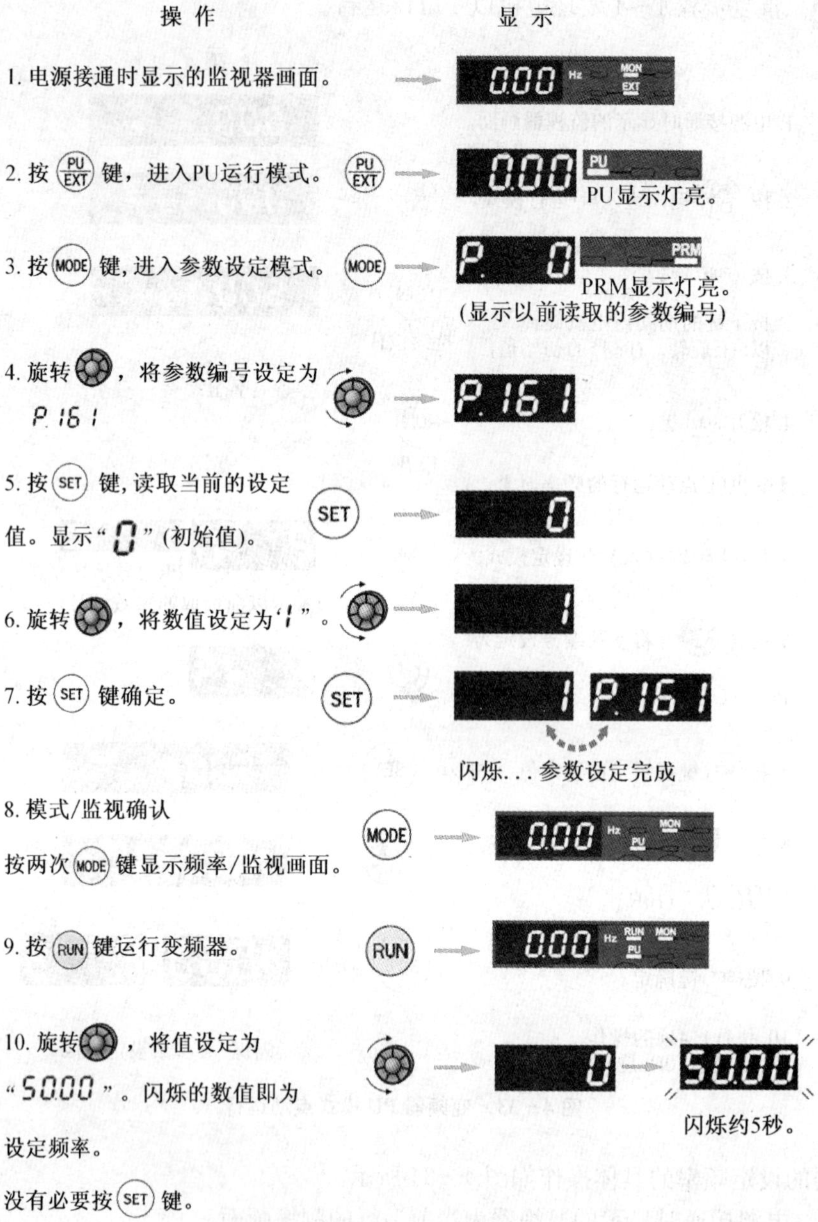

操 作	显 示
1. 电源接通时显示的监视器画面。	0.00 Hz MON EXT
2. 按 (PU/EXT) 键，进入PU运行模式。	0.00 PU — PU显示灯亮。
3. 按 (MODE) 键，进入参数设定模式。	P. 0 PRM — PRM显示灯亮。(显示以前读取的参数编号)
4. 旋转 (M旋钮)，将参数编号设定为 P.161	P.161
5. 按 (SET) 键，读取当前的设定值。显示"0"(初始值)。	0
6. 旋转 (M旋钮)，将数值设定为"1"。	1
7. 按 (SET) 键确定。	1 ⇄ P.161 闪烁...参数设定完成
8. 模式/监视确认 按两次 (MODE) 键显示频率/监视画面。	0.00 Hz MON PU
9. 按 (RUN) 键运行变频器。	0.00 Hz RUN MON PU
10. 旋转 (M旋钮)，将值设定为"50.00"。闪烁的数值即为设定频率。没有必要按 (SET) 键。	0 → 50.00 闪烁约5秒。

图 4-34 变频器的设定频率

变频器参数清除、全部清除的具体操作如图 4-35 所示。

步骤 1 电源接通时显示的监视器为当前运行的频率画面。

步骤 2 按运行模式切换(PU/EXT)键,进入 PU 运行模式。

步骤 3 按模式切换 MODE 键,进入参数设定模式。

步骤 4 旋转 M 旋钮,将参数编号设定为 Pr. CL(ALLC)。

步骤 5 按 SET 键,读取显示的当前设定值(如 0)。

步骤 6　旋转 M 旋钮，将数值设定所需的数值(如 1)。

步骤 7　按 SET 键确定。

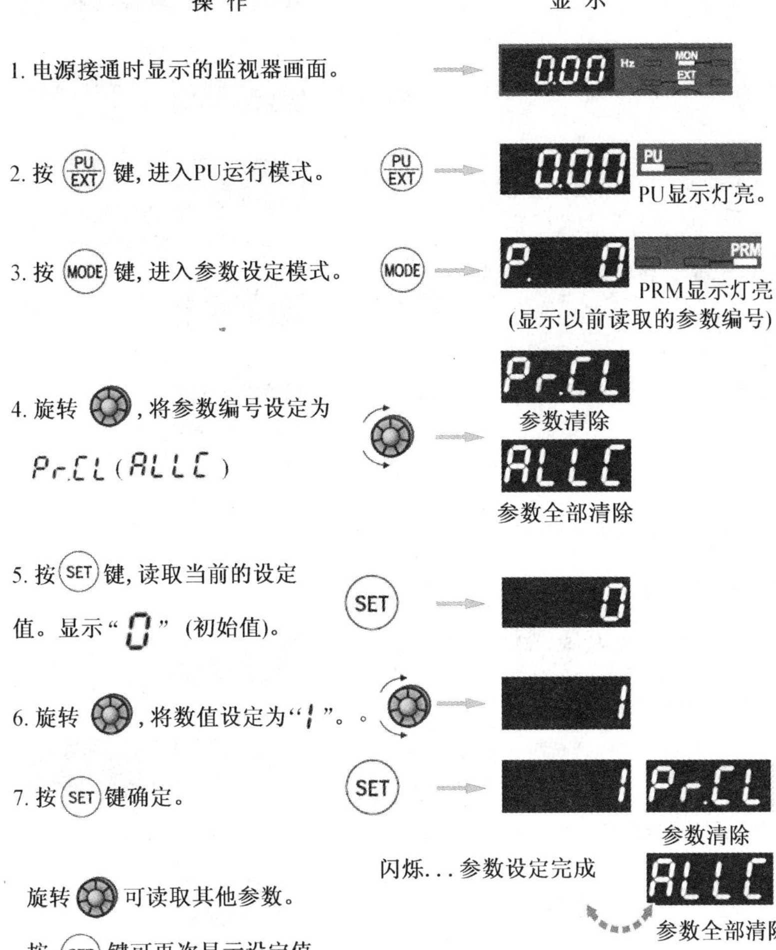

图 4－35　变频器参数清除、全部清除

变频器初始值变更清单的具体操作如图 4－36 所示。

步骤 1　电源接通时显示的监视器为当前运行的频率画面。

步骤 2　按运行模式切换(PU/EXT)键，进入 PU 运行模式。

步骤 3　按模式切换 MODE 键，进入参数设定模式。

步骤 4　旋转 M 旋钮，将参数编号设定为 Pr. CH。

步骤 5　按 SET 键，显示初始值变更清单画面。

步骤 6　旋转 M 旋钮，将显示变更过的参数编号。

步骤 7　在 P——状态下按 SET 键将返回参数设定模式。

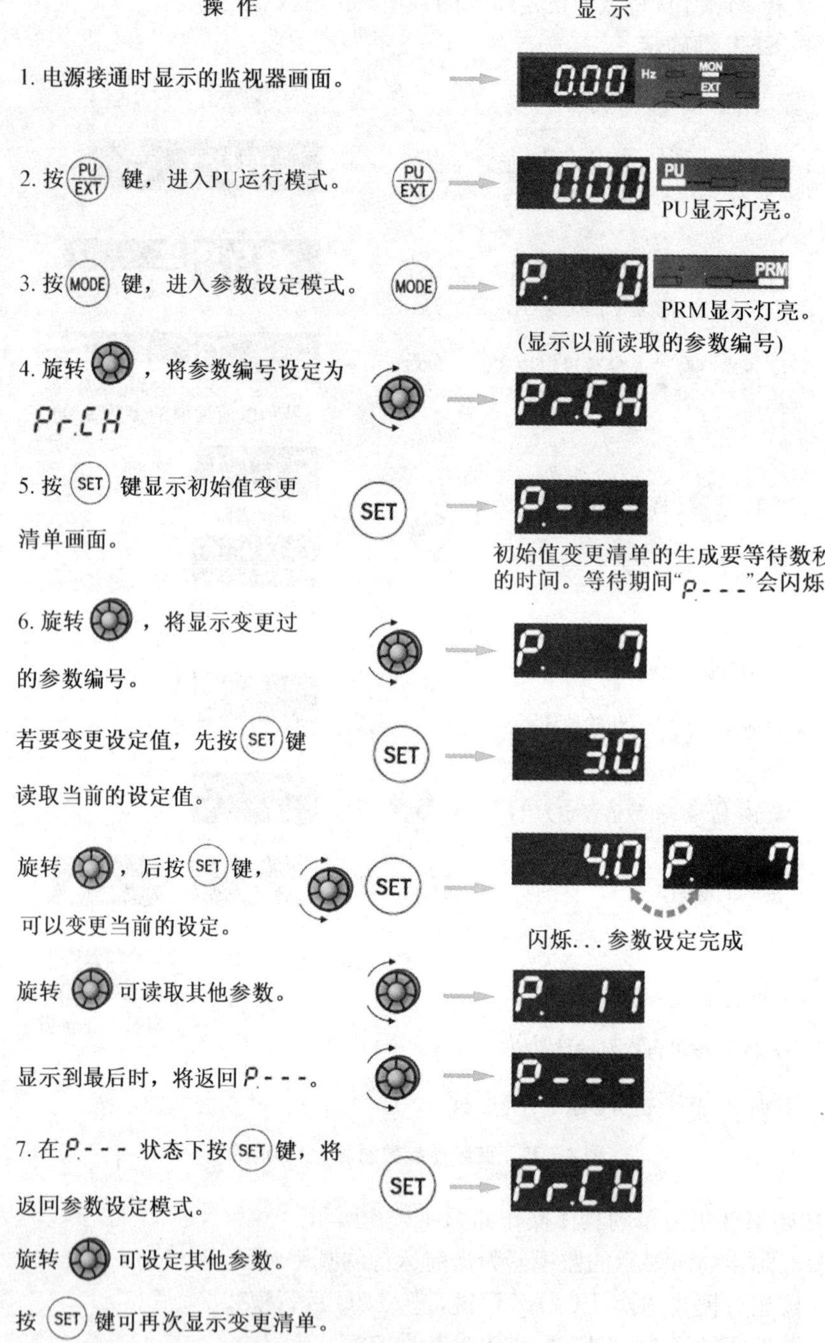

图 4-36 变频器初始值变更清单

变频器清除步骤的具体操作如图 4-37 所示。

步骤 1 电源接通时显示的监视器为当前运行的频率画面。

步骤 2 按模式切换 MODE 键,进入参数设定模式。

步骤 3 旋转 M 旋钮,将参数编号设定为 Er. CL(报警历史清除)。

步骤 4　按 SET 键，读取显示的当前设定值 0。

步骤 5　旋转 M 旋钮，将数值设定为 1。

步骤 6　按 SET 键。

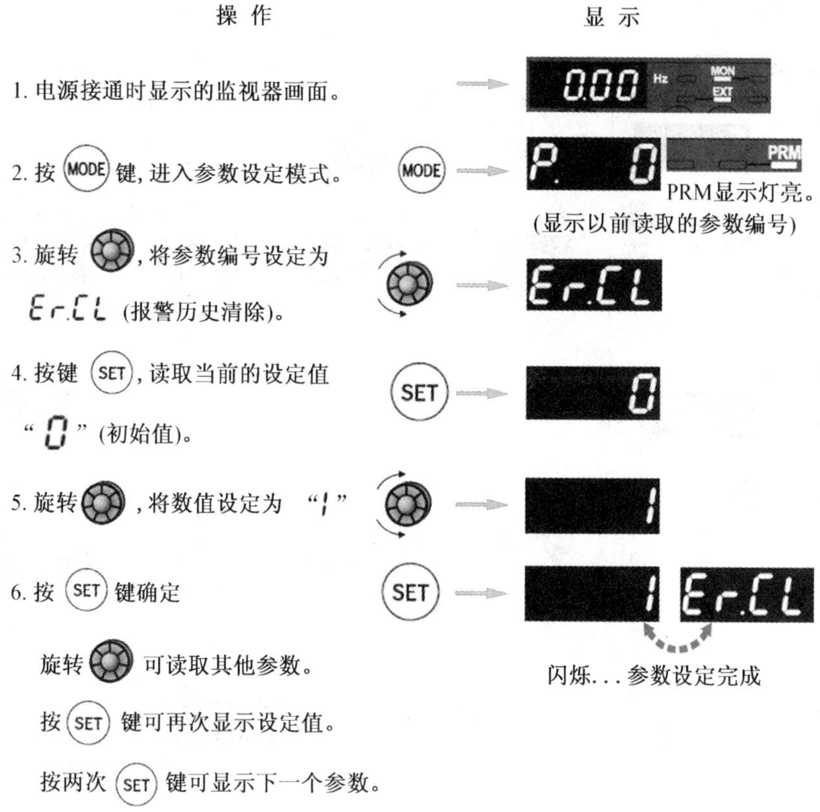

操 作　　显 示

1. 电源接通时显示的监视器画面。　0.00 Hz MON EXT

2. 按 MODE 键，进入参数设定模式。　P. 0 PRM
PRM显示灯亮。
(显示以前读取的参数编号)

3. 旋转 ，将参数编号设定为 Er.CL (报警历史清除)。　Er.CL

4. 按键 SET，读取当前的设定值“0”(初始值)。　0

5. 旋转 ，将数值设定为“1”　1

6. 按 SET 键确定　1　Er.CL
闪烁...参数设定完成

旋转 可读取其他参数。

按 SET 键可再次显示设定值。

按两次 SET 键可显示下一个参数。

图 4－37　变频器清除步骤

变频器发生了异常(重故障)时保护功能会动作，并停止报警，PU 的显示部分会自动切换为下属的错误(异常)显示。

异常输出信号的保持：保护功能动作时，如果打开设置在变频器输入侧的电磁接触器，将失去变频器的控制电源，不能保持异常输出。

异常显示：保护功能起动后操作面板的显示部分自动切换成异常显示。

复位方法：保护功能起动后变频器将持续停止状态，所以只有复位才能再起动。

变频器的异常显示大体可以分为以下几种。

错误信息：对于操作面板或参数单元的操作错误或设定错误，显示相关信息。变频器并不切断输出。

报警：操作面板显示有关故障信息时，虽然变频器并未切断输出，但如果不采取处理措施的话，便可能会引发重大故障。

轻故障：变频器并不切断输出。用参数设定可以输出轻微故障信号。

重故障：保护功能动作，切断变频器输出，输出异常信号。

变频器报警(重故障)历史的确认的具体操作如图 4－38 所示。

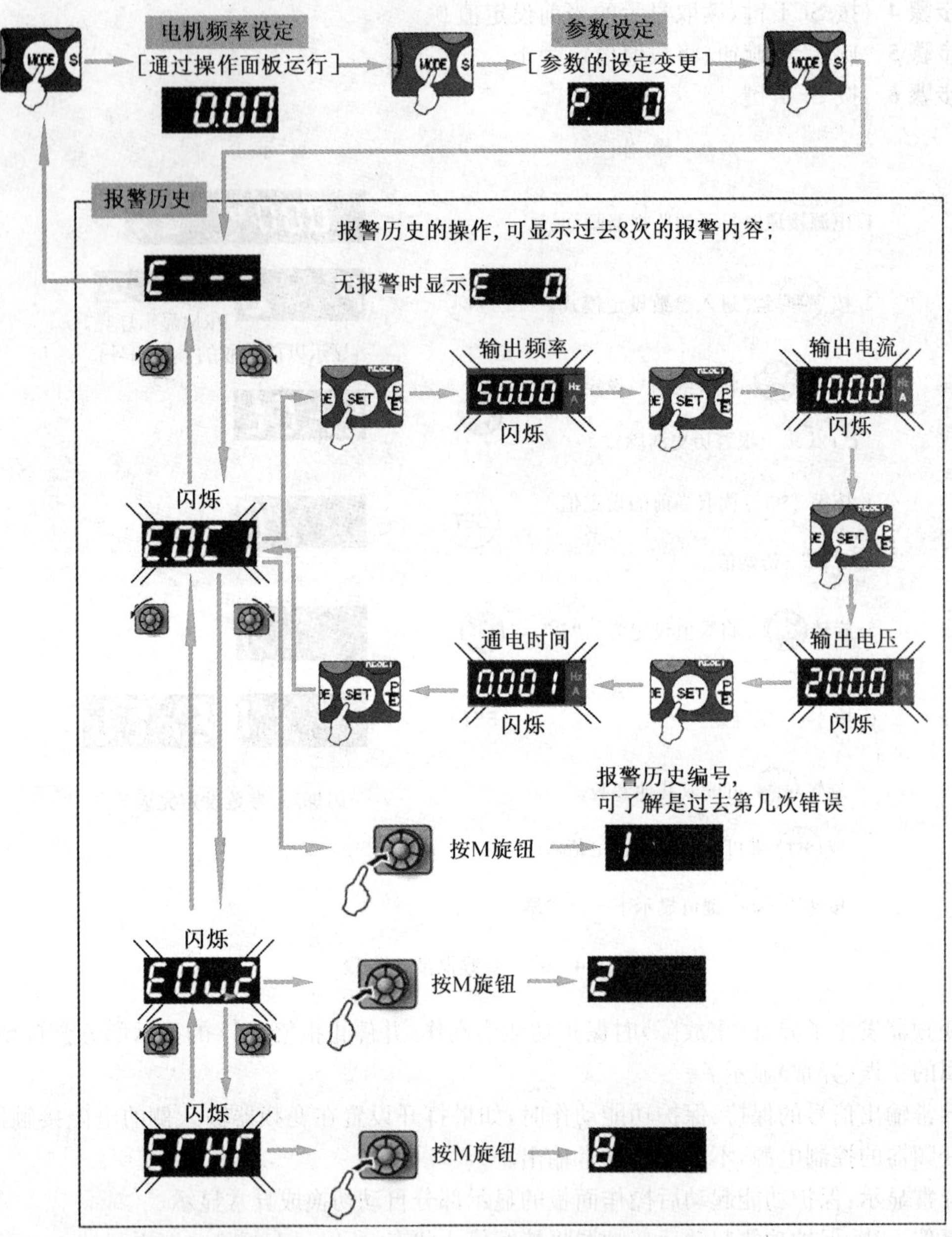

图 4-38 变频器报警(重故障)历史的确认

实践训练 1 变频器功能参数设置与操作实训

【实训目的】

1. 了解变频器的工作原理。
2. 掌握三菱变频器功能参数设置方法。

【实训内容】

变频器功能参数设置与操作接线图如图 4－39 所示。

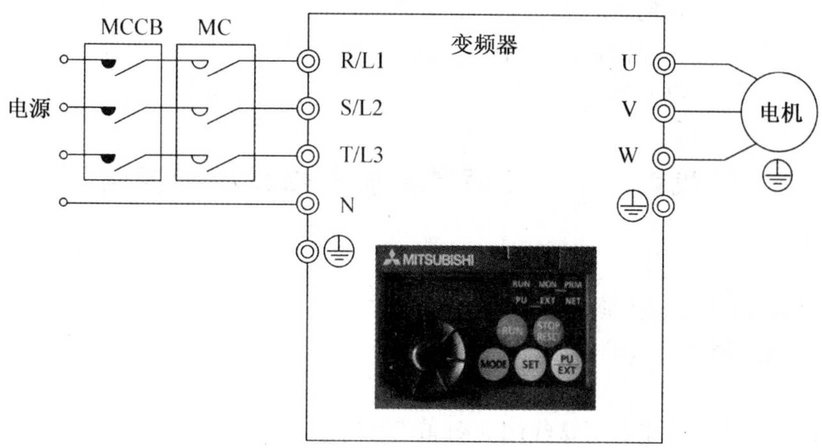

图 4－39　变频器功能参数设置与操作接线

【实训器材】

三相异步电动机 1 台，三菱 E700 系列变频器 1 台，连接导线若干。

【注意事项】

电源一定不能接到变频器输出端子(U、V、W)上，否则将损坏变频器。

【实训步骤】

1. 参考变频器功能参数设置与操作接线图 4－39 所示线路进行接线，将电源控制屏的 U、V、W 和变频器输入 L1、L2、L3 一一对应连接(三相电源输入)或将电源控制屏的 U、V、W 其中一相及 N 和变频器输入 L1、N 连接(单相电源输入)，变频器输出 U、V、W 与电机 U、V、W 一一对应连接。

2. 接好线路后，经指导教师检查后，方可进行通电操作。

(1) 合上电源控制开关，起动三相电源；

(2) 按 PU/EXT 键切换到 PU 运行模式；

(3) 旋转旋钮直接设定频率；(闪烁 5 秒左右)

(4) 数值闪烁时按 SET 键进行频率设定；(如果不按 SET 键，闪烁 5 秒后回到 0.00 Hz，那时再回到第(3)步重做。)

(5) 闪烁 3 秒左右显示 0.00，用 RUN 键运行；

(6) 想变更设定的频率时，回到(3)、(4)步；

(7) 按下 STOP/RESET 键停止。

【思考题】

模式设置是变频器最重要的参数，设置哪个参数可以改变变频器运行模式，各个模式有何特点，适用于何种场合？

参考答案：设置 P79 可以改变变频器的运行模式。

P79＝0　　外部/PU 切换模式；

P79＝1　　PU 运行模式固定；

P79＝2　　　外部运行模式固定；
P79＝3　　　外部/PU 组合运行模式 1；
P79＝4　　　外部/PU 组合运行模式 2；
P79＝7　　　外部运行模式(PU 运行互锁)；
P79＝8　　　操作模式外部信号切换。

实践训练 2　变频器报警与保护功能实训

【实训目的】

1. 了解变频器的工作原理。
2. 了解变频器报警与保护功能。

【实训内容】

变频器报警与保护功能参考接线图如图 4-39 所示。

【实训器材】

三相异步电动机 1 台，三菱 E700 系列变频器 1 台，连接导线若干。

【注意事项】

电源一定不能接到变频器输出端子(U、V、W)上，否则将损坏变频器。

【实训步骤】

1. 参考变频器报警与保护功能参考接线图 4-39 所示线路进行接线，将电源控制屏的 U、V、W 和变频器输入 L1、L2、L3 一一对应连接(三相电源输入)或将电源控制屏的 U、V、W 其中一相及 N 和变频器输入 L1、N 连接(单相电源输入)，变频器输出 U、V、W 与电机 U、V、W 一一对应连接。

2. 接好线路后，经指导教师检查后，方可进行通电操作。

变频器复位

操作 1：用操作面板，按 STOP/RESET 键复位变频器。

操作 2：重新断电一次，再合闸。

操作 3：设置 P60＝10(定义 RL 为 RES 信号)，连接 RL 与 SD 两个端子 0.1 S 以上。(维持 RES 信号 ON 时，显示“Err”(闪烁)，通知正处于复位状态。)

报警历史的确认和清除

报警(严重故障)历史确认见图 4-38。

清除顺序：设置为 ECL 报警清除＝“1”时可以清除报警历史。

步骤：(1) 按 MODE 键切换到参数设定模式。
(2) 旋转旋钮调节到 ECL(清除报警历史)。
(3) 按 SET 键读取当前设定的值。显示“0”。
(4) 向右旋转旋钮，调节到“1”。
(5) 按下 SET 键进行设置。

实践训练 3　多段速度选择变频调速实训

【实训目的】

1. 了解变频器的工作原理。
2. 了解多段速度选择变频调速的工作原理。
3. 掌握多段速度选择变频调速的接线方法。

【实训器材】

三相异步电动机 1 台，三菱 E700 系列变频器 1 台，钮子开关 3 个，连接导线若干。

【实训内容】

多段速度选择变频调速参考原理图如图 4 - 40 所示。

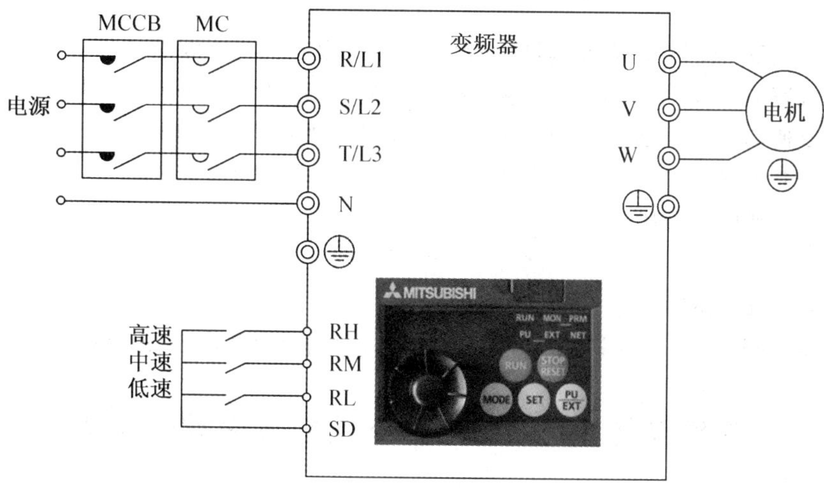

图 4 - 40　多段速度选择变频调速参考原理图

【工作原理】

端子 RH 的出厂值为 50 Hz，RM 的出厂值为 30 Hz，RL 的出厂值为 10 Hz。2 个（或 3 个）端子同时为 ON 时可以用 7 速运行，如图 4 - 41 所示。

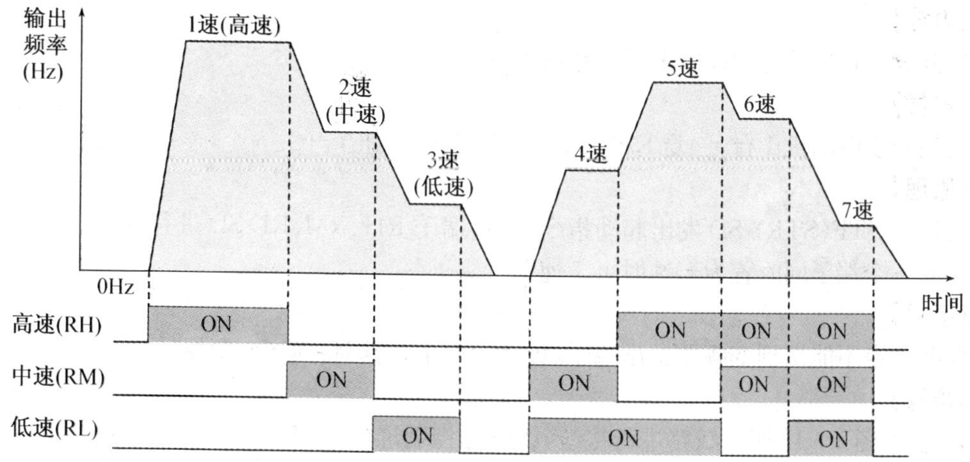

图 4 - 41　变频器的多段速度选择

【注意事项】

电源一定不能接到变频器输出端子(U、V、W)上,否则将损坏变频器。

【实训步骤】

1. 参考图 4-40 所示线路进行接线,将电源控制屏的 U、V、W 和变频器输入 L1、L2、L3 一一对应连接(三相电源输入)或将电源控制屏的 U、V、W 其中一相及 N 和变频器输入 L1、N 连接(单相电源输入),变频器输出 U、V、W 与电机 U、V、W 一一对应连接。定义高速为 K1、中速为 K2、低速为 K3,将 K1、K2、K3 的一端分别连接到变频器输入信号 RH、RM、RL 上,另一端两两相连后连接到 SD 上。

2. 接好线路后,经指导教师检查后,方可进行通电操作。

(1) 合上电源控制开关,起动三相电源;

(2) 将 P30 变更为"1"(扩张功能显示选择),此后的实训内容均需如此。将 P79 变更为"4";

(3) 按下按键"RUN",RUN 闪烁,在没有频率指令的情况下闪烁;

(4) 将低速信号(K3)置为 ON。输出频率随 P7 加速时间上升慢慢变为"10.00"(10 Hz);

(5) 将低速信号(K3)置为 OFF。输出频率随 P8 减速时间下降慢慢变为"0.00"(0 Hz);

(6) 起动开关 STOP/RESET 置为 OFF。FWD(或 REV)灯灭。

3. 中速、高速同上所述。

【思考题】

想改变端子 RL、RM、RH 的频率,怎么做?

参考答案:可以改变参数 P4、P5、P6 的设定值,分别对应高速、中速、低速的频率。

实践训练 4 控制电机正反转运动控制实训

【实训目的】

1. 了解变频器的工作原理。

2. 了解控制电机正反转运动控制的工作原理。

3. 掌握控制电机正反转运动控制的接线方法。

【实训内容】

控制电机正反转运动控制参考原理图如图 4-42 所示。

【实训器材】

三相异步电动机 1 台,三菱 E700 系列变频器 1 台,钮子开关 5 个,连接导线若干。

【工作原理】

用端子 STF(STR)-SD 发出起动指令,通过端子 RH、RM、RL-SD 进行频率设定,其中两个端子或三个端子同时置为 ON 时可 7 速运行。

【注意事项】

电源一定不能接到变频器输出端子(U、V、W)上,否则将损坏变频器。

【实训步骤】

1. 参考图 4-42 所示线路进行接线,将电源控制屏的 U、V、W 和变频器输入 L1、L2、L3 一一对应连接(三相电源输入)或将电源控制屏的 U、V、W 其中一相及 N 和变频器输入 L1、N

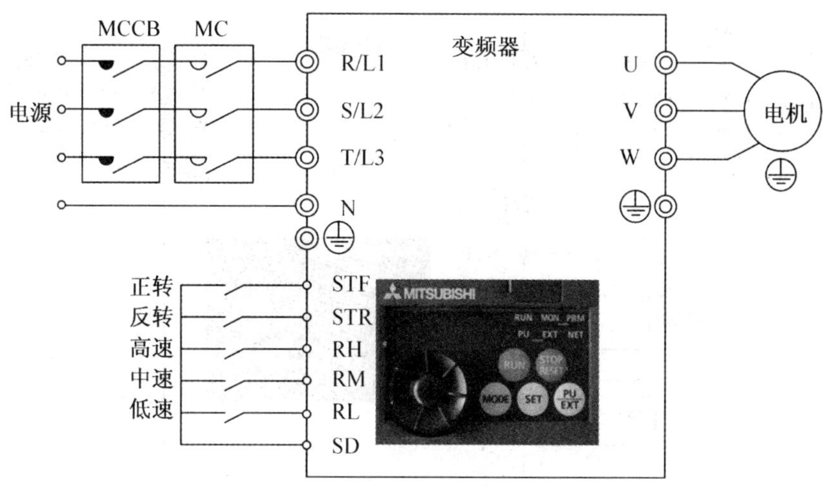

图4-42　控制电机正反转运动控制参考原理图

连接(单相电源输入),变频器输出U、V、W与电机U、V、W一一对应连接。定义K1为正转起动、K2为反转起动、K3为高速,K4为中速,K5为低速。将K1、K2、K3、K4、K5的一端分别连接到变频器输入信号STF、STR、RH、RM、RL上,另一端两两相连后连接到SD上。

2. 接好线路后,经指导教师检查后,方可进行通电操作。

(1) 合上电源控制开关,起动三相电源;

(2) 确定变频器处于外部运行模式,将高速开关K3置为ON,再将正转起动开关K1置为ON,此时电机将以50 Hz的频率正转,若将反转起动开关K2置为ON,此时电机将以50 Hz的频率反转;

(3) 同样,可使电机中速、低速正转反转。

【思考题】

通过设置哪些参数可以进行7速控制电机正反转?

参考答案:可以通过设定P24~P27来设定4~7速,通过RH、RM、RL、REX信号的组合可以实现4~15速的选择,其中要设定P189=8(定义REX功能为15速选择)。

实践训练5　外部端子点动控制实训

【实训目的】

1. 了解变频器的工作原理。

2. 了解外部端子点动控制的工作原理。

3. 掌握多外部端子点动控制的接线方法。

【实训内容】

外部端子点动控制参考原理图如图4-43所示。

【实训器材】

三相异步电动机1台,三菱E700系列变频器1台,钮子开关1个,按钮开关2个,1 K电位器1个,连接导线若干。

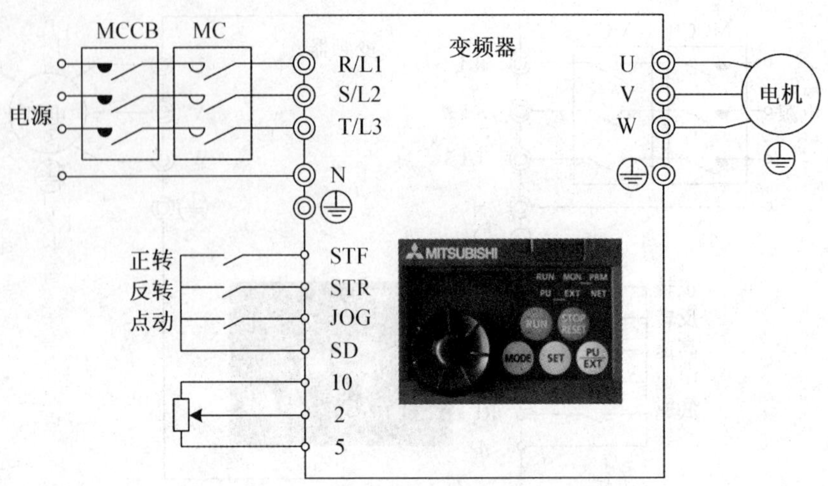

图 4-43 外部端子点动控制参考原理图

【工作原理】

点动信号为 ON 时通过起动信号(STF、STR)起动、停止。(点动信号可以通过初始设定分配到端子点动),如图 4-44 所示。

【注意事项】

电源一定不能接到变频器输出端子(U、V、W)上,否则将损坏变频器。

【实训步骤】

1. 参考图 4-43 所示线路进行接线,将电源控制屏的 U、V、W 和变频器输入 L1、L2、L3 一一对应连接(三相电源输入)或将电源控制屏的 U、V、W 其中一相及 N 和变频器输入 L1、N 连接(单相电源输入),变频器输出 U、V、W 与电机 U、V、W 一一对应连接。定义按钮开关 SB1 为正转起动、按钮开关 SB2 为反转起动、扭子开关 K1 为点动信号,将 SB1、SB2、K1 的一端分别连接到变频器输入信号 STF、STR、RM(定义为 JOG)上,另一端两两相连后连接到 SD 上。将 1 K 电位器的三个端子分别连接到变频器输入信号 10、2、5。(注意顺序)

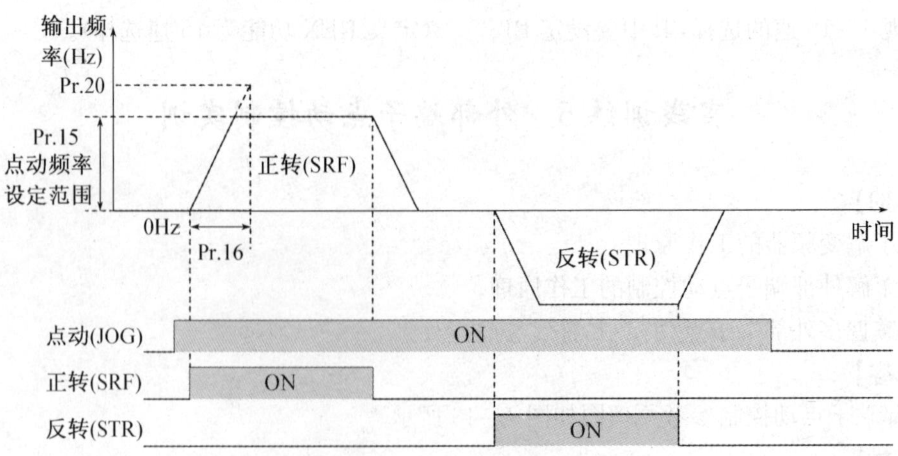

图 4-44 变频器的点动

2. 接好线路后，经指导教师检查后，方可进行通电操作。

(1) 合上电源控制开关，起动三相电源；

(2) 将 P79 变更为“0”(初始值)。设置 P61＝9，定义 RM 为 JOG 点动。用 PU/EXT 切换到外部运行模式；

(3) 将 K1 置为 ON，再将 K3 置为 ON，电机以 5 Hz 的频率正转；将 K3 置为 OFF，电机停止，此时将 K1 置为 OFF；

(4) 将 K2 置为 ON，再将 K3 置为 ON，电机以 5 Hz 的频率反转；将 K3 置为 OFF，电机停止，此时将 K2 置为 OFF。

【思考题】

1. 需变更运行频率时，需改变哪个参数？

2. 需变更加减速时间时，需改变哪个参数？

参考答案：(1) 要想改变运行频率，只要改变 P15 的值即可，初始值为 5 Hz。

(2) 要想改变加减速时间，只要改变 P16 的值即可，初始值为 0.5 s。

实践训练 6　外部端子遥控控制实训

【实训目的】

1. 了解变频器的工作原理。

2. 了解外部端子遥控控制的工作原理。

3. 掌握多外部端子遥控控制的接线方法。

【实训器材】

三相异步电动机 1 台，三菱 E700 系列变频器 1 台，钮子开关 4 个，1 K 电位器 1 个，连接导线若干。

【实训内容】

外部端子遥控控制参考原理图如图 4－45 所示。

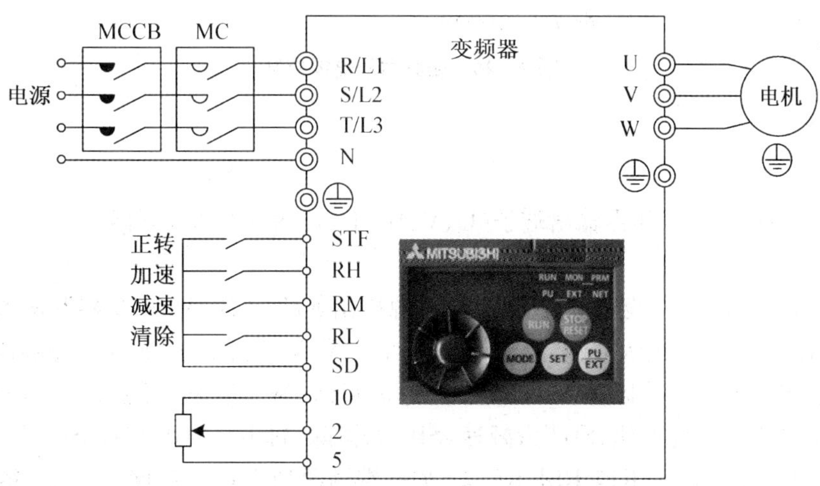

图 4－45　外部端子遥控控制参考原理图

【工作原理】

遥控功能(P59):即使操作柜和实训台距离较远,不使用模拟信号,通过接点信号也能进行连续变速运行,如表 4-24 及图 4-46 所示。

表 4-24　遥控功能

参数号	名称	初始值	设定范围	内容	
				RH,RM,RL 信号功能	频率设定记忆功能
59	遥控功能选择	0	0	多段速度选择	—
			1	遥控设定	有
			2	遥控设定	无
			3	遥控设定	无(经 STF/STR-OFF 清除遥控设定频率)

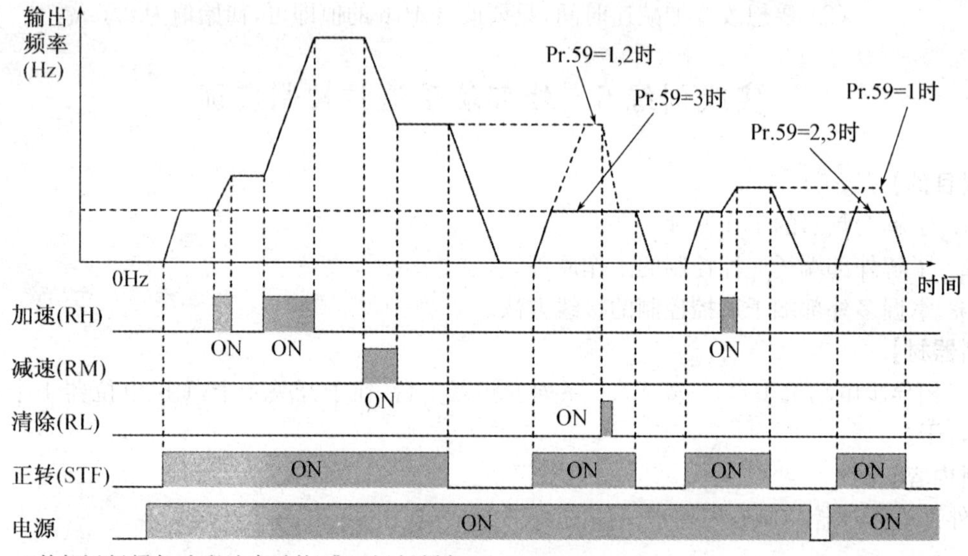

图 4-46　变频器的遥控控制

【注意事项】

电源一定不能接到变频器输出端子(U、V、W)上,否则将损坏变频器。

【实训步骤】

1. 参考图 4-45 所示线路进行接线,将电源控制屏的 U、V、W 和变频器输入 L1、L2、L3 一一对应连接(三相电源输入)或将电源控制屏的 U、V、W 其中一相及 N 和变频器输入 L1、N 连接(单相电源输入),变频器输出 U、V、W 与电机 U、V、W 一一对应连接。定义扭子开关 K1 为正转、按钮开关 SB1 为加速、SB2 为减速,SB3 为清除,将 K1、SB1、SB2、SB3 的一端分别连接到变频器输入信号 STF、RH、RM、RL 上,另一端两两相连后连接到 SD 上。将 1K 电位器的三个端子分别连接到变频器输入信号 10、2、5。(注意顺序,如果发现加减速反向不对,调换 10、5 接线即可)。

2. 接好线路后，经指导教师检查后，方可进行通电操作。

(1) 合上电源控制开关，起动三相电源；

(2) 在 PU 运行模式下，将模拟输入选择(P73)设为“0”(补偿输入电压：0～5 V)；

(3) 将遥控功能(P59)设为“1”(遥控设定，频率设定有记忆功能)，并将运行模式切换到外部运行模式；

(4) 利用电位器设定一个固定频率，比如：20 Hz；

(5) 将 K1 置为 ON，利用电位器设定电机频率为 20 Hz，电机将以 20 Hz 正转；

(6) 将 K2 置为 ON，频率上升直到 K2 为 OFF，最高可上升到 50 Hz。

(7) 将 K3 置为 ON，频率下降直到 K3 为 OFF，最低只能下降到 20 Hz。

(8) 将 K4 置为 ON，任何时候频率回到预先设定的频率(20 Hz)；

(9) 通过 RM、RH 设定频率，记下当下运行频率，在电机运行的时候断电，再重新上电时，电机运行的频率将是 RM、RH 设定的频率。

【思考题】

外部端子遥控控制在实际应用中有何意义？

参考答案：在工业现场，当操作柜和实训台距离较远时，使用外部端子遥控控制可以实现不使用模拟信号，通过接点信号也能进行连续变速运行的功能。

综合实践训练 1　PLC 控制变频器外部端子的电机正反转实训

【实训目的】

1. 了解变频器的工作原理。
2. 掌握简单的 PLC 梯形图编程。
3. 了解 PLC 控制变频器外部端子的电机正反转的工作原理。
4. 掌握 PLC 控制变频器外部端子的电机正反转的接线方法。

【实训内容】

1. PLC 控制变频器外部端子的电机正反转动力主回路参考原理图如图 4 - 39 所示。
2. PLC 控制变频器外部端子的电机正反转 I/O 分配及连线见表 4 - 25。

表 4 - 25　I/O 分配及连线(按钮可用扭子开关代替)

控制元件	PLC 输入	说明	PLC 输出	变频器控制端子	说明
SB1	X0	正转控制	Y0	STF	正转
SB2	X1	反转控制	Y1	STR	反转
SB3	X2	停止控制	Y2	RH	复位
SB4	X3	复位控制			

控制元件按钮开关的另一端均与 PLC 输入公共端子相连；PLC 输出公共端子均与变频器控制端子 SD 相连。

【实训器材】

三相异步电动机 1 台，三菱 PLC 一台，三菱 E700 系列变频器 1 台，按钮开关 4 个，连接导线若干。

【工作原理】

利用按钮开关作为PLC输入控制信号，把变频器SD(接点输入公共端)作为PLC输出的公共端，分别将变频器的STF、STR、RH(定义为RES)与PLC输出端相连。当按下正转控制按钮时，PLC程序控制Y0输出使变频器的STF和SD导通，从而使电机正转起动。同理，当按下反转控制按钮时，PLC程序控制Y1输出使变频器的STR和SD导通，从而使电机反转运行。如果变频器出现故障，可按下故障恢复按钮，此时，PLC程序控制Y2输出使RES和SD导通，使变频器从故障中复位。

【注意事项】

电源一定不能接到变频器输出端子(U、V、W)上，否则将损坏变频器。

【实训步骤】

1. 参考图4-39三相电源输入或将电源控制屏的U、V、W其中一相及N和变频器输入L1、N连接(单相电源输入)，变频器输出U、V、W与电机U、V、W一一对应连接。

2. 参考表4-25所示进行PLC、变频器的接线。

3. 编写PLC程序，如图4-47所示，并下载。

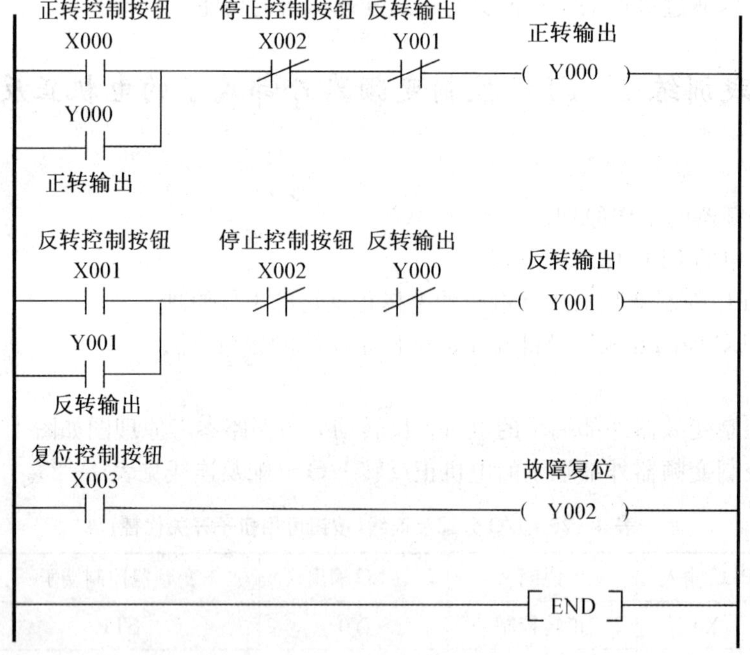

图4-47 PLC程序

4. 经指导教师检查后，方可进行通电操作。

(1) 合上电源控制开关，起动三相电源；

(2) 设置P61="10"(定义为RES)，然后设置P79="3"(外部/PU组合运行模式)。

(3) 旋转旋钮直接设定频率。

(4) 按下正转按钮开关，观察电动机运行情况。

(5) 按下停止按钮，再按下反转控制按钮，观察电动机转向是否变化。

（6）实验完毕，停止电动机，切断电源。

综合实践训练 2　PLC 控制变频器外部端子电机运行时间控制实训

【实训目的】

1. 了解变频器的工作原理。
2. 掌握简单的 PLC 梯形图编程。
3. 了解 PLC 控制变频器外部端子的电机运行时间控制的工作原理。
4. 掌握 PLC 控制变频器外部端子的电机运行时间控制的接线方法。

【实训内容】

PLC 控制变频器外部端子的电机运行时间控制动力主回路参考原理图如图 4－39 所示。

PLC 控制变频器外部端子的电机运行时间控制 I/O 分配及连线见表 4－26。

表 4－26　I/O 分配及连线(按钮可用扭子开关代替)

控制元件	PLC 输入	说明	PLC 输出	变频器控制端子	说明
SB1	X0	正转控制	Y0	STF	正转
SB2	X1	反转控制	Y1	STR	反转
SB3	X2	停止控制			

控制元件按钮开关的另一端均与 PLC 输入公共端子相连；PLC 输出公共端子均与变频器控制端子 SD 相连。

【实训器材】

三相异步电动机 1 台，三菱 PLC 一台，三菱 E700 系列变频器 1 台，按钮开关 3 个，连接导线若干。

【工作原理】

利用按钮开关作为 PLC 输入控制信号，把变频器 SD(接点输入公共端)作为 PLC 输出的公共端，分别将变频器的 STF、STR 与 PLC 输出端相连。当按下正转控制按钮时，PLC 程序控制 Y0 输出使变频器的 STF 和 SD 导通，从而使电机正转起动。同理，当按下反转控制按钮时，PLC 程序控制 Y1 输出使变频器的 STR 和 SD 导通，从而使电机反转运行，并同时利用 PLC 程序控制电机运行时间。

【注意事项】

电源一定不能接到变频器输出端子(U、V、W)上，否则将损坏变频器。

【实训步骤】

1. 参考图 4－39 所示线路进行接线，将电源控制屏的 U、V、W 和变频器输入 L1、L2、L3 一一对应连接(三相电源输入)或将电源控制屏的 U、V、W 其中一相及 N 和变频器输入 L1、N 连接(单相电源输入)，变频器输出 U、V、W 与电机 U、V、W 一一对应连接。
2. 参考表 4－26 所示进行 PLC、变频器的接线。
3. 编写 PLC 程序，并下载。
4. 指导教师检查后，方可进行通电操作。

(1) 合上电源控制开关,起动三相电源;
(2) 设置 P79="3"(外部/PU 组合运行模式);
(3) 旋转旋钮直接设定频率;
(4) 按下正转按钮开关,观察电动机转动方向,是否经过 5 s 后自动停止;
(5) 按下停止按钮,再按下反转控制按钮,观察电动机转向是否变化及自动运行的时间;
(6) 实验完毕,停止电动机,切断电源。

只需改变参考程序中的 T1、T2 的设定时间即可自行设定电机运行时间。

综合实践训练 3 基于 PLC 数字量控制的多段速实训

【实训目的】

1. 了解变频器的工作原理。
2. 掌握简单的 PLC 梯形图编程。
3. 了解基于 PLC 数字量控制的多段速控制的工作原理。
4. 掌握基于 PLC 数字量控制的多段速控制的接线方法。

【实训内容】

PLC 数字量控制的多段速控制动力主回路参考原理图如图 4-39 所示。

PLC 数字量控制的多段速控制 I/O 分配及连线见表 4-27。

表 4-27 I/O 分配及连线

控制元件	PLC 输入	说明	PLC 输出	变频器控制端子	说明
K1	X0	起动/停止	Y0	STF	电机运行
K2	X1	高速	Y1	RH	高速运行
K3	X2	中速	Y2	RM	中速运行
K4	X3	低速	Y3	RL	低速运行

控制元件钮子开关的另一端均与 PLC 输入公共端子相连;PLC 输出公共端子均与变频器控制端子 SD 相连。

【实训器材】

三相异步电动机 1 台,三菱 PLC 一台,三菱 S500 系列变频器 1 台,钮子开关 4 个,连接导线若干。

【工作原理】

利用按钮开关作为 PLC 输入控制信号,把变频器 SD(接点输入公共端)作为 PLC 输出的公共端,分别将变频器的 STF、RH、RM、RL 与 PLC 输出端相连。当拨到起动时,PLC 程序控制 Y0 输出使变频器的 STF 和 SD 导通,从而使电机正转起动,当拨到停止时,Y0 无输出使变频器的 STF 和 SD 断开,从而使电机停止。同理,可利用控制 RH、RM、RL 与 SD 的导通与断开来控制电机高速、中速、低速运行与恢复。

【注意事项】

电源一定不能接到变频器输出端子(U、V、W)上,否则将损坏变频器。

【实训步骤】

1. 参考图 4－39 所示线路进行接线，将电源控制屏的 U、V、W 和变频器输入 L1、L2、L3 一一对应连接（三相电源输入）或将电源控制屏的 U、V、W 其中一相及 N 和变频器输入 L1、N 连接（单相电源输入），变频器输出 U、V、W 与电机 U、V、W 一一对应连接。

2. 参考表 4－27 所示进行 PLC、变频器的接线。

3. 编写 PLC 程序，如图 4－48 所示，并下载。

指导教师检查后，方可进行通电操作。

(1) 合上电源控制开关，起动三相电源；

(2) 设置 P79＝"3"（外部/PU 组合运行模式）；

(3) 旋转旋钮直接设定频率；（最好不设为 10 Hz、30 Hz、50 Hz）

(4) 将 K1 向上拨，电机开始按照第三步设定的频率正转运行；

(5) 将 K2 向上拨，电机将高速运行（50 Hz），然后将 K2 向下拨，电机运行频率恢复；

(6) 将 K3 向上拨，电机将中速运行（30 Hz），然后将 K3 向下拨，电机运行频率恢复；

(7) 将 K4 向上拨，电机将低速运行（10 Hz），然后将 K4 向下拨，电机运行频率恢复；

(8) 将 K1 向下拨，电机停止运行；

(9) 实验完毕，切断电源。

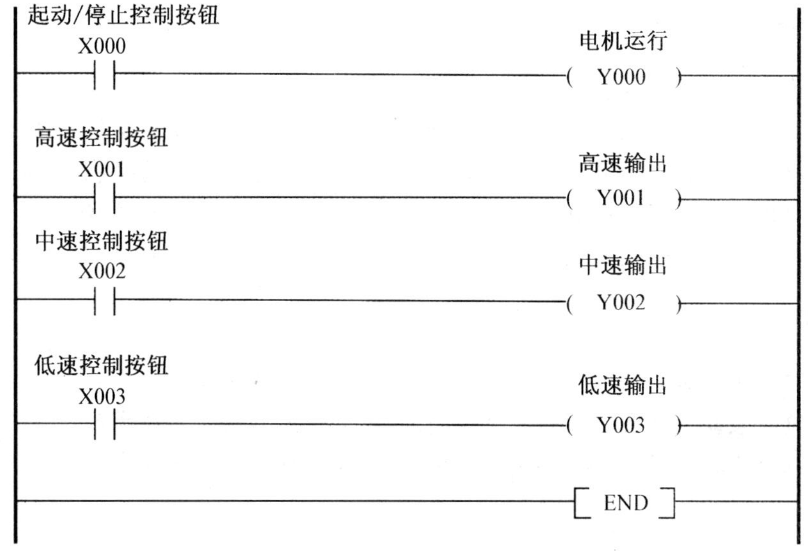

图 4－48　PLC 程序

【思考题】

如何实现 PLC 数字量控制的 7 段速控制，要设置哪些参数，增加哪些控制元件？

参考答案：变频器参数的修改同控制电机正反转运动控制实训，增加几种速度就要增加几个钮子开关来控制速度信号。

模块 5　机电设备的控制系统安装与调试

机电设备的控制系统是机电设备实现自动化的关键组成部分。典型的现代机电设备数控机床的控制系统覆盖到机械制造技术，信息处理、加工、传输技术，自动控制技术，驱动伺服技术，传感器技术及软件技术等多领域范围，包括检测技术与传感器、伺服系统及数控系统等组成部分。数控系统和机床的测量系统是现代数控机床的关键部件，尤其是机床的测量系统，是保证机床高精度的前提条件，而传感器是测量系统的重要组成部分。

任务 1　机电设备的检测技术与传感器

模块5任务1

【任务知识目标】

1. 了解检测系统的构成、参数及特性；
2. 掌握接近开关、光栅、光电编码器、光电传感器及霍尔传感器的参数及特性；
3. 掌握接近开关、光栅、光电编码器、光电传感器及霍尔传感器的安装；
4. 掌握接近开关、光栅、光电编码器、光电传感器及霍尔传感器的接线；
5. 掌握接近开关、光栅、光电编码器、光电传感器及霍尔传感器的使用。

【任务技能目标】

1. 会正确使用接近开关、光栅、光电编码器、光电传感器及霍尔传感器；
2. 会正确安装接近开关、光栅、光电编码器、光电传感器及霍尔传感器；
3. 会正确接线接近开关、光栅、光电编码器、光电传感器及霍尔传感器。

子任务 1　传感器的基本特性

机电设备的检测系统有电量和非电量两种形式，非电量的检测系统包含两个重要环节。

(1) 用传感器实现，把各种非电量信息转换为电信号；

(2) 对转换后的电信号进行测量，并进行放大、运算、转换、记录、指示、显示等电信号处理系统。非电量检测系统的结构形式如图 5－1 所示。

电量检测系统只保留了非电量检测系统的电信号处理系统。

传感器是以一定的精确度将被测量转换为与之有确定对应关系、易于精确处理和测量某种物理量的测量部件或装置。

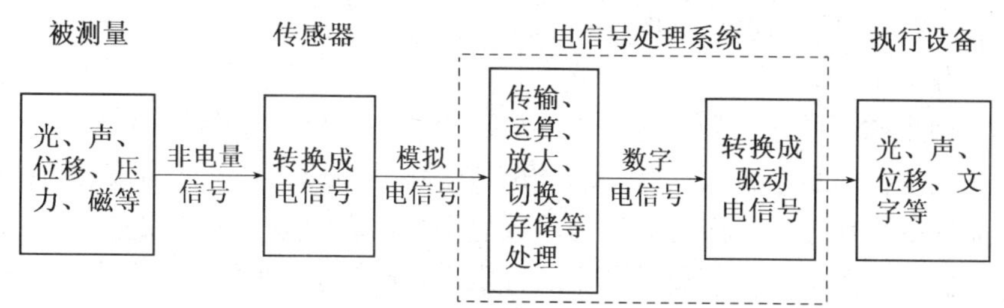

图 5-1　非电量检测系统的结构形式

传感器由敏感元件、传感元件和转换电路三部分组成，如图 5-2 所示。敏感元件是能够将被测量转换成易于测量的物理量的预变换装置，而且输入输出间具有确定的数学关系。传感元件是将敏感元件输出的非电物理量转换成如电阻、电感、电容等电信号形式。而转换电路是将电信号量转换成便于测量的电量。

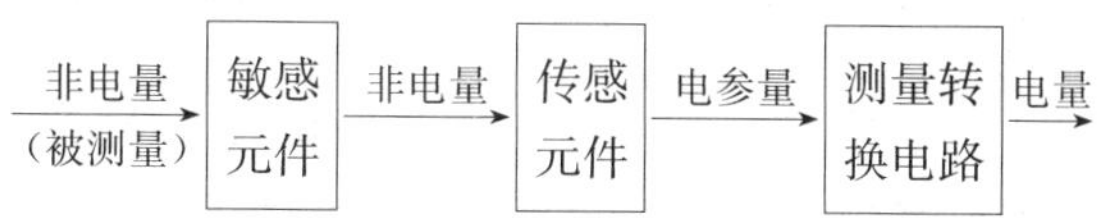

图 5-2　传感器的组成

传感器的静态特性与动态特性决定了传感器的性能和精度。

传感器的静态特性是指传感器变换的被测量的数值处在稳定状态时，传感器的输入输出关系。传感器静态特性的主要技术指标包括线性度、灵敏度、迟滞、重复性、分辨率、零漂等参数。

（1）线性度（非线性误差）

传感器实际特性曲线与拟合直线（也称理论直线）之间的偏差称为传感器的非线性误差，如图 5-3 所示。非线性误差的最大偏差与传感器输出满量程的百分比作为非线性误差的指标。非线性误差反映出传感器的输入与输出的关系，非线性误差越小越好。非线性误差越小，可使仪表显示的刻度越均匀，使得整个测量范围内具有相同或相近的灵敏度。

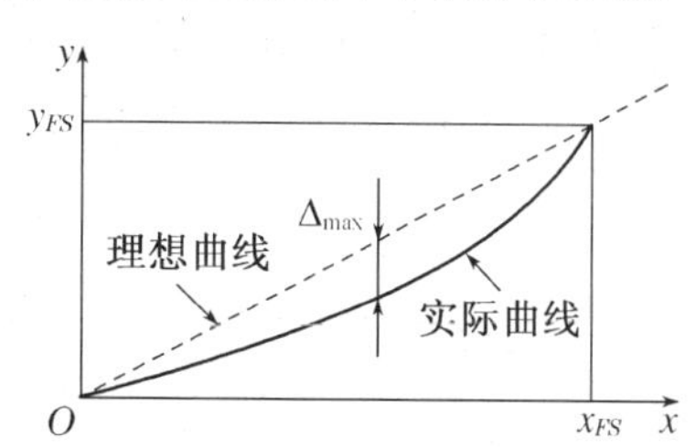

图 5-3　传感器的线性度

（2）灵敏度

灵敏度指传感器在静态标准条件下，输出变化值 Δy 与输入变化值 Δx 之比，用 S 表示。

对线性传感器而言，灵敏度 S 为常数；对非线性传感器而言，灵敏度 S 随输入量的变化而变化。从传感器的输出曲线上看，曲线越陡，灵敏度越高。若传感器的输入与输出的关系为非线性关系，可以用计算机予以纠正。

（3）迟滞

迟滞表示传感器正向特性和反向特性的不一致程度，用计算机逐点测量得到的某传感器迟滞特性，如图 5-4(a)所示。迟滞特性会引起重复性、分辨力变差，或造成测量盲区，一般希望迟滞越小越好。

（4）重复性

重复性指传感器在同一条件下，被测输入量按同一方向作全量程连续多次重复测量时所得输出/输入曲线不一致的程度，如图 5－4(b)所示。

（5）分辨力与分辨率

传感器能检出被测信号的最小变化量。当被测量的变化小于分辨力时，传感器对输入量的变化无任何反应。对数字仪表而言，如果没有其他附加说明，可以认为该表的最后一位所表示的数值就是它的分辨力。一般地分辨力的数值小于仪表的最大绝对误差。

将分辨力除以仪表的满量程就是仪表的分辨率，分辨率常以百分比或几分之一表示，是量纲为 1 的数。

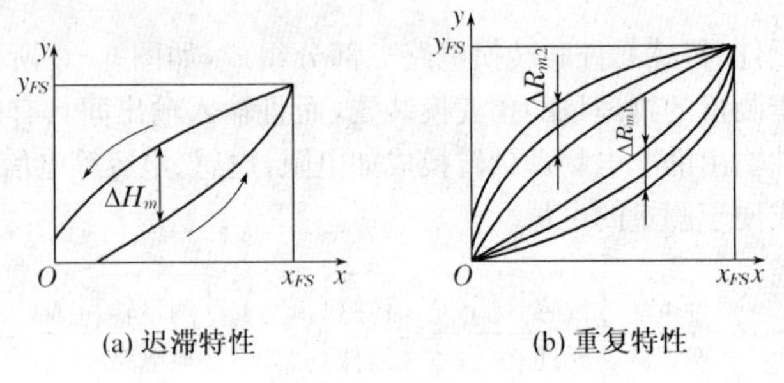

图 5－4 传感器的迟滞特性与重复特性

（6）漂移

传感器有零点漂移和灵敏度漂移两种常见漂移。仪表的零点漂移如图 5－5 所示，仪表的灵敏度漂移如图 5－6 所示。传感器没有输入时，因传感器内部因素或外界干扰会导致传感器的输出不为零，输出发生漂移称为零点漂移。所以，一般在测量之前，将仪表的输入端短路，调节仪表的“调零电位器”，使仪表的输出为零，实现零点漂移校正。

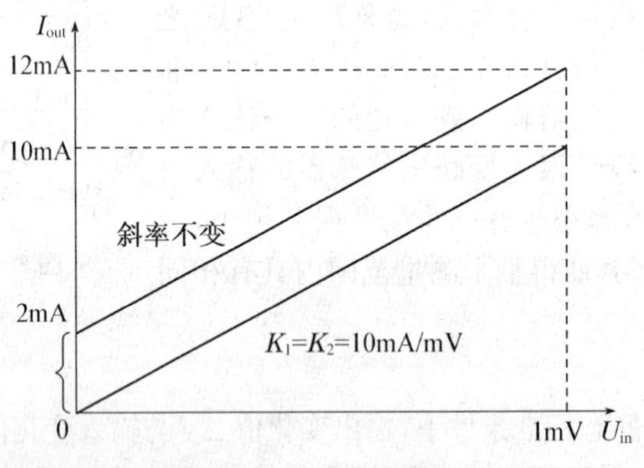

图 5－5 仪表的零点漂移

同样，在传感器测量之前还要进行灵敏度漂移校正：(1) 消除仪表零漂；(2) 将满量程 1 mV 的电压接到仪表的输入端，调节仪表“调满度电位器”仪表输出 10 mA。

实际中，大量的被测量信号是随时间变化而变化的动态信号。传感器信号的输出要求是精确显示被测量信号的大小，还要显示被测量信号随时间变化而变化的规律。传感器能测量动态信号的能力用动态特性表示，动态特性是指传感器测量动态信号时，输出对输入的响应特性。通过时域、频域及实验分析的方法确定动态特性性能指标。其动态特性参数包括最大超调量、上升时间、调整时间、频率响应范围、临界频率等。

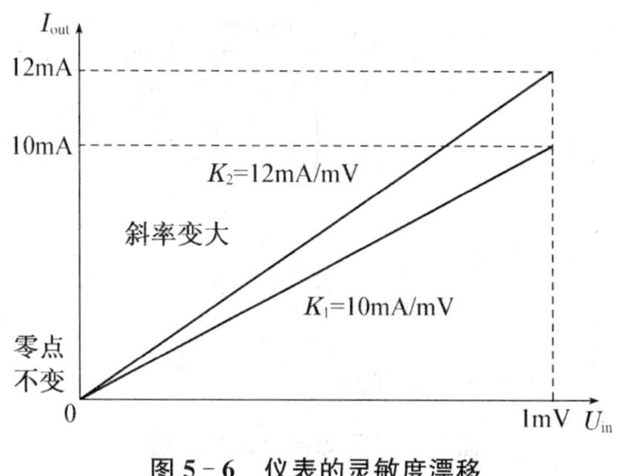

图 5-6　仪表的灵敏度漂移

动态特性好的传感器输出量随时间的变化规律将再现输入量随时间的变化规律，即输出量与输入量具有相同的时间函数。

子任务2　接近开关

接近开关，也叫无触点行程开关，能在一定的距离（几毫米至几十毫米）内检测有无物体靠近。当物体与其接近到设定距离时，就可以发出"动作"信号完成行程控制和限位保护。

接近开关是一种新型集成化的开关，是理想的电子开关量传感器。接近开关的核心部分是"感辨头"，对正在接近的物体有很高的感辨能力。接近开关在航空、航天技术及工业生产中都有广泛应用，如自动门、自动热风机、防盗装置及位置测量。

接近开关与被测物不接触、不会产生机械磨损和疲劳损伤、工作寿命长、响应快、无触点、无火花、无噪声、防潮、防尘、防爆性能较好、输出信号负载能力强、体积小、安装、调整方便、重复定位精度高、操作频率高以及适应恶劣的工作环境等；但是存在触点容量较小、输出短路时易烧毁的缺点。接近开关还是一种非接触型的检测装置，用作检测零件尺寸和测速等，也可用于变频计数器、变频脉冲发生器、液面控制和加工程序的自动衔接等。

常见的接近开关有无源接近开关、涡流式接近开关、电容式接近开关、霍尔接近开关、光电式接近开关。下面重点介绍无源接近开关、涡流式接近开关。

无源接近开关不需要电源，通过磁力感应控制开关的闭合状态。当磁或铁质触发器靠近开关磁场时和开关内部磁力作用控制闭合。

常用的无源接近开关分两线制和三线制接近开关，三线制接近开关又分为 NPN 型和 PNP 型。两线制接近开关与负载串联后接到电源即可。而三线制接近开关的红（棕）线接电源正端；蓝线接电源 0 V 端；黄（黑）线为信号线，接负载。两线制和三线制接近开关的具体接线如图 5-7 所示。

无源接近开关的负载可以是信号灯、继电器线圈或 PLC 的数字量输入模块。如果"负载"是 PLC 的输入，则具体接线依照 PLC 的逻辑不同而不同。根据负载是何种逻辑决定如何并接电阻，并接电阻的原则就是让所并接的电阻"分流"掉一部分电流，因此实际接线时要查看 PLC 的输入部分的内部电路再决定如何接线。

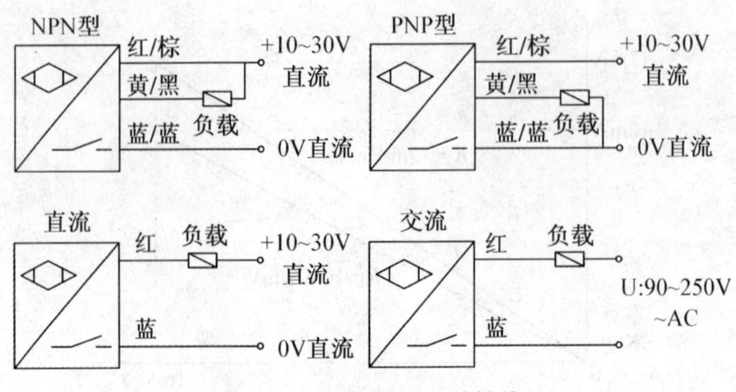

图 5-7 无源接近开关接线

无源接近开关在布线及接线时应注意以下问题：

(1) 电力线、动力线应尽量远离接近开关引线，无法避免时应将金属管套在外部并接地，以防开关损坏或误动作。

(2) 严禁通电接线，并应按接线输出回路原理图接线。

(3) 最好不要用两个接近开关的输出线控制同一个继电器的同一个线圈，否则将无法辨认动作的来源，有时甚至产生误动作。

无源接近开关使用过程中注意事项：

(1) 被检测体不应接触接近开关，以免因摩擦及碰撞而损伤接近开关。

(2) 用手拉拽接近开关引线会损坏接近开关，安装时最好在引线距开关 10 cm 处用线卡固定牢固。

(3) 开关使用距离应设定在额定距离的 2/3 以内，以免受温度和电压影响，温度和电压的高低都将影响接近开关的灵敏度。

涡流式接近开关，也叫电感式接近开关，则是利用导电物体在接近开关时产生电磁场使物体内部产生涡流，进而反作用到接近开关，使开关内部电路参数发生变化，由此识别出有无导电物体移近，进而控制开关的通或断。当无检测物体时，对常开型接近开关而言，输出三极管截止，负载不工作(失电)；当检测到物体时，输出级三极管导通，负载得电工作；而对常闭型接近开关而言，当未检测到物体时，三极管导通，负载得电工作；反之失电。

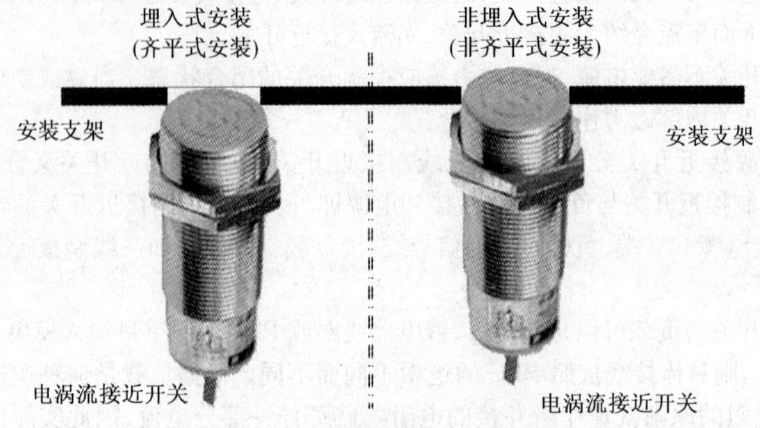

图 5-8 涡流式接近开关的安装

涡流式接近开关安装方式分齐平式和非齐平式。齐平式(又称埋入型)接近开关表面可与被安装的金属物件形成同一表面,不易被碰坏,但灵敏度较低;非齐平式(非埋入安装型)接近开关则需要把感应头露出一定高度,否则将降低灵敏度。请勿将电感接近开关置于 0.02 T 以上的磁场环境下使用,以免造成误动作。涡流式接近开关的两种安装方式如图 5-8 所示。

按接线方式的不同,涡流式接近开关分两线制、三线制、四线制及五线制接近开关。涡流式接近开关的具体接线如图 5-9 所示。

为保证不损坏涡流式接近开关,请在安装后接通电源前检查接线是否正确,核定电压是否为额定值。在使用涡流式接近开关时应注意以下事项:

(1) 为使接近开关长期稳定工作,请务必进行定期的维护,包括被检测物体和接近开关的安装位置是否有移动或松动,接线和连接部位是否接触不良等。

(2) DC 二线制接近开关具有 0.5 mA～1 mA 的静态泄漏电流,在一些对泄漏电流要求较高的场合下,可改用 DC 三线制接近开关。

(3) 直流型接近开关使用电感性负载时,务必在负载两端并联续流二极管,以免损坏接近开关的输出极。

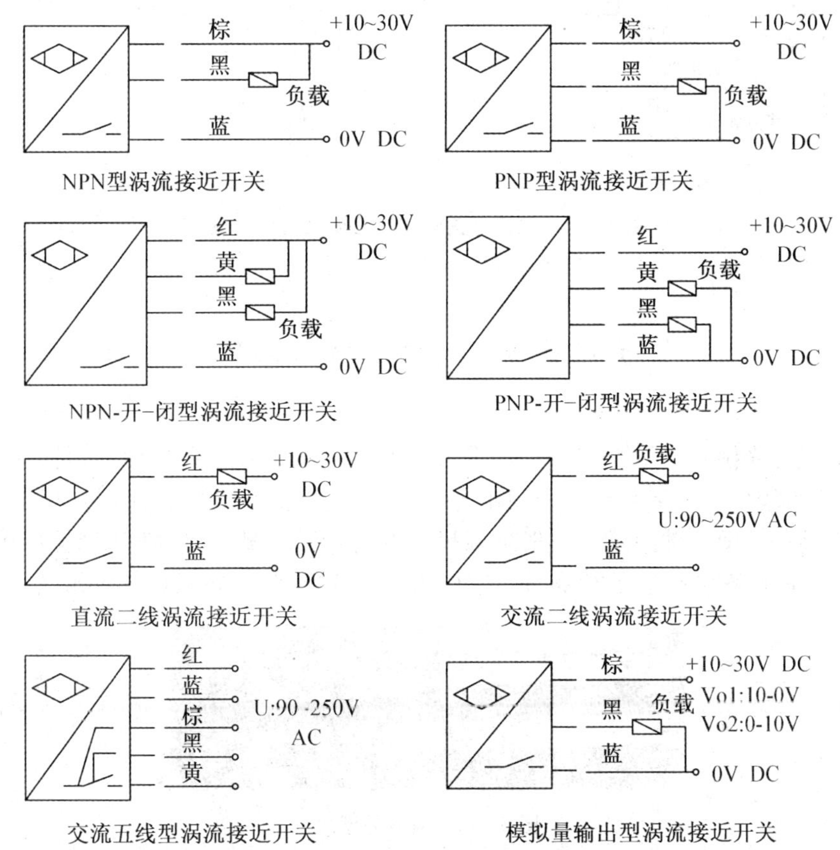

图 5-9　涡流式接近开关的八种接线形式

无论是哪一种接近开关,在使用与安装时都必须注意被检测物的材料、形状、尺寸、运动速度等因素,如图 5-10 所示。

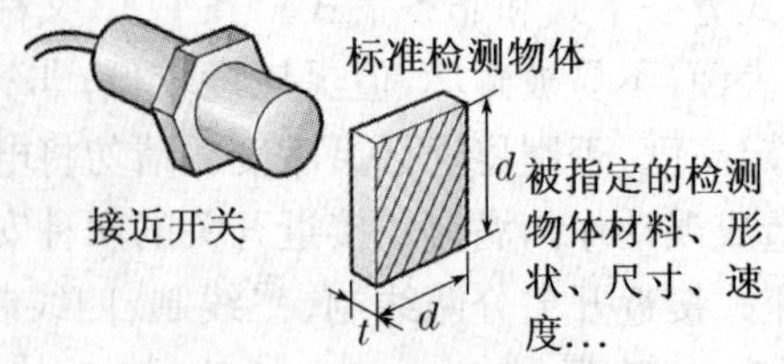

图 5-10 接近开关的使用场合

在安装与选用接近开关时，必须认真考虑检测距离、设定距离，保证生产线上的接近开关可靠动作。安装距离注意说明如图 5-11 所示。

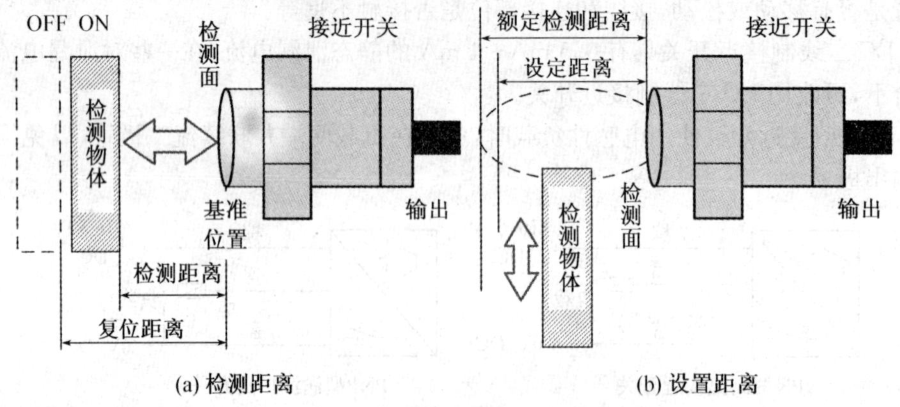

(a) 检测距离 (b) 设置距离

图 5-11 接近开关的安装距离检测与设置

子任务3 光栅位移传感器

光栅尺(又称光栅)，如图 5-12 所示，是一种高精度的直线位移传感器，是数控机床闭环控制系统中用得较多的测量装置。光栅由光源、聚光镜、标尺光栅(长光栅)、指示光栅(短光栅)和硅光电池等光敏元件组成。一般地标尺光栅与指示光栅的刻线密度是相同的，其距离 W 称为栅距。光栅条纹密度有 25 条/mm、50 条/mm、100 条/mm、250 条/mm 等。

图 5-12 直线光栅尺

光栅尺通常为一长一短两块光栅尺配套使用。其中长的一块称为主光栅或标尺光栅，安装在机床移动部件上，要求与行程等长，短的一块称为指示光栅，指示光栅和光源、透镜、光敏元件装在扫描头中，安装在机床固定部件上。

常见光栅根据物理上莫尔条纹的形成原理进行测量的。把两块栅距 W 相等的光栅平行安装，但指示光栅上的线纹与标尺光栅上的线纹成角度 θ 来放置时，必然会造成两光栅尺上的线纹互相交叉。在光源的照射下，交叉点近旁的小区域内因黑色线纹重叠，因而遮光面积最小，挡光效应最弱，光累积作用使得这个区域出现亮带。而距交叉点较远的区域，因两光栅尺不透明的黑色线纹的重叠部分变得越来越少，不透明区域面积逐渐变大，只有较少的光线透过光栅，使此区域出现暗带。这些与光栅线纹几乎垂直，相间出现的亮、暗带就是莫尔条纹。莫尔条纹可分辐射莫尔条纹、圆弧莫尔条纹、圆环莫尔条纹。

在平行光照射下，透过莫尔条纹的光强度分布近似于余弦函数。直线光栅的莫尔条纹特性如下：

(1) 莫尔条纹移动与栅距移动成比例。当指示光栅不动，标尺光栅左右移动时，莫尔条纹在垂直方向上下移动。光栅水平移动一栅距 W，莫尔条纹垂直移动一个条纹间距 B，光栅移动方向相反，莫尔条纹移动方向也相反；测量光栅水平方向移动的微小距离即可用检测莫尔条纹移动的变化来代替。

(2) 位移放大作用：莫尔条纹的放大倍数 k 与光栅条纹夹角 θ 关系，即 $k=W/B\approx\theta^{-1}$。

实际应用中，光栅条纹夹角 θ 的取值范围非常小，所以标尺光栅与指示光栅相对移动很小的栅距 W，莫尔条纹垂直移动很大的条纹间距 B。即用测量莫尔条纹的移动来检测光栅微小的位移，从而实现高灵敏度的位移测量。

(3) 平均光栅误差作用：莫尔条纹是有大量光栅线纹共同干涉形成的，因此莫尔条纹反映出光栅刻线的平均位置，对个别栅距误差起到平均效应，克服了个别/局部误差，从而减弱甚至消除了光栅制造过程中的栅距不均匀对检测精度的影响。

光栅位移传感器的测量基本原理如图 5－13 所示。光栅移动时产生的莫尔条纹信号用光电元件接收，莫尔条纹信号 A、B、C、D 相位相差 90°，经过差动放大器、整形器、方向判别等处理后变成光栅位移量的测量脉冲。当光栅水平移动一栅距 W，莫尔条纹垂直移动一个条纹间距 B 来检测光栅的位移大小；而光栅水平移动微小的位移 $x<W$ 时，莫尔条纹分布近似于余弦函数来检测光栅的位移大小。莫尔条纹信号 A 与 B 的相位关系来检测光栅的位移方向；莫尔条纹信号 A、B、C、D 的变化频率来检测两光栅尺的相对位移速度。

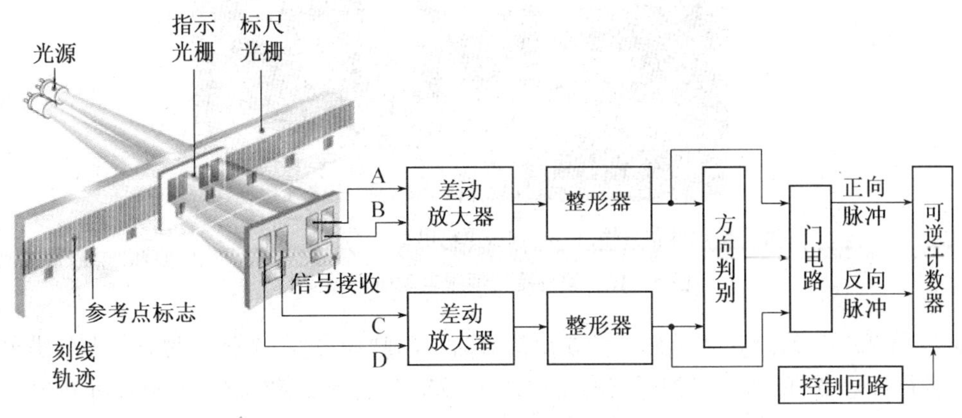

图 5－13　光栅测量原理

子任务4 光电编码器

光电编码器是通过光电转换，将机械、几何位移量转换成脉冲或数字量的传感器，主要用于速度或位置（角度）的检测。典型的光电编码器由码盘（Disk）、检测光栅（Mask）、光电转换电路、机械部件等组成，其中光电转换电路包括光源、光敏器件、信号转换电路。现代数控机床中广泛应用的编码器有增量式编码器、绝对式编码器及混合式编码器。绝对式光电编码器如图 5－14 所示。增量式码盘与绝对式码盘的区别，如图 5－15 所示，在于透光区与不透光区刻度是否均匀及有无零位标志。透光区与不透光区刻度均匀及有零位标志的是增量式码盘，而透光区与不透光区刻度不均匀及无零位标志的则是绝对式码盘。

图 5－14 绝对式编码器

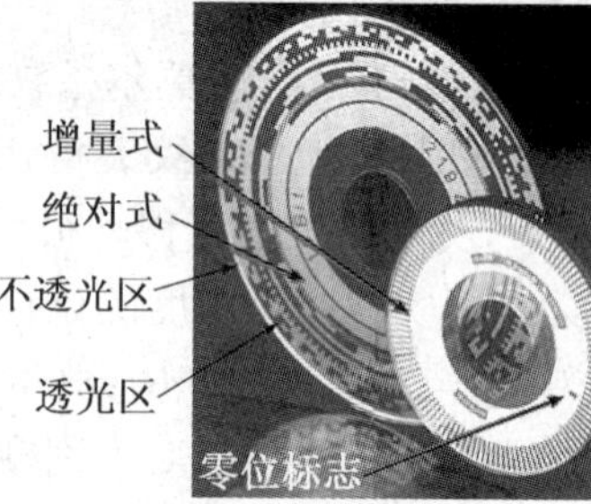

图 5－15 编码器码盘

在位置半闭环伺服系统中，光电编码器装在丝杠末端以测量滚珠丝杠的角位移 θ 来间接获得工作台的直线位移 x；而在位置闭环伺服系统中，光电编码器与伺服电动机同轴安装直接测量工作台的直线位移 x，如图 5－16 所示。

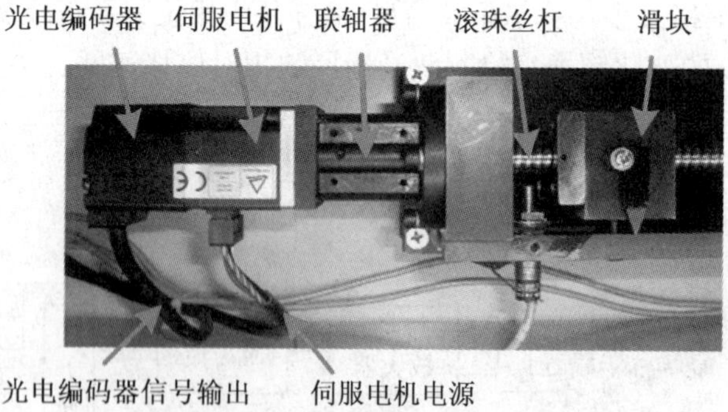

光电编码器 伺服电机 联轴器 滚珠丝杠 滑块

光电编码器信号输出 伺服电机电源

图 5－16 编码器与伺服电动机同轴安装

如图 5－17 所示，增量式编码器的输出信号为一串脉冲，每一个脉冲对应一个分辨角 α，对应脉冲进行计数 N，即增量式编码器的角位移 $\theta=\alpha N$；如 $\alpha=0.352°$，$N=1\,000$，则 $\theta=0.352°\times 1\,000=352°$，其中分辨角 $\alpha=360°/$条纹数$=360°/2^n$，n 表示 n 位二进制码盘。

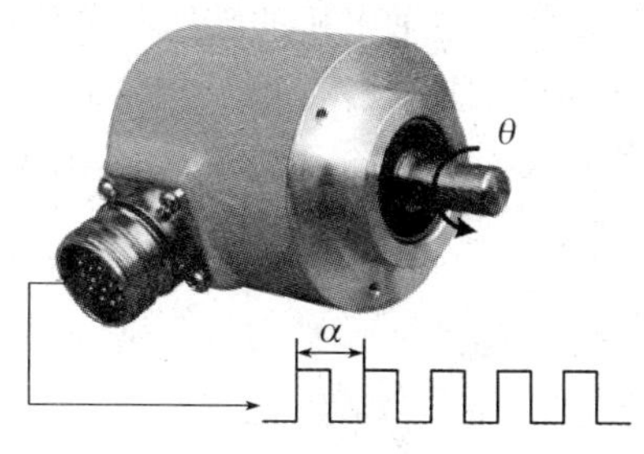

图 5－17　增量式编码器

增量式编码器通过光敏元件所产生的信号(如图 5－18 所示)的辨向信号 A、B 彼此相差 90°相位,用于增量式编码器辨别方向。

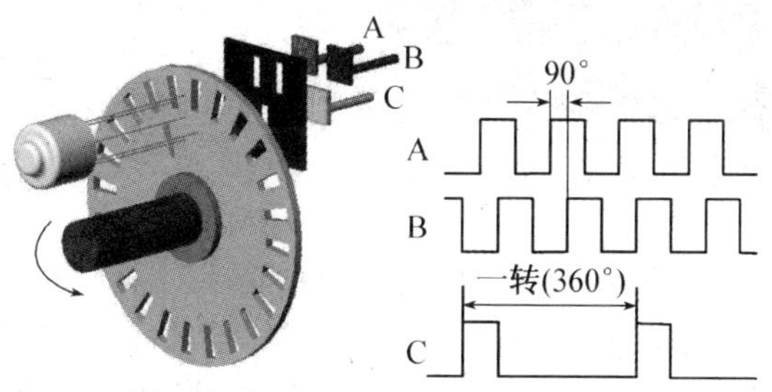

5－18　增量式编码器的辨向信号 A、B 与零标志信号 C

图 5－19 表示增量式编码器的辨向,当 A 信号超前 B 信号 90°时正向,当 A 信号滞后 B 信号 90°时反向。零标志脉冲由码盘里圈的狭缝 C 产生的零标志脉冲信号,如图 5－18 所示,作为测量的起始基准。

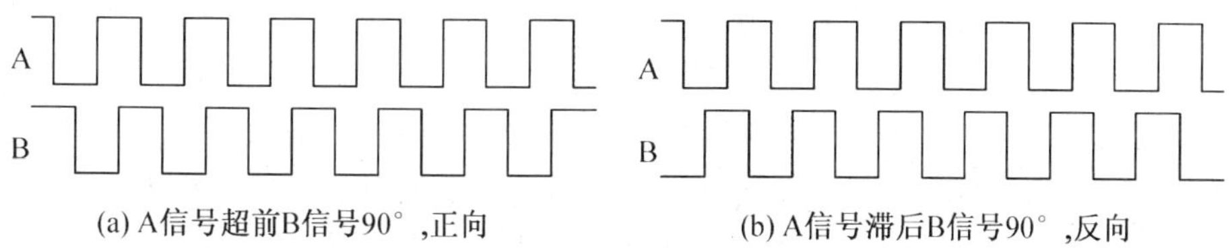

图 5－19　增量式编码器的辨向

增量式编码器的零标志用于数控机床的回参考点中,如图 5－20 所示。在回参考点的过程中,滑块首先快速移动到参考点的减速开关处后慢速开始寻找零标志,在参考点位置(限位开关)找到零标志,滑块停止运动。

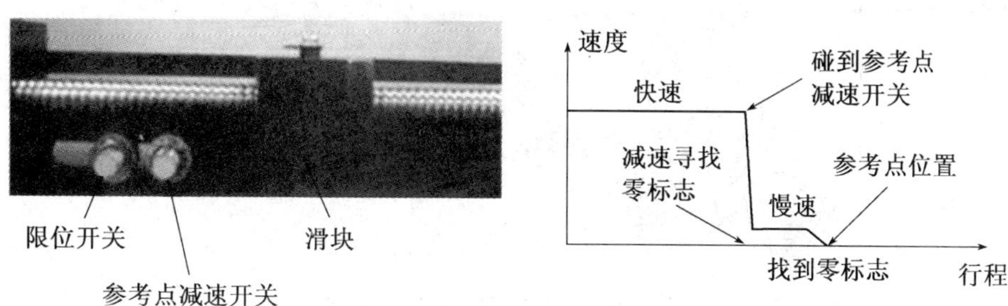

图 5－20　回参考点具体过程

图 5-21 中的光电编码器主要完成主轴电机的转速测量和定位。

在现有增量式编码器条件下，通过细分技术（倍频技术）能提高编码器的分辨力。细分前编码器的分辨力只有一个分辨角 α 大小。如图 5-22 所示，采用 4 细分技术后，计数脉冲的频率提高了 4 倍，测量分辨角是原来的 1/4，提高了测量精度。

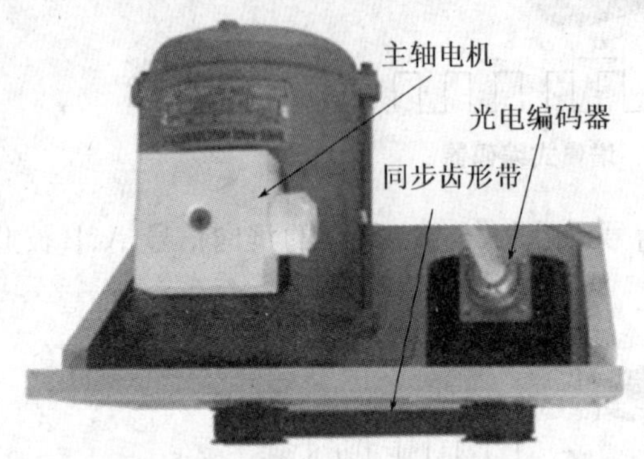

图 5-21 主轴电机中的光电编码器

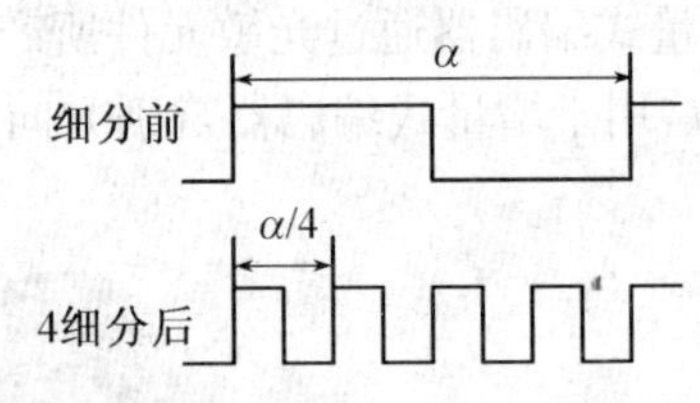

图 5-22 增量式编码器倍频技术

旋转增量编码器以转动时输出脉冲，通过计数设备来计算其位置，当编码器不动或停电时，依靠计数设备的内部记忆来记住位置。这样当停电后，编码器不能有任何的移动，当来电工作时，编码器输出脉冲过程中，也不能有干扰而丢失脉冲，否则计数设备计算并记忆的零点就会偏移，而且这种偏移的量是无从知道的，只有错误的生产结果出现后才能知道。

通过增加参考点，这样编码器每经过参考点时，将参考位置修正进计数设备的记忆位置。在参考点以前，是不能保证位置的准确性的。为此，在工控中就有每次操作先找参考点，开机找零等方法。这样的方法对有些工控项目比较麻烦，甚至不允许开机找零（开机后就要知道准确位置），于是就有了绝对编码器的出现。

绝对编码器光码盘上有许多道光通道刻线，每道刻线依次以 2 线、4 线、8 线、16 线……编排，在编码器的每一个位置，通过读取每道刻线的通、暗，获得一组从 20 到 $2n-1$ 的唯一的二进制编码（格雷码）称 n 位绝对编码器。这样编码器是由光电码盘机械位置决定而不受停电、干扰影响。绝对编码器由机械位置决定的每个位置是唯一的，无需记忆与找参考点，也不用一直计数，可随时读取所需要知道的位置，大大提高了抗干扰特性及数据可靠性。

绝对编码器的信号输出 n 位二进制编码，每一个编码对应唯一的角度，如图 5-23 所示的 4 位二进制绝对编码器输出角度。

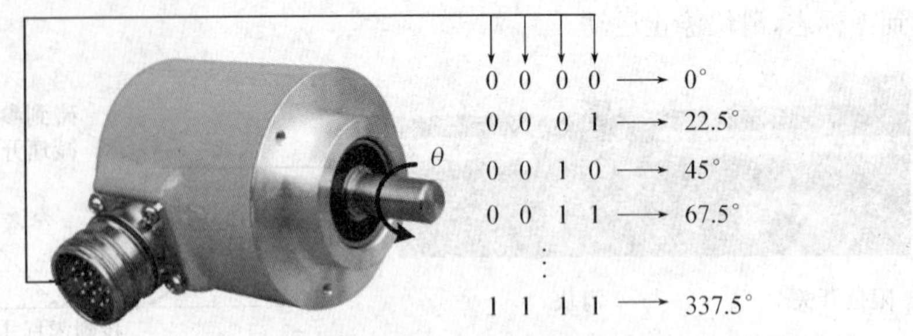

图 5-23 4 位二进制绝对编码器

4位二进制码盘的高位在内，低位在外；n 位二进制码盘，有 n 圈码道，圆周均分 2^n 等份(有 2^n 不同位置)，最小分辨角 $\alpha=360°/2^n$；n 越大，能分辨的角度越小，测量精度越高；目前 $n=8\sim14$ 位。若要求位数更多，采用组合码盘，一个粗计码盘，一个精计码盘；精计码盘转1圈，粗计码盘转1格。由于格雷码盘的各码道数码不同时改变，每次只切换一位数，能够把误差控制在最小单位内，所以一般地二进制码盘采用循环码(格雷码)以消除误差。二进制码、格雷码与十进制数的关系见表5-1。

表5-1 二进制码、格雷码与十进制数的关系

角度	二进制码	格雷码	十进制	角度	二进制码	格雷码	十进制
0	0000	0000	0	8α	1000	1100	8
α	0001	0001	1	9α	1001	1101	9
2α	0010	0011	2	10α	1010	1111	10
3α	0011	0010	3	11α	1011	1110	11
4α	0100	0110	4	12α	1100	1010	12
5α	0101	0111	5	13α	1101	1011	13
6α	0110	0101	6	14α	1110	1001	14
7α	0111	0100	7	15α	1111	1000	15

子任务5 霍尔传感器

霍尔传感器是在霍尔效应的基础上把如电流、磁场、位移、压力、压差、转速等被测量转换成电动势输出的一种传感器。

霍尔传感器按照功能分线性霍尔传感器和开关霍尔传感器。线性霍尔传感器由霍尔元件、线性放大器和射极跟随器组成，输出模拟量信号；开关霍尔传感器由稳压器、霍尔元件、差分放大器，斯密特触发器和输出极组成，输出数字量信号。线性霍尔传感器精度高、线性度好；而开关霍尔传感器具有无触点、无磨损、输出波形清晰、无抖动、无回跳、位置重复精度高(可达μm级)等优点。线性霍尔传感器又可分为开环式霍尔传感器和闭环式霍尔传感器(又称零磁通霍尔传感器)。线性霍尔传感器主要用于交直流电流和电压测量。按被检测的对象性质分直接应用霍尔传感器和间接应用霍尔传感器。直接应用霍尔传感器是直接检测出受检测对象本身的磁场或磁特性，间接应用霍尔传感器是在检测受检对象上人为设置磁场，此磁场作为被检测信息的载体，通过此磁场将力、力矩、压力、应力、位置、位移、速度、加速度、角度、角速度、转数、转速以及工作状态发生变化的时间等物理量转变成电量来进行检测和控制。

霍尔传感器虽然转换率较低、温度影响大、要求转换精度较高时必须进行温度补偿，但具有结构简单、体积小、坚固、从直流到微波的频率响应、动态范围大、非接触、使用寿命长、可靠性高、安装方便、易于微型化和集成化等优点，使得霍尔传感器在测量技术、自动化技术和信息处理上得到广泛的应用。

霍尔传感器由霍尔片、4根引线和壳体组成，如图5-24所示。霍尔片是矩形半导体单晶薄片，在长度方向两端面上焊有 a、b 两根引线，称控制电流端引线，通常为红色导线，其焊接处称控制电流极（激励电流），要求焊接处接触电阻很小并呈纯电阻，即欧姆接触（无 PN 结特性）。在薄片的另两侧端面的中间以点的形式对称地焊有 c、d 两根霍尔输出引线，通常为绿色导线，其焊接处称为霍尔电极，要求欧姆接触，且电极宽度与基片长度之比小于 0.1，否则影响输出。目前霍尔片最常用的材料是鍺（Ge）、硅（Si）、锑化铟（InSb）、砷化铟（InAs）、不同比例亚砷酸铟和磷酸铟组成的 IN 型固熔体和超晶格结构（砷化铝/砷化镓）等半导体材料。用非导磁金属、陶瓷或环氧树脂封装成霍尔传感器壳体。

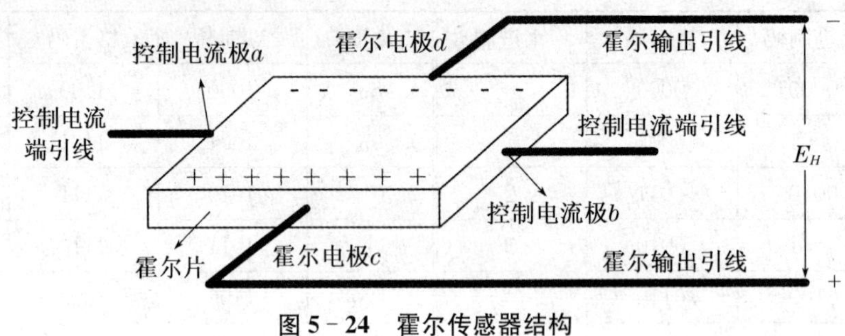

图 5-24　霍尔传感器结构

1. 霍尔效应

如图 5-25 所示，当磁场 B 垂直于霍尔片时，电子受到洛仑兹力的用，向内侧偏移，在霍尔片 c、d 方向端面间产生霍尔电势 E_H。

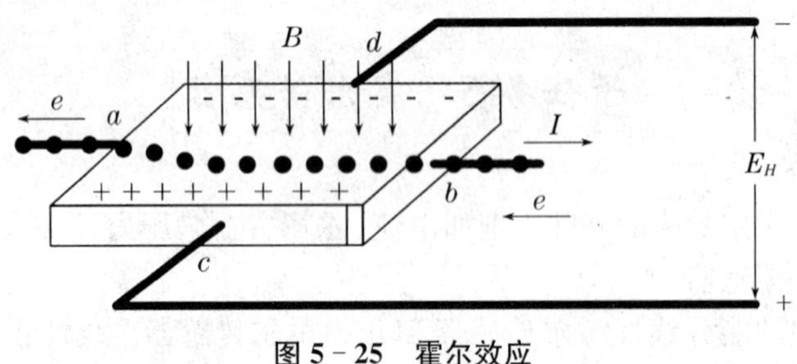

图 5-25　霍尔效应

霍尔片置于磁场 B 中，当电流 I 方向与磁场 B 方向不一致时，霍尔片上平行于电流和磁场方向的两个面之间产生霍尔电势 E_H。若外磁场 B 方向不垂直于霍尔片时，而是与其法线成角度 θ，此时产生的霍尔电势 E_H 为

$$E_H = K_H IB\cos\theta \tag{5-1}$$

在垂直于外磁场 B 的方向上放置霍尔片，当有电流 I 流过霍尔片时，在垂直于电流和磁场方向上将产生霍尔电势 E_H。作用在霍尔片上的磁场强度 B 越强，霍尔电势 E_H 也就越高。其霍尔电势为

$$E_H = \frac{R_H}{d} \times I \times B = K_H IB \tag{5-2}$$

其中 R_H -载流子浓度；d -霍尔片厚度；K_H -霍尔片的灵敏度，表示霍尔片在单位磁感应强度和单位激励电流作用下霍尔电势的大小。由式（5-2）看出，当磁场和环境温度一定时，霍尔片输出霍尔电势 E_H 与控制电流 I 成正比。同样，当控制电流和环境温度一定时，霍尔元件输出电势与磁感应强度 B 乘积成正比。但是，只有磁感应强度小于 0.5 T 时，线性关系才会较好。

不管外磁场 B 是否与电流 I 方向垂直，只要改变控制电流 I、磁感应强度 B 中的任一变量或同时改变控制电流 I 和磁感应强度 B，均可得到不同的霍尔电势 E_H，使得霍尔传感器用途非常广泛。在电磁测量中，可用来测量恒定的或交变的磁感应强度、有功功率、无功功率、相位、电能等。在自动检测系统中，多用于测量位移、压力等。

2. 霍尔传感器的应用

(1) 霍尔转速表

霍尔转速表在被测转速的转轴上安装一个齿盘，也可选取机械系统中的一个齿轮，将线性霍尔传感器及磁路系统靠近齿盘。当齿对准霍尔传感器时，磁力线集中穿过霍尔传感器，可产生较大的霍尔电动势，放大、整形后输出高电平；反之，当齿轮的空挡对准霍尔传感器时，输出为低电平。齿盘的转动使磁路的磁阻随气隙的改变而周期性地变化，霍尔传感器输出的微小脉冲信号经隔直、放大、整形后可以确定被测物的转速。

(2) 霍尔无刷电动机

霍尔无刷电动机采用霍尔传感器来检测转子和定子之间的相对位置，其输出信号经放大、整形后触发电子线路，从而控制电枢电流的换向，维持电动机正常运转。因无刷电动机不产生电火花及电刷磨损等问题，所以在录像机、CD 唱机、光驱等电器中广泛应用。霍尔传感器用在无刷电动机同时可起检测转子磁极的位置和定子电流换向的作用，替代了电动机的换向器和电刷的作用。

无刷直流电动机外转子采用高性能钕铁硼稀土永磁材料；三个霍尔位置传感器产生六个状态编码信号，控制逆变桥各功率管通断，使三相内定子线圈与外转子之间产生连续转矩，具效率高、无火花、可靠性强等特点。

(3) 霍尔接近开关

当磁铁有效磁极接近并达到动作距离时，霍尔接近开关动作。霍尔接近开关如图 5－26 所示，一般还配一块钕铁硼磁铁。

霍尔接近开关是无接触磁控开关，当磁铁靠近时，开关接通；当磁铁离开后，开关断开。霍尔接近开关电路图如图 5－27 所示。

图 5－26　霍尔接近开关

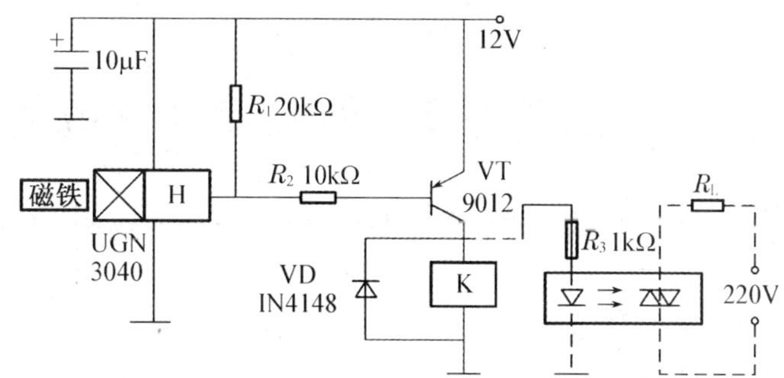

图 5－27　霍尔接近开关电路

(4) 霍尔电流传感器

将被测电流的导线穿过霍尔电流传感器的检测孔，当有电流通过导线时，在导线周围将产生磁场，磁力线集中在铁心内，并在铁心的缺口处穿过霍尔电流传感器，从而产生与电流成正比的霍尔电压。霍尔电流传感器如图 5－28 所示。

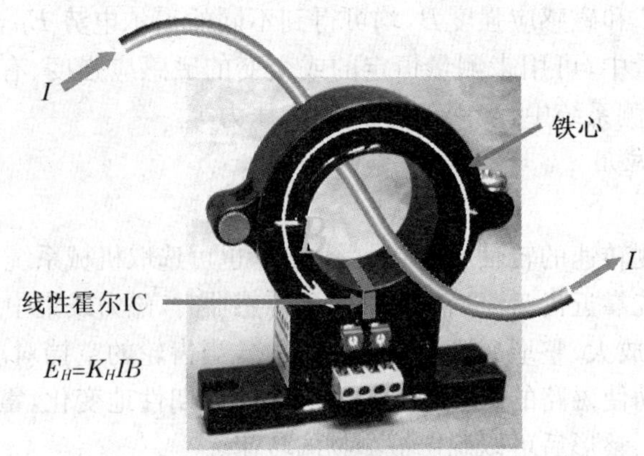

图 5－28 霍尔电流传感器

(5) 霍尔钳形电流表

如图 5－29 所示，手指按下霍尔钳形电流表的压舌，将钳形表的铁心豁口张开，将被测电流导线逐根夹到钳形表的环形铁心中。

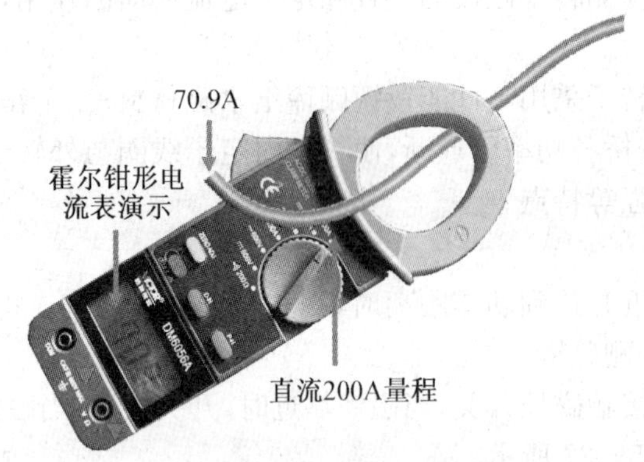

图 5－29 霍尔钳形电流表

任务 2 伺服控制系统的安装与调试

模块5任务2

【任务知识目标】

1. 掌握步进电动机的通电方式，交、直流伺服电动机的特性；
2. 熟练掌握步进电动机及步进驱动系统的电气接线；
3. 了解伺服驱动系统的基本特性；
4. 掌握 SINAMICS V60 驱动系统接口含义；
5. 掌握伺服驱动系统的机械安装与电气接线；

6. 掌握 SINAMICS V60 驱动器的参数、面板操作及参数设置。

【任务技能目标】

1. 会正确使用步进电动机、交流伺服电动机、直流伺服电动机及驱动装置；
2. 会正确安装步进驱动系统的机械安装与电气接线；
3. 会正确调试步进驱动系统；
4. 会正确安装伺服驱动系统的机械安装与电气接线；
5. 会正确调试与设置伺服驱动系统的参数。

伺服系统是使物体的位置、方位、状态等输出被控量能够跟随输入目标(或给定值)任意变化的自动控制系统。如加工中心加工零件的过程就是典型的伺服控制过程，位移传感器将刀具进给的位移传给计算机，通过与加工位置比较后决定输出是继续加工还是停止加工的信号。伺服控制系统的主要任务是按控制命令的要求，对功率进行放大、变换与调控等处理，使驱动装置输出的转矩、速度和位置控制得非常灵活方便。

对于现代典型机电设备数控机床而言，速度控制与转矩控制都是接收数控系统发出的模拟量来控制；位置控制则是接收数控系统发出的脉冲来控制。伺服驱动器可选择速度、转矩、位置 3 种控制方式。

伺服系统一般包括控制器、被控对象、执行环节、检测环节、比较环节五个环节，如图 5-30 所示。比较环节是将输入指令信号与系统反馈信号比较以获得控制系统动作偏差信号的环节。控制器对偏差信号进行变换、放大，以控制执行组件按要求动作。执行组件在控制信号作用下将各种形式的输入能量转换成机械能，驱动伺服电动机工作。被控对象是能直接实现目的功能的主体，其行为质量反映着整个伺服系统的性能，数控机床中被控对象主要是机械装置，包括传动机构和执行机构。测量反馈组件用于实时检测被控对象输出量并将其反馈到比较组件，测量反馈组件一般由传感器及其信号转换电路组成。

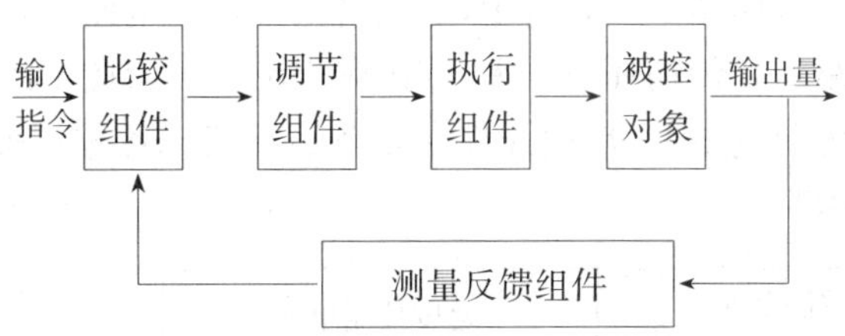

图 5-30　伺服系统的一般结构图

伺服控制系统的结构类型很多，如按控制原理和有无检测反馈装置，伺服控制系统类型分开环伺服控制系统、半闭环伺服控制系统、闭环伺服控制系统；按用途和功能，伺服控制系统分进给驱动伺服控制系统、主轴驱动伺服控制系统；按使用执行元件，伺服控制系统分电液、电气伺服驱动(步进、直流、交流、直线电机)伺服控制系统；按反馈比较控制方式，伺服控制系统分脉冲、数字比较伺服系统，相位比较伺服系统，幅值比较伺服系统，全数字伺服系统。

开环伺服系统，如图 5-31 所示，没有位移检测反馈装置，其驱动元件为功率步进电机或液压脉冲马达，通常使用步进电机作为执行元件。开环伺服进给系统具有结构简单、易于控制、工作稳定、调试方便、价格便宜、使用维修方便等优点，但存在精度差，低速不平稳，驱动力矩不大的缺点。

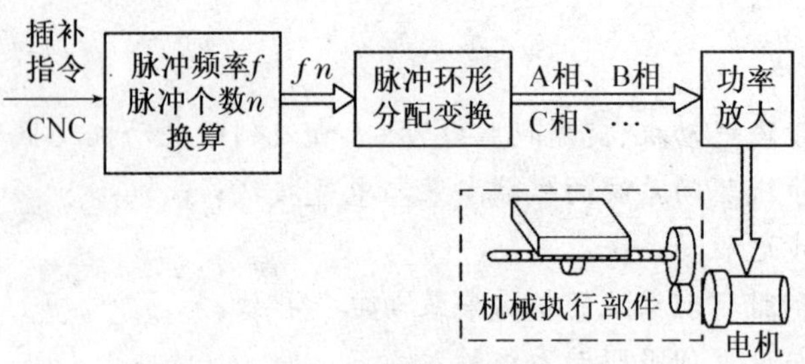

图 5-31 开环伺服控制系统

半闭环伺服控制系统，如图 5-32 所示，则是采用装在丝杠或伺服电机角位移测量元件间接地测量工作台移动量，而不是直接安装在进给坐标轴的最终运动部件。半闭环伺服控制系统具有结构简单、调试方便、稳定性好、角位移测量元件价廉等优点；但利用旋转角度间接测量位移而不是运动部件实际位置直接测量位移，导致丝杠螺距误差和齿轮间隙难以消除，精度低于闭环伺服控制系统。

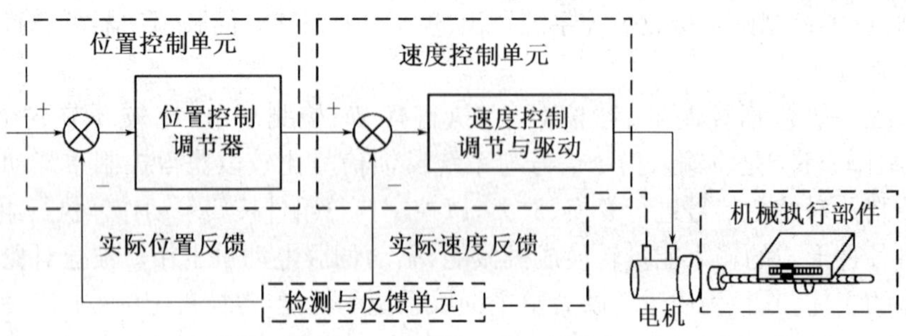

图 5-32 半闭环伺服控制系统

全闭环伺服控制系统，如图 5-33 所示，采用直线位移测量元件直接对运动部件实际位置进行检测，可消除整个驱动和传动环节误差、间隙和失动量。因此全闭环伺服控制系统具有位置精度高，能补偿系统传动链误差、环内元件误差及运动造成各种误差，但是全闭环伺服控制系统设计、安装及调试困难。

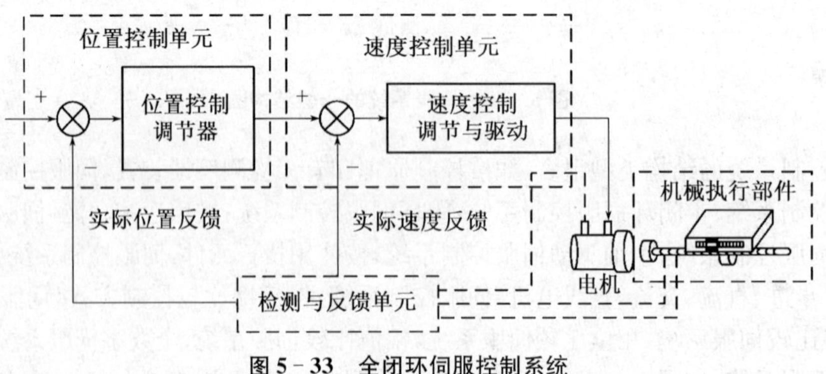

图 5-33 全闭环伺服控制系统

现代数控机床中伺服控制系统要满足精度高、稳定性好、响应速度快、工作频率范围宽、负载能力强等基本要求。

(1) 系统精度高

伺服系统精度是输出量复现输入信号的精确程度，用误差表示。伺服系统精度包括动态误差、稳态误差及静态误差。现代数控机床的伺服控制系统的关键是保证数控机床的定位精度和位移精度。定位精度表示指令脉冲要求机床进给的位移量与该指令脉冲经伺服系统转换为工作台实际位移量之间的符合程度；位移精度表示输出量能复现输入量的精确程度。

(2) 稳定性好(抗干扰能力强)

当作用在伺服系统的干扰消失后，伺服系统能够恢复到原来稳定状态的能力；或给伺服系统一个新的输入指令后，伺服系统达到新稳定状态的能力。伺服系统进入稳定的时间越短，系统的稳定性越好，抗干扰能力越强。

(3) 响应速度快(系统跟踪精度高)

响应特性输出量跟随输入指令变化的反应速度决定了系统的工作效率。

(4) 工作频率范围宽

工作频率指系统允许输入信号的频率范围。一般地，工作频率指执行机构的运行速度。

另外，数控机床还要求电机调速范围宽(最高转速和最低转速比大)、低速时进行重切削(大转矩)及对环境的适应能力强、可靠性高。

子任务1　步进电动机及其驱动系统

步进电动机又称电脉冲电动机，如图5-34所示，是通过输入脉冲的数量、频率及顺序控制电机角位移、速度及方向的伺服电动机。因步进电动机结构简单、价格便宜、工作可靠、易于控制而被广泛应用于精度要求不高的开环伺服系统。一般数控机械和普通机床数控改造中大多数采用开环步进电动机伺服控制系统。

步进电机绕组每次通断电使得转子转一个角度称为步距角，即步进电机每输入一个脉冲信号，电机转子转过的理论角度值

$$\alpha=\frac{360°}{mzk} \tag{5-3}$$

其中 z 表示转子齿数；m 为定子相数；k 为通电方式系数，单 m 相 m 拍或双 m 相 m 拍，通电方式系数 $k=1$；m 相 $2m$ 拍，$k=2$。

图5-34　步进电动机

步进电机绕组的每次通断电操作称为一拍，每拍中都有一相绕组通电而其余绕组断电的通电方式称单相通电方式；每拍中只有两相绕组通电而其余绕组断电的通电方式称双相通电方式；各拍中依次交替出现单、双相绕组通电而其余绕组断电的通电方式称单双相通电方式。例如三相步进电机的通电方式有三相单三拍、三相六拍、三相双三拍通电方式。其中三相单三拍的通电顺序依次 A→B→C→A→…或 C→B→A→C→…；三相六拍的通电顺序依次 A→AB→B→BC→C→CA→A…或 C→CB→B→BA→A→AC→C…；三相双三拍通电方式的通电顺序依次 AB→BC→CA→AB→…或 CB→BA→AC→CB→…。

三相步进电机的三相单三拍通电方式特点是每来一个电脉冲，转子转过 60°；转子旋转方向取决于三相线圈通电的顺序；每次定子绕组只有一相通电，在切换瞬间失去自锁转矩容易产生失步，只有一相绕组产生力矩吸引转子，在平衡位置易产生振荡。

三相步进电机的三相六拍通电方式特点是每步转过 30°，步距角是三相三拍工作方式的一半；电机运转中始终有一相定子绕组通电，运转比较平稳。

三相步进电机的双三拍通电方式特点是两对磁极同时对转子的两对齿进行吸引，每步仍旋转 30°。始终有一相定子绕组通电，工作比较平稳。避免了单三拍通电方式的缺点。

综上所述，不管哪一种通电方式的三相步进电机都有定子绕组通电状态每改变 1 次，转子转过 1 个步距角；改变定子绕组通电顺序，转子旋转方向随着改变；定子绕组通电状态变化的频率越快，转速越高；步距角与定子绕组相数 m，转子齿数 z，通电方式有关。

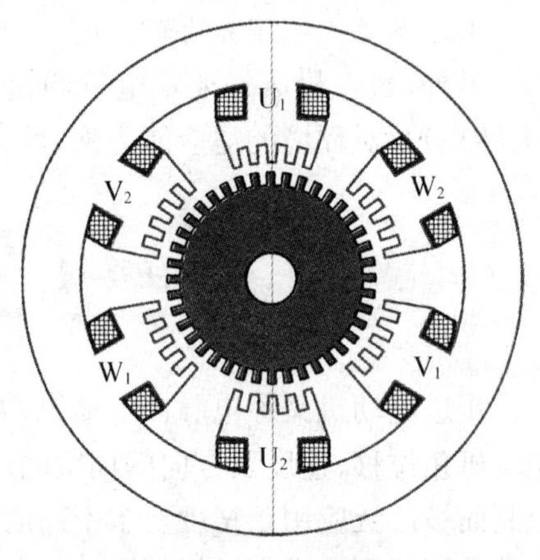

图 5-35 步进电机实际错齿条件

步距角 α 是步进电机的重要指标，一般很小，如 3°/1.5°、1.5°/0.75°、0.72°/0.36°等。实际中的步进电机转子齿数很多，定子磁极上带有小齿的反应式结构，转子齿距与定子齿距相同，转子齿数根据步距角的要求初步决定，但确切的转子齿数须满足错位的条件即每个定子磁极下的转子齿数不能为正整数，而应错开转子齿距的 $1/m$（相数）。步进电机如图 5-35 所示，定子有 3 对磁极，若转子有 40 个齿，则转子的齿距角为 360°/40=9°，定子每相磁极有 5 个齿，其步距宽度与转子都是 9°，故错齿条件 9°/3=3°。

步进电机绕组的通断电次数、通电顺序和通断电的频率决定了输出角位移、运动方向及速度，所以步进电机伺服控制一般采用开环控制方式。就是说步进伺服控制线路功能是将具有一定频率，数量和方向的进给脉冲转换成控制步进电机各相定子绕组通断电的电平信号。电平信号的变化频率、变化次数和通断电顺序依次与进给指令脉冲的频率、数量和方向对应。

步进电动机应用在机床上一般是通过减速器和丝杆螺母副带动工作台移动。如图 5-36 所示为 HED-21S-3 数控综合实验台的步进驱动系统及步进电机。

步进电机的步距角 α 对应工作台的移动量便是工作台的最小运动单位，也称脉冲当量 δ(mm/p)

$$\delta=\frac{\alpha\times t}{360i} \tag{5-4}$$

式(5-4)中，t 表示丝杆导程（螺距 mm），即丝杠旋转一周所走的行程；i 表示减速装置传动比。

步进电机的转速计算公式：

$$n=60f\times\frac{\alpha}{360°} \tag{5-5}$$

工作台的进给速度 v(mm/min)

$$v=60\delta f \tag{5-6}$$

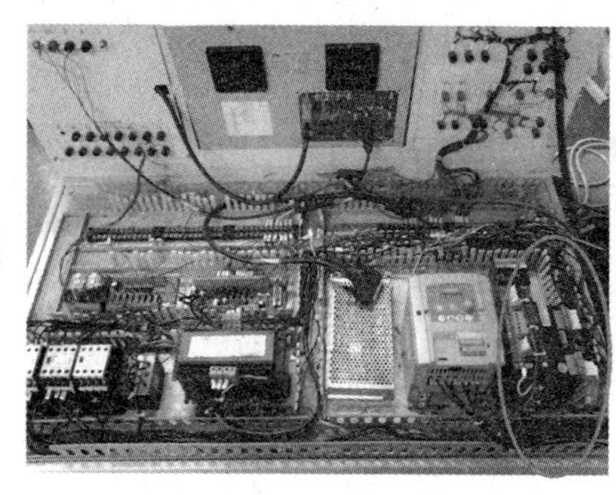

椭圆处为进给轴驱动器，包括步进驱动器

矩形处为步进电机

图 5-36　HED-21S-3 数控综合实验台的步进驱动系统及步进电机

例：某台电机出厂时给出的步距角（固有步距角）值为 3.6°/1.8°（表示整步工作时 3.6°、半步工作时为 1.8°），机床丝杆导程为 5 mm，直联电机。要求脉冲当量 0.002 5 mm/p。可计算得步距角 0.18°，超过了电机的固有步距角。工程上采用细分驱动技术来解决超过电机固有步距角的问题。若绕组电流波形不再是一个近似方波，而是分成 N 个阶梯的近似阶梯波，则电流每升或降一个阶梯时，转子转动一小步。当转子按照这个规律转过 N 小步时，实际相当于转过一个步距角。这种将一个步距角分成若干小步的驱动方法，称为细分驱动。

步进电机通过细分驱动后，步距角变小了，如驱动器工作在 10 细分状态时，其步距角只为"电机固有步距角"的十分之一，也就是说，当驱动器工作在不细分的半整步状态时，控制系统每发一个步进脉冲，电机转动 1.8°；而用细分驱动器工作在 10 细分状态时，电机只转动了 0.18°，这就是细分的基本概念。但要注意的是：细分功能完全是由驱动器靠精确控制电机的相电流所产生的，与电机无关。由此可见，电机的固有步距角不一定是电机实际工作时的真正步距角，真正的步距角和驱动器有关。

驱动器细分技术不仅消除了步进电机固有的低频振荡特性，而且提高了电机的输出转矩与分辨率。而细分技术是消除步进电机低频振荡的唯一途径，若步进电机有时要在共振区工作（如走圆弧），细分驱动器是唯一的选择。

已知技术条件如图 5-37 所示，通电方式为三相六拍，P1 口的输出线 P1.x 为"1"时，步进电机相应的绕组通电；P1.x 为"0"时，则相应绕组失电（P1 口高 4 位值为 0）；要求：列出 X 坐标步进电机绕组通电顺序表，如表 5-2 所示。

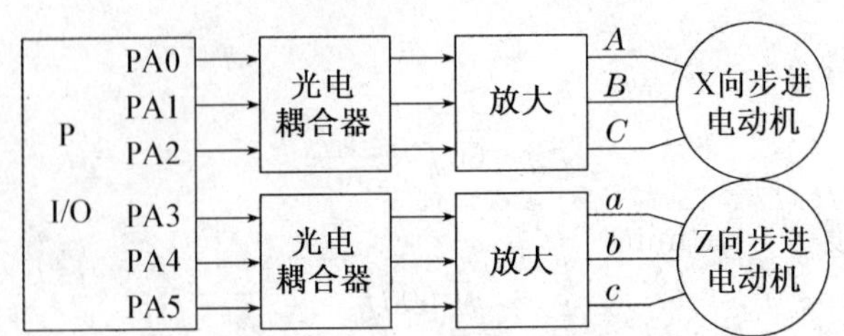

图 5-37　步进电机绕组通电顺序

表 5-2　步进电机绕组通电顺序

节拍	C	B	A	存储单元		方向	节拍	c	b	a	存储单元		方向
	PA2	PA1	PA0	地址	内容			PA5	PA4	PA3	地址	内容	
1	0	0	1	2A00H	01H	正转↕反转	1	0	0	1	2A10H	08H	正转↕反转
2	0	1	1	2A01H	03H		2	0	1	1	2A11H	18H	
3	0	1	0	2A02H	02H		3	0	1	0	2A12H	10H	
4	1	1	0	2A03H	06H		4	1	1	0	2A13H	30H	
5	1	0	0	2A04H	04H		5	1	0	0	2A14H	20H	
6	1	0	1	2A05H	05H		6	1	0	1	2A15H	28H	

步进驱动系统的工作原理具体如下：

(1) 工作台位移量的控制：进给脉冲个数 N→定子绕组通电状态改变 N 次→角位移 $\varphi=\alpha N$→工作台位移 $L=\varphi t/360$。

(2) 工作台进给速度的控制：进给脉冲频率 f→定子绕组通电状态变化频率 f→步进电机转子转速 ω→工作台进给速度 v。

(3) 工作台运动方向的控制：改变步进电机定子绕组通电顺序→控制步进电机正转或反转→控制工作台的进给方向。

子任务 2　直流伺服电动机

直流伺服电动机按励磁方式可分电磁式和永磁式两种。电磁式直流伺服电动机普遍用于大功率伺服电机(>100 W)；永磁式直流伺服电动机具有体积小、转矩大、伺服性能好、响应快及稳定性好等优点，但受功率的限制主要应用于家用电器、办公自动化及机械仪器仪表等。

与一般地直流电机一样，直流伺服电动机也是由磁极(定子)、电枢(转子)、电刷与换向片三部分组成。直流电源接在两电刷间，电流通入电枢线圈，切割磁力线，产生电磁转矩。

直流伺服电动机的控制方式有电枢电压控制、励磁磁场控制。

电枢电压控制是定子磁场不变，通过控制施加在电枢绕组两端的电压信号来控制电机转速和输出转矩。因其定子磁场不变，其电枢电流可以达到额定值，输出转矩可达到额定值，故又称恒转矩调速。由于只改变电机的理想转速 n_0，保持了原有较硬的机械特性，故常用于伺服进给驱动系统电机的调速。

励磁磁场控制则是通过改变励磁电流来改变定子磁场强度从而控制电机转速和输出转矩。因电动机在额定运行条件下磁场已接近饱和，故只能通过减弱磁场的方法来改变电动机的转速。电枢电流不允许超过额定值，因而随着磁场的减弱，电动机转速增加，但输出转矩下降，输出功率保持不变，故又称恒功率调速。由于改变了电机的理想转速且使直流电机机械特性变软，故主要用于机床主轴电机调速。

直流伺服电动机采用电枢电压控制时的电枢等效电路如图 5－38 所示。

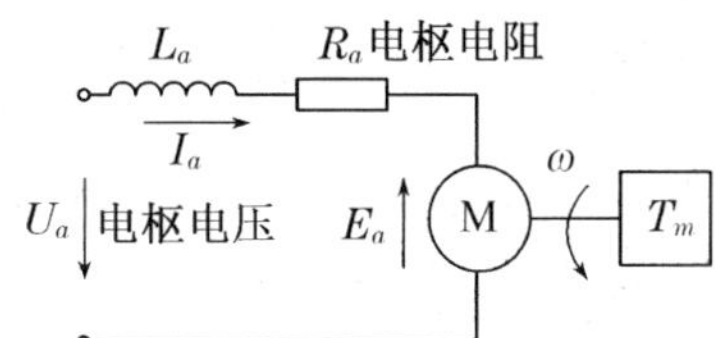

C_e电动势常数，仅与电动机结构有关；T_d启动瞬时转矩；

ω_0空载角速度；Φ定子磁场中每极的气隙磁通量

图 5－38　直流伺服电动机的电枢等效电路(电枢电压控制)

直流伺服电动机的机械特性，如图 5－39 所示，是一组斜率相同的直线簇。每条机械特性和一种电枢电压相对应，与 ω 轴的交点是该电枢电压下的理想空载角速度，与 T_m 轴的交点则是该电枢电压下的起动转矩。若直流伺服电动机的机械特性较平缓，则当负载转矩变化时，相应的转速变化较小，称直流伺服电动机的机械特性较硬。若机械特性较陡，当负载转矩变化时，相应的转速变化就较大，称其机械特性较软。

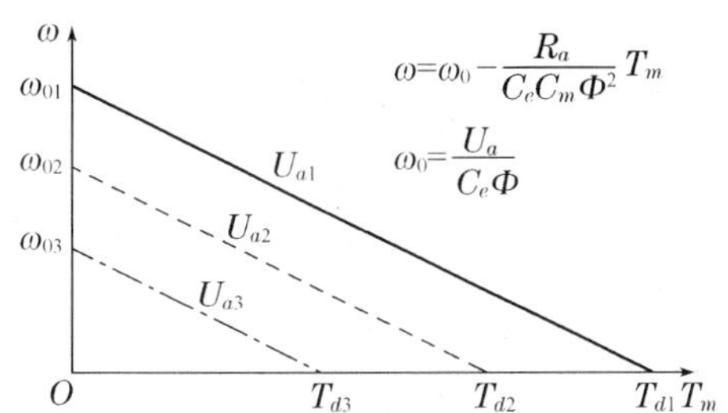

图 5－39　直流伺服电动机的理想机械特性

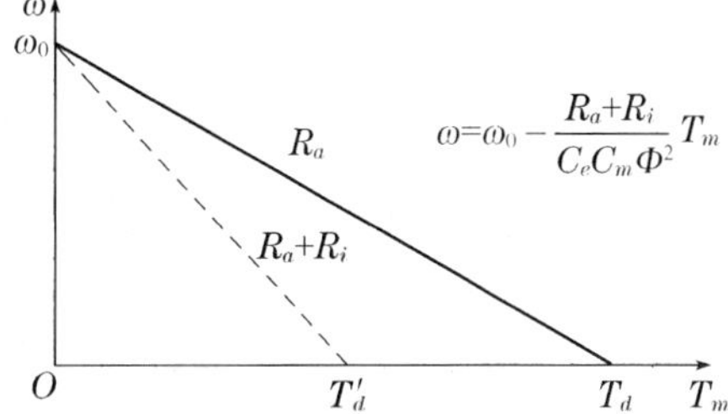

图 5－40　直流伺服电动机的实际机械特性

由机械特性分析知，机械特性越硬，电动机的负载能力越强；机械特性越软，负载能力越低。对直流伺服电动机来说，其机械特性越硬越好。

由图 5－40 可知，因功放电路内阻的存在而使电动机的机械特性变软，故在设计直流伺服电动机功放电路时，应设法减小其内阻。

如图 5－41 所示，直流伺服电动机的调节特性也是一组斜率相同的直线簇。每条调节特性和一种电磁转矩相对应，与 U_a 轴的交点是起动时的电枢电压。调节特性的斜率为正，说明在一定的负载下，电动机转速随电枢电压的增加而增加；而机械特性的斜率为负，说明在电枢电压不变时，电动机转速随负载转矩增加而降低。

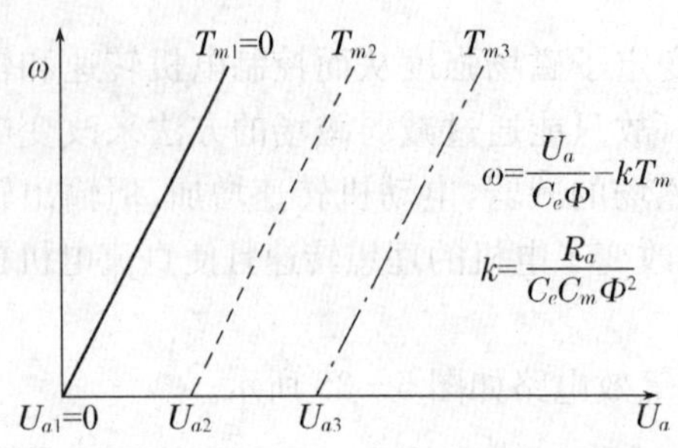

图 5-41 直流伺服电动机的理想调节特性

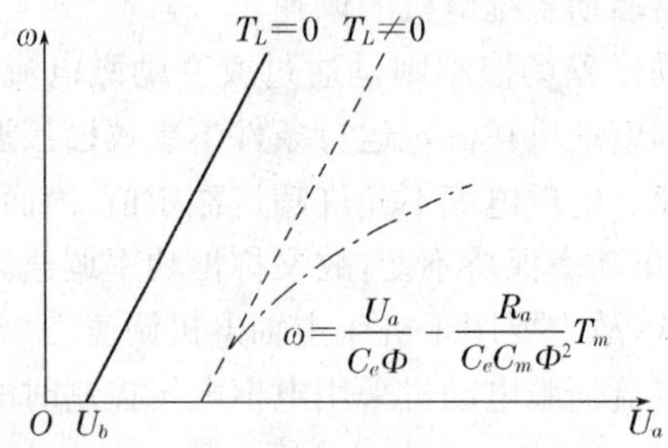

图 5-42 直流伺服电动机的实际调节特性

在实际伺服系统中，经常会遇到负载随转速变动的情况，如粘性摩擦阻力是随转速增加而增加，数控机床切削加工过程中的切削力也是随进给速度变化而变化的。此时由于负载的变动将导致调节特性的非线性，如图 5-42 所示。由此可见，由于负载变动的影响，当电枢电压 U_a 增加时，直流伺服电动机角速度 ω 的变化率越来越小，这一点在变负载控制时应格外注意。

因伺服控制系统速度和位移都有较高的精度要求，故直流伺服电动机通常以闭环或半闭环控制方式应用于直流伺服系统中。

直流伺服系统的闭环或半闭环控制方式的区别仅在于传感器检测信号的位置不同，由此导致设计、制造的难易程度不同，工作性能不同，但两者的设计与分析方法基本上是一致的。

如图 5-43 所示，直流闭环伺服控制系统是针对伺服系统的最后输出结果进行检测和修正的伺服控制方法。对系统输出进行实时检测和反馈，并根据偏差对系统实施控制。

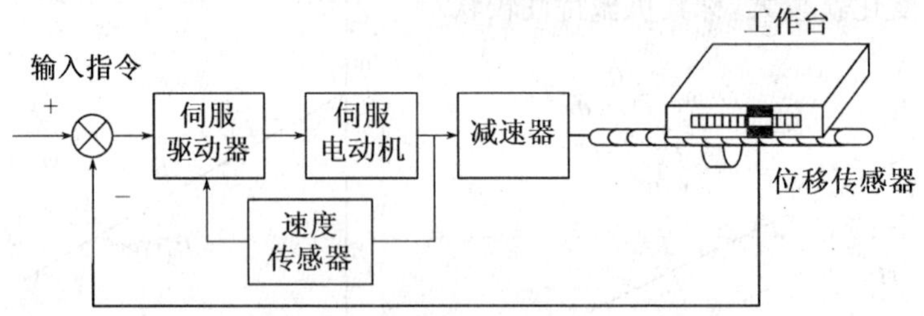

图 5-43 直流闭环伺服系统结构原理

如图 5-44 所示，直流半闭环伺服控制系统仅针对伺服系统的中间环节(如电动机的输出速度或角位移等)进行监控和调节的控制方法。对系统输出进行实时检测和反馈，并根据偏差对系统实施控制。

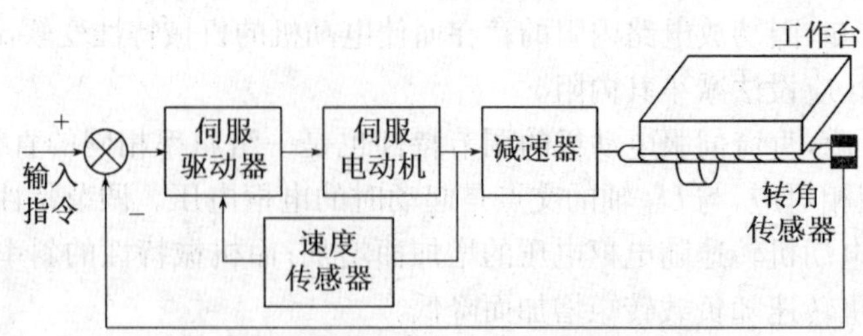

图 5-44 直流半闭环伺服系统结构原理

直流伺服电动机存在电刷和换向器易磨损，有时甚至产生火花；换向器制作工艺复杂；及电机的最高速度受到限制等缺点。

子任务 3　交流伺服电动机

如图 5 - 45 所示，交流伺服电动机存在结构简单，无电刷磨损问题，成本低廉，维修方便等优点，但存在调速得不到经济合理解决的问题。目前伺服驱动技术的发展使得交流伺服电动机的自身缺陷问题得到很好的解决。

图 5 - 45　交流伺服电动机

交流伺服电机结构与交流单相异步电动机基本相同，包括定子与转子。交流伺服电动机的定子上装有空间互差 90°的励磁绕组和控制绕组两个绕组，本质就是一台两相交流异步电机。交流伺服电动机有同步型和异步型两大类。

异步型交流伺服电动机又有三相和单相之分，也有笼型和绕线转子之分，通常多用笼型三相异步电动机。异步型交流伺服电动机存在结构简单、与同容量的直流电动机相比重量轻(1/2)、价格便宜(1/3)等优点；但转速受负载的变化影响较大，不能经济地实现范围较广平滑调速，效率较低、功率因数低，所以应用在数控机床主轴驱动系统中。

同步型交流伺服电动机的定子与异步电动机一样，都在定子上装有对称三相绕组，而转子却不同。按不同的转子结构，同步型交流伺服电动机分电磁式及非电磁式两大类。因永磁式同步电动机具备结构简单、运行可靠、体积约小 1/2、质量减轻 60%、转子惯量可减小到 1/5、效率较高而广泛应用于数控机床的进给驱动系统中。

交流伺服电动机的励磁绕组固定在电源上，当控制电压＝0 时，电机无起动转矩，转子不转。若控制电压≠0 且励磁电流与控制绕组电流不同相时产生两相旋转磁场，转子转动。交流伺服电动机不仅要求在静止状态下能服从控制信号的命令而转动，而且要求在电动机运行时若控制电压变成 0，电动机立即停转。另一方面，如果交流伺服电动机的参数选择和一般单相异步电动机相似，则出现即使控制电压等于 0 时电动机继续转动的“自转”现象。消除“自转”的方法是消除与原转速方向一致的电磁转矩，同时产生一个与原转速方向相反的电磁转矩，使得控制电压等于 0 时电动机停止。增大转子电阻不仅可以消除“自转”现象，而且扩大交流伺服电动机的稳定运行范围，但是转子电阻过大，会降低起动转矩而影响快速响应性能。

步进电机和交流伺服电机在性能特点上有很大不同，具体比较如下：

1. 控制精度不同

两相混合式步进电动机步距角一般为 3.6°、1.8°；五相混合式步进电动机步距角一般为 0.72°、0.36°；四通公司生产的用于慢走丝机床的步进电动机，步距角 0.09°；德国百格拉公司(BERGERLAHR)生产的三相混合式步进电动机其步距角可通过拨码开关设置为 1.8°、0.9°、0.72°、0.36°、0.18°、0.09°、0.072°、0.036°，兼容了两相和五相混合式步进电动机的步距角(如用细分技术，可细分至如 1.8°/29)。

交流伺服电动机的控制精度由电动机轴后端的旋转编码器保证。如松下全数字式交流伺服电动机，对于带标准 2500 线编码器的电动机而言，因驱动器内部采用四倍频技术，脉冲当量 360°/104＝0.036°；而对于带 17 位编码器的电动机而言，其脉冲当量为 360°/131 072，是步距角 1.8°步进电动机脉冲当量的 1/655。

2. 低频特性不同

不同步进电动机在低速时易出现低频振动现象。振动频率与负载情况和驱动器性能有关，一般认为振动频率为电动机空载起跳频率的一半。这种由步进电动机的工作原理所决定的低频振动现象对于机器的正常运转非常不利。当步进电动机工作在低速时，一般应采用阻尼技术来克服低频振动现象，比如在电动机上加阻尼器，或驱动器上采用细分技术等。

交流伺服电动机运转非常平稳，即使在低速时也不会出现振动现象。交流伺服系统具有共振抑制功能，可涵盖机械的刚性不足，并且系统内部具有频率解析机能(FFT)，可检测出机械共振点，便于系统调整。

3. 矩频特性不同

步进电动机输出力矩随转速升高而下降，且在较高转速时会急剧下降，最高工作转速在 300～600 r/min。

交流伺服电动机为恒力矩输出，即在其额定转速(≤2 000 或 3 000 r/min)，都能输出额定转矩，在额定转速以上为恒功率输出。

4. 过载能力不同

步进电动机一般不具有过载能力，故在选型时为克服这种惯性力矩，往往需要选取较大转矩的电动机，而机器在正常工作期间又不需要那么大的转矩，便出现了力矩浪费的现象。

交流伺服电动机具有较强的过载能力。如松下交流伺服系统具有速度过载和转矩过载能力。其最大转矩为额定转矩的三倍，可克服惯性负载在起动瞬间的惯性力矩。

5. 运行性能不同

步进电动机的控制为开环控制，起动频率过高或负载过大易出现丢步或堵转的现象，停止时转速过高易出现过冲的现象，所以为保证其控制精度，应处理好升、降速问题。

交流伺服驱动系统为闭环控制，驱动器可直接对电动机编码器反馈信号进行采样，内部构成位置环和速度环，一般不会出现步进电动机的丢步或过冲的现象，控制性能更为可靠。

6. 速度响应性能不同

步进电动机从静止加速到工作转速(一般为每分钟几百转)需要 200 ms～400 ms。

交流伺服系统的加速性能较好，如松下交流伺服电动机 MSMA400 W，从静止加速到其额定转速 3 000 r/min 仅需几毫秒，可用于要求快速起停控制场合。

7. 效率指标不同

步进电动机的效率比较低，一般 60%以下。

交流伺服电机的效率比较高，一般80%以上。因此步进电动机的温升也比交流伺服电机的温升高。

总之，交流伺服系统在许多性能方面都优于步进电动机。但在一些要求不高的场合也经常用步进电动机来做执行电动机。所以，在控制系统的设计过程中要综合考虑控制要求、成本等多方面的因素，选用适当的控制电动机。

子任务4　伺服驱动控制器

伺服驱动器用来控制伺服电机的一种控制器，其作用类似于变频器作用于普通交流马达，属于伺服系统的一部分，主要应用于高精度的定位系统。一般是通过位置、速度和力矩三种方式对伺服电动机进行控制，实现高精度传动系统定位。

目前主流伺服驱动器均采用数字信号处理器(DSP)作为控制核心，可以实现比较复杂的控制算法，实现数字化、网络化和智能化。如图5-46与图5-47所示，伺服驱动器的主要品牌有西门子伺服驱动器、法拉克伺服驱动器、三菱伺服驱动器等。

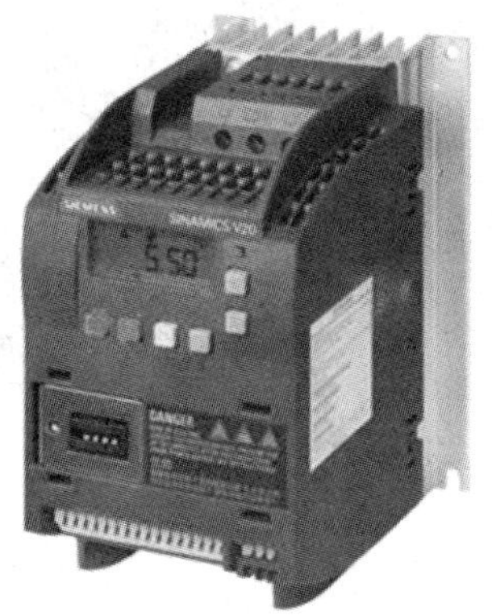

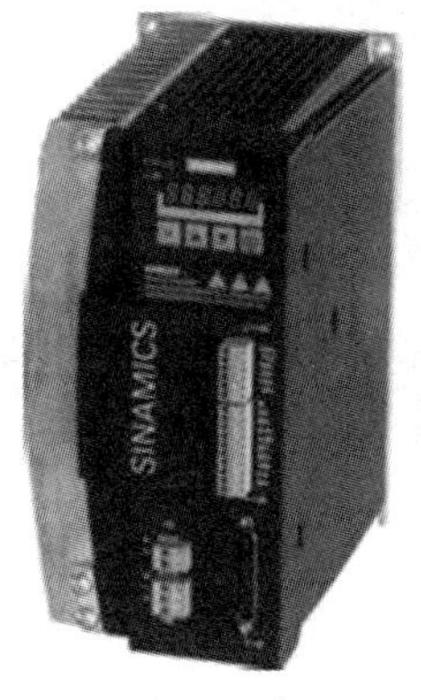

图5-46　西门子伺服驱动器

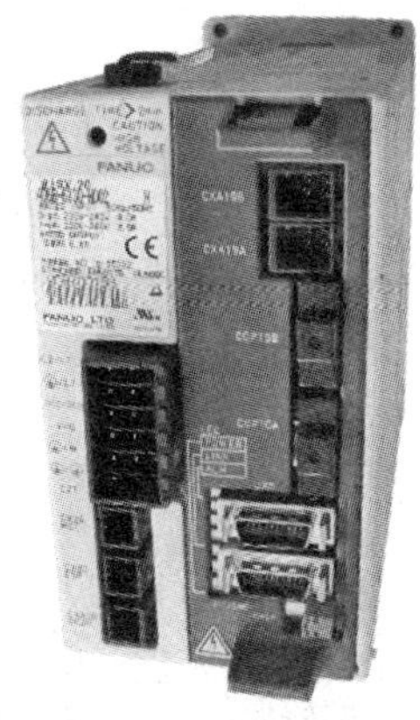
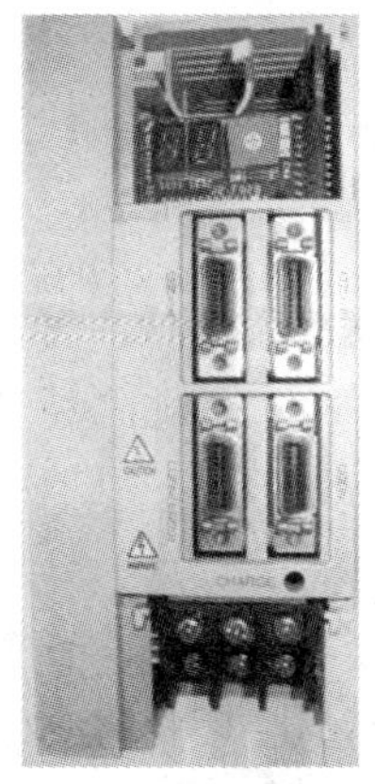
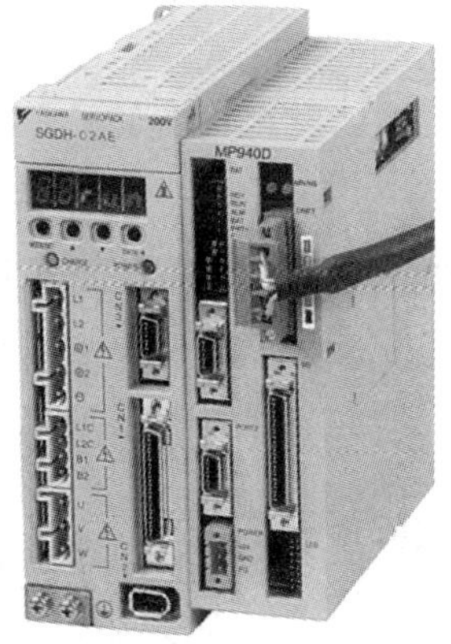

图5-47　其他品牌伺服驱动器

伺服驱动器的内部结构如图5-48所示。功率器件普遍采用以智能功率模块(IPM)为核心设计的驱动电路,IPM内部集成了驱动电路,同时具有过电压、过电流、过热、欠压等故障检测保护电路,在主回路中还加入软起动电路,以减小起动过程对驱动器的冲击。功率驱动单元(AC-DC-AC过程)先通过三相全桥整流电路对输入的三相电进行整流,得到相应的直流电。经过整流好的三相电或市电,再通过三相正弦PWM电压型逆变器变频来驱动三相永磁式同步交流伺服电机。

图5-48 伺服驱动器的内部结构

伺服驱动器外部接线分主回路接线、控制电源类接线、I/O接口与反馈检测类接线。主回路接线包括R(L1)、S(L2)、T(L3)电源线的连接,伺服驱动器U、V、W与电源线U、V、W接线;控制电源类接线包括R、T控制电源接线。

子任务5 SINAMICS V60伺服驱动系统安装及接线

西门子的SINAMICS V60伺服驱动器通过脉冲输入接口直接接收从上位控制器发来的脉冲序列,进行速度和位置控制,通过数字量接口信号来完成驱动器运行控制和实时状态输出。SINAMICS V60伺服驱动器广泛应用在数控机床行业,尤其适合于小型车床、铣床等领域。

SINAMICS V60驱动系统在硬件系统方面具有结构紧凑、标准化接口、安装简单、维护方便、调试简单、状态显示和报警输出完善、故障诊断方便、编码器接口集成化、直接实现闭环控制等技术优点。SINAMICS V60驱动系统含CPM60.1驱动模块和交流伺服电机及配套电缆,驱动模块总是与功率相匹配的电机配套使用,电机分带抱闸电机和不带抱闸电机。V60驱动系统技术参数见表5-3。三相同步伺服电机具有4种不同功率对应每种驱动器,2 500

脉冲/转的增量式编码器等特点，SINAMICS V60 对应伺服电机的技术参数见表 5－4。

表 5－3　SINAMICS V60 驱动器技术参数

供电电压、频率	额定功率	额定电流	最大电流	运行温度	尺寸(mm)(H×W×D)
电压:3AC 200～240 V +10/−15% 50/60 Hz±10%	0.8 kW	4 A	8 A	0 ℃～+55 ℃ 0 ℃～40 ℃无降容， 55 ℃降容 30%	226×106×200
	1.2 kW	6 A	12 A		226×106×200
	1.4 kW	7 A	14 A		226×106×200
	2 kW	10 A	20 A		226×123×200

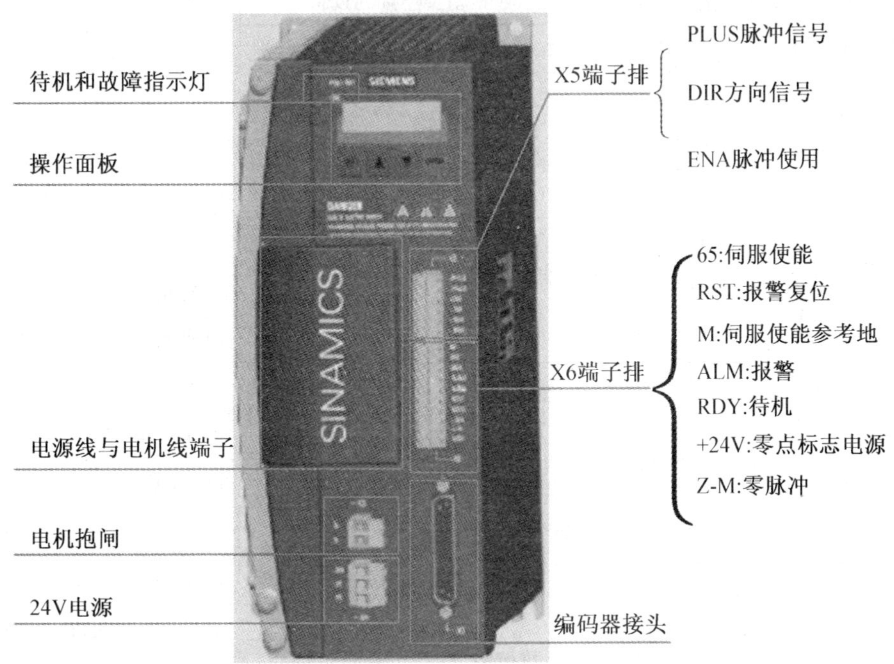

图 5－49　SINAMICS V60 驱动器的接口含义

SINAMICS V60 驱动器是集成整流，逆变和控制的小型紧凑伺服驱动器。SINAMICS V60 驱动器具有三相 AC200～240 V、4 种功率输出、脉冲设定位置和速度、17 个方便整定的开放参数、8 个报警和 5 个状态的 LED 显示、分辨率高达 10 000 脉冲/转、控制脉冲频率 333 kHz、位置/速度控制及面板上 JOG 功能操作等功能。SINAMICS V60 驱动器各个接口的含义如图 5－49 所示，包括电源线与电机线端子、电机抱闸接口 X3、24 V 电源接口 X4、NC 脉冲输入接口 X5、NC 脉冲输入接口 X6、编码器接口 X7。SINAMICS V60 驱动器各个接口的具体接线设备见表 5－5。

表 5－4　SINAMICS V60 对应伺服电机的技术参数

额定功率	额定扭矩	峰值扭矩	额定电流	最大电流	额定速度	最大速度	防护等级
0.8 kW	4 Nm	8 Nm	4 A	8 A	2 000 r/min	2 200 r/min	自冷却，IP64
1.2 kW	6 Nm	12 Nm	6 A	12 A			
1.4 kW	7.7 Nm	15.4 Nm	7 A	14 A			
2 kW	10 Nm	20 Nm	10 A	20 A			

表 5－5　SINAMICS V60 驱动器的接口具体接线

SINAMICS V60 驱动器接口			与 V60 驱动器连接的设备		说明
接口性质	接口名称	信号名称	连接设备的名称	信号名称	
输入	电源线	L1	三相交流电源 220 V	L1	电源相位 L1
		L2		L2	电源相位 L2
		L3		L3	电源相位 L3
输出	电机线	U	伺服电机的动力电缆	U	电机相位 U
		V		V	电机相位 V
		W		W	电机相位 W
输出	电机抱闸 X3	B+	伺服电机的抱闸电缆	＋24 V	电源正极
		B−		0 V	电源负极
输入	24 V 电源 X4	24 V	24 V 直流电源	24 V	DC24 V
		0		0	0 V
		PE		PE	接地保护(屏蔽线)
输入	NC 脉冲输入接口 X5	±PLUS	数控装置或 PLC	根据具体设备型号确定	脉冲输入设定值±
		±DIR			电机设定值方向±
		±ENA			脉冲使能±
输入(Z-M 除外)	NC 脉冲输入接口 X6	65	24 V 直流电源	＋24 V	伺服使能
		RST		＋24 V	报警清除
		M24		0 V	伺服使能和报警清除接地
		ALM1	数控装置或 PLC	根据具体设备型号确定	报警继电器触点 1 端子
		ALM2			报警继电器触点 2 端子
		RDY1			伺服就绪触点 1 端子
		RDY2			伺服就绪触点 2 端子
		Z-M			零点标志输出
		＋24 V	24 V 直流电源	＋24 V	零点标志电源
		M24		0 V	零点标志参考接地 0 V

（续表）

SINAMICS V60 驱动器接口			与 V60 驱动器连接的设备		说明
接口性质	接口名称	信号名称	连接设备的名称	信号名称	
输出	编码器接口 X7	A+/A−	伺服电机的编码电缆	A+/A−	TTL 编码器 A 相信号
		B+/B−		B+/B−	TTL 编码器 B 相信号
		Z+/Z−		Z+/Z−	TTL 编码器 Z 相信号
		U+/U−		U+/U−	TTL 编码器 U 相信号
		V+/V−		V+/V−	TTL 编码器 V 相信号
		W+/W−		W+/W−	TTL 编码器 W 相信号
		NC		NC	备用(未连接)
		EP5		EP5	编码器电源+5 V
		EM		EM	编码器电源 GND

如图 5－50 所示，SINAMICS V60 驱动系统与 SINUMERIK 802 base line CNC 的具体电气接线除了按照表 5－5 接线外，还要注意 NC 脉冲输入接口 X5 的各个引脚具体如何接线。

假设 SINAMICS V60 驱动系统控制数控机床的 X 轴，则 NC 脉冲输入接口 X5 的 PLUS+、PLUS−、DIR+、DIR−、ENA+、ENA−分别与通讯电缆接口 X7(命令值电缆)中的引脚 P1、P1N、D1、D1N、E1、E1N 相连接；如果 SINAMICS V60 驱动系统控制数控机床的 Y 轴，则 NC 脉冲输入接口 X5 的 PLUS+、PLUS−、DIR+、DIR−、ENA+、ENA−分别与通讯电缆接口(命令值电缆)中的引脚 P2、P2N、D2、D2N、E2、E2N 相连接；如果 SINAMICS V60 驱动系统控制数控机床的 Z 轴，则 NC 脉冲输入接口 X5 的 PLUS+、PLUS−、DIR+、DIR−、ENA+、ENA−分别与通讯电缆接口(命令值电缆)中的引脚 P3、P3N、D3、D3N、E3、E3N 相连接。

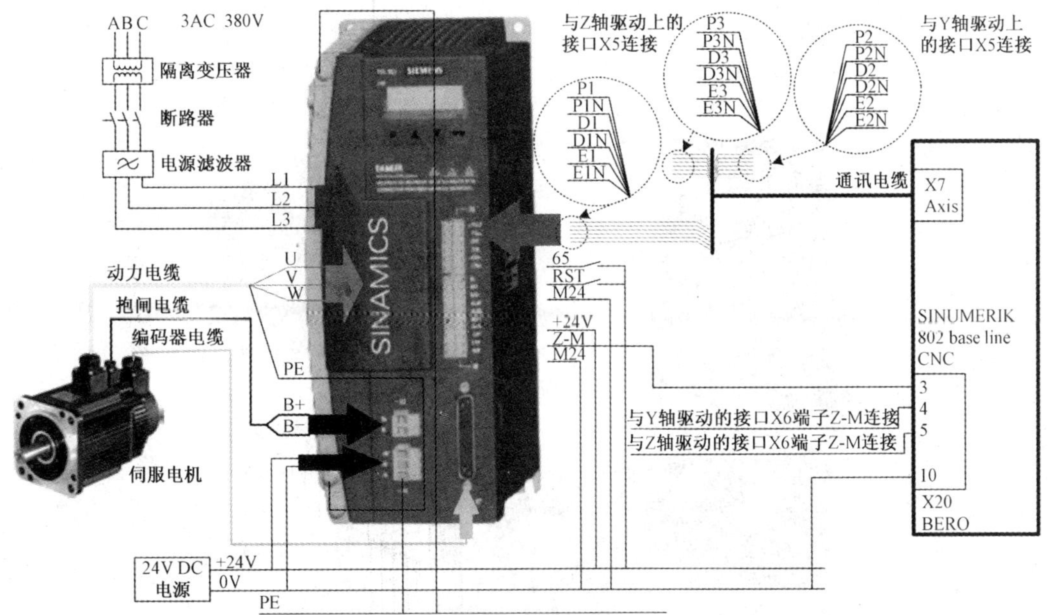

图 5－50　SINAMICS V60 驱动系统与 SINUMERIK 802 base line CNC 的电气接线

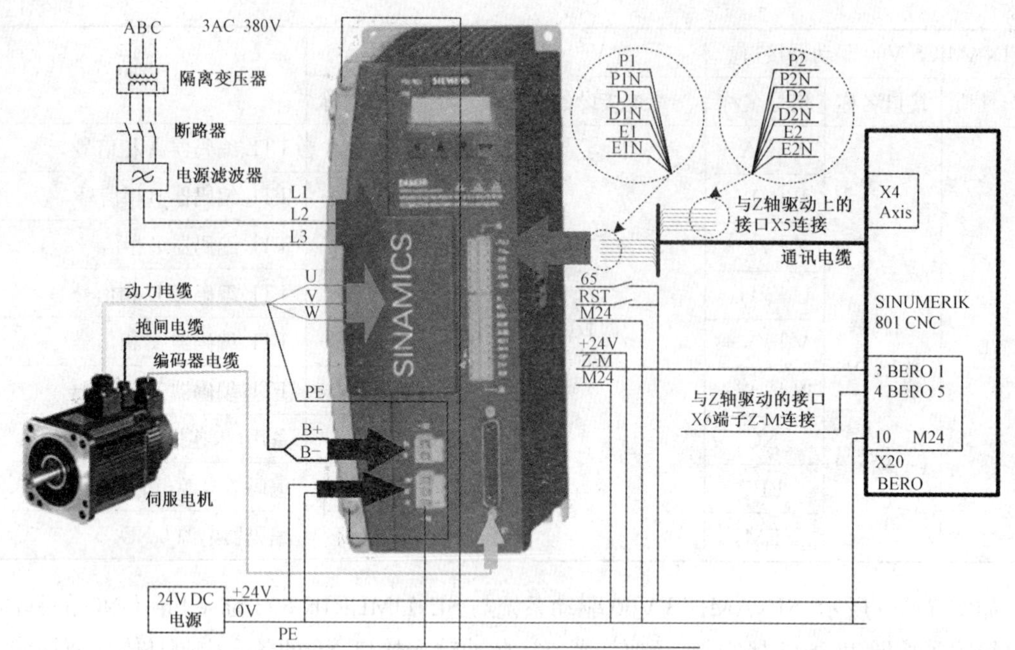

图 5-51 SINAMICS V60 驱动系统与 SINUMERIK 801 CNC 的电气接线

同样地，SINAMICS V60 驱动系统与 SINUMERIK 801 CNC 的具体电气接线，如图 5-51 所示，也要注意 NC 脉冲输入接口 X5 的各个引脚具体如何接线。与 SINUMERIK 802 base line CNC 不同的是，如果 SINAMICS V60 驱动系统控制数控机床的 X 轴，NC 脉冲输入接口 X5 的 PLUS+、PLUS-、DIR+、DIR-、ENA+、ENA-与通讯电缆接口 X4(命令值电缆)中的引脚 P1、P1N、D1、D1N、E1、E1N 相连接。控制数控机床的 Y 轴、Z 轴与 X 轴的原理是一样的，只是通讯电缆接口不同而已。

为使 SINAMICS V60 伺服驱动器能够实现与 PLC 的便捷连接，专门设计了标准化通讯电缆，如图 5-52 所示。采用的标准通讯电缆与 PLC 实现顺畅可靠地连接，能全面实现全集成自动化(TIA)。

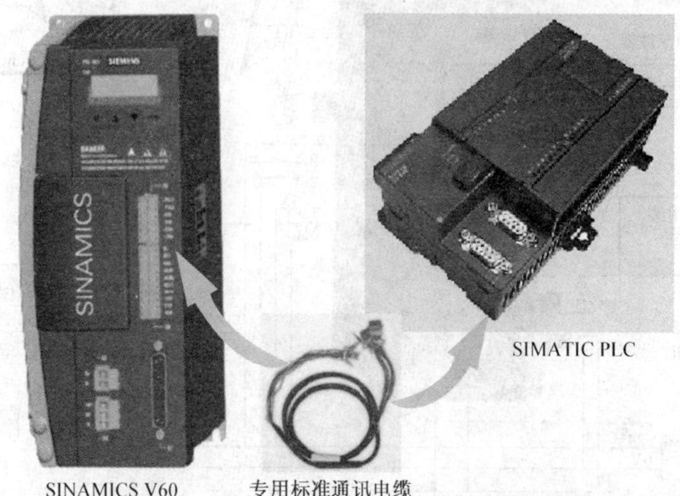

图 5-52 SINAMICS V60 驱动系统与 SIMATIC PLC 的电气连接

SINAMICS V60 驱动器与 SIMATIC S7－200 配合使用时，有以下三种控制方法：

(1) 通过 PLC 自身的高速脉冲输出 Q0.0、Q0.1，使用 PTO 向导实现位置控制；此时需要编程软件 STEP7-Micro/WIN V4.0 SP6、计算机、SIMATIC S7－200 系列 CPU、SIMATIC S7－200 编程电缆、SINAMICS V60 驱动器、伺服电机、电缆及 SIMATIC PLC/SINAMICS V60 标准通信电缆等设备。

(2) 通过 PLC 自身的高速脉冲输出 Q0.0、Q0.1，使用 MAP SERV 库函数实现位置控制。

(3) 通过 EM253 位置控制模块，实现位置控制。

SINAMICS V60 驱动器与 SIMATIC S7－200 系列 PNP 型的 PLC 电气连接，如图 5－53 所示。NC 脉冲输入接口 X5 的 PLUS＋(PLUS1)、DIR＋(DIR1)、ENA＋(ENA1)分别与 SIMATIC S7－200 系列 PNP 型的 PLC 中 PLUS(Q0.0)、DIR(Q0.1)、ENA(Q0.2)相连接；NC 脉冲输入接口 X6 的 RST、M24、ALM1、RDY1、ALM2、＋24 V 分别与 SIMATIC S7－200 系列 PNP 型的 PLC 中 RST(Q0.3)、M、ALM(I0.0)、RDY1(I0.1)、Z-M(I0.2)、P24 V 相连接。L＋与 P24 V、1 L＋相连，而 P24/M 与 M、1M 相连接。SINAMICS V60 驱动器的 65 信号一般用于急停，所以没有用于 SIMATIC PLC/SINAMICS V60 标准通讯电缆上。脉冲信号 PULS 只能与 Q0.0 或 Q0.1 输出口连接；Q0.2 或 Q0.3 输出口只能用作方向输出。

SINAMICS V60 驱动器与 SIMATIC S7－200 系列 NPN 型的 PLC 电气连接，如图 5－54 所示。NC 脉冲输入接口 X5 的 PLUS＋(PLUS1)、DIR＋(DIR1)、ENA＋(ENA1)分别与 SIMATIC S7－200 系列 NPN 型的 PLC 中 PLUS(Q0.0)、DIR(Q0.1)、ENA(Q0.2)相连接；NC 脉冲输入接口 X6 的 RST(Q0.3)、M24、ALM1、RDY1、Z-M、＋24 V 分别与 SIMATIC S7－200 系列 NPN 型的 PLC 中 RST、M、ALM(I0.0)、RDY1(I0.1)、Z-M(I0.2)、P24 V 相连接。与 SIMATIC S7－200 系列 PNP 型的 PLC 所不同的是，SIMATIC S7－200 系列 NPN 型的 PLC 没有 1L＋引线，所以 P24 V、P24/M 与 L＋相连。

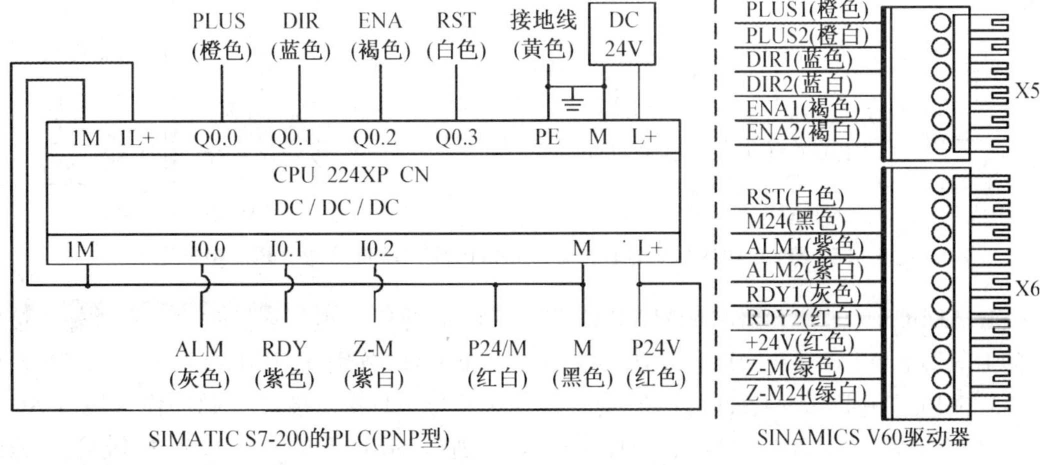

图 5－53　SINAMICS V60 驱动器与 SIMATIC S7－200 系列 PLC(PNP 型/源型)电气连接

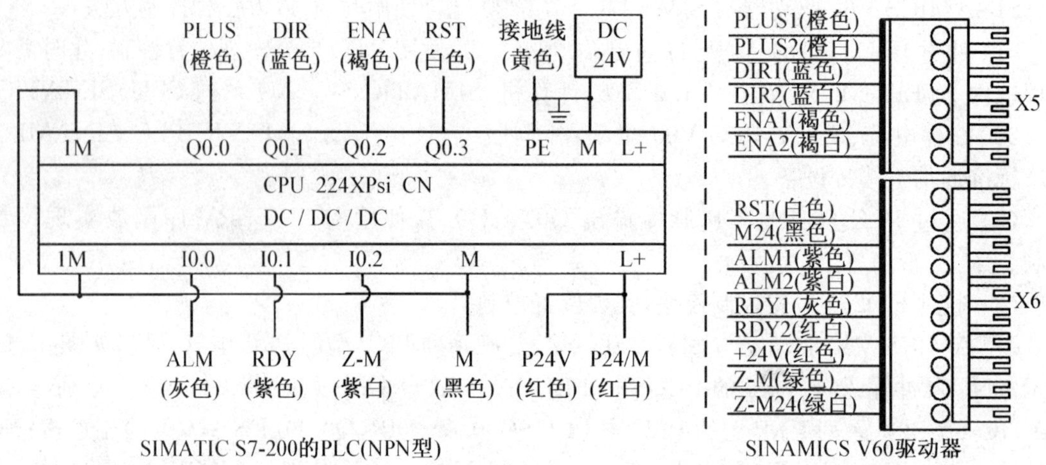

图 5－54 SINAMICS V60 驱动器与 SIMATIC S7－200 系列的 PLC(NPN 型/漏型)电气连接

如图 5－55 所示，SINAMICS V60 驱动器与 SIMATIC S7－1200 系列 PLC 电气连接时，需要编程软件 STEP7-BasicV105.5 SP2、计算机、SIMATIC S7－1200 系列 CPU、SIMATIC S7－1200 编程电缆、SINAMICS V60 驱动器、伺服电机、电缆及 SIMATIC PLC/ SINAMICS V60 标准通讯电缆等设备。

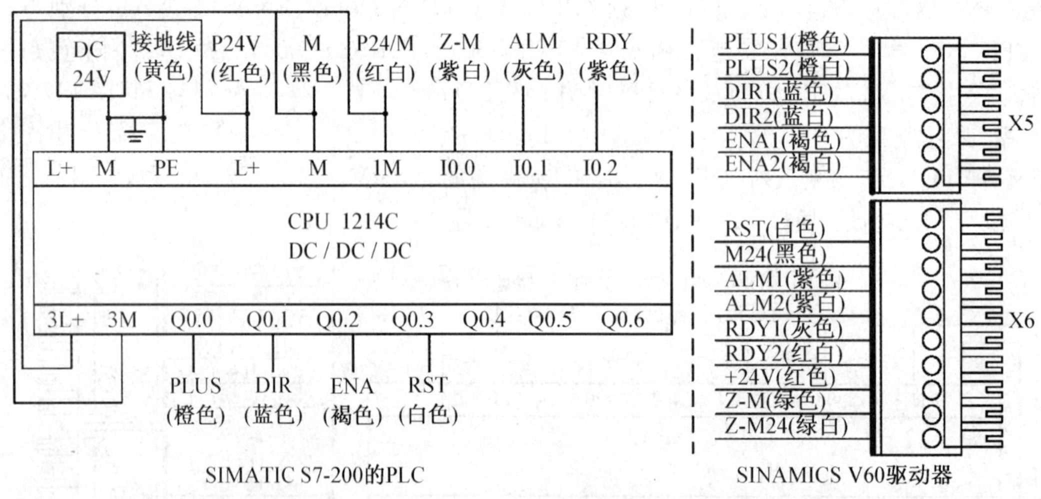

图 5－55 SINAMICS V60 驱动器与 SIMATIC S7－1200 系列的 PLC 电气连接

SINAMICS V60 驱动器与 SIMATIC S7－1200 系列 PLC 电气连接时，NC 脉冲输入接口 X5 的 PLUS＋(PLUS1)、DIR＋(DIR1)、ENA＋(ENA1)分别与 SIMATIC S7－1200 系列 PNP 型的 PLC 中 PLUS(Q0.0)、DIR(Q0.1)、ENA(Q0.2)相连接；NC 脉冲输入接口 X6 的 RST(Q0.3)、M24、ALM1、RDY1、Z-M、＋24 V 分别与 SIMATIC S7－1200 系列 PNP 型的 PLC 中 RST、M、ALM(I0.0)、RDY1(I0.1)、Z-M(I0.2)、P24 V 相连接。P24/M 与 M、1M 相连接。SINAMICS V60 驱动器的 65 信号一般用于急停，所以没有用于 SIMATIC PLC/SINAMICS V60 标准通讯电缆上。脉冲信号 PULS 只能与 Q0.0 或 Q0.2 输出口连接；Q0.1 或 Q0.3 输出口只能用作方向输出。

为确保散热充分，请在 SINAMICS V60 驱动器相互之间以及驱动与其他设备或者电柜壁之间至少留出规定的间距。SINAMICS V60 驱动器之间的安装间隙距离如图 5－56 所示。

如果电缆必须要有 CE 标记，则使用的电源输入电缆和动力电缆都必须是屏蔽电缆。在此情况下，可使用电缆夹作为电缆屏蔽层和公共接地点之间的接地连接。电缆夹有助于将非屏蔽动力电缆和电源输入电缆固定在适当的位置。同时要注意确保用于固定屏蔽动力电缆的电缆夹与电缆屏蔽层之间接触良好。

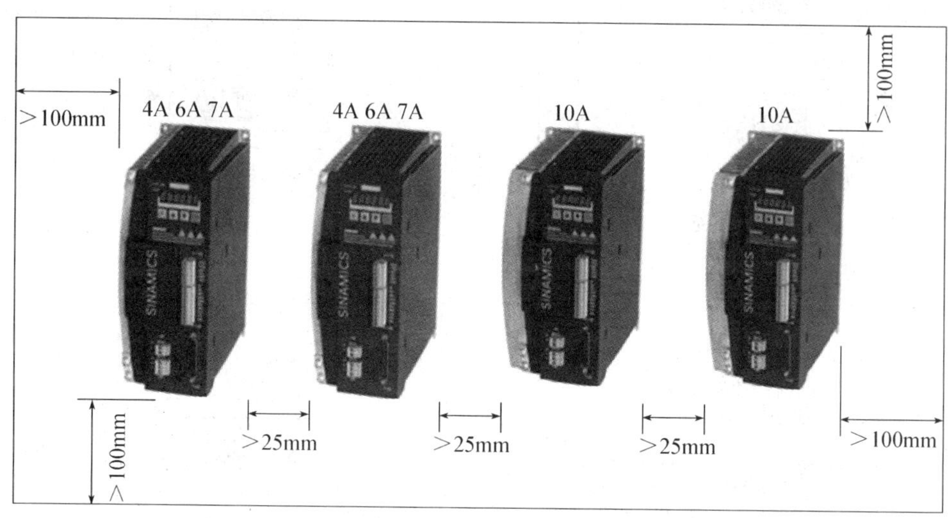

图 5－56　SINAMICS V60 驱动器之间的安装间隙距离

如果安装调试 SINAMICS V60 驱动系统正确，则 SINAMICS V60 驱动器的各个信号上电时序就会如图 5－57 所示。

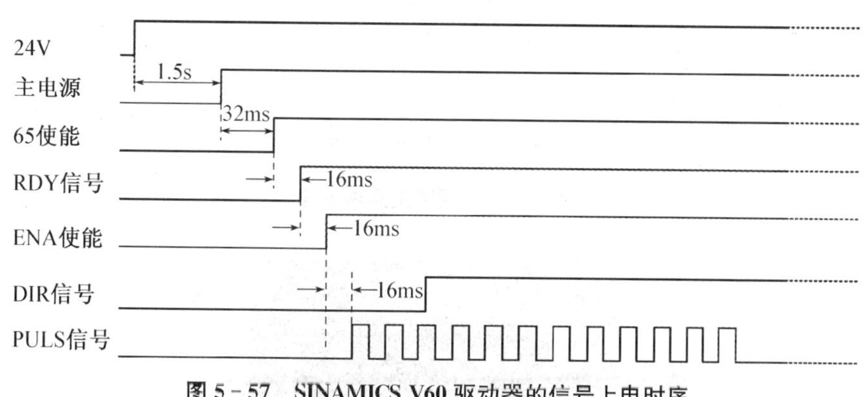

图 5－57　SINAMICS V60 驱动器的信号上电时序

子任务 6　SINAMICS V60 驱动器的基本操作与参数设置

SINAMICS V60 驱动器的调试主菜单流程如图 5－58 所示。SINAMICS V60 驱动器通过操作面板的模式选择“M”键进行状态、参数设置、数据显示和功能 4 个主菜单项的切换或返回到上一更高级别的画面；通过回车“Enter”键进入下一较低级别菜单项或返回至较高级别菜单项，确认参数或清除报警。SINAMICS V60 驱动器操作面板如图 5－59 所示。

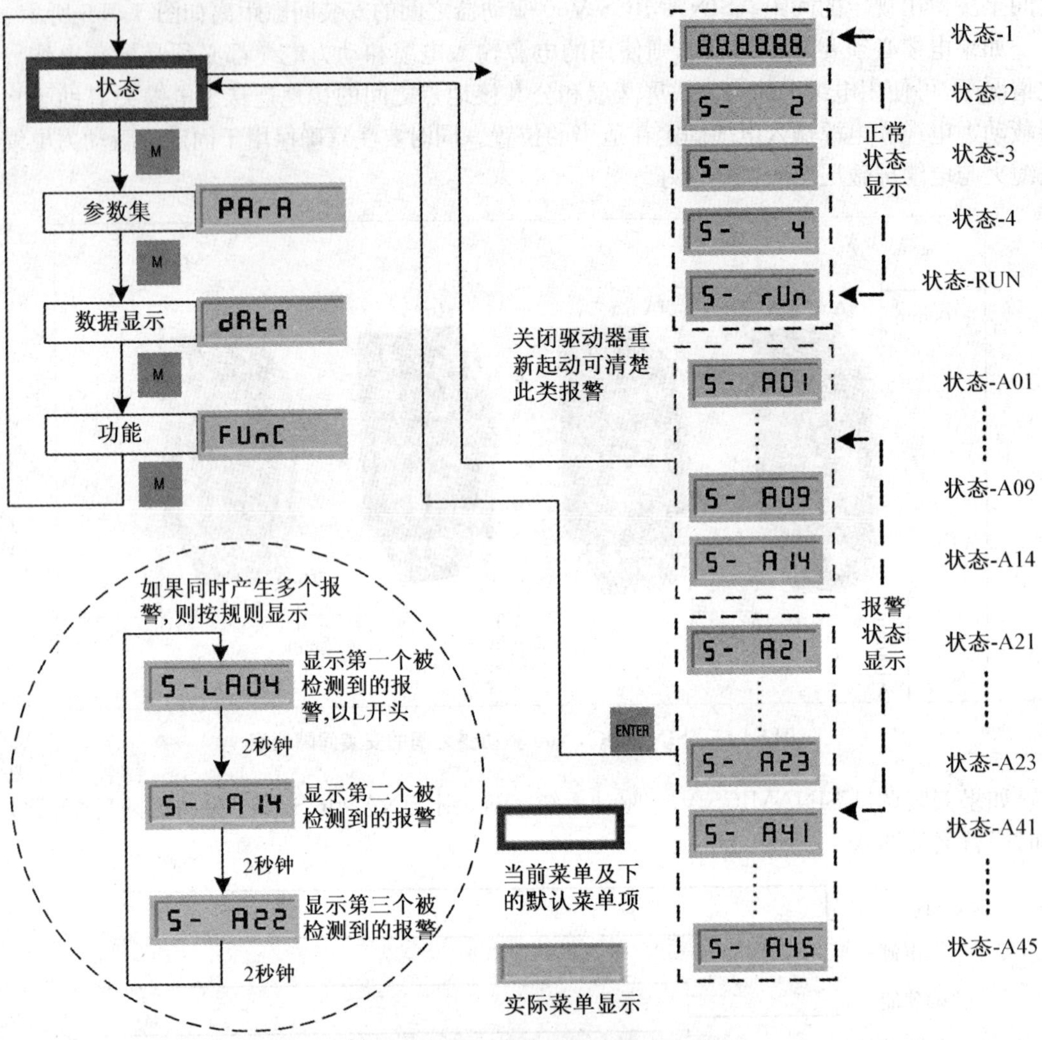

状态
M
参数集 PArA
M
数据显示 dAtA
M
功能 FUnC
M

8.8.8.8.8.8. 状态-1
S- 2 状态-2
S- 3 状态-3
S- 4 状态-4
S- rUn 状态-RUN
正常状态显示

关闭驱动器重新起动可清楚此类报警
S- A01 状态-A01
S- A09 状态-A09
S- A14 状态-A14
S- A21 状态-A21
S- A23 状态-A23
S- A41 状态-A41
S- A45 状态-A45
报警状态显示
ENTER

如果同时产生多个报警，则按规则显示
S-LA04 显示第一个被检测到的报警，以L开头
2秒钟
S- A14 显示第二个被检测到的报警
2秒钟
S- A22 显示第三个被检测到的报警
2秒钟

当前菜单及下的默认菜单项
实际菜单显示

图 5－58 调试主菜单流程

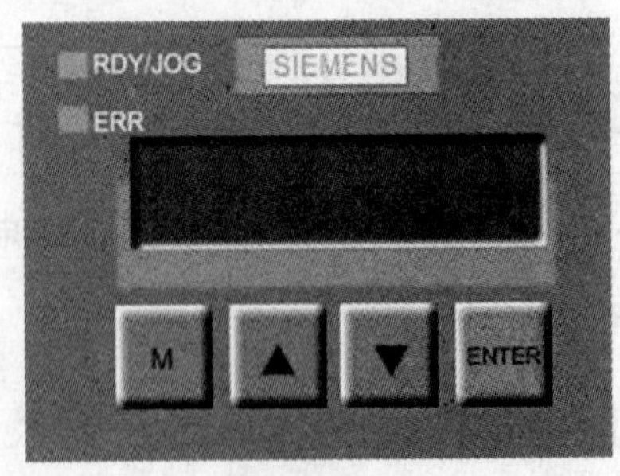

操作面板

图 5－59 SINAMICS V60 驱动器操作面板

在主菜单项“状态”时，SINAMICS V60 驱动器能监控到目前的正常运行状态和报警状态，SINAMICS V60 驱动器有 5 种正常运行状态和 18 种报警状态。5 种正常运行状态分别为 8.8.8.8.8.8、S－2、S－3、S－4、S-RUN；其中“S-RUN”表示驱动正常运行；“S－2”表示给驱动预充电等待 220 V 主电源；“S－3”表示等待来自 X6 接口 65 的驱动使能；“S－4”表示等待来自 X5 接口＋ENA 与－ENA 的脉冲使能；“8.8.8.8.8.8”表示驱动自检。报警状态 A01－A14 通过重新上电复位，而报警状态 A21－A45 必须经过“ENTER”键或“RST”键复位。如果同时产生多个报警，则按规则依次显示第一个被检测到的报警且以 L 开头如“S-LA04”、第二个被检测到的报警如“S-A14”、第三个被检测到的报警如“S-A22”等等。18 种报警状态对应的报警代码、报警名称及说明见表 5－6。

表 5－6　报警代码、报警名称及说明

报警代码	报警名称	说明
A01	功率板 ID 错误	功率板无法识别
A02	参数确认错误	CRC 错误，编码器类型或参数标题无效
A03	存储器受损	存储器写入失败
A04	控制电压错误	控制电压低于 3.5 V
A05	IGBT 过电流	探测到 IGBT 过电流
A06	内部芯片检测到过电流	探测到内部芯片过电流
A07	接地短路	驱动自检时接地短路
A08	编码器 UVW 错误	探测到编码器的相位信号 U、V 及 W 情况相同
A09	编码器 TTL 错误	TTL 脉冲错误
A14	内部错误	软件故障
A21	直流母线过电压	电压高于 405 V
A22	IT 保护	IGBT 电流超出电流上限达 300 ms
A23	直流母线欠电压	母线电压低于 200 V
A41	超速	实际电机转速高于 2 300 转/分
A42	IGBT 过温	IGBT 过热
A43	跟随误差过大	超出 P43 设定的最大值
A44	I^2t 保护	电机负载超过额定电机转矩
A45	紧急停止	驱动正常运行时 65 使能丢失

功能“FUNC”及功能子菜单流程如图 5－60 所示，功能子菜单包含点动“JOG”、保存用户参数“STORE”、恢复缺省参数“DEFRUL”及恢复第二缺省参数共四个功能子菜单。恢复默认参数可确保驱动再次上电，从而激活仅在上电时激活的参数。

通过点动“JOG”模式试运行确认驱动器与电机是否正确连接。如果系统当前状态支持点动“JOG”功能，屏幕显示点动运行“JOG RUN”，否则显示禁止“Forbid”。如果系统状态支持点动“JOG”功能，此时按住上键“▲”不放使电机逆时针转动；或按住下键“▼”不放使电机顺时针转动；松开上键“▲”或下键“▼”则停止电机。

当系统状态处于等待驱动使能“S－4”或处于等待脉冲使能“S－3”时且内部使能点动模式 P05＝1 时可进入 JOG 模式。当系统状态为“运行”状态时将禁止参数存取操作模式。

如果当前的驱动运行状态支持“保存用户参数”功能，则将会显示完成“Finish”；否则将会出现禁止“Forbid”。

如果当前的驱动运行状态支持“恢复默认参数功能”功能，则将会显示完成“Finish”；否则将会出现禁止“Forbid”。

参数设置菜单流程如图 5－61 所示，具体参数见附录Ⅱ中的参数表。参数设置模式下的所有参数设置仅将被保存到随机存储器(RAM)中。当驱动重新启动时，参数设置将自动恢复为上一次设置前的参数设置。如果要永久保存修改后的参数设置，则应使用功能“FUNC”主菜单下的保存用户参数“Store”菜单项。

参数“P01”仅第一次上电时显示默认设置，在下次上电时将会显示在断电前所修改的最后 1 个参数；如果要修改参数设置，需首先更改默认设置。

按下上键“▲”或下键“▼”数秒钟，则修改参数数值可以更快地增加或减少。

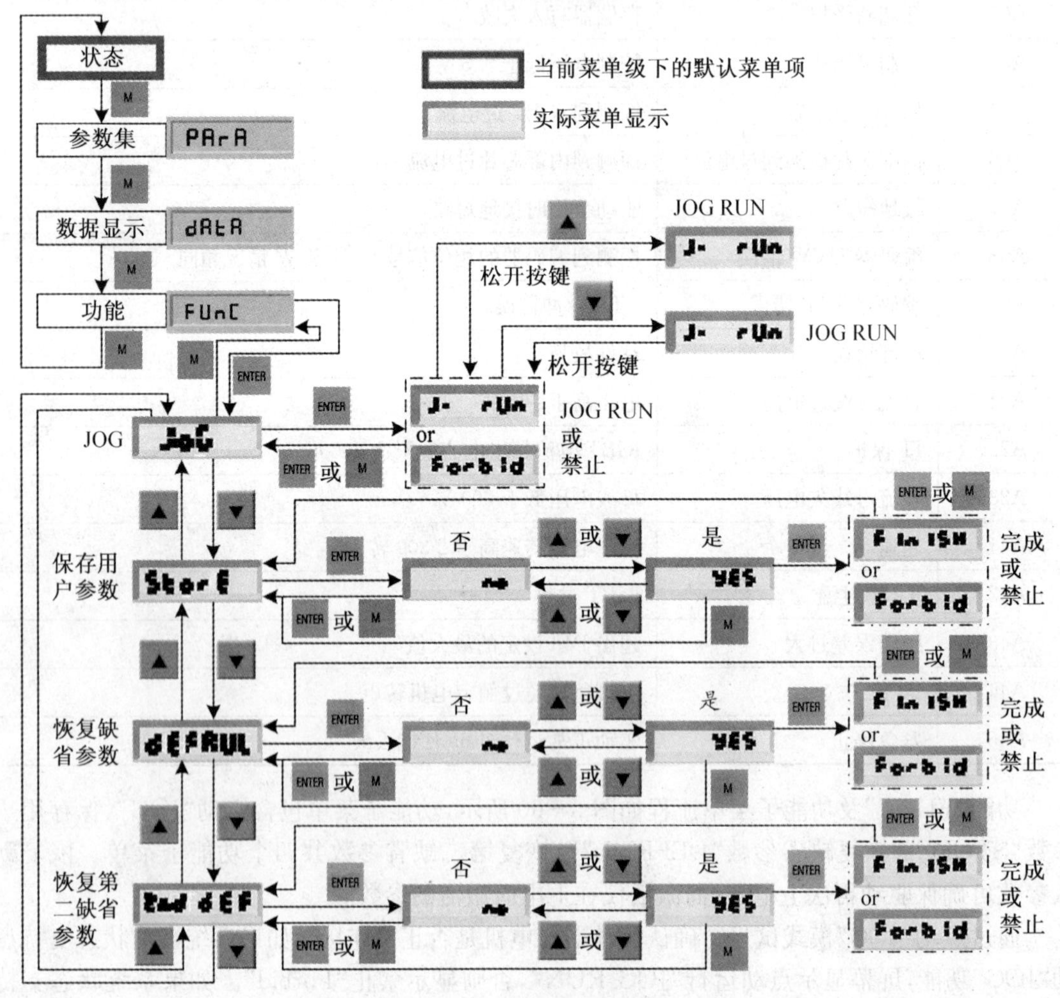

图 5－60　功能子菜单流程图

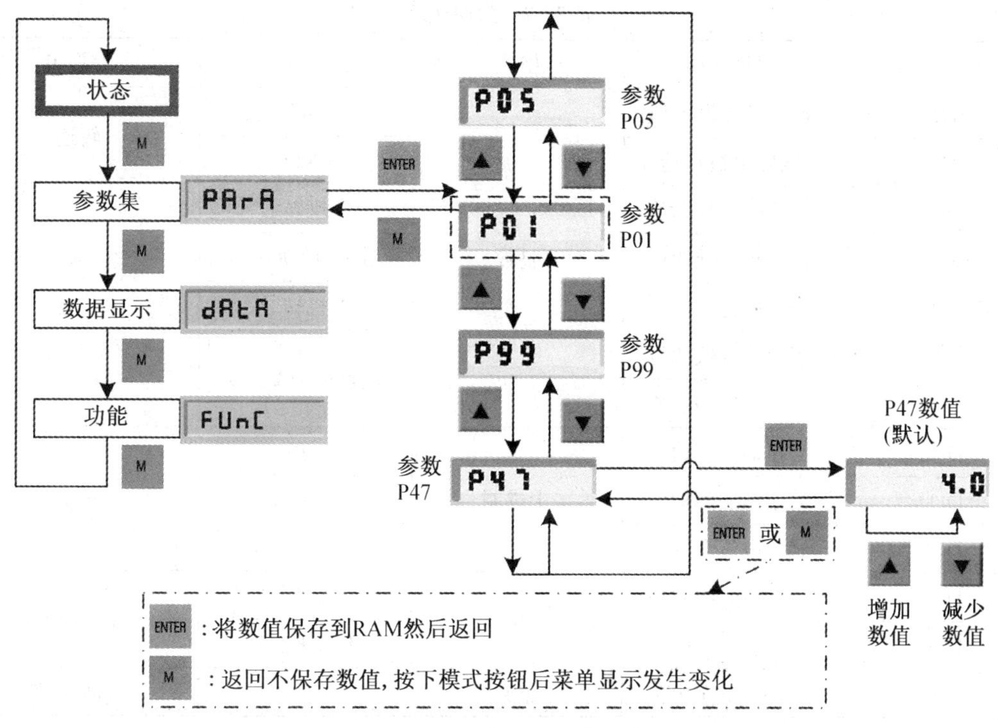

图 5-61　参数设置菜单流程

数据显示菜单流程如图 5-62 所示,对应的数据键见表 5-7。

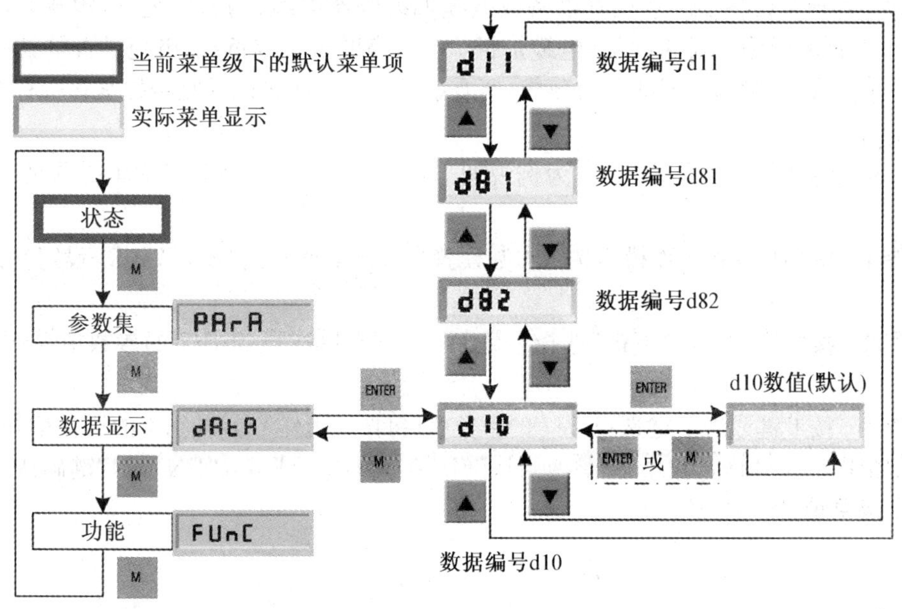

图 5-62　数据显示菜单流程

表 5－7 数据显示

<table>
<tr><th>数据编号</th><th>数据名称</th><th>格式</th><th>单位</th><th>数据组</th></tr>
<tr><td>D20</td><td>电机转速设定值</td><td rowspan="7">整数</td><td>r/min</td><td rowspan="2">转速</td></tr>
<tr><td>D21</td><td>实际电机转速</td><td>r/min</td></tr>
<tr><td>D30</td><td>位置指令高四位</td><td>电机转数</td><td rowspan="5">位置</td></tr>
<tr><td>D31</td><td>位置指令低四位</td><td>增量(10 000/r)</td></tr>
<tr><td>D32</td><td>当前位置高四位</td><td>电机转数</td></tr>
<tr><td>D33</td><td>当前位置低四位</td><td rowspan="2">增量(10 000/r)</td></tr>
<tr><td>D34</td><td>位置偏差</td></tr>
<tr><td>D10*</td><td>扭矩设定值</td><td rowspan="3">十进制</td><td>N・m</td><td rowspan="3">电流</td></tr>
<tr><td>D11*</td><td>扭矩实际值</td><td>N・m</td></tr>
<tr><td>D12*</td><td>相位电流实际值</td><td>A</td></tr>
<tr><td>D50*</td><td>数字输入信号</td><td rowspan="2">位</td><td>十六进制位</td><td rowspan="2">输入/输出</td></tr>
<tr><td>D51*</td><td>数字输出信号</td><td>十六进制位</td></tr>
<tr><td>D81</td><td>功率板额定电流</td><td>整数</td><td></td><td>硬件,固件</td></tr>
</table>

如果首次对 SINAMICS V60 驱动器进行开机调试,则需要按图 5－63 的首次开机调试流程调试,否则按图 5－64 的调试流程调试。首次开机调试时,要先对连接设备进行检查接线。

检查接线连接设备要注意检查设备或电缆如编码器电缆、动力电缆、电源输入电缆、DC 24 V 电缆及抱闸电缆等是否损坏,电缆是否承受过高的电压或负载,电缆是否被放在锋利口子的棱角或边端,电源范围是否符合要求,所有端子是否连接正确并是否拧紧和所有连接系统是否接地可靠。

以设定参数 P47＝5 或 P47＝3 为例说明 SINAMICS V60 驱动器基本操作的参数设定步骤:

步骤 1 按"M"键将操作模式选定参数设置模式键≫回车键"ENTER"≫设定参数 P01＝1;

步骤 2 按"上键"或者"下键"选择参数 P47≫回车键≫设定 P47 的参数值界面(系统默认 4);

步骤 3 按上键或者下键选择 P47 的参数值(每按动上键数值以 0.1 的增量增加;而每按动下键数值以 0.1 的增量减小)≫修改系统默认参数值成 5 或 3≫"ENTER"键确认≫如果需要返回上级菜单,按"M"键。

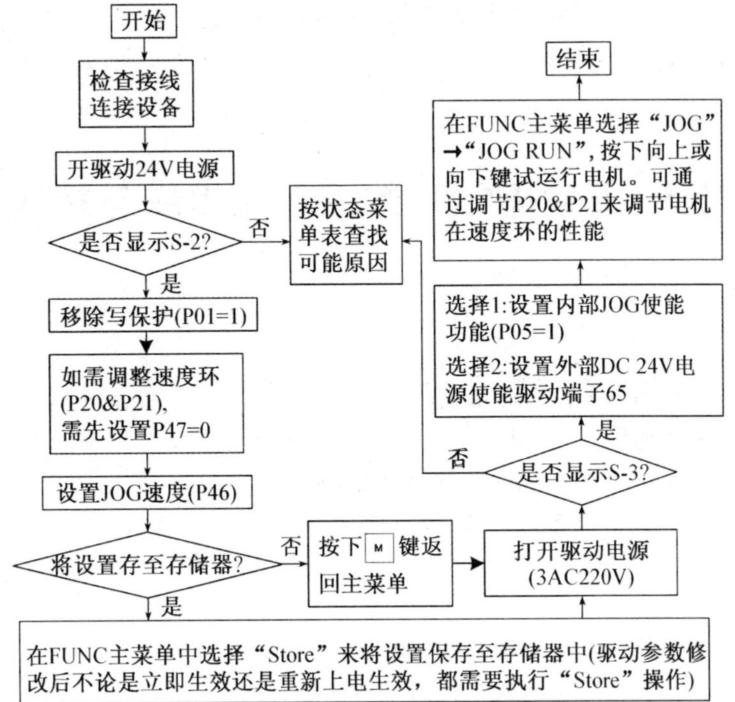

图 5－63　首次开机调试流程

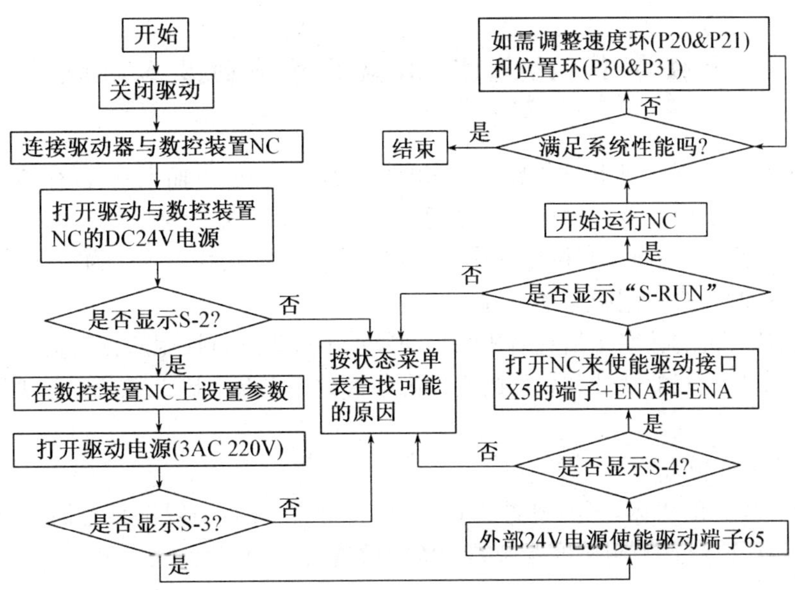

图 5－64　调试流程图

以数据显示 d10＝18.1 为例说明 SINAMICS V60 驱动器操作面板的数据显示操作步骤：

步骤 1　按“M”键将操作模式选定参数设置模式≫“ENTER”键≫设定参数 P01＝1；

步骤 2　按“M”键将操作模式选定数据显示模式“DATA”≫“ENTER”键；

步骤 3　按“向上”键或“向下”键选择显示的数据≫“ENTER”回车键≫设定 d10 的数据显示界面(系统默认 18.1)；

步骤 4 按“向上”键或“向下”键选择 d10 的数据值≫修改系统默认数据值≫“ENTER”回车键确认。

任务 3 FANUC 0i 数控系统组成与接线

模块5任务3

【任务知识目标】

1. 了解数控系统的基本概念与组成；
2. 了解数控系统的特点、类型；
3. 掌握 FANUC 0i 数控系统进给驱动的连接；
4. 掌握 FANUC 0i 数控系统主轴驱动的连接。

【任务技能目标】

1. 知道各类型的数控系统基本组成与特点；
2. 会正确连接 FANUC 0i 数控系统的主轴驱动单元；
3. 会正确连接 FANUC 0i 数控系统的进给驱动单元。

子任务 1 FANUC 0i 数控系统的基本组成

数控装置是典型现代机电设备数控机床的中枢部分，一般由输入装置、存储器、控制器、运算器和输出装置等组成。该装置可以接受指令信号，将其识别、存储、计算，并输出相应的指令脉冲以驱动伺服系统，进而控制机床动作。以物体位置、方向、状态等作为控制量，追踪目标值的任意变化的控制机构叫伺服驱动(Servo Drive)。

利用现代计算机的数字化信息对机械运动及加工过程进行控制的方法就是数控技术。用来实现数字化信息控制的硬件和软件的整体则称为数控系统。因此数控系统 CNC 具有以下典型的特点：

1. 位置控制精度高

采用 CNC 控制的机床，具有脉冲当量小，位置分辨率高，一般都具有误差自动补偿功能等一系列特点，所以位置控制精度普遍高于传统设备。

2. 柔性强

采用了 CNC 控制后，只需重新编制程序，就能实现对不同零件的加工，它为多品种、小批量加工提供了极大便利。

3. 生产效率高

CNC 机床零件的实际加工时间和辅助加工时间都比传统机床时间要少，而且产品的成品率高。

4. 有利于现代化管理

采用数控设备加工能准确地计算零件加工工时和费用，有利于生产管理的现代化。

目前，FANUC 公司是全球最大、最著名的 CNC 生产厂家，其产品以可靠性著称，在技术上居世界领先地位，产品占全球 CNC 市场的 50%以上。FANUC 0i/0i-mate-MODEL C/D 系列 CNC 为 FANUC 当前主要产品，可以满足绝大多数 5 轴以内数控机床的控制要求，国内使用最广泛。FANUC 30i/31i/32i 系列为高端系列，最高控制轴数/联动轴数可达 40 轴(32 进给+8 主轴)/24 轴，加工精度可达 1nm，适合当代高速、高精度加工与功能复合、网络化数控机床需要。SIEMENS 公司是世界上 CNC 主要生产厂之一。主要产品有全功能型 840D/810D 系统、经济型 802C/D、经济型 808D 等。国内 CNC 产品有北京 KND，广州 GSK，武汉华中数控等，在国产经济型数控机床的用量正在逐步扩大，但总体技术水平与国外产品还有很大差距，有待进一步努力。下面以 FANUC 数控系统为例说明数控系统的基本组成。

FANUC 0i 数控系统主要由 FANUC 0i 数控装置、主轴驱动单元和进给驱动单元三部分组成，如图 5-65 所示。

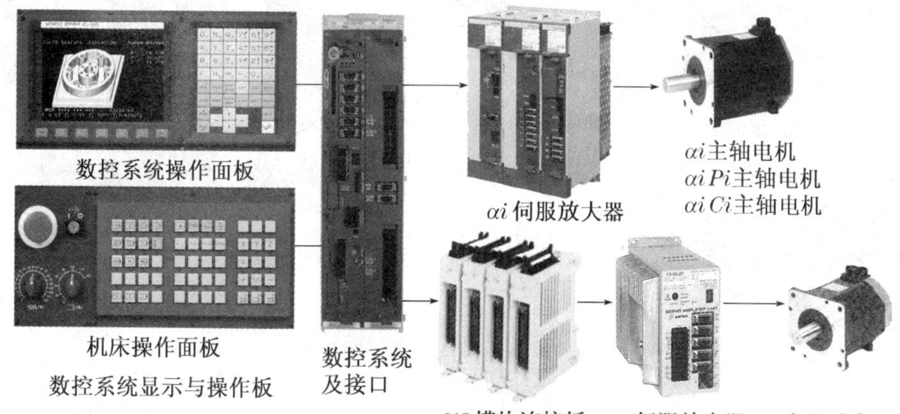

图 5-65　FANUC 0i 数控系统的组成部分

如图 5-66 所示，FANUC 0i 数控装置由数控系统主板和液晶显示器组成，而数控系统主

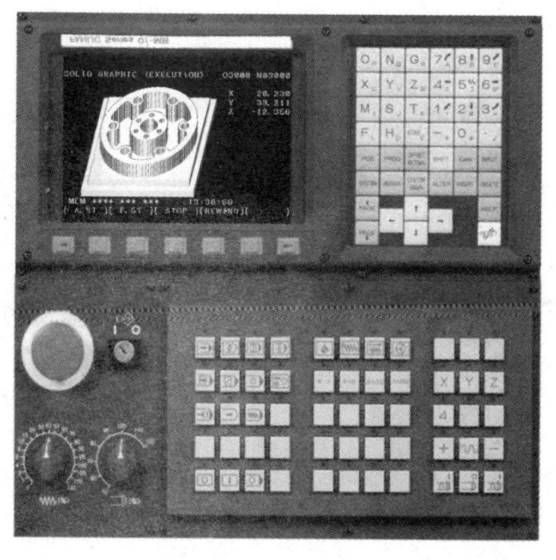

数控系统显示与操作板

数控系统CPU接口

图 5-66　FANUC 0i 数控装置

板主要由中央处理单元、轴控制卡、显示控制卡、存储器、电源模块及各种接口组成。各种接口包括电源接口、主轴接口、伺服接口、通信接口、MDI键盘接口、输入输出接口及软键接口等。

如图5-67所示，FANUC 0i主轴驱动单元通常有两种控制方式，第一种控制方式是数控系统把主运动指令通过串行主轴接口传递给主轴伺服驱动装置进而控制主轴；第二种控制方式是数控系统把主运动指令通过主轴模拟接口传递给主轴变频器进而控制主轴。

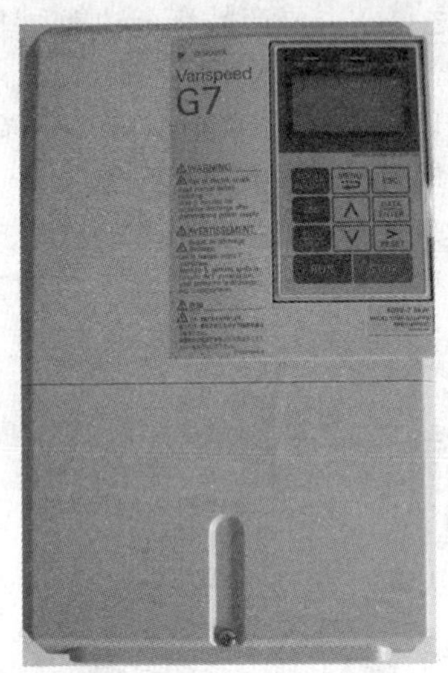

模拟量主轴放大器(变频器)

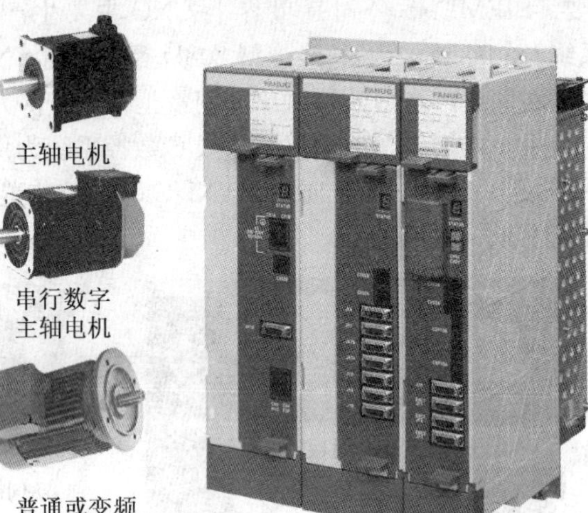

伺服驱动放大器

图5-67　FANUC 0i主轴驱动单元

如图5-68所示，FANUC 0i进给驱动单元有α、β两种类型的伺服放大器和伺服电动机。进给驱动单元的功能是将数控系统传递过来的运算结果经过伺服放大器放大，驱动伺服电动机运转，实现各进给轴的进给运动。

αi 伺服放大器

αi 伺服电机

βi 伺服电机

βi 伺服放大器

图5-68　FANUC 0i进给驱动单元

子任务 2　FANUC 0i 数控系统的硬件连接

如图 5－69 所示，FANUC 0i 数控系统主板的硬件接口主要由电源接口 CA64、I/O Link 总线接口 JD1A 与 JD1B、主轴接口 CM66、伺服进给接口 CM65、通用 I/O 接口 CM68/CM69 等组成。

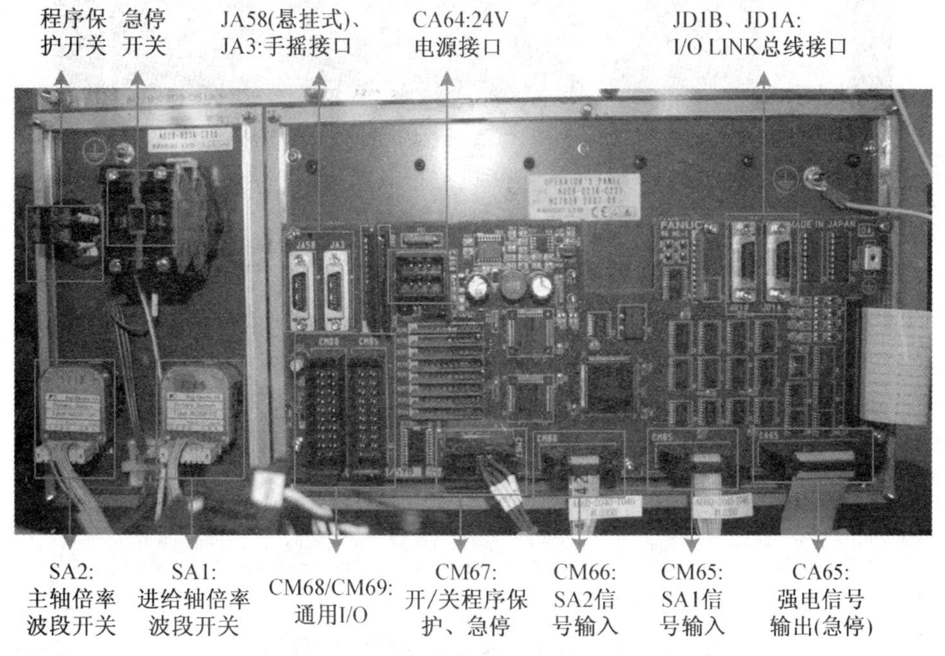

图 5－69　FANUC 0i 数控系统主板的硬件接口

FANUC 0i 数控系统主要由数控系统主板、电源模块 PSM(Power Supply Module)、主轴模块 SPM(Spindle Amplifier Module)、伺服模块 SVM(Servo Amplifier Module)及 I/O 模块等构成。FANUC 0i 数控系统的 PSM、SPM、SVM 及接线如图 5－70 所示。电源模块 PSM 为主轴模块和伺服模块提供电源；主轴模块 SPM 根据数控系统的指令控制并驱动主轴运动；而伺服模块 SVM 则是接收数控系统发出的进给运动指令实现所需要的进给运动。

FANUC 0i 数控系统电源模块 PSM 的接口包括 DC300 V 直流母线接口 TB1、AC200 V 控制电源进线接口 CX1A、DC24 V 工作电源与控制信号连接总线接口 CXA2A、主接触器通断控制接口 CX3、急停信号输入接口 CX4 及 AC200 V 动力电源进线接口 CZ1。主轴模块 SPM 包括 DC300 V 直流母线接口 TB1、DC24 V 工作电源与控制信号连接总线接口 CXA2A 与 CXA2B、串行主轴接口 JA7A 与 JA7B、主轴编码器接口 JYA2、位置编码器接口 JYA3、主轴电动机电源输出接口 CZ2。伺服模块 SVM 包括 DC 300 V 直流母线接口 TB1、DC24 V 工作电源与控制信号连接总线接口 CXA2A 与 CXA2B、驱动器 FSSB 总线接口 COP10A 与 COP10B、伺服电机位置编码器反馈接口 JF1 与 JF2、伺服电动机电源输出接口 CZ2L/2M。

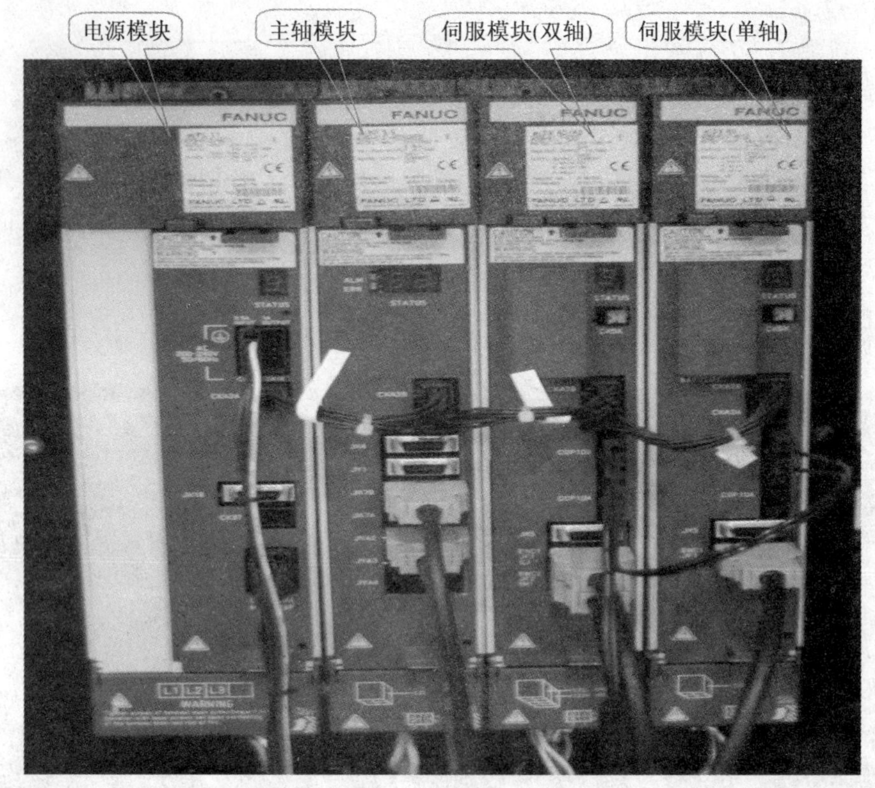

图 5-70 FANUC 0i 数控系统的电源模块(PSM)、主轴模块(SPM)、伺服模块(SVM)及接线

任务 4 SINUMERIK 808D 数控系统的安装与调试

模块5任务4

【任务知识目标】

1. 掌握 SINUMERIK 808D 的机械安装；
2. 掌握 SINUMERIK 808D 的电气安装；
3. 掌握 SINUMERIK 808D 的进给轴相关参数、主轴相关参数、返回参考点及补偿参数及其设置；
4. 掌握 SINUMERIK 808D 的实战调试；
5. 掌握 SINUMERIK 808D 的数据备份。

【任务技能目标】

1. 会正确进行 SINUMERIK 808D 的机械安装；
2. 会正确进行 SINUMERIK 808D 的电气安装；

3. 会正确设置 SINUMERIK 808D 的进给轴相关参数、主轴相关参数、返回参考点及补偿参数；

4. 会正确实战调试 SINUMERIK 808D；

5. 会正确进行 SINUMERIK 808D 数据备份。

子任务1　SINUMERIK 808D 数控系统的机械安装

SINUMERIK 808D 数控系统(简称 808D)是目前西门子公司推出的最新系列经济型数控装置。808D 数控装置即可以控制车床两个进给轴和一个主轴的运动；也可控制铣床三个进给轴和一个主轴的运动。同 FANUC 数控系统一样，808D 数控系统也由 808D 数控装置、主轴驱动单元和进给驱动单元三部分组成，如图 5－71 所示。

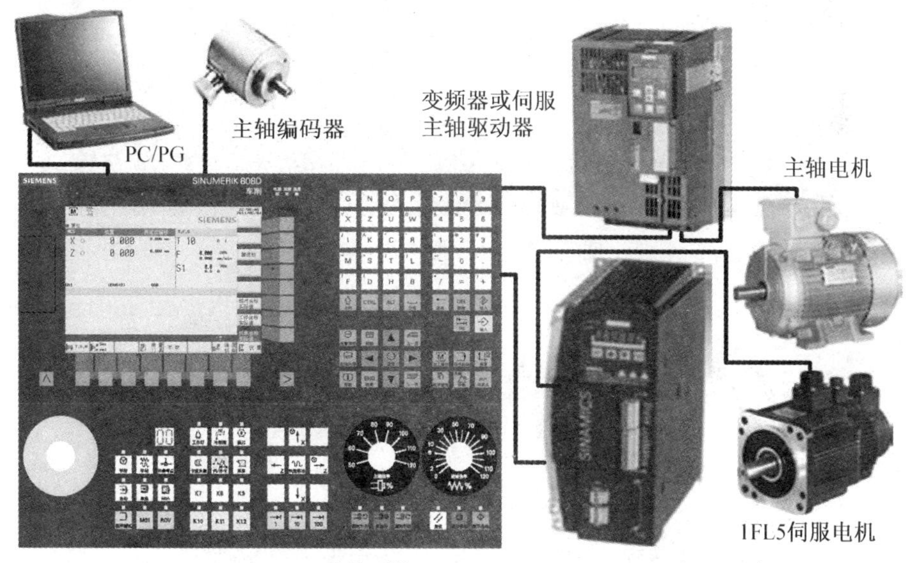

图 5－71　SINUMERIK 808D 数控系统的基本组成

主轴驱动单元可通过变频器的主轴模拟接口或主轴伺服驱动装置的串行主轴接口来控制主轴。进给驱动单元则是通过 SINAMICS V60 伺服驱动器来实现各个轴的进给运动。808D 数控装置则是为主轴驱动单元、进给驱动单元提供控制主轴和进给轴的运动指令。

如上面所述，808D 数控系统可控制车床和铣床。对于车床而言，通过两个脉冲驱动接口分别与两个伺服驱动器 SINAMICS V60 连接，控制两个进给轴；通过一个模拟量主轴接口连接控制一个主轴。而铣床则是通过三个脉冲驱动接口分别与三个伺服驱动器 SINAMICS V60 连接，控制三个进给轴；通过一个模拟量主轴接口连接控制一个主轴。

808D 数控装置包括机床控制面板 MCP(Machine Control Panel)、面板处理单元 PPU (Panel Processing Unit)及分别连接主轴和 SINAMICS V60 的两根电缆，依次如图 5－72、图 5－73 和图 5－74 所示。

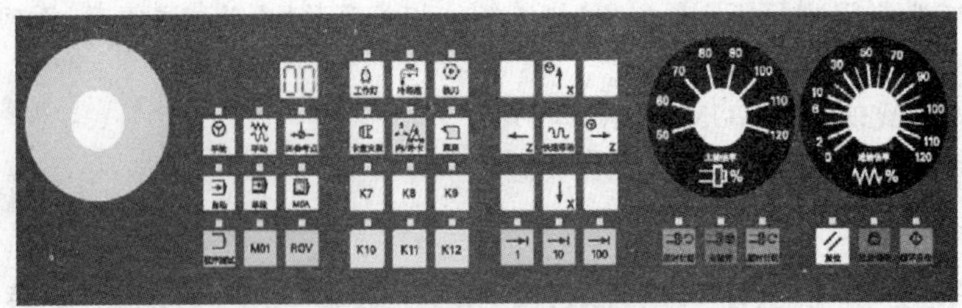

图 5-72 机床控制面板(MCP)

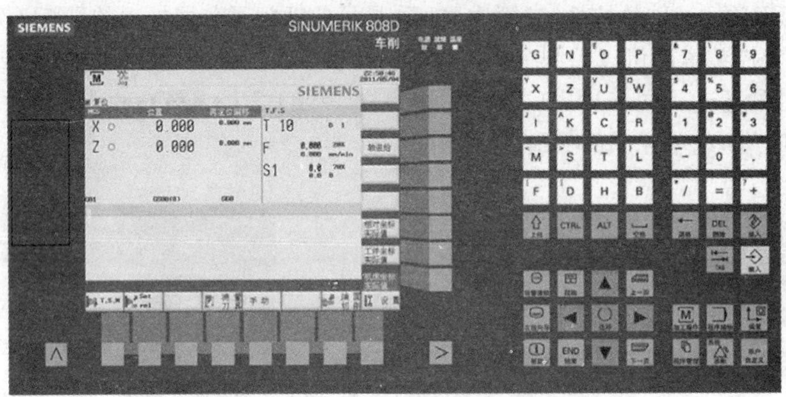

图 5-73 水平版 PPU(车床)

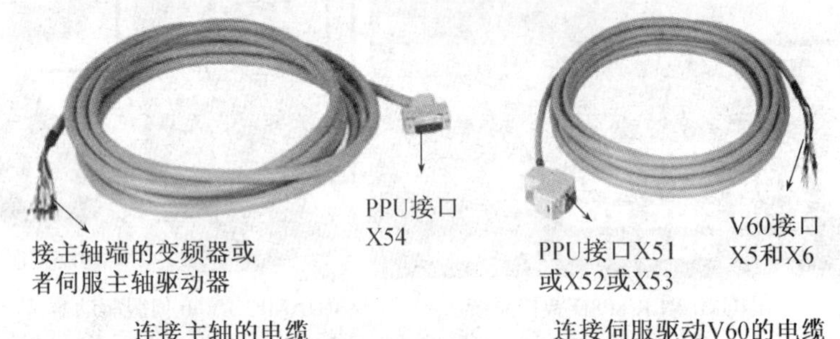

图 5-74 连接主轴和 SINAMICS V60 的两根电缆

使用卡扣安装 SINUMERIK 808D 数控装置,卡扣及卡扣的具体安装位置如图 5-75 所示,其中黑色三角形标注处表示安装卡扣的具体位置。

808D 数控系统的驱动单元包括主轴驱动单元和进给驱动单元,其中进给驱动单元由伺服驱动器 V60、伺服电机 1FL5 和连接伺服电机的动力电缆、编码器电缆、抱闸电缆组成;主轴驱动单元包括变频器或伺服主轴驱动器、主轴编码器及主轴电机。为方便散热,在安装多台驱动器时要保证驱动相互之间以及驱动与其他设备或者电柜壁之间有一定的间距,如图 5-56 所示。若电缆有 CE 标记,则使用的电源输入电缆和动力电缆都必须是屏蔽电缆。屏蔽电缆可使用电缆夹作为电缆屏蔽层和公共接地点之间的接地连接。电缆夹有助于将非屏蔽动力电缆和电源输入电缆固定在适当的位置,同时确保用于固定屏蔽动力电缆的电缆夹与电缆屏蔽层之间接触良好。

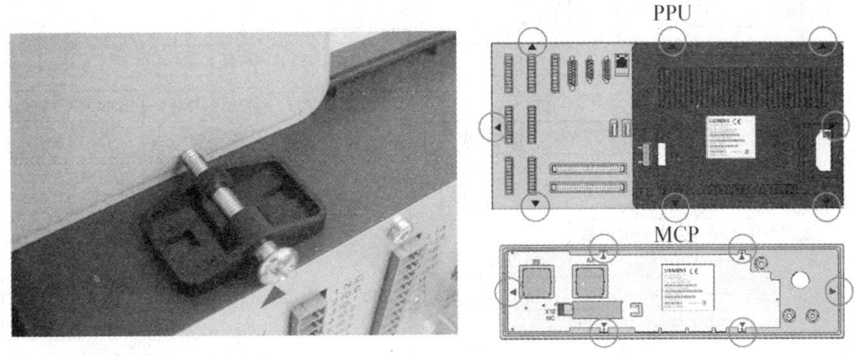

图 5-75　卡扣及卡扣安装位置

请注意用于控制车床和铣床的808D的区别在于808D铣床版与808D车床版的MCP插条不一样。车床T和铣床M的MCP插条如图5-76所示。

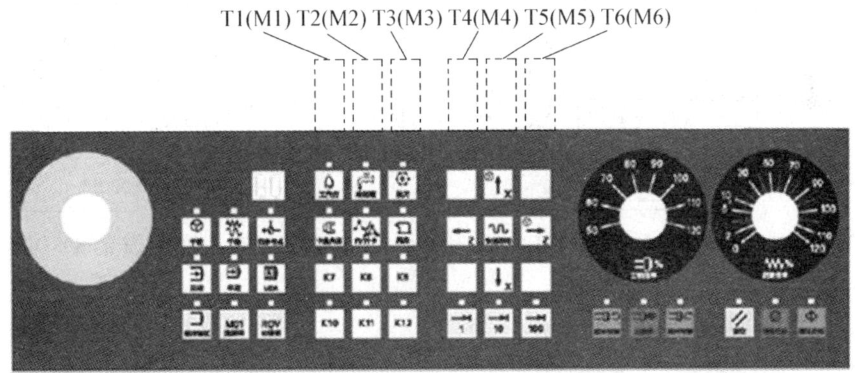

图 5-76　MCP插条(车床T,铣床M)

如果要使用808D铣床版,只需把808D铣床版的MCP插条标志M1到M6按顺序插入插条即可。如果要使用808D车床版,则只需将车床版MCP插条T根据插条标志T1～T6按顺序插入插条即可。

子任务2　SINUMERIK 808D数控系统的电气安装

808D数控系统用于控制车床与铣床的电气接口分别如图5-77和图5 78所示。808D数控系统用于控制车床与铣床的电气接口实物分别如图5-79和图5-80所示。

808D数控系统各电气接口的具体含义如下:X100、X101及X102表示数字输入接口;X200和X201表示数字输出接口;X300和X301表示分布式输入/输出接口;X51、X52及X53表示脉冲驱动接口,依次用于控制进给驱动单元的进给轴X轴、Y轴、Z轴;X54表示模拟主轴接口,用于控制主轴驱动单元;X60表示主轴编码器接口;X1表示电源接口,用于连接+24 V直流电源;X2表示通信接口(RS232接口);X21表示快速输入/输出接口;X10表示手轮输入接口;X30表示USB接口,用于连接机床控制面板MCP。

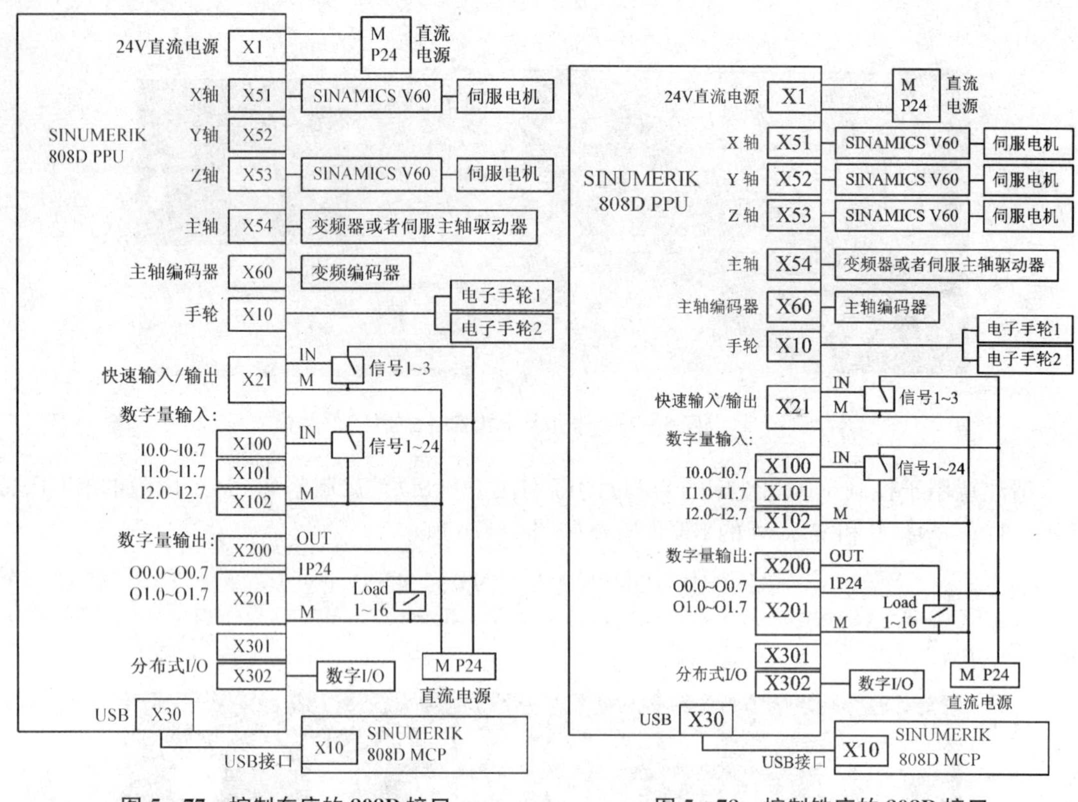

图 5 - 77 控制车床的 808D 接口

图 5 - 78 控制铣床的 808D 接口

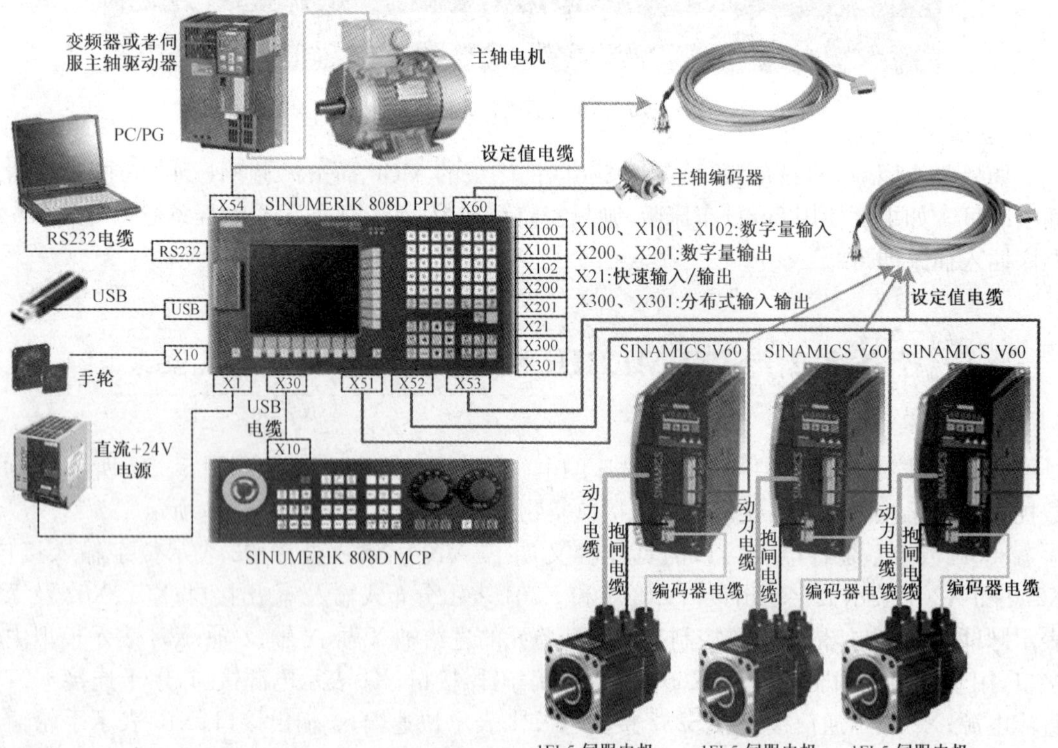

图 5 - 79 808D 数控系统控制铣床的电气连接实物

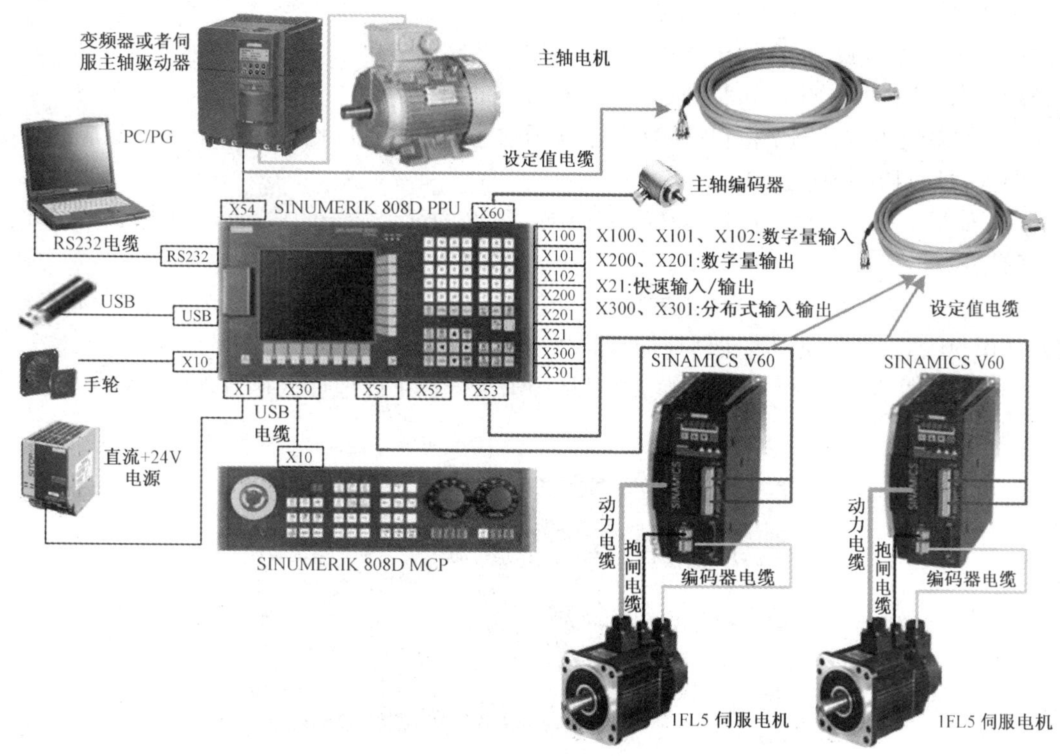

图 5-80　808D 数控系统控制车床的电气连接实物

如附录Ⅲ图 1 所示，默认 808D 数控装置的输入接口 X100 用来接收车床的急停、外部运行允许、驱动报警、X 轴回零、X 轴正限位、X 轴负限位、Z 轴正限位、Z 轴负限位等信号。808D 数控装置的输入接口 X101 用来接收车床的 Z 轴回零、1 号刀到位、2 号刀到位、3 号刀到位及 4 号刀到位等刀架到位信号。808D 数控装置的输入接口 X102 用来接收车床的主轴电机过热、刀架电机过热、冷却电机过热、卡盘等信号。

如附录Ⅲ图 2 所示，默认 808D 数控装置的输出接口 X200 用来接收车床的卡盘输出、润滑电机起停、冷却电机起停、尾座前进与后退、急停、工作指示灯等信号。808D 数控装置的输出接口 X201 用来接收车床的刀架电机正反转、齿轮换挡(高挡)、齿轮换挡(低挡)、预留用其他刀架、超程解除及手持单元激活等信号。

如附录Ⅲ图 3 所示，默认 808D 数控装置的输入接口 X100 用来接收铣床的 X 轴正限位、X 轴负限位、Y 轴正限位、Y 轴负限位、Z 轴正限位、Z 轴负限位等信号。808D 数控装置的输入接口 X101 用来接收铣床的 X 轴回零、Y 轴回零、Z 轴回零、刀库到达夹紧位置、刀库到达放松位置、刀库到达原始位置、刀库到达主轴位置及刀库计数等信号。808D 数控装置的输入接口 X102 用来接收铣床的急停、外部运行允许、冷却电机过热等信号。

如附录Ⅲ图 4 所示，默认 808D 数控装置的输出接口 X200 用来接收铣床的安全门打开、润滑电机起停、冷却电机起停、排屑前进与后退及工作指示灯等信号。808D 数控装置的输出接口 X201 用来接收铣床的刀库正反转、主轴位置刀库、放松位置刀库、原始位置刀库、急停、超程解除及手持单元激活等信号。

对 808D 数控装置的输入输出接口 X100、X101、X102、X200 及 X201 进行接线时，要注意以下事项：

(1) 不管数字输出接口端子 X200 是否使用，X200 的＋24 V 针脚必须连接＋24 V，M 针脚必须接入 0 V，否则 PPU 和驱动之间的通讯无法正常工作；

(2) 如果使用数字输出接口 X201 某个端子的输出点，则接口 X201 的＋24 V 针脚必须接入＋24 V，M 针脚必须接入 0 V；

(3) 如果使用数字输入接口 X100、X101 或 X102 的某个端子的输入点，则该接口的 M 针脚必须接入 0 V；

(4) X300 与 X301 为系统的扩展输入输出，如果需要使用分布式输出端子的某个输出点，需要使用 50 芯扁平电缆和端子转换器，如图 5－81 所示；

(5) 将电缆插入螺丝端子条拧紧，然后将端子条分别正确地插入接口 X100、X101、X102、X200 以及 X201。

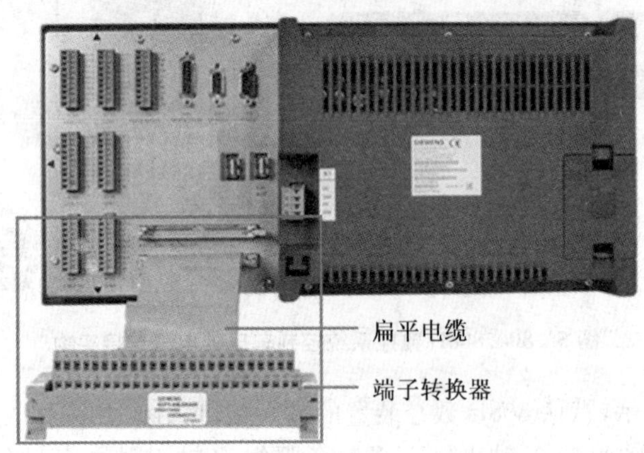

图 5－81　50 芯的扁平电缆和端子转换器

如附录Ⅲ图 5 所示，默认 808D 数控装置通过进给轴接口 X51 向机床发出进给 X 轴的脉冲大小、方向和使能信号、报警、伺服就绪等信号，控制进给轴 X 轴的位移与速度。

如附录Ⅲ图 6 所示，默认 808D 数控装置通过进给轴接口 X52 向机床发出进给 Y 轴的脉冲大小、方向和使能信号、报警、伺服就绪等信号，控制进给轴 Y 轴的位移与速度。

如附录Ⅲ图 7 所示，默认 808D 数控装置通过进给轴接口 X53 向机床发出进给 Z 轴的脉冲大小、方向和使能信号、报警、伺服就绪等信号，控制进给轴 Z 轴的位移与速度。

一般地，数控车床的进给轴为 X 轴、Z 轴，数控铣床的进给轴为 X 轴、Y 轴、Z 轴。对 808D 数控装置与进给驱动单元的伺服驱动器、伺服电机进行接线时，要注意以下事项：

(1) 808D 面板处理单元 PPU 的脉冲驱动接口 X51、X52 及 X53 通过 15 芯的设定值电缆接入 SINAMICS V60 伺服驱动器的 NC 脉冲输入接口 X5 和 X6；

(2) SINAMICS V60 伺服驱动器 NC 脉冲输入接口 X6 的针脚 65 必须单独接入 24 V 直流电源作为使能使用；接口 X6 的 RST、M24、ALM1、ALM2、RDY1、RDY2、＋24 V、Z-M、M24 依次接入控制该伺服驱动器相应脉冲驱动接口 X51(或 X52 或 X53)的 RST、M24、ALM1、ALM2、RDY1、RDY2、＋24 V、Z-M、Z-M24；

(3) SINAMICS V60 伺服驱动器 NC 脉冲输入接口 X5 的＋PLUS、－PLUS、＋DIR、－DIR、＋ENA、－ENA 依次接入控制该伺服驱动器相应脉冲驱动接口 X51(或 X52 或 X53)的

＋PLUS、－PLUS、＋DIR、－DIR、＋ENA、－ENA；

(4) SINAMICS V60 伺服驱动器直流电源接口 X4 接入 24 V 直流电源，取其中的 24 V 接入 NC 脉冲输入接口 X6 中 65；

(5) SINAMICS V60 伺服驱动器直流电源接口 X4 的 PE 端子接入进给轴设定值电缆的 PE 屏蔽线；

(6) SINAMICS V60 伺服驱动器的编码器接口 X7 端子通过编码器电缆与伺服电机连接；

(7) 电机的屏蔽电缆(黄色线)接入驱动器 SINAMICS V60 上的屏蔽端子。

808D 数控装置与 Z 轴进给驱动单元的接线如图 5－82 所示。

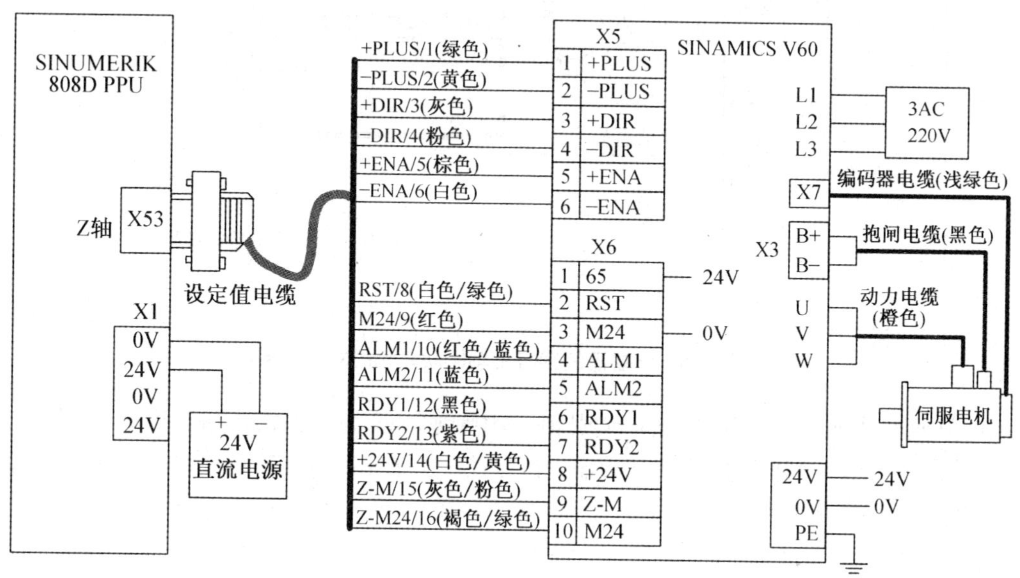

图 5－82　808D 数控装置与 Z 轴进给驱动单元的接线

如附录Ⅲ图 8 所示，默认 808D 数控装置通过主轴接口 X54 向机床的主轴发出信号达到控制主轴的转速和正反转的目的。对 808D 数控装置与主轴驱动单元的变频器或主轴伺服驱动器、伺服电机进行接线有双极性和单极性两种控制方式，808D 数控装置与主轴驱动单元的双极性接线如图 5－83 所示；808D 数控装置与主轴驱动单元的单极性接线如图 5－84 所示。

不管 808D 数控装置与主轴驱动单元的控制方式是双极性还是单极性接线，都要注意以下事项：

(1) 模拟主轴接口 X54 通过设定值电缆接入主轴变频器或主轴伺服驱动器如图 5－83 和图 5－84 所示，主轴变频器或主轴伺服驱动器端的设定值电缆，其中针脚 1 表示模拟电压输出的正端(＋)，针脚 9 表示模拟电压输出的负端(－)，针脚 5、6 表示模拟量的驱动使能。若系统选择单极性控制方式，则针脚 1、9 输出 0～10 V 而针脚 5、6 没有任何作用；若系统选择双极性控制方式，则针脚 1、9 输出－10～10 V 的电压同时针脚 5、6 输出使能信号。

(2) 主轴编码器接口 X60 通过主轴编码器电缆接入主轴编码器。主轴编码器电缆的部分引脚如图 5－83 和 5－84 所示。

(3) 用于快速输入输出接口 X21 的接线电缆必须为屏蔽电缆。

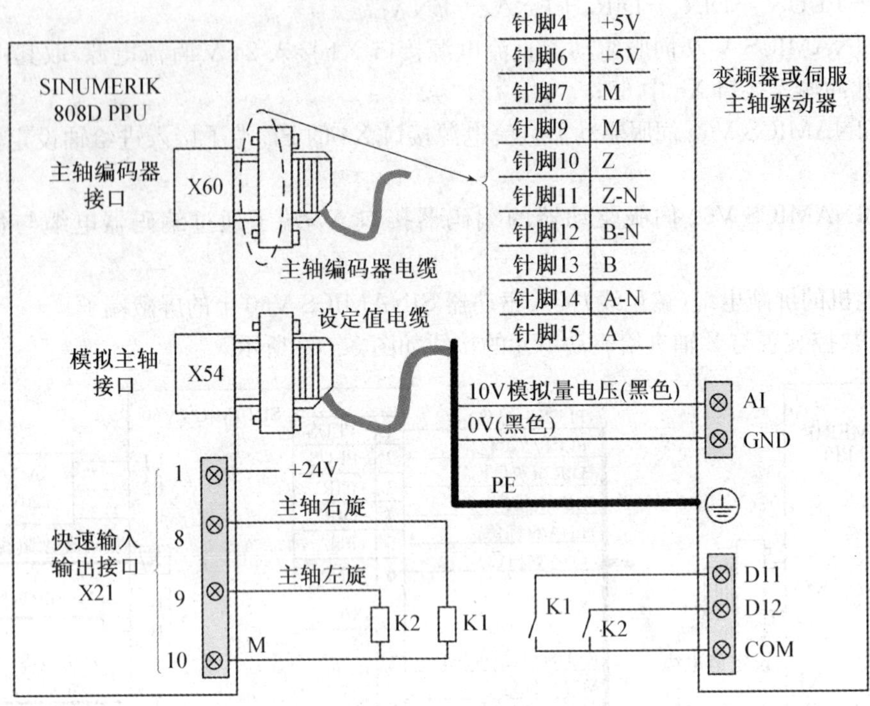

图 5－83 808D 数控装置与主轴驱动单元的双极性接线

(4) 快速输入输出接口 X21 共有 10 引脚，其中针脚 8、9 为主轴正转和反转信号；若系统选择双极性控制方式时，则使用针脚 8、9 的输出信号控制主轴正反转，同时针脚 1 必须接入＋24 V 和针脚 10 必须接入 0 V。

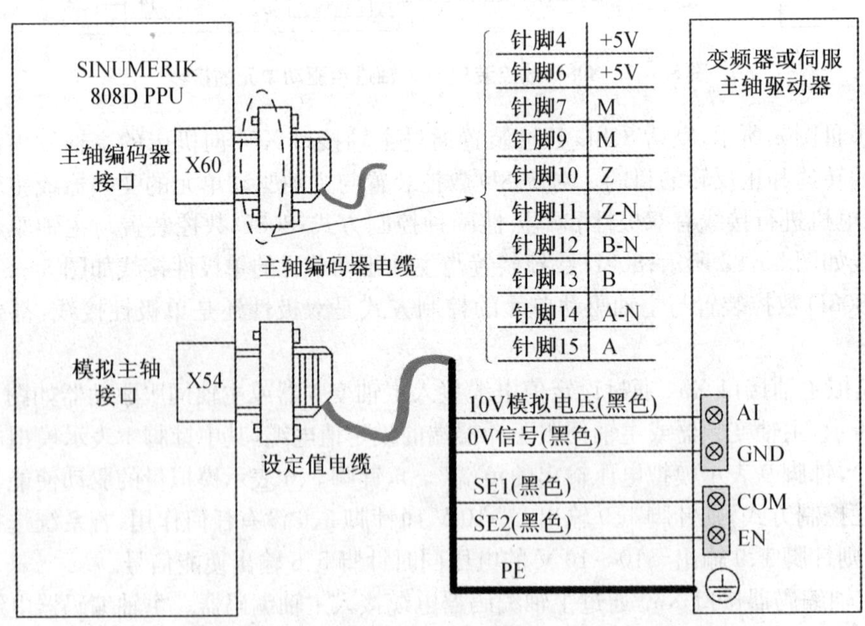

图 5－84 808D 数控装置与主轴驱动单元的单极性接线

子任务 3　SINUMERIK 808D 数控系统的调试基础

对 808D 调试前先了解一下面板处理单元 PPU，如图 5－85 所示。面板处理单元 PPU 包括系统操作显示区、键盘输入区、LED 显示状态、操作区键、水平软键、垂直软键、返回键和扩展键。LED 显示状态用于显示电源是否就绪、运行是否就绪和温度是否超过限定范围；操作区键用于打开加工操作、程序、偏置、程序管理、用户自定义、诊断及系统等；返回键用于返回到上一级菜单；水平软键、垂直软键用于调用相关的菜单功能。

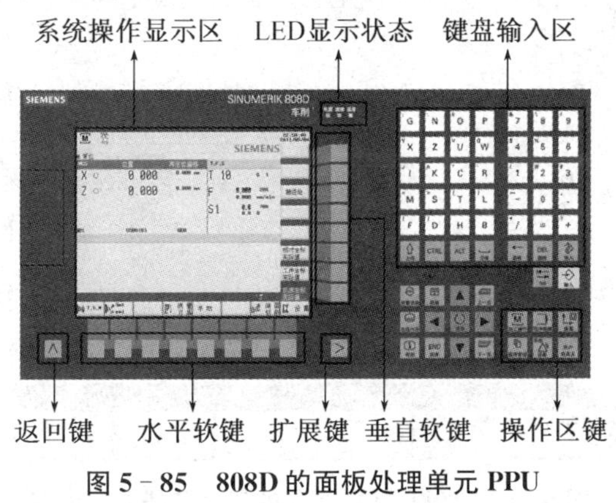

图 5－85　808D 的面板处理单元 PPU

如图 5－86 所示，机床控制面板 MCP 包括模式导航键区、增量式进给键区、轴运行键区、主轴与进给轴倍率波段开关、复位键、换刀及冷却液等。模式导航键区包括手动模式（手动操作）、自动模式（自动操作）、MDA 模式（程序手动输入，自动运行）、回参考点模式（回参考点操作）等。轴运行键区则包括移动 X 进给轴、移动 Y 进给轴、移动 Z 进给轴、快速移动进给轴。增量式进给键区包括轴按增量×100 移动、轴按增量×10 移动及轴按增量×1 移动。主轴与进给轴倍率波段开关用于改变主轴和进给轴的速度。复位键则用于复位 NC 程序和取消报警。

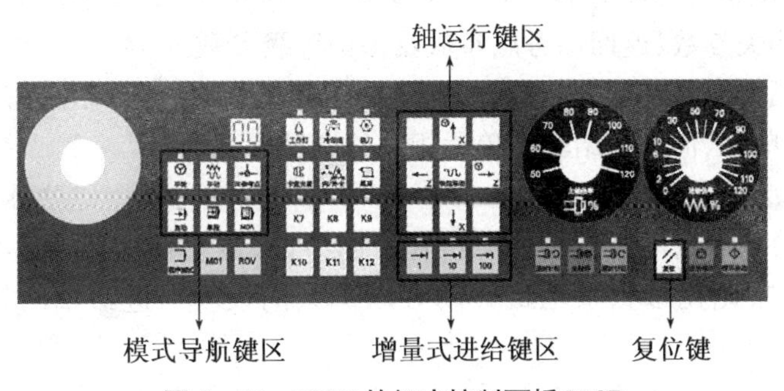

图 5－86　808D 的机床控制面板 MCP

808D 数控装置能否调试参数取决于 808D 数控装置存取级别的不同。具有“用户”存取级别的 808D 数控装置，只能通过操作向导了解如编程、设置补偿值、测量刀具、输入或修改部分机床数据等加工操作的初始步骤，不能调试。具有“制造商”存取级别的 808D 数控装置，除了能够输入或修改所有机床数据外还能根据自身实际情况进行参数调试。目前,西门子公司一般不要求生产厂家进行参数调试,除非生产厂家提出有调试参数的要求。

如图 5－87 所示,808D 数控装置有三个在线向导设置,通过面板处理单元 PPU 的"在线向导键"调出快速调试向导、批量生产向导及操作向导共三个在线向导,其中快速调试向导和批量生产向导需要"制造商"存取级别,操作向导需要"用户"存取级别。使用快速调试向导可以调试基本的机床刀具功能,批量生产向导用于正确地完成批量机床调试。

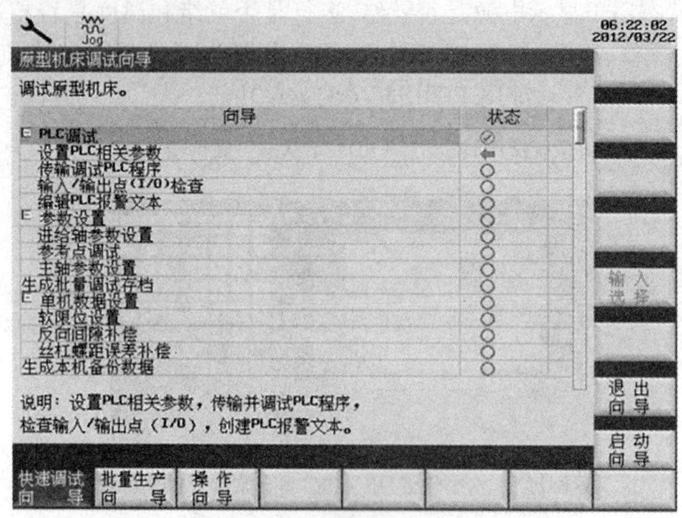

图 5－87　808D 数控装置的三个在线向导设置

子任务 4　SINUMERIK 808D 数控系统的调试参数

根据子任务 2 SINUMERIK 808D 数控系统的电气安装知,808D 数控装置与主轴驱动单元、伺服进给驱动单元相连,包括主轴、主轴编码器、主轴电机、变频器或主轴伺服驱动器、进给伺服驱动器和伺服电机等重要设备,所以 SINUMERIK 808D 数控系统的调试参数主要包含进给轴参数、主轴相关参数、返回参考点参数及保护等级参数。

要对 808D 数控系统的参数进行调试,首先必须确保当前处于"制造商"存取级别;其次掌握常见与主轴驱动单元、伺服进给驱动单元相关的调试参数。

1. 设置进给轴相关的参数

808D 中的进给轴参数设置包括使能位置控制参数、位置环增益、轴速度参数、加速度参数、丝杠螺距参数、减速比参数及电机转动方向参数的设置。进给轴的相关参数设置见表 5－8。

表 5-8　进给轴相关参数设置

<table>
<tr><th>参数</th><th>参数编号</th><th>参数名称</th><th>设定值</th><th>参数说明</th></tr>
<tr><td rowspan="2">使能位置控制</td><td>MD30130</td><td>CTRLOUT_TYPE</td><td>2</td><td>控制设定值输出类型</td></tr>
<tr><td>MD30240</td><td>ENC_TYPE</td><td>3</td><td>编码器反馈类型</td></tr>
<tr><td rowspan="5">轴速度和加速度</td><td>MD32000</td><td>MAX_AX_VELO</td><td>* mm/min</td><td>最大轴速度</td></tr>
<tr><td>MD32010</td><td>JOG_VELO_RAPID</td><td>* mm/min</td><td>JOG 快速</td></tr>
<tr><td>MD32020</td><td>JOG_VELO</td><td>* mm/min</td><td>JOG 速度</td></tr>
<tr><td>MD36200</td><td>AX_VELO_LIMIT</td><td>* mm/min</td><td>轴速度极限</td></tr>
<tr><td>MD32300</td><td>MAX_AX_ACCEL</td><td>* m/s^2</td><td>最大加速度(标准 1 m/s^2)</td></tr>
<tr><td>位置环</td><td>MD32200</td><td>POSCTRL_GAIN</td><td>*</td><td>位置环增益(标准值:1)</td></tr>
<tr><td>丝杠螺距</td><td>MD31030</td><td>LEADSCREW_PITCH</td><td>10 mm</td><td>丝杠螺距</td></tr>
<tr><td rowspan="2">减速比 i</td><td>MD31050</td><td>DRIVE_AX_RATIO_DENUM [0 to 5]</td><td>1</td><td>电机端齿轮齿数(i 分子)</td></tr>
<tr><td>MD31060</td><td>DRIVE_AX_RATIO_NOMERA [0 to 5]</td><td>1</td><td>丝杠端齿轮齿数(i 分母)</td></tr>
<tr><td rowspan="2">电机转动方向</td><td rowspan="2">MD32100</td><td rowspan="2">AX_MOTION_DIR</td><td>1</td><td>电机正转(出厂设置)</td></tr>
<tr><td>−1</td><td>电机反转</td></tr>
</table>

使能位置控制用于设置激活进给轴的位置控制，从而使进给轴进入运行状态。使能位置控制的默认状态是每个轴均为仿真轴，默认状态下的数控系统既不会产生输出至驱动端的指令，也不会从电机端读取位置信号。

轴速度参数用于控制进给轴的最大轴速度、轴极限速度、JOG 快速及 JOG 速度；加速度参数用于进给轴的最大加速度。设置轴速度和加速度参数时，要保证轴速度极限 MD36200 高出最大轴速度 MD32000 的 10%。

位置环增益用于设置进给轴的位置环增益。位置环增益影响位置随动误差，故在设定位置环增益时必须参考各进给轴实际位置精度来做出调整。

设定丝杠螺距、减速比以及电机转动方向时，要注意以下事项：

(1) 进给轴的实际移动距离取决于传动系统参数设置。

(2) 对进给轴而言，必须在索引[0]处设定减速比。

(3) 对车床的减速比，从索引[0]到索引[5]，分子分母均必须输入相同数值，否则在加工螺纹时会出现报警 26050。

(4) 若进给轴的移动方向与机床定义的移动方向不一致，可以按照参数 32100 中的设置数据进行修改。

(5) 对于主轴，索引[0]表示分子与分母均无效；索引[1]表示第一个变速箱的减速比；索引[2]表示第二个变速箱的减速比；依此类推。

2. 设置主轴相关的参数

808D 数控装置可以控制一个模拟量主轴，通过设置主轴使能位置控制参数、主轴无编码器反馈参数、主轴机床数据参数、带变速齿轮箱的主轴参数及主轴单极/双极设定值输出参数进行调试主轴。主轴相关参数见表 5-9 和主轴单极/双极设定值输出参数设置见表 5-10。

表 5-9　主轴相关控制参数

参数	参数编号	参数名称	设定值	参数说明
使能位置控制	MD30130	CTRLOUT_TYPE	1	控制设定值输出类型
	MD30240	ENC_TYPE	2	编码器反馈类型
主轴无编码器反馈	MD30200	NUM_ENCS	0	不带编码器主轴
	MD30350	SIMU_AX_VDI_OUTPUT	1	模拟轴的轴信号输出
	MD31040	ENC_IS_DIRECT	0	直接测量系统
主轴机床数据	MD31020	ENC_RESOL	2048(IPR)	每转编码器的脉冲数/步数(编码器编号)
	MD32000	MAX_AX_VELO	*(mm/min)	最大轴速度
	MD32260	RATED_VELO	1 900(r/min)	额定电机转速
	MD36200	AX_VELO_LIMIT[0] to[5]	575(r/min)	速度监控极限值
带变速齿轮箱主轴	MD35010	GEAR_STEP_CHANGE_ ENABLE	0	换挡激活;主轴具有若干不同速度级别
	MD35110	GEAR_ STEP_ MAX_ VELO[0] to [5]	0 至 5	自动齿轮换挡时的主轴最大转速
	MD35130	GEAR_STEP_MAX_VELO_LIMIT [0]to [5]	0 至 5	转速控制模式下当前齿轮挡最大转速
	MD36200	AX_VELO_LIMIT[0] to [5]	0 至 5	速度监控阈值
	MD31050	DRIVE_AX_RATIO_DENUM[0] to [5]	0 至 5	减速比电机端齿数
	MD31060	DRIVE_AX_RATIO_NUMERA[0] to [5]	0 至 5	减速比主轴端齿数

设置 808D 数控装置的主轴相关参数时要注意以下事项：

(1) 设置加权机床数据参数 MD36300(ENC_FREQ_LIMIT)时,编码器频率设定值等于电机额定速度×编码器线数/60,系统初始默认设定值 300000(Hz)。

(2) 设置主轴的控制方式为单极型输出时,如果设定值 MD30134＝1 时表示快速输入输出接口 X21 的针脚 8 为伺服使能,针脚 9 为主轴反转;如果设定值 MD30134＝2 时快速输入输出接口 X21 的针脚 8 为伺服使能,主轴正转;针脚 9 为伺服使能,主轴反转。

(3) 设置主轴机床数据参数时,要保证主轴速度极限 MD36200 的数值高出主轴最大速度 MD32000 数值的 10%,否则会出现报警 025030。

表 5－10　主轴单极/双极设定值输出参数

参数编号	参数名称	设定值	参数说明
MD30134	IS_UNIPOLAR_OUTPUT[0]	0	设定值输出为双极
		1	设定值输出为单极
		2	设定值输出为单极；使用快速输入/输出接口 X21 针脚 8 和 9 信号
说明：(1) 当 MD30134＝1 时，接口 X21 针脚 8 表示伺服使能；接口 X21 针脚 9 表示主轴反转。 (2) 当 MD30134＝2 时，接口 X21 针脚 8 表示伺服使能，主轴正转；接口 X21 针脚 9 表示伺服使能，主轴反转。			

3. 设置返回参考点的相关参数

返回参考点操作是数控机床中非常重要的环节，所以掌握返回参考点相关参数是非常必要的。返回参考点参数设置见表 5－11。

返回参考点参数必须设置：

(1) 必须根据通过 MD34020 设定的速度来设定参考点挡块的长度。

(2) 轴再按照 MD34020 设置的速度找到挡块并减速至“0”后会停留在挡块的正上方。

表 5－11　返回参考点相关参数

参数编号	参数名称	设定值(单位)	参数说明
MD34010	REFP_CAM_DIR_IS_MINUS	0，1	返回参考点的方法 零脉冲远离参考点挡块＝0； 零脉冲位于参考点挡块上＝1
MD34020	REFP_VELO_SEARCH_CAM	*(mm/min)	寻找参考点挡块的速度 V_C
MD34040	REFP_VELO_SEARCH_MARKER	*(mm/min)	寻找零脉冲的速度 V_M
MD34050	REFP_SEARCH_MARKER_REVERSE	0，1	寻找零脉冲的方向： 零脉冲远离参考点挡块＝0； 零脉冲位于参考点挡块上＝1
MD34060	REFP_MAX_MARKER_DIST	*(mm)	检查距离参考点挡块的最大距离
MD34070	REFP_VELO_POS	*(mm/min)	返回参考点的定位速度 V_P
MD34080	REFP_MOVE_DIST	*(mm)	参考点距离(带标志)
MD34090	REFP_MOVE_DIST_CORR	*(mm)	参考点距离修正
MD34092	REFP_CAM_SHIFT	*(mm)	参考点挡块偏移
MD34093	REFP_CAM_MARKER_DIST	*(mm)	参考点挡块与首个零标记的距离
MD34100	REFP_SET_POS[0]	*(mm)	增量系统的参考点位置 R_K
MD34200	ENC_REFP_MODE	2	回参考点模式
注意：参考点偏移 R_V＝MD34080＋MD34090			

返回参考点有零脉冲远离参考点挡块和零脉冲位于参考点挡块上两种方法。其中零脉冲远离参考点挡块如图 5－88 所示，零脉冲位于参考点挡块上如图 5－89 所示。

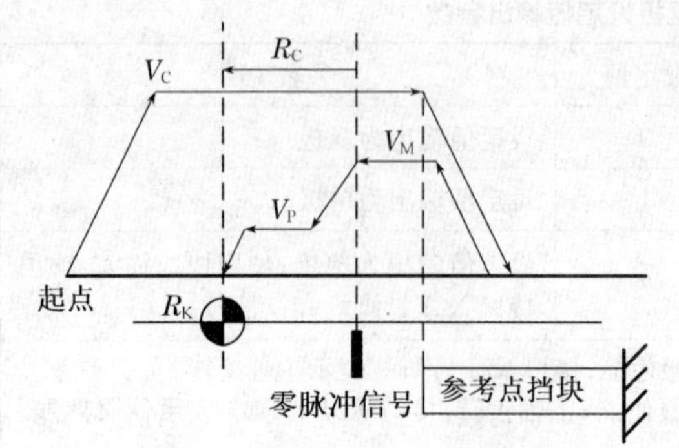

图 5-88　零脉冲远离参考点挡块

图 5-89　零脉冲位于参考点挡块上

4. 设置 808D 补偿的相关参数

808D 补偿参数包括软限位开关、反向间隙补偿及丝杠螺距误差补偿，见表 5-12。补偿设置的操作方法通常采用 USB 存储器和程序管理的程序文件两种。

表 5-12　808D 的补偿相关参数

补偿参数	参数编号	参数名称	设定值	参数说明
软限位开关	MD36100	POS_LIMIT_MINUS	*(mm)	第 1 负向软限位
	MD36110	POS_LIMIT_PLUS	*(mm)	第 1 正向软限位
反向间隙	MD32450	Backlash	*(mm)	间隙补偿在回参考点之后有效
丝杠螺距误差	MD38000	MM _ ENC _ COMP _ MAX _POINTS	125	插补补偿的中间点的最大数量

补偿设置操作方法 1-使用 USB 存储器

步骤 1　将 USB 存储器插入 PPU 前面 USB 接口；

步骤 2　依次点击“系统”操作区、“系统数据”、“808D 数据”、“NCK/PLC 数据”及丝杠螺距误差补偿，找到补偿文件，如图 5-90 所示；

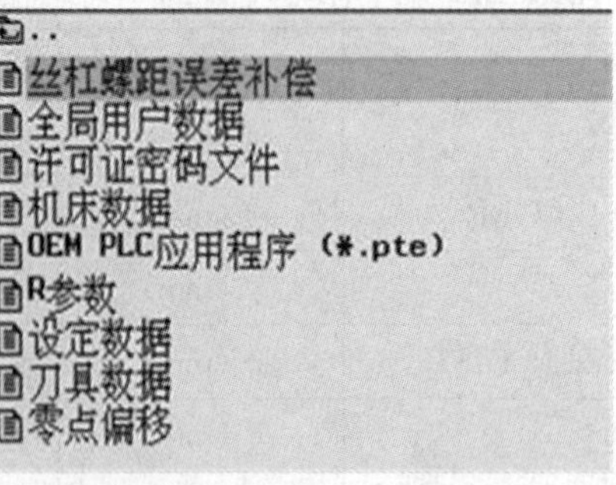

图 5-90　丝杠螺距误差补偿

步骤 3　使用“复制”软键复制；

步骤 4　按下“USB”软键，然后使用“粘贴”软键将补偿文件粘贴到 USB 存储器中；

步骤 5　从 PPU 上拔出 USB 存储器，然后将其插入到 PC 机的 USB 端口中；

步骤 6　在 USB 存储器中用写字板打开补偿文件(缺省名称 complete. eec)；

步骤 7　根据预先设定的最小位置、最大位置以及测量距离移动待补偿轴；

步骤 8　用激光干涉计测量每个误差，其测量的补偿原理如图 5-91 所示；

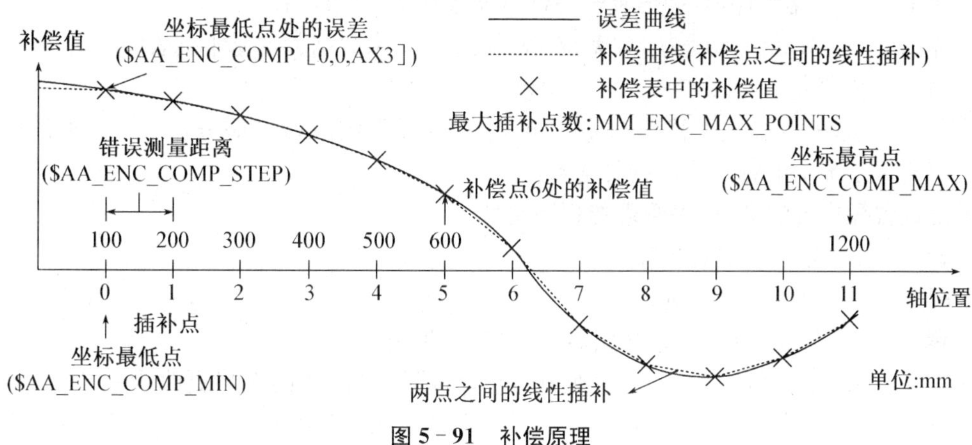

图 5-91　补偿原理

步骤 9　将误差值记录到补偿文件中，并删掉校验码(用于补偿点)，如图 5-92 所示；

```
METRIC
$AA_ENC_COMP[0,0,AX1]=1
$AA_ENC_COMP[0,1,AX1]=0 '3908
$AA_ENC_COMP[0,2,AX1]=0 '3aa0
$AA_ENC_COMP[0,3,AX1]=0 '3de0
$AA_ENC_COMP[0,4,AX1]=0 '3850
```

图 5-92　补偿文件

补偿文件中补偿阵列结构的名称和说明见表 5-13。

表 5-13　补偿阵列结构

名称	说明
$AA_ENC_COMP [0, 0, AX3]=0.0	坐标最低点处的误差值
$AA_ENC_COMP [0, 1, AX3]=0.0	坐标最低点加 1 位置处的误差值
$AA_ENC_COMP [0, 2, AX3]=0.0	坐标最低点加 2 位置处的误差值
$AA_ENC_COMP [0, 3, AX3]=0.0	坐标最低点加 3 位置处的误差值
…	…
$AA_ENC_COMP [0, 123, AX3]=0.0	坐标最低点加 123 位置处误差值
$AA_ENC_COMP [0, 124, AX3]=0.0	坐标最低点加 124 位置处误差值
$AA_ENC_COMP_STEP [0,AX3]=0.0	误差测量距离(单位:毫米)
$AA_ENC_COMP_MIN [0,AX3]=0.0	最低点(绝对)
$AA_ENC_COMP_MAX [0,AX3]=0.0	最高点(绝对)
$AA_ENC_COMP_IS_MODULO [0,AX3]=0.0	(用于车削加工轴)

步骤 10 再次将 USB 存储器插入 PPU 前面板上的 USB 接口。从 USB 存储器中复制更改过的补偿文件，将其粘贴至原始位置（“系统”操作区≫“系统数据”≫“808D 数据”≫“NCK/PLC 数据”：丝杠螺距误差补偿）并替换旧补偿文件；

步骤 11 等待几秒钟：替换旧补偿文件可能导致 PLC 重启；

步骤 12 将 MD32700 设为 1（“系统”操作区≫“机床数据”≫“基本列表”）；

步骤 13 补偿值在返回参考点之后生效；

步骤 14 在 JOG 模式下移动轴，从而可以在“系统”操作区≫“服务显示”≫“轴信息”：绝对补偿值测量系统 1 下看到实际的补偿数值。

补偿设置操作方法 2-程序管理的程序文件

步骤 1 遵照方法 1 中的步骤 1～4；

步骤 2 按下“程序管理”键；

步骤 3 将补偿文件从 USB 存储器中复制到 NC 中；

步骤 4 按下扩展软件“≫”，然后使用“重命名”软键将补偿文将更改为一个程序文件。例如按下“重命名”软键将“COMPLETE. EEC”更改为“COMPLETE. MPF”，如图 5-93 所示；

步骤 5 按下“输入”键打开程序文件如图 5-93 所示；

名称
类型
COMPLETE
重命名
新名称：
COMPLETE.MPF
Ref Point
N:\MPF\COMPLETE_EEC.MPF
METRIC¶
¶
METRIC¶
¶
METRIC¶
$AA_ENC_COMP[0,0,AX1]=0 '3840¶
$AA_ENC_COMP[0,1,AX1]=0 '3908¶
$AA_ENC_COMP[0,2,AX1]=0 '3aa0¶
$AA_ENC_COMP[0,3,AX1]=0 '3de0¶
$AA_ENC_COMP[0,4,AX1]=0 '3850¶
$AA_ENC_COMP[0,5,AX1]=0 '3928¶
$AA_ENC_COMP[0,6,AX1]=0 '3ae0¶
$AA_ENC_COMP[0,7,AX1]=0 '3e60¶
$AA_ENC_COMP[0,8,AX1]=0 '3860¶
$AA ENC COMP[0.9.AX1]=0 '3948¶

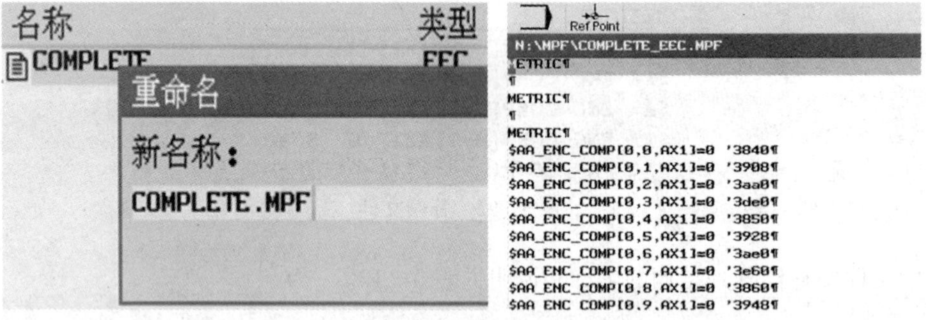

图 5-93 COMPLETE. MPF 程序文件及原文件内容

步骤 6 用激光干涉计测量每个误差；

步骤 7 根据对应轴的测量值记录 COMPLETE. MPF，并删掉校验码（用于补偿点）如图 5-94 所示；

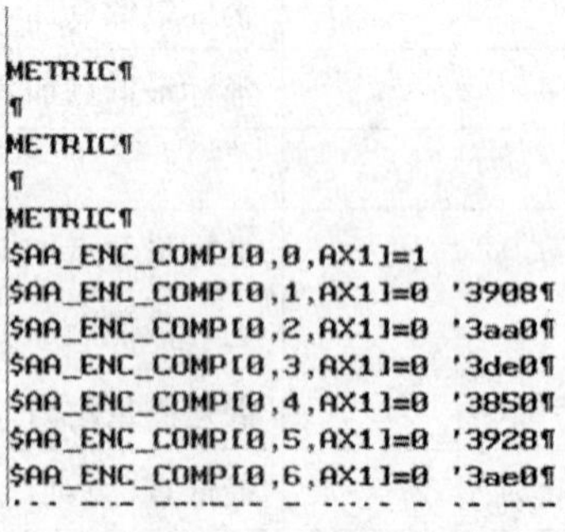

METRIC¶
¶
METRIC¶
¶
METRIC¶
$AA_ENC_COMP[0,0,AX1]=1
$AA_ENC_COMP[0,1,AX1]=0 '3908¶
$AA_ENC_COMP[0,2,AX1]=0 '3aa0¶
$AA_ENC_COMP[0,3,AX1]=0 '3de0¶
$AA_ENC_COMP[0,4,AX1]=0 '3850¶
$AA_ENC_COMP[0,5,AX1]=0 '3928¶
$AA_ENC_COMP[0,6,AX1]=0 '3ae0¶

图 5-94 删掉校验码

步骤 8　按“执行”键，SINUMERIK 808D 进自动模式；

步骤 9　按下“循环启动”键执行 COMPLETE. MPF，所记录的补偿值将被保存于 SINUMERIK 808D 中；

步骤 10　依次点击“系统”操作区、“机床数据”、“基本列表”，将 MD32700 设为 1；

步骤 11　依次点击“系统”操作区、“调试”、NC，重新启动 NC；

步骤 12　补偿值在返回参考点之后生效；

步骤 13　在 JOG 模式下移动轴，从而可以在“系统”操作区>“服务显示”>“轴信息”：绝对补偿值测量系统 1 下看到实际的补偿数值。

5. 808D 的设置保护等级

SINUMERIK 808D 数控系统具有针对用户数据所定义的保护等级。

SINUMERIK 808D 数控系统可为下列用户数据设置保护级别：刀具补偿、零点偏移、设定数据、R 参数、零件程序、RS232 设定、PLC 项目、被保护的工作区。通过依次点击“系统”操作区、“机床数据”、“专家列表”、“显示机床数据”设置显示机床数据来为用户数据设置读取保护级别 3、4、5、6 或 7，如表 5－14 所示。

表 5－14　设置保护等级的机床数据

编号	名称	固定值	保护等级
207	USER_CLASS_READ_TOA	3 到 7	读取，用于刀具补偿
208	USER_CLASS_WRITE_TOA_GEO	3 到 7	写入，用于刀具几何数据
209	USER_CLASS_WRITE_TOA_WEAR	3 到 7	写入，用于刀具磨损数据
210	USER_CLASS_WRITE_ZOA	3 到 7	写入，用于零点偏移
212	USER_CLASS_WRITE_SEA	3 到 7	写入，用于设定数据
213	USER_CLASS_READ_PROGRAM	3 到 7	读取，用于零件程序
214	USER_CLASS_WRITE_PROGRAM	3 到 7	写入，用于零件程序
215	USER_CLASS_SELECT_PROGRAM	3 到 7	选择，用于零件程序
218	USER_CLASS_WRITE_PRA	3 到 7	写入，用于 R 参数
219	USER_CLASS_SET_V24	3 到 7	设定，用于 RS232 设置
221	USER_CLASS_DIR_ACCESS	3 到 7	目录存取
222	USER_CLASS_PLC_ACCESS	3 到 7	PLC 项目存取
223	USER_CLASS_WRITE_PWA	3 到 7	被保护的工作区存取

保护级别 3：在存取级别“用户”/更高等级下被读取/写入；

保护级别 4：需要 PLC 将地址 DB2600. DBX0. 7 置“1”后才能读写；

保护级别 5：需要 PLC 将地址 DB2600. DBX0. 6 置“1”后才能读写；

保护级别 6：需要 PLC 将地址 DB2600. DBX0. 5 置“1”后才能读写；

保护级别 7：可无需口令或 PLC 接口信号而被读取/写入。

子任务5 SINUMERIK 808D数据备份

1. 创建调试存档

在完成原型机调试后必须同时创建一个调试存档来对原型机本身进行数据备份。调试存档中包含的数据有机床数据和设定数据、补偿数据、PLC数据、用户循环和零件程序、刀具和零点偏移数据、R变量、HMI数据等。

创建调试存档的操作步骤：

步骤1 在“系统”操作区里(“上档”键+“系统诊断”键)，按软键“批量调试存档”。

步骤2 选择选项“创建调试存档”，如图5-95所示的设置存档。

步骤3 按下“确认”软键后出现图5-95所示的默认数据存档名称“arc_startup.arc”。也可对默认名称更改。

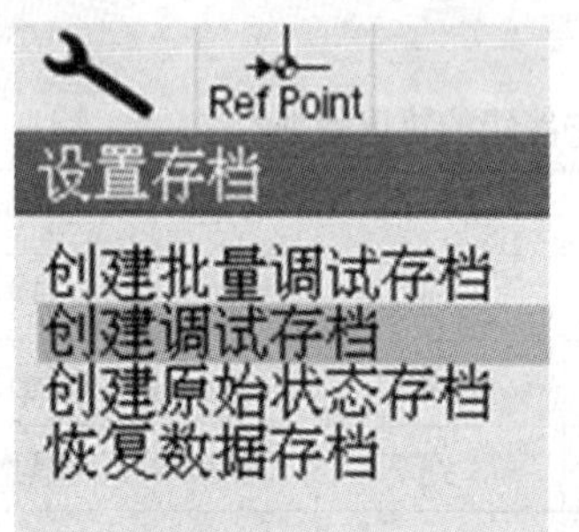

图5-95 创建调试存档及默认保存文件

步骤4 选择目标路径，按下“输入”键进入所选择的路径，然后按下“确认”软键继续操作。在跳出如图5-96所示的“存档信息”对话框中，可输入相关信息。

步骤5 按“确认”软键开始创建数据存档。

说明：在数据备份的过程中，请勿拔出USB存储器。

2. 创建批量调试文件

调试完原型机后必须创建批量调试存档以进行批量调试。批量调试存档中包含的数据有机床数据和设定数据、R变量、PLC数据(如PLC程序和PLC报警文本)、用户循环和零件程序、刀具和零点偏移数据、HMI数据等。

可按照备份到CNC控制器(内部备份)和备份到USB存储器(外部备份)两种方法来备份批量调试存档。

创建批量调试存档执行操作步骤：

步骤1 在“系统”操作区里(“上档”键+“系统诊断”键)，按软键“批量调试存档”。

步骤2 选择如图5-95所示的选项“创建批量调试存档”并按“确认”软键。

必须从下列表中选择路径来存储批量调试存档：OEM文件-CNC控制器用于存储OEM文件夹、用户文件-CNC控制器用于存储最终用户文件夹、USB-USB存储器。

数据存档默认“输入”键进入所选择的路径，然后按“确认”软键继续操作。

步骤3 按下“确认”软键开始创建数据存档。

在跳出如图 5－96 所示的“存档信息”对话框中可输入存档创建者、存档版本、注释等信息。

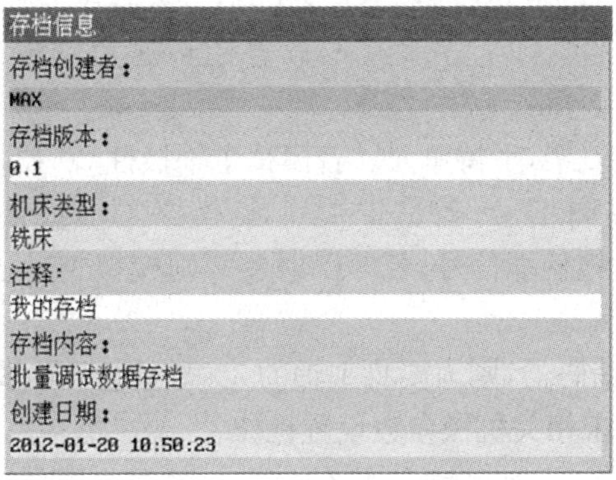

存档信息
存档创建者：
MAX
存档版本：
0.1
机床类型：
铣床
注释：
我的存档
存档内容：
批量调试数据存档
创建日期：
2012-01-20 10:50:23

图 5－96　存档信息

3. 使用调试存档文件恢复系统

在必要的情况下可将调试存档文件加载到原型机中从而恢复数控系统。

加载调试存档的具体操作步骤：

步骤 1　“系统”操作区，按软键“批量调试存档”。

步骤 2　选择如图 5－95 所示的选项“恢复数据存档”。

步骤 3　按下“确认”软键。

步骤 4　找到数据存档备份的路径，然后按“输入”键进入该路径。

步骤 5　选择备份的数据存档文件，并按“确认”软键，如图 5－97 所示。

步骤 6　核对存档信息，若存档文件正确则按“确认”键。

步骤 7　按“确认”键确认警告信息。

步骤 8　加载操作开始，加载过程会持续几分钟，如图 5－98 所示。

图 5－97　数据存档文件

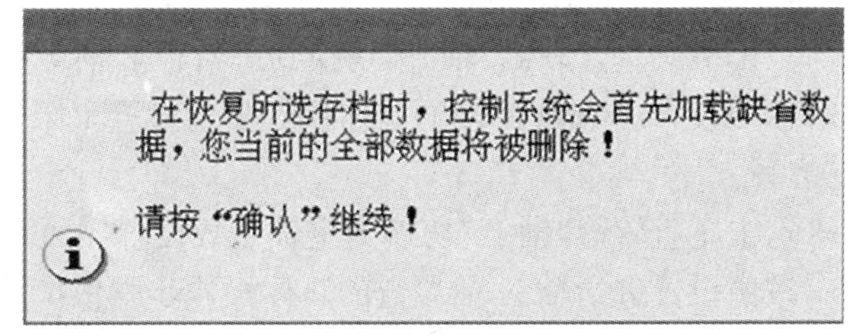

图 5－98　加载过程

步骤 9　加载完调试存档后，系统会提示“调试：NCK 复位已经激活”，CNC 控制器会重新启动。在恢复系统时密码会被删除掉，故当 CNC 控制器重新启动后必须重新输入密码。

实践训练　SINUMERIK 808D 的调试实战

调试车床实例中的相关参数如下：

(1) 进给轴：进给 X 轴丝杠螺距 12 mm；进给 Z 轴丝杠螺距 12 mm；设定值输出类型 30 130＝2；编码器类型 30 240＝3；回参考点模式 34 200＝2；

（2）主轴：设定值输出类型 30 130＝1；编码器类型 30 240＝2；模拟主轴极性 30 134＝2；编码器线数 1 024；主轴电机的额定转速 1 500 r/min，最大转速 3 000 r/min；

主轴 3 挡，减速比分别 2 ∶ 5，1 ∶ 2，1 ∶ 1；每挡转速范围分别 50～500 r/min、450～1 500 r/min、1 450～3 000 r/min。

（3）其他附件：四工位刀架，手持单元。若模拟主轴极性 30 134＝1，则模拟主轴为单极性并且输出信号为使能＋方向信号；若 30 134＝0，则模拟主轴极性为双极性并且输出电压－10 V 至＋10 V 同时有模拟使能信号；若 30 134＝2，则模拟主轴极性为单极性，方向控制为正方向和反方向；

如果机床不带有主轴编码器，则需要将主轴的 30 200（编码器数量）参数改成 0。

SIEMENS 808D 的车床相关机械参数设置操作

步骤 1 点击“上档＋系统诊断”键进入系统菜单，选择水平软键“机床数据”。

步骤 2 选择水平软键“专家列表”。

步骤 3 选择水平软键“轴机床数据”，使用垂直软键“搜索”功能完成车床进给轴与主轴参数设置。

（1）车床进给轴 X 轴参数设置 30 130＝2、30 240＝3、34 200＝2 的具体操作：

① 点击垂直软键“搜索”进入进给轴 X 轴参数设置界面；

② 依次点击数字键 30130 输入要搜索的内容“30130”；

③ 点击“输入”键；

④ 点击垂直软键“确认”；

⑤ 点击数字键 2；

⑥ 点击“输入”键完成参数 30 130＝2 的设置；

⑦ 点击“光标移动”键，找到参数 30 240；

⑧ 依次点击数字键 3 和“输入”键完成参数 30 240＝3 的设置；

⑨ 重复①～⑥操作，完成参数 34 200＝2 的设置。

（2）点击两次垂直软键“轴＋”切换到进给轴 Z 轴参数设置界面。

（3）按照设置进给轴 X 轴的具体操作步骤设置车床进给轴 Z 轴参数 30 130＝2、30 240＝3、34 200＝2。

（4）点击垂直软键“轴＋”切换到主轴参数设置界面。

（5）按照设置进给轴 X 轴参数的具体操作步骤依次设置车床主轴参数 30 130＝1、30 240＝2、30 134＝2。

（6）点击垂直软键“激活”激活所设定参数。

（7）点击垂直软键“确认”。

SIEMENS 808D 的车床参数设置与操作

车床刀架相关参数：14 510[20]＝4（表示 4 工位刀架）；14 510[21]＝15（表示刀架锁定时间 1.5s）；14 510[22]＝200（表示刀架的监控时间 20s）；

激活刀架和手持单元相关 PLC 功能：14 512[16]＝80；14 512[17]＝9

丝杠螺距 31 030：X 轴 31 030＝12；Z 轴 31 030＝12。

使用在线向导功能调试机床，点击“在线向导”键进入调试机床界面。

步骤 1 PLC 相关机床参数设置

选择水平软键“快速调试向导”和垂直软键“启动向导”进入设置 PLC 相关机床参数

移动光标键＋数字键＋输入键修改刀架参数和手持单元 PLC 相关参数。依次将刀架参数 14 510[20]、14 510[21]和 14 510[22]设置成 4、15、200；激活刀架参数与手持单元 PLC 参数 14 512[16]和 14 512[17]设置成 80 和 9；参数设置完后点击垂直软键“激活”。

步骤 2　调试 PLC 程序设置

点击垂直软键“确认”回到“设置 PLC 相关机床参数”界面，点击“下一步”准备传输调试 PLC 程序设置。

步骤 3　输入/输出点(I/O)检查

点击垂直软键“上一字节”或“下一字节”检查输入 I 点 X100、X101 与 X102 是否正确。点击垂直软键“数字输出”切换到检查输出点界面，再点击垂直软键“上一字节”或“下一字节”检查输出 O 点 X200 与 X201 是否正确。结合万用表检查实际接线状态。

步骤 4　创建 PLC 报警文本设置

输入/输出点(I/O)检查确认无误后，点击垂直软键“确认”和“下一步”，进入创建 PLC 报警文本设置。系统采用默认的 PLC 接线，故 PLC 报警文本设置无需更改按下一步；如果认为某一描述不合理，可点击垂直软键“编辑文本”后，按光标移动键将所需编辑的内容选中，再按 ALT＋S 切换到中文编辑状态下编辑(如将 700014“换挡超时”改成“换挡时间长”)，内容编辑完后按 ALT＋S 退出中文编辑后，依次点击垂直软键“确认”与“下一步”进入进给轴参数设置。

步骤 5　进给轴参数设置

移动光标键＋数字键＋输入键修改进给轴参数与丝杠螺距。

(1) 进给轴 X 轴参数设置：30 130＝2；30 240＝3；34 200＝2；

(2) 设置 X 轴丝杠螺距 31 030＝12 mm；

(3) 点击垂直软键“轴＋”切换到进给轴 Z 轴参数设置；

(4) 进给轴 Z 轴参数设置：30 130＝2；30 240＝3；34 200＝2；

(5) 设置 Z 轴丝杠螺距 31 030＝12 mm；

(6) 点击垂直软键“激活”后按垂直软键“确认”。

设置进给轴注意：① 轴速度极限 36 200 大于最高轴速度 32 000；② 轴快速手动(JOG)速度 32 010 大于 JOG 速度 32 020；③ 轴最高速度 32 000 小于螺距×减速比。

步骤 6　参考点调试设置

(1) 设置 X 轴 20 700＝1(表示没有参考点，NC 启动被禁止)；

(2) 点击垂直软键“轴＋”切换到进给轴 Z 轴参数设置；

(3) 设置 Z 轴 20 700＝1；

(4) 选择垂直软键“回参考点”；

(5) 按 MCP 面板的“X 轴”与“回参考点”键实现 X 轴回参考点；

(6) 按 MCP 面板的“Z 轴”与“回参考点”键实现 Z 轴回参考点；

(7) 点击垂直软键“下一步”进入主轴参数设置。

步骤 7　主轴参数设置

车床主轴编码器线数设定 31 020＝1 024；车床主轴电机额定转速设定 32 260＝3 000；车床主轴齿轮比设定 35 010＝1。变速齿轮箱主轴的各挡位参数设置见表 5-15，主轴的轴速度与加速度参数设置见表5-16。

表5-15 变速齿轮箱主轴的各挡位参数设置

	齿轮齿数(主轴电机端)	齿轮齿数(主轴端)
挡位1	31 050[1]=2	31 060[1]=5
挡位2	31 050[2]=2	31 060[2]=1
挡位3	31 050[3]=1	31 060[3]=1

表5-16 主轴的轴速度与加速度参数设置

	挡位1	挡位2	挡位3
最大速度	35 110[1]=500	35 110[2]=1500	35 110[3]=3000
最低速度	35 120[1]=50	35 120[2]=450	35 120[3]=1450
最大速度极限	35 130[1]=550	35 130[2]=1660	35 130[3]=3300
最低速度极限	35 140[1]=45	35 140[2]=405	35 140[3]=1305
主轴极限转速	36 200[1]=605	36 200[2]=1815	36 200[3]=3630
说明:35 130=35 110×1.1;36 200=35 130×1.1;35 140=35 120×0.9			

(1) 主轴参数设置:30 130=1;30 134=2;30 240=2;

(2) 主轴编码器线数设定31 020=1 024;

(3) 主轴齿轮齿数3挡位设定:31 050[1]=2,31 060[1]=5;31 050[2]=2,31 060[2]=1;31 050[3]=1,31 060[3]=1;

(4) 主轴电机额定转速设定32 260=3 000;

(5) 主轴齿轮比设定35 010=1;

(6) 主轴每挡位的速度与速度极限值(注意与理论表格区别),见表5-17。

表5-17 主轴的轴速度与加速度参数设置

	挡位1	挡位2	挡位3
最大速度	35 110[1]=500	35 110[2]=1 500	35 110[3]=3 000
最低速度	35 120[1]=50	35 120[2]=450	35 120[3]=1 450
最大速度极限	35 130[1]=600	35 130[2]=1 700	35 130[3]=3 400
最低速度极限	35 140[1]=40	35 140[2]=400	35 140[3]=1 300
主轴极限转速	36 200[1]=670	36 200[2]=1 950	36 200[3]=3 900
说明:35 130=35 110×1.1;36 200=35 130×1.1;35 140=35 120×0.9			

(7) 点击垂直软键“激活”;

(8) 点击垂直软键“下一步”,进入生成批量调试文件。

步骤8 生成批量调试文件

(1) 插入USB;

(2) 修改“存档创建者”、“存档版本”与“意见”等;

(3) 点击垂直软键“打包”;

(4) 在保存文件选择“USB”；

(5) 按“输入”键；

(6) 点击垂直软键“确认”，创建生成数据存档，生成的数据可用于任意同型号的机床；

(7) 点击垂直软键“下一步”，进入软限位设置。

步骤 9　软限位参数设置

根据测定反向间隙数值、软限位数值得：X 轴负方向软限位 −300 mm；X 轴正方向软限位 10 mm；Z 轴负方向软限位 −500 mm；Z 轴正方向软限位 10 mm；X 轴反向间隙 10 μm；Z 轴反向间隙 7 μm；

(1) 设置 X 轴参数：负方向的软限位 36 100 = −300(mm)；正方向软限位 36 100 = 10(mm)；

(2) 点击垂直软键“轴+”切换到进给轴 Z 轴参数设置；

(3) 设置 Z 轴参数：负方向的软限位 36 100 = −500(mm)；正方向软限位 36 100 = 10(mm)；

(4) 点击垂直软键“激活”；

(5) 点击垂直软键“下一步”，进入反向间隙设置。

步骤 10　反向间隙参数设置

(1) 设置 Z 轴反向间隙 32 450 = 7(μm)；

(2) 点击垂直软键“轴+”切换到 X 轴参数设置；

(3) 设置 X 轴反向间隙 32 450 = 10(μm)；

(4) 点击软键“激活”和“下一步”，进入丝杠螺距误差补偿设置。

步骤 11　丝杠螺距误差补偿设置

(1) 设置 X 轴补偿起点位置 −280 mm，补偿终点位置 0 mm，测量间隔 10 mm，系统自动计算出补偿点数 29；

(2) 点击垂直软键“补偿”；

(3) 根据激光补偿仪的测量补偿值进行补偿值调整；1，2，3，4 和 5 点分别对应的值为 5，−3，2，−3 和 1(μm)。

(4) 点击垂直软键“激活”和垂直软键“返回”；

(5) 点击垂直软键“轴+”切换到 Z 轴；

(6) 重复上述(1)～(4)对 Z 轴丝杠螺距误差补偿参数设置；

(7) 设置 32 700 = 1 来激活丝杠螺距误差补偿；

(8) 点击软键“下一步”和“确认”，进入生成备份数据。

步骤 12　生成本机备份数据

(1) 生成本机备份数据只能对本调试机床使用选择“打包”；

(2) 选择 OEM 系统(本调试机床的数控系统)；

(3) 点击“输入”键；

(4) 数据备份完成后，点击垂直软键“完成”；

(5) 点击垂直软键“确认”；

(6) 快速调试向导完成，点击垂直软键“退出向导”。

模块 6　HED－21S 数控综合实训台的安装与调试

数控机床是典型的现代机电设备产品，机电设备安装与调试实训的主要目的是用于培养学生掌握机电设备的机械部件安装调试、电气部件安装调试、控制系统安装调试等实际动手能力，使学生掌握机电设备的基本组成结构知识、机电设备的机械部件安装调试、机电设备的电气部件安装调试、控制系统连接调试、控制系统参数的调整设置，并得到必要的实践技能的训练。通过数控机床的机械部件装配、电气部件的安装调试、控制系统的安装与参数设置调试，可以使学生掌握机电设备的控制原理、电气原理、电气设计方法、元器件的选用；掌握机电设备电气元件布置、安装、调试、参数的修调等方法，模拟工业生产过程，达到工业现场实习效果。实验指导教师可根据课程设置的要求，自行设计、组合安装、调试，更好地培养学生的动手能力和分析能力以及创新能力。

如图 6－1 所示，HED－21S 数控综合实训台由数控装置、变频调速主轴及三相异步电动机、交流伺服单元及交流伺服电动机、步进电动机驱动器及步进电动机、测量装置、十字工作台组成。

图 6－1　HED－21S 数控综合实训台

如图 6－2 所示，HED－21S 数控综合实训台的组成部件具体如下：

(1) HNC－21TF 数控装置：采用内置嵌入式工业 PC 机，配置 7.7 寸彩色液晶屏和通用工程面板，集成进给轴接口、主轴接口、手持单元接口，内嵌式 PLC 于一体，可选配各种类型的脉冲接口、模拟接口的交流伺服单元或步进电动机驱动器。

(2) 变频调速主轴单元：变频主轴采用日立 SJ100 变频器及 0.55 kW 三相异步电动机。

(3) 交流伺服驱动单元：交流伺服采用三洋 Q 系列 QS1A01AA0M600P00 交流伺服单元及交流伺服电机采用三洋 P50B05020DXS00 伺服电机。

(4) 步进驱动单元：步进驱动器和步进电机采用深圳雷塞 M535S 和 57HS13。四相混合式步进电机的步进角 1.8°，静转矩 1.3 N·m，额定相电流 2.8 A。

(5) 工作台：机械部分采用滚珠丝杠传动的模块化十字工作台用于实现目标轨迹和动作。

(6) X 轴执行装置采用四相混合式步进电机，步进电机没有传感器，不需要反馈，用于实现开环控制。

(7) Z 轴执行装置采用交流伺服电机，交流伺服和交流伺服电机组成一个速度闭环控制系统。安装在交流伺服电机轴上的增量式码盘充当位置传感器，用于间接测量机械部分的移动距离，构成一个位置半闭环控制系统；也可用安装在十字工作台上的光栅尺直接测量机械部分移动位移，构成一个位置闭环控制系统。

(8) 数控机床的电气部件如空气开关、接触器、开关电源、变压器及输入输出转接板等。

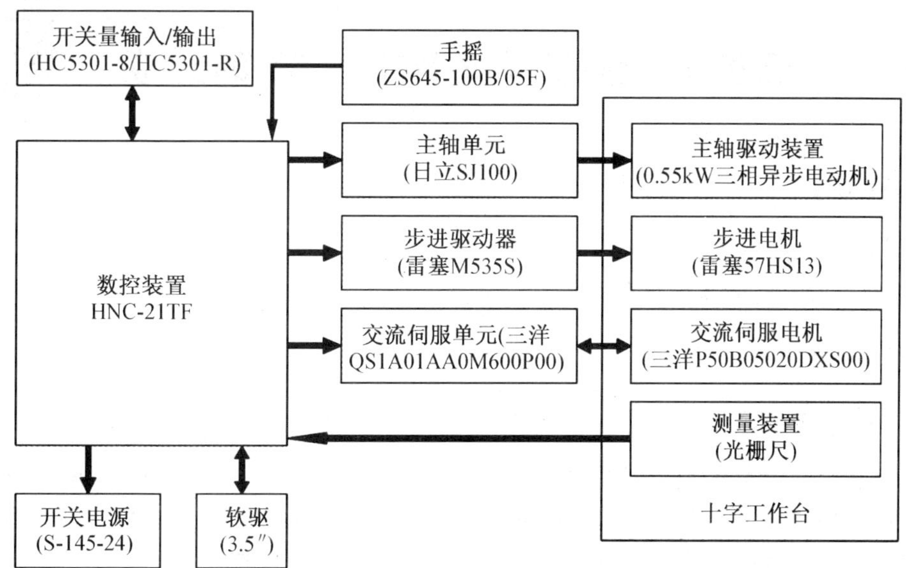

图 6－2　HED－21S 数控综合实训台组成

世纪星 HNC－21 系列数控装置型号编号说明，如图 6－3 所示。

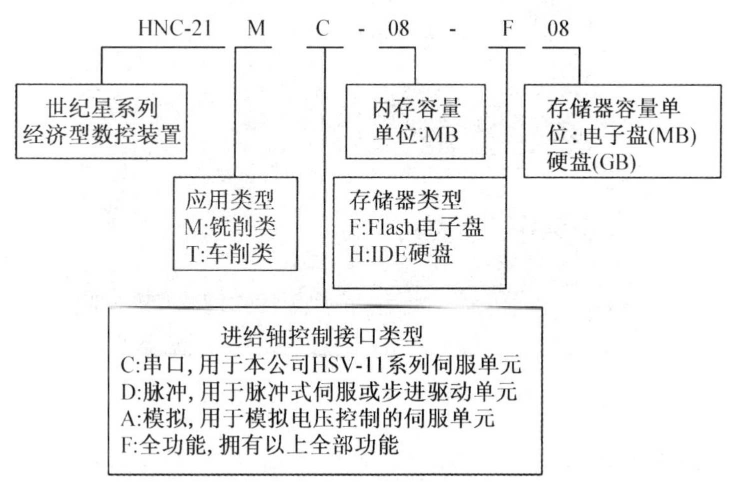

图 6－3　世纪星 HNC－21 系列数控装置型号与含义

HED－21S 数控综合实训台可以培养学生具备以下知识与技能：

(1) 培养学生了解机电设备的特点、基本结构和应用功能；

(2) 培养学生了解机电设备的机械装配、电气安装调试、控制系统安装调试等实际动手能力；

(3) 培养学生掌握机电设备的控制原理、电气原理、电气设计方法、元器件的选用，内置式PLC 的调试及编写与编译；

(4) 培养学生掌握机电设备的电气布局安装、电气调试及参数设置等方法；

(5) 培养学生掌握机电设备的常用部件及其原理，调试方法和常见故障的维护维修；

(6) 模拟工业生产过程达到工业现场实习效果，更好培养学生的动手能力和分析能力。

模块6任务1

任务 1　数控系统 HNC－21 的组成

【任务知识目标】

1. 了解数控系统的基本组成；
2. 掌握数控系统的各接口含义。

【任务技能目标】

会正确接线数控系统。

操作面板是操作人员与机床数控系统进行信息交流的工具。操作面板一般由按钮站，状态灯，按键阵列(功能与计算机键盘类似)和显示器组成。数控系统一般采用集成式操作面板，分为显示区，NC 键盘区，机床控制面板区三大区域。HNC－21 数控装置操作面板如图 6－4 所示。

图 6－4　HNC－21 数控装置操作面板

显示器一般位于操作面板的左上部，用于菜单、系统状态、故障报警的显示和加工轨迹的图形仿真。NC 键盘包括标准化的字母数字式 MDI 键盘和 F1～F10 十个功能键，用于零件程序的编制，参数输入，手动数据输入和系统管理操作等。

机床控制面板 MCP 用于直接控制机床的动作或加工过程。一般主要包括急停方式选择、轴手动按键、进给速率修调、快进速率修调、主轴速率修调、回参考点、手动进给、增量进给、手摇进给、自动运行、单段运行、超程解除及如冷却起停、刀具松紧、主轴制动、主轴定向、主轴正反转及主轴停止等机床动作手动控制。

世纪星 HNC-21 系列数控装置采用先进的开放式体系结构，内置嵌入式工业 PC 机高性能的 32 位中央处理器，配置 7.5 寸或 10.7 寸彩色液晶显示屏和标准机床工程面板，集成进给轴接口、主轴接口、手持单元接口、内嵌式 PLC 接口、远程 I/O 板接口于一体，支持硬盘、电子盘等程序存储方式及软驱、DNC、以太网等程序交换功能，主要适用于数控车铣床和加工中心的控制。具有高性能、配置灵活、结构紧凑、易于使用、可靠性高等功能特点。

(1) 最大联动轴数为 4 轴。

(2) 可选配各种类型的脉冲式、模拟式交流伺服驱动器或步进电机驱动器以及 HSV-11 系列串行式伺服单元。

(3) 配置标准机床工程面板，不占用 PLC 的输入/输出接口，操作面板颜色、按键名称可按用户要求定制。

(4) 配置 40 路输入接口和 32 路功率放大光电隔离开关量输出接口、手持单元接口、模拟主轴控制接口与编码器接口以及远程 I/O 板扩展接口。

(5) 采用 7.5”彩色液晶显示器(分辨率为 640×480)，全汉字操作界面，具有故障诊断与报警设置多种图形加工轨迹显示和仿真功能，操作简便，易于掌握和使用。

(6) 采用国际标准 G 代码编程，与各种流行的 CAD/CAM 自动编程系统兼容，具有直线、圆弧、螺旋线插补、固定循环、旋转、缩放、镜像、刀具补偿、宏程序等功能。

(7) 小线段连续加工功能，特别适合于复杂模具零件加工。

(8) 加工断点保存/恢复功能，为用户安全方便使用提供保证。

(9) 反向间隙和单、双向螺距误差补偿功能，有效提高加工精度。

(10) 巨量程序加工能力，使配置硬盘可直接加工高达 2GB 的 G 代码程序。

(11) 内置以太网、RS232 接口，易于实现机床联网。

(12) 8 MB Flash RAM(不需电池的存储器可扩至 72 MB)中的 6 MB RAM 可用作用户程序存储区，8 MB RAM(可扩至 64 MB)可用作加工程序缓冲区。

(13) 系统外形尺寸 420 毫米×310 毫米×110 毫米(W×H×D)，体积小巧，结构牢靠，造型美观。

HNC-21 数控装置与其他装置单元连接的总体框图如图 6-5 所示。HNC-21TF 数控装置背面接口如图 6-6 所示。

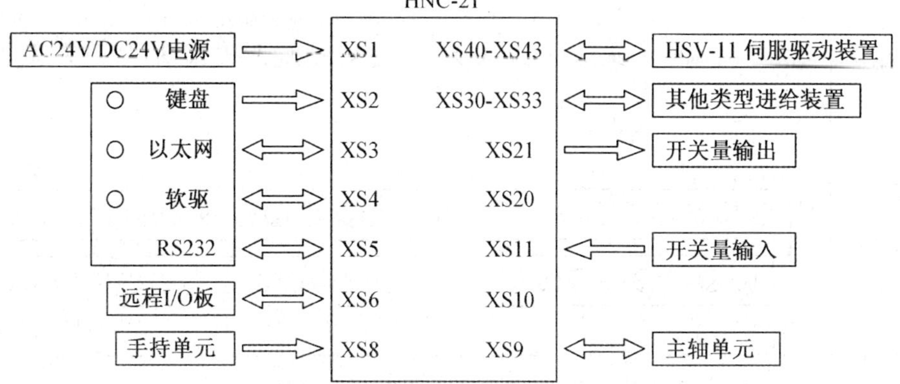

图 6-5　HNC-21TF 数控装置与其他装置单元连接的总体框图

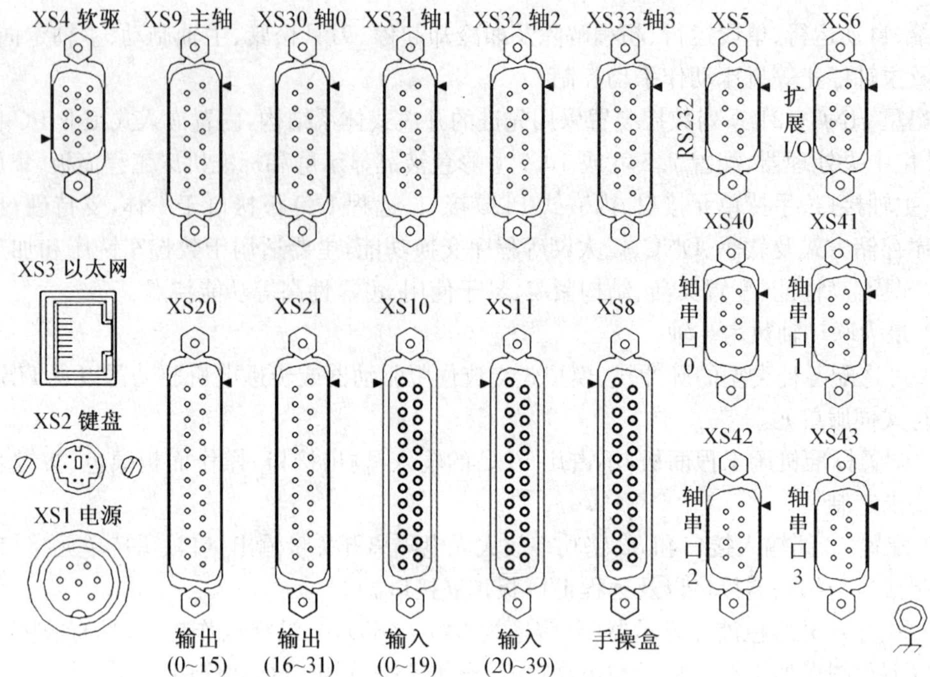

图 6-6　数控装置 HNC-21TF 背面接口

手持单元提供急停按钮、使能按钮、工作指示灯、坐标选择(OFF、X、Y、Z、4)、倍率选择(X1、X10、X100)及手摇脉冲发生器。手持接口插头连接到 HNC-21TF 数控装置的手持控制接口 XS8 上。

若使用软驱单元则 XS2、XS3、XS4、XS5 为软驱单元的转接口。软驱单元提供 3.5”软盘驱动器、RS232 接口、PC 键盘接口、以太网接口。需要通过转接线与 HNC-21TF 数控装置连接使用。

I/O 端子板分输入端子板和输出端子板两种,通常作为 HNC-21 数控装置 XS10、XS11、XS20、XS21 接口的转接单元使用,以方便连接及提高可靠性。

输入接线端子板提供 NPN 和 PNP 两种类型开关量信号输入,每块输入接线端子板有 20 个 NPN 或 PNP 开关量信号输入接线端子,最多可接 20 路 NPN 或 PNP 开关量信号输入。输入端子板如图 6-7 所示。输出端子板如图 6-8 所示。

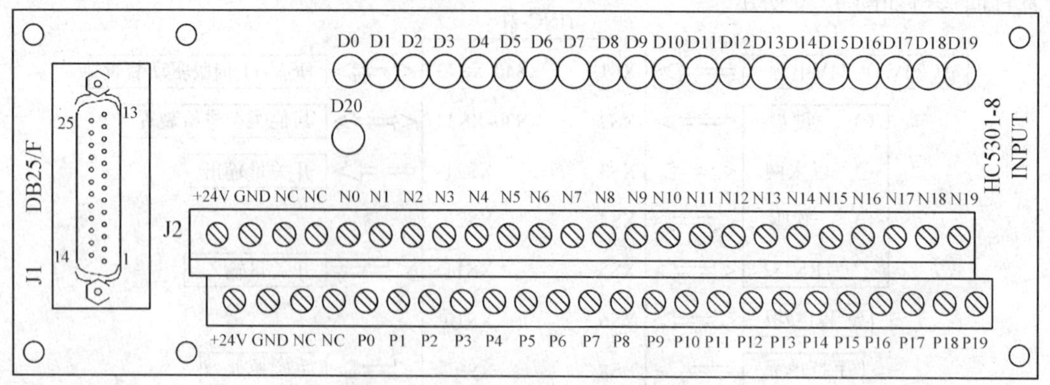

图 6-7　输入端子板 HC5301-8 接口

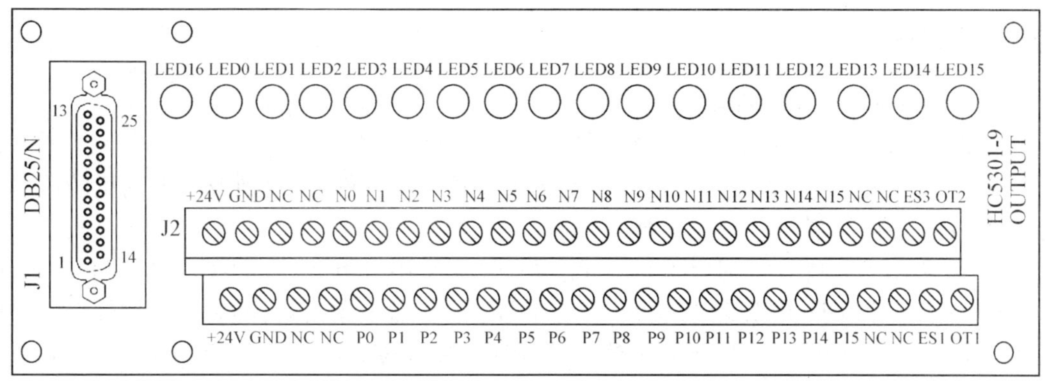

图 6－8　输出端子板 HC5301－9 接口

继电器板集成八个单刀单投继电器和两个双刀双投继电器，最多可接 16 路 NPN 开关量信号输出及急停（两位）与超程（两位）信号，其中 8 路 NPN 开关量信号输出用于控制八个单刀单投继电器，剩下的 8 路 NPN 开关量信号输出通过接线端子引出，可用来控制其他电器，两个双刀双投继电器可由外部单独控制。PLC 输出继电器板如图 6－9 所示。

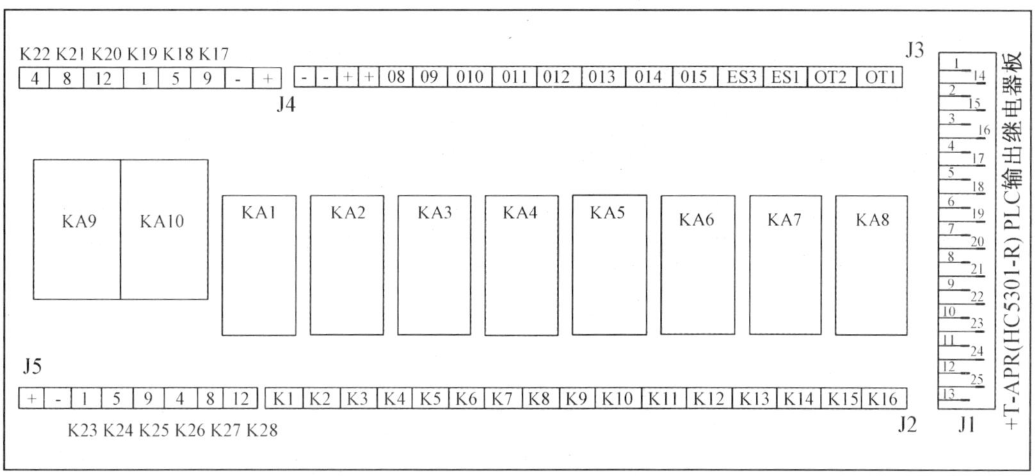

图 6－9　PLC 输出继电器板（HC5301-R）

任务 2　变频调速主轴单元

模块6任务2

【任务知识目标】

1. 掌握日立变频器的各引脚含义；
2. 掌握日立变频器的接线；
3. 掌握日立变频器的参数设置与调试。

【任务技能目标】

1. 会正确接线日立变频器；

2. 会正确设置与调试日立变频器参数。

根据电机学的理论知，若均匀地改变定子供电频率，则可以平滑地改变电动机的同步转速，从而得到范围宽、精度高的优良调速性能。

HED-21S数控综合实训台的变频调速主轴单元采用三相交流380 V异步电机(Y系列)和4极日立变频器SJ100(1.5 kW、380 V)变频器。变频器采用矢量控制，三相交流380 V电源，功率范围(恒转矩)1.5 kW，输入电流(恒转矩)3.9 A，最大输出电流(恒转矩)4.0 A，两个模拟量输入0～10 V，0～20 mA或－10 V～10 V，0～20 mA。电机采用普通三相异步电机，功率0.55 kW，转速1 390 r/min。

SJ100变频器的各引脚定义及作用如表6-1所示。

表6-1 日立变频器SJ100的各引脚

端子名称		说明	等级
逻辑连接端子	P24	为逻辑输入提供＋24 V	24 V直流(禁止与端子L短接)
	1、2、3、4、5、6	独立逻辑输入端子	使用P24或相对于L的外部输入
	L(顶行)	逻辑输入地	输入1～6的电流和(流入)
	11、12	分离逻辑输出端子	
	CM2	逻辑输出地	OI、O、H的电路和(流入)
	FM	PWM(模拟/数字输出)	PWM和占空比50%的数字量
	L(底端)	模拟输入地	—
	OI	模拟电流输入	—
	O	模拟电压输入	—
	H	＋10 V模拟基准源	—
	AL0	通用继电器	—
	AL1	继电器，运行中为常闭	—
	AL2	继电器，运行中为常开	—
强电	L1、L2、L3	驱动器电源	驱动器的三相交流电源输入端
	T1、T2、T3	主轴电机电源	主轴电机的三相交流输入端

SJ100变频器与HNC-21TF数控装置、主轴电机的连接如图6-10所示。

主轴D/A选用接口AOUT1和AOUT2应注意，AOUT1的输出电压为－10 V～＋10 V，AOUT2的输出电压为0 V～＋10 V，如果主轴系统是采用给定的正负模拟电压实现主轴电机的正反转，请使用AOUT2接口控制主轴单元，其他情况都采用AOUT1接口，否则可能损坏主轴单元。

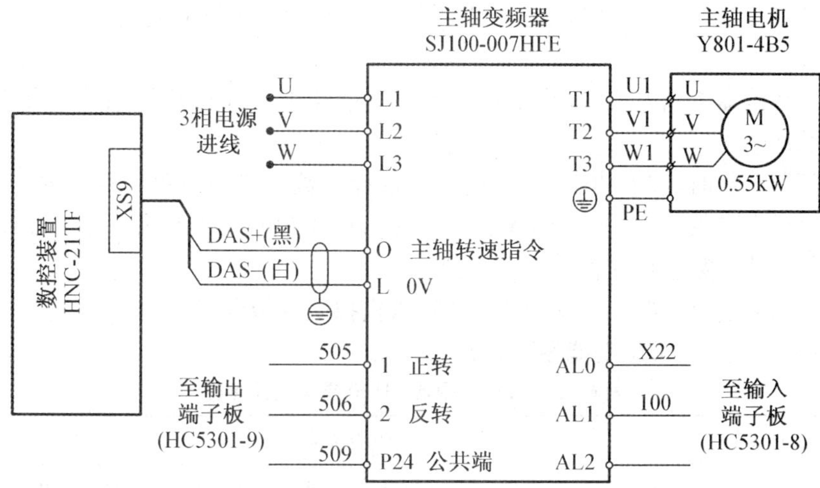

图 6－10　日立变频器与数控装置 HNC－21TF、主轴电机的连接

【SJ100 变频器的操作面板各按键含义及作用】

SJ100 变频器操作面板的各按键如图 6－11、图 6－12 所示。

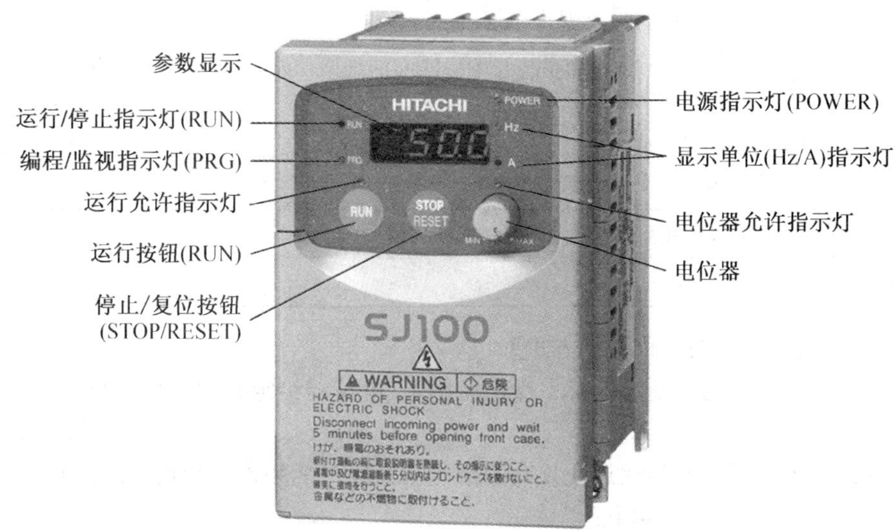

图 6－11　HED－21S 数控综合实训台的日立变频器 SJ100

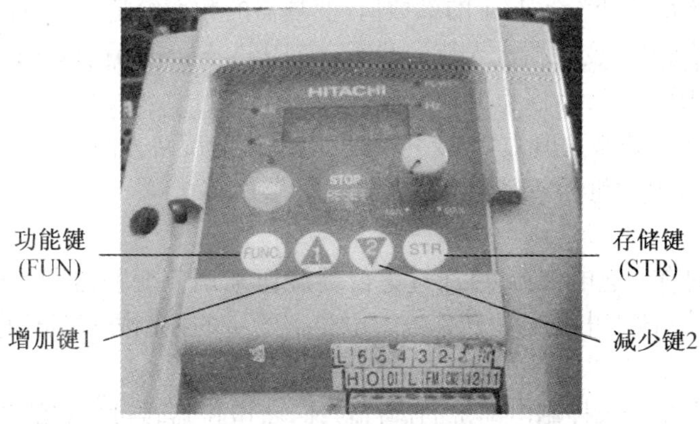

图 6－12　日立变频器 SJ100 功能参数设置键

变频器处在键盘控制方式时，给变频器提供一个运行的指令，按运行 RUN 键可以起动电动机的运转。

变频器处在键盘控制方式时，给变频器提供一个停止运行的指令，按停止 STOP 键可以停止电动机的运转。

修改变频器参数时，按下功能 FUN 键可以选择参数模式及设置参数。按下增加▲键修改参数时可以增大参数值。按下减少▼键修改参数时可以减小参数值。按下存储 STR 键可以对变频器的修改参数进行保存。

操作者可以通过电位器来改变变频器的输入模拟电压指令。

【日立变频器 SJ100 常见功能参数】(见表 6-2)

表 6-2 日立变频器 SJ100 常见功能参数

功能	功能类型	功能说明	模式
D	监视功能	在变频器运行或停止状态获取系统重要数据如电机电流、输出频率、旋转方向	监视
F	基本外形参数	用来设定变频器的常用参数，如加减速时间常数、电机输出功率	编辑
A	标准功能	直接影响变频器输出的最基本特性，如控制方式选泽、输出最大频率限定、控制特性的选择	编辑
B	微调功能	调整变频器控制系统与电机匹配的细微功能，如重新起动的方式、报警功能的设定等	编辑
C	智能端子功能	对变频器提供的智能端子功能定义，如主轴正反转、多段速度选择等智能端子的定义	编辑
H	电机相关参数设置及无传感器矢量功能参数设置		编辑
E	错误代码	—	—

【日立变频器 SJ100 的三种控制方式】

日立变频器 SJ100 的控制方式有手操键盘给定、电位器给定和数控系统给定三种。

1. 手操键盘给定

手操键盘给定控制方式是通过变频器的操作键盘以及变频器自身提供的控制参数来对变频器进行控制，具体操作步骤如下：

(1) 将参数 A01 设为 02、A02 设为 02；

(2) 通过▲或▼键改变参数 F01 的参数值(变频器的频率给定)来增加或减少给定频率；

(3) 完成上述步骤后，变频器进入待命状态，按 RUN 键，电动机运转；

(4) 按 STOP/RESET 键，停止电动机；

(5) 设置参数 F04 的参数值为 00 或 01 改变电动机的旋转方向；

(6) 按 RUN 键，电动机运转，但方向已经改变。

2. 电位器给定

SJ100 面板上配有调速电位器，可通过电位器旋钮来调节变频器所需要的指令电压来控制变频器的输出频率，改变电机的运转速度。电位器给定的控制方式具体操作步骤如下：

(1) 将参数 A01 设为 00、A02 设为 02，A04 设为 60；

(2) 通过调节电位器来控制电动机的运行转速，将电位器转过一定的角度；

(3) 完成上述步骤后，变频器进入待命状态，按 RUN 键，电动机运转，通过改变电位器的旋转角度来改变变频器的输出频率，控制电机的旋转速度。

3. 数控系统给定

数控系统给定的控制方式是通过改变变频器的控制端子进行控制，变频器频率给定与运行指令都是利用数控系统进行控制的，采用数控系统给定的控制方式具体步骤如下：

(1) 将变频器、异步电动机、数控系统正确连接，接通电源；

(2) 按照手操键盘给定方式，将 A01 和 A02 恢复到 01；

(3) 通过华中世纪星的主轴控制命令，控制变频器的运行，如在 MDI 下执行 M03 S500，电机就会以 500 转/分正转。

【日立变频器 SJ100 的常用参数设置】

1. 选择变频器频率参数的具体操作

(1) 按 FUN 功能键，直到显示“001”监视功能；

(2) 按增加▲或减少▼键，显示“A—”A 组选中；

(3) 按 FUN 功能键，显示“A01”第一个 A 参数；

(4) 按增加▲键两次，显示“A03”基本频率设定；

(5) 按 FUN 功能键，显示“50 或 60”基本频率缺省值；

(6) 按增加▲或减少▼键，显示“50”基本值；

(7) 按 STR 存储键，显示“A03”参数存储。

如果按住增加▲或减少▼键，将会自动搜索参数清单。

2. 在变频器上设定电机极数的具体操作

(1) 按 FUN 功能键，显示“A—”A 组选中；

(2) 按增加▲键，显示“H—”H 组选中；

(3) 按 FUN 功能键，显示“H01”第一个 H 参数；

(4) 按增加▲键两次，显示“H03”电机极数参数设定；

(5) 按 FUN 功能键，显示“4”电机极数；

(6) 根据实际需要按增加▲或减少▼键，设定电机极数；

(7) 按 STR 存储键，显示“H03”参数存储。

【变频器的其他常用参数设置】

HED-21S 数控综合实训台还要根据实际电机 Y801-4B5 的铭牌参数进行参数设置，具体参数设置见表 6-3。

表 6-3　变频器其他常用参数设置

电机铭牌	变频器参数	参数设定值	电机铭牌	变频器参数	参数设定值
额定电压	A82	A82=380 V	最小频率	A15	A15=01(0 Hz)
磁极对数	H04	H04=4	最大频率	A04	A04=60 Hz
额定功率	H03	H03=0.55 kW	加速上升时间	F02	F02=10 ms
额定频率	A03	A03=50 Hz	减速下降时间	F03	F03=10 ms

【日立变频器 SJ100 的智能端子多速段控制设置】

用 4 个智能端子提供 16 种目标频率进行多段速度的控制，16 种频率由 A 组参数 A20～

A35 进行设定，分别对应速度 1～16，选择不同的速度由智能端子状态决定，如图 6－13 所示。

L*	6	5	4	3	2	1	P24
	C06	C05	C04	C03	C02	C01	
H	O	OI	L	FM	CM2	12	11
模拟输入			模拟输出		逻辑输出		

注意：变频器内部已将两个 L 端子连接在一起。

图 6－13　多段速度控制连接的智能端子

智能端子的多段速度控制见表 6－4。

表 6－4　智能端子的多段速度控制

多段速度	输入端子状态				多段速度	输入端子状态			
	C04	C03	C02	C01		C04	C03	C02	C01
速度 1	0	0	0	0	速度 9	1	0	0	0
速度 2	0	0	0	1	速度 10	1	0	0	1
速度 3	0	0	1	0	速度 11	1	0	1	0
速度 4	0	0	1	1	速度 12	1	0	1	1
速度 5	0	1	0	0	速度 13	1	1	0	0
速度 6	0	1	0	1	速度 14	1	1	0	1
速度 7	0	1	1	0	速度 15	1	1	1	0
速度 8	0	1	1	1	速度 16	1	1	1	1

任务 3　步进驱动单元

模块6任务3

【任务知识目标】

1. 掌握步进驱动单元的接线；
2. 掌握步进驱动器的参数设置与调试。

【任务技能目标】

1. 会正确接线步进驱动单元；
2. 会正确设置与调试步进驱动器参数。

HED－21S 数控综合实训台的步进电机驱动装置是通过 HNC－21TF 的 XS30 脉冲接口来连接控制步进电机驱动器的。

步进驱动器和步进电机分别采用深圳雷塞 M535(S)和 57HS13。如图 6－14 所示，M535(S)是细分型高性能步进驱动器，适合驱动中小型的任何两相或四相混合式步进电机。电流控制采用先进的双极性等角度恒力矩技术，每秒两万次的斩波频率。在驱动器的侧边装有一排拨码开关组，可以用来选择细分精度以及设置动态工作电流和静态工作电流。

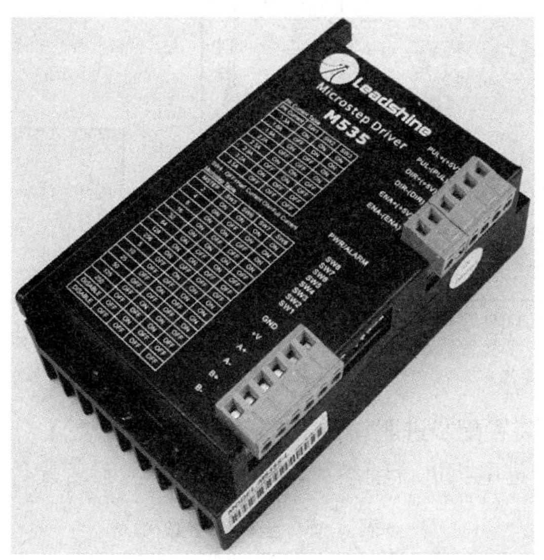

图 6－14　HED－21S 综合实训台的雷塞步进驱动器 M535(S)

【步进驱动器与 HNC－21TF、步进电机的连接】

步进驱动器 M535(S)与 HNC－21TF、步进电机的连接如图 6－15 所示，X 轴控制指令线如图 6－16 所示。

雷塞步进驱动器 M535(S)各引脚定义：

PUL＋、PUL－：单脉冲方式时，正、反转的运行脉冲，接 HNC－21TF 数控装置 XS30 接口的 CP＋、CP－。DIR＋、DIR－：单脉冲方式时，正、反转的方向脉冲，接 HNC－21TF 数控装置 XS30 接口的 DIR＋、DIR－。A＋、A－、B＋、B－：依次连接步进电机 57HS13 的蓝、绿、棕、白接线柱。

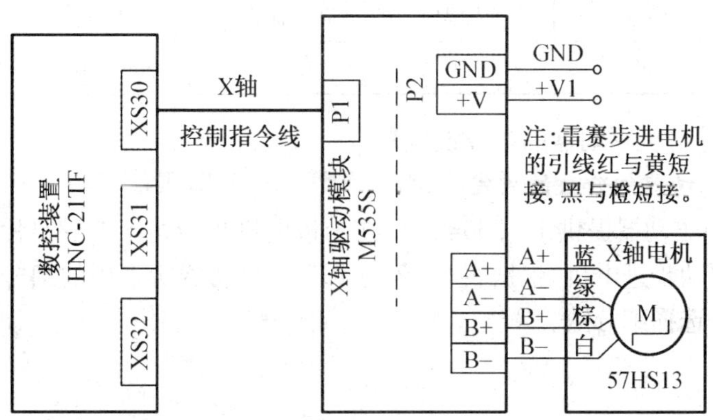

图 6－15　步进驱动器 M535(S)与 HNC－21TF、步进电机的连接

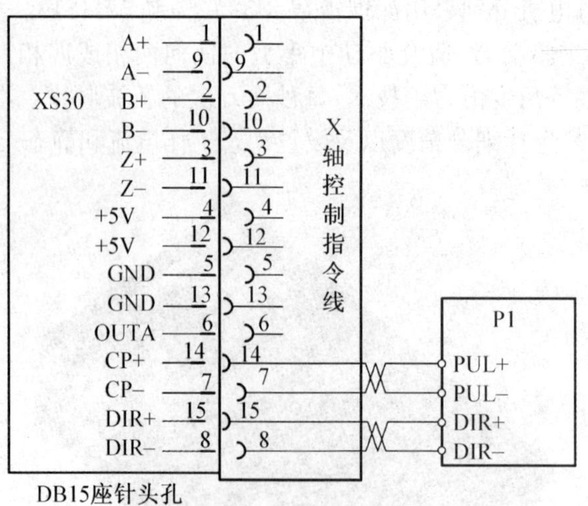

图 6-16　X轴控制指令线

【HNC-21TF 数控装置配步进驱动器 M535(S)的参数设置】

按表 6-5 对 X 轴步进电机进行轴参数设置,按表 6-6 设置硬件参数。

表 6-5　坐标轴参数

参数名	参数值	参数名	参数值
伺服驱动型号	46	伺服内部参数[2]	0
伺服驱动器部件号	0	伺服内部参数[3]、[4]、[5]	不使用
最大跟踪误差	0	快速加减速时间常数	100
电机每转脉冲数	200	快速加速度时间常数	64
伺服内部参数[0]	4	加工加减速时间常数	100
伺服内部参数[1]	0	加工加速度时间常数	64

表 6-6　硬件配置参数

参数名	型号	标识	地址	配置[0]	配置[1]
部件 0	5301	46	0	0	0

【M535(S)步进电机驱动器的参数设置】

1. 步进电机驱动器细分数的设定

雷塞 M535(S)驱动器提供 1～256 细分,在步进电机步距角不能满足使用的条件下,可采用细分驱动器来驱动步进电机,根据表 6-7 对 M535 驱动器所采用的细分数进行设定,拨码开关 5、6、7、8 可以选择细分数。

表 6-7　步进电机细分数设置

细分数	SW5	SW6	SW7	SW8	细分数	SW5	SW6	SW7	SW8
2	1(ON)	1	1	1	5	0	1	1	1
4	1	0(OFF)	1	1	10	0	0	1	1
8	1	1	0	1	25	0	1	0	1
16	1	0	0	1	50	0	0	0	1
32	1	1	1	0	125	0	1	1	0
64	1	0	1	0	250	0	0	1	0
128	1	1	0	0	Disable	0	1	0	0
256	1	0	0	0	Disable	0	0	0	0

2. 步进电机驱动器电流选择

拨码开关 1、2、3 可以选择驱动器的电流大小，拨码开关不同状态对应相电流大小如表 6-8所示。

表 6-8　步进电机相电流的设置

电流(A)	SW1	SW2	SW3	电流(A)	SW1	SW2	SW3
1.3	1(ON)	1	1	2.5	1	1	0
1.6	0(OFF)	1	1	2.9	0	1	0
1.9	1	0	1	3.2	1	0	0
2.2	0	0	1	3.5	0	0	0

3. 半流功能测试(SW4 开关)

步进电机由于静止时的相电流很大，故驱动器提供半流功能，其作用是当步进电机驱动器在一定时间内没有接收到脉冲时，会自动将电机的相电流减小为原来的一半，防止驱动器过热，M535(S)的 SW4 开关拨至 OFF，半流功能开；将拨码 SW4 开关拨至 ON，半流功能关。

4. 步进电机绕组的并联与串联接法实验

M535(S)步进驱动器是两相驱动器，而步进电机是四相混合式步进电机，现利用两相驱动器来控制四相步进电机，可以将四相步进电机的绕组线圈两两进行并联或串联，当作两相电机进行使用。

现将串联接法改为并联接法：

(1) 将电机绕组端子 A+、C−并在一起接到驱动器 A+端子上；

(2) 将电机绕组端子 A−、C+并在一起接到驱动器 A−端子上；

(3) 将电机绕组端子 B+、D−并在一起接到驱动器 B+端子上；

(4) 将电机绕组端子 B−、D+并在一起接到驱动器 B−端子上。

5. 测定步进电机的空载起动频率

起动频率是指电机在不丢步，不堵转的情况下能够瞬时起动的最大频率，测试方法如下：

(1) 设置 X 轴的加减速时间常数为 2，并将快移与加工速度分别设为 6 000、5 000；

（2）在步进电机轴处作一标记，由世纪星设置步进整数转的位移和速度，让步进电机空载起动；

（3）步进电机处于静止状态下，起动旋转一圈后停止，从轴标记判断步进电机是否失步或出现堵转现象；

（4）在工作台上增加一定负载，按上述步骤测定步进电机的空载起动频率；

（5）将步进电机驱动器的电流减为原来的 1/3，再按上述步骤测定空载频率，比较三次的区别。

任务 4　交流伺服驱动单元

模块6任务4

【任务知识目标】

1. 掌握交流伺服驱动单元的接线；
2. 掌握交流伺服驱动器的参数设置与调试。

【任务技能目标】

1. 会正确接线交流伺服驱动单元；
2. 会正确设置与调试交流伺服驱动器参数。

HED－21S 数控综合实训台的 Z 轴执行装置的交流伺服和交流伺服电机采用三洋 Q 系列 QS1A01AA0 伺服驱动器和交流伺服电机 P50B05020DXS00 构成闭环控制系统，如图 6－17所示。使用脉冲接口伺服驱动装置通过 HNC－21TF 的 XS32 脉冲接口连接伺服驱动装置。

伺服驱动器 QS1A01AA0 具体表示含义：QS1－三洋 Q 系列伺服驱动器；A－驱动器型号；01－驱动器容量 15A；A－电机类型为旋转式电机；A－控制单元硬件类型为具有标准型 I/F 的省配线增量式编码器（INC-E）或绝对编码器（可选）；0－与 P 系列电机组合或与 Q 系列电机的标准组合。

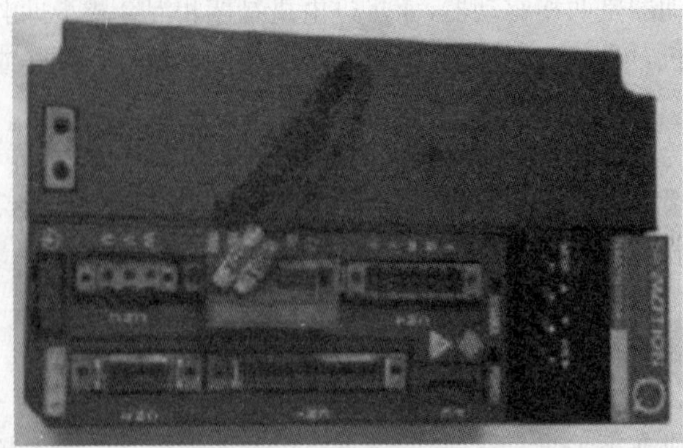

图 6－17　HED－21S 数控系统综合实训台的交流伺服驱动器（三洋 Q 系列）

【交流伺服驱动器与 HNC－21TF、交流伺服电机的连接】

交流伺服驱动器与 HNC－21TF、交流伺服电机的连接如图 6－18、图 6－19 和图 6－20 所示。

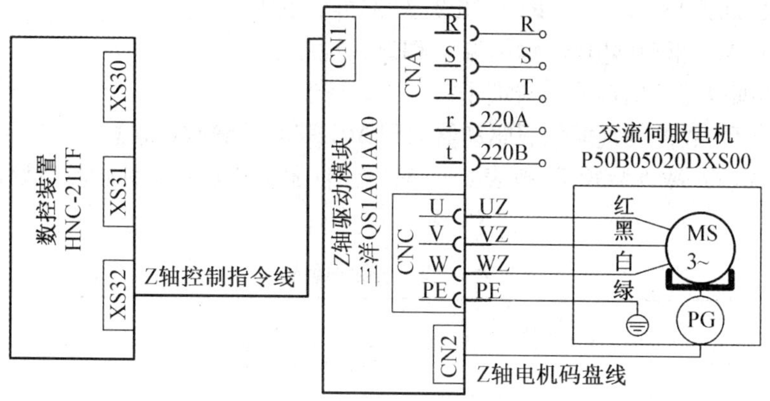

图 6－18　交流伺服驱动装置与 HNC－21TF、交流伺服电机的连接总体框图

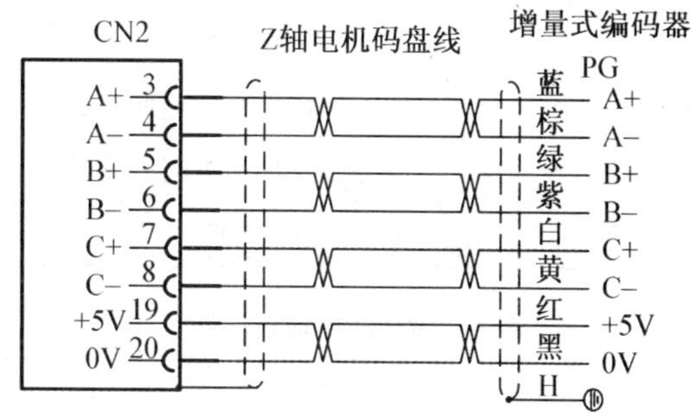

图 6－19　Z 轴伺服电机码盘线

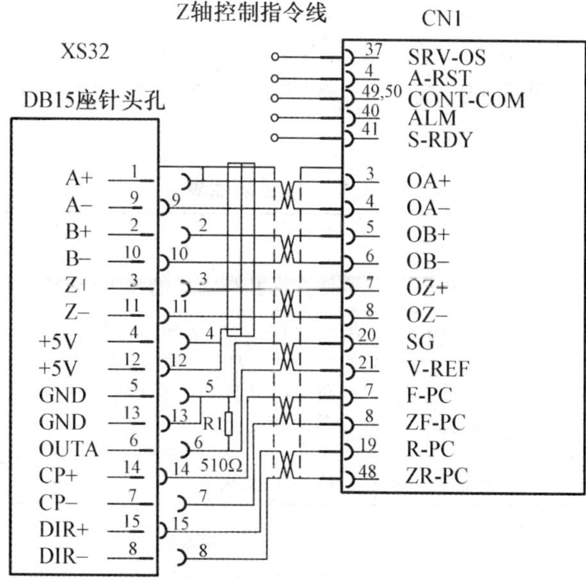

图 6－20　Z 轴控制指令线

交流伺服驱动器 QS1A01AA0 的各引脚定义：

CN1-伺服允许信号、数控控制信号、伺服准备好信号；

CNA：R、S、T-伺服强电；r、t-工作电源；

CNB：DL1、DL2-DC 电抗器；RB1、RB2-外部再生电阻；

CNC：U、V、W-驱动器电源；输出端子 PE-接地端子；

CN2：脉冲编码器反馈信号接线端子。

【HNC-21TF 数控装置配伺服驱动器 QS1A01AA0 的参数设置】

在 HNC-21TF 数控装置中，按表 6-9 对交流伺服电机进行坐标轴参数设置，按表 6-10 设置硬件参数。

表 6-9 坐标轴参数

参数名	参数值	参数名	参数值
外部脉冲当量分子	5	伺服内部参数[0]	0
外部脉冲当量分母	2	伺服内部参数[1]	1
伺服驱动型号	45	伺服内部参数[2]	0
伺服驱动器部件号	2	伺服内部参数[3]、[4]、[5]	0(不使用)
最大定位误差	20	快速加减速时间常数	100
最大跟踪误差	12 000	快速加速度时间常数	64
电动机每转脉冲数	2 000	加工加速(减速)速度时间常数	100(64)

表 6-10 硬件配置参数

参数名	型号	标识	地址	配置[0]	配置[1]
部件 2	5301	45	0	50	0

【伺服驱动器 QS1A01AA0 的调节实验】

三洋驱动器 QS1A01AA0 的操作面板有五个按键，其功能如表 6-11 所示，可以通过这五个按键来进行参数的修改和调试。QS1A01AA0 的数位操作器功能如表 6-12 所示，而模式选择如图 6-21 所示。

表 6-11 按键功能表

按键名称	标志	输入时间	功能
确认键	WR	1 秒或 1 秒以上	确认选择和写入后的编辑数据
光标键	▶	1 秒以内	改变光标位置，选择所需的数字
上键	▲	1 秒以内	在对应的光标位置按键更改数据，当按下 1 秒或更长时间，数据快速变化
下键	▼	1 秒以内	
模式键	MODE	1 秒以内	选择显示模式

表 6－12　数位操作器功能

模式	显示	功能	模式	显示	功能
状态显示	—	显示伺服驱动器状态	基本	bA	设置 16 种不同用户参数
监视	ob	在画面上显示不同监视	参数编辑	PA	设置用户参数
测试操作调整	Ad	允许驱动器调整、测试操作	报警记录	AL	显示最后 7 个及电流报警和 CPU 版本
系统参数编辑	ru	设置系统参数			

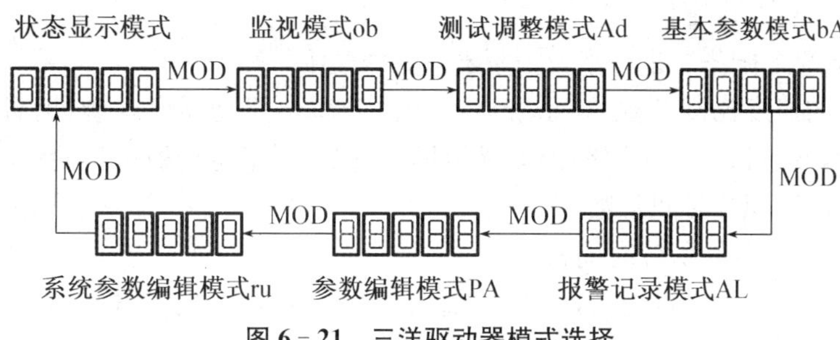

图 6－21　三洋驱动器模式选择

1. 空载下调试及运行

为了判断伺服驱动系统的功能是否正常，可以直接利用伺服驱动器对实训台的 Z 轴交流伺服电机进行控制，即可完成此项功能的调试。

测试操作调整模式能执行伺服驱动器测试操作、调整、报警复位和编码器清零操作。具体步骤如下：

(1) 按下 MODE 键显示测试模式 Ad，然后选择页面屏幕 Ad 0，通过上下键来增加和减少数值显示页号。

(2) 按下 WR 键 1 秒钟，显示起初的屏幕显示，当按下 MODE 键，返回页面选择屏幕。当再次按下 MODE 键，转换到下一组模式。

(3) 监控模式各页码说明见表 6－13。

表 6－13　监控模式说明

页码	功能描述	页码	功能描述
00	速度模拟指令/转矩指令自动更改	04	固定励磁
01	转矩模拟指令自动提升	05	手动操作
02	报警复位	06	自整定陷波滤波器
03	编码器清除	—	—

2. 通过修改伺服驱动器的通用参数改变驱动器的运动性能

注意：在做实验时如果发生 Z 轴啸叫、抖动或其他不良情况，请务必将急停拍下或将伺服电机强电断路，然后将参数恢复，以防损坏设备。

(1) PA000 位置比例增益

① 设定位置环调节器的比例增益。

② 设置值越大，增益越高，刚度越大，相同频率指令脉冲条件下，位置滞后量越小，但数值太大可能会引起振荡或超调。

③ 参数数值由具体的伺服系统型号和负载确定。

更改驱动器的位置比例增益，让系统以固定的频率给驱动器发送脉冲，即让 Z 轴以一个固定的速度运行，然后选择系统跟踪误差显示模式，记录下来运行稳定时的跟踪误差值。

(2) PA002 速度比例增益

① 设定速度调节器的比例增益。

② 设置值越大，增益越高，刚度越大，参数数值由具体的伺服系统型号和负载确定，一般情况下，负载惯量越大，设定值越大。

③ 在系统不产生振荡的条件下，尽量设定较大的值。

更改驱动器的速度比例增益，让系统以固定的频率给驱动器发送脉冲，即让 Z 轴以一个固定的速度运行，然后选择系统跟踪误差显示模式，记录下来运行稳定时的跟踪误差值。

(3) PA003 速度积分时间常数

① 设定速度调节器的积分时间常数。

② 设置值越大，积分时间越快，参数数值由具体的伺服系统型号和负载确定，一般情况下，负载惯量越大，设定值越大。

③ 在系统不产生振荡的条件下，尽量设定较小的值。

更改驱动器的速度比例增益，让系统以固定的频率给驱动器发送脉冲，即让 Z 轴以一个固定的速度运行，然后选择系统跟踪误差显示模式，记录下来运行稳定时的跟踪误差值。

通过修改参数，观察电机的运行性能，观察什么情况下电机出现抖动、啸叫、超调，在参数不同的情况下，电机运转时观察坐标的变化情况，系统跟踪误差的大小，回零时的不同现象，将电机调节到比较理想状态，电机动作时的不同现象。

任务 5 数控装置 HNC-21TF 参数设置

模块6任务5

【任务知识目标】

掌握数控装置 HNC-21TF 的参数设置与调试。

【任务技能目标】

会正确设置与调试数控装置 HNC-21TF 的参数。

子任务 1　数控装置 HNC－21TF 参数概述

1. 参数树

数控系统中的参数进行分级管理，各级参数组成参数树。华中 HNC－21TF 数控系统的参数树如图 6－22 所示。

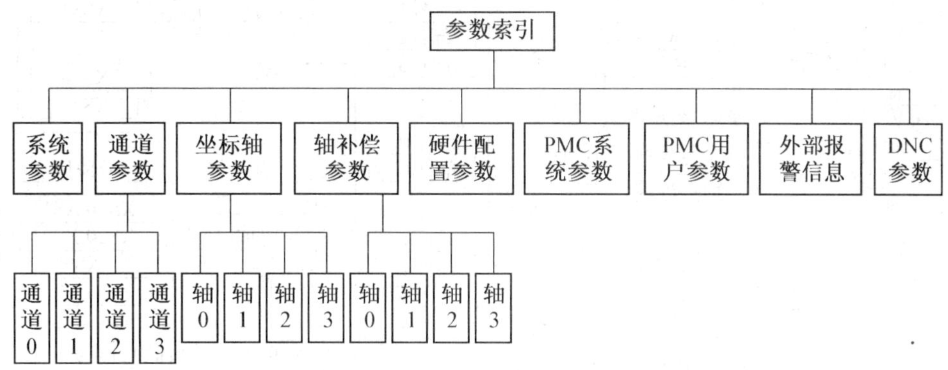

图 6－22　数控装置 HNC－21TF 的参数树

2. 参数管理权限

数控装置的运行，严格依赖于系统参数的设置，因此，对参数修改的权限采用分级管理。在华中 HNC－21TF 数控装置中，设置了三种级别的权限，即数控厂家、机床厂家、用户；不同级别的权限，可以修改的参数是不同的。

(1) 数控厂家：最高级权限，能修改所有参数。

(2) 机床厂家：中间级权限，能修改机床调试时需要设置的参数。

(3) 用户：最低级权限，仅能修改用户使用时需要改变的参数。

数控机床在最终用户处安装调试后，一般不需要修改参数。在特殊的情况下，如需要修改参数，首先应输入参数修改的密码，所输入的密码正确，则可进行此权限级别的参数修改；否则，系统会提示密码输入错误，不能进行该权限级别参数的修改。

3. 主菜单与子菜单

在华中 HNC－21TF 数控装置主操作界面下，用 Enter 键选中某项后，若出现另一个菜单，则前者称主菜单，后者称子菜单。菜单可以分为两种：弹出式菜单和图形按键式菜单。

4. 参数的形式

数控系统参数是以数据的形式保存在数控装置内具有掉电保护功能的存储区域里，系统参数可以显示在 CRT 上，以人机交互的方式设置、调整，通过参数与系统软件沟通，便达到在数控装置硬件不变的条件下功能调整。数控系统参数一般有两种形式。

(1) 位参数

位参数即二进制的“1”或“0”，每位“1”或“0”可表示某个功能的“有”或“无”，也可表示不同功能形式的转换。尽管这种表示简单，但功能性很强，包含的内容相当多。

位参数在系统中可达几十个到上千个，有的系统在 CRT 上有简单注释，而多数没有注释，这就要求必须保存好技术手册，以便对照检查。

(2) 数据参数

数据参数多用十进制数值表示，它表示的是某些功能的设定值或规定范围。

5. 参数相互之间的关系

华中 HNC－21TF 数控装置中，主要参数相互之间的关系如图 6－23 所示。

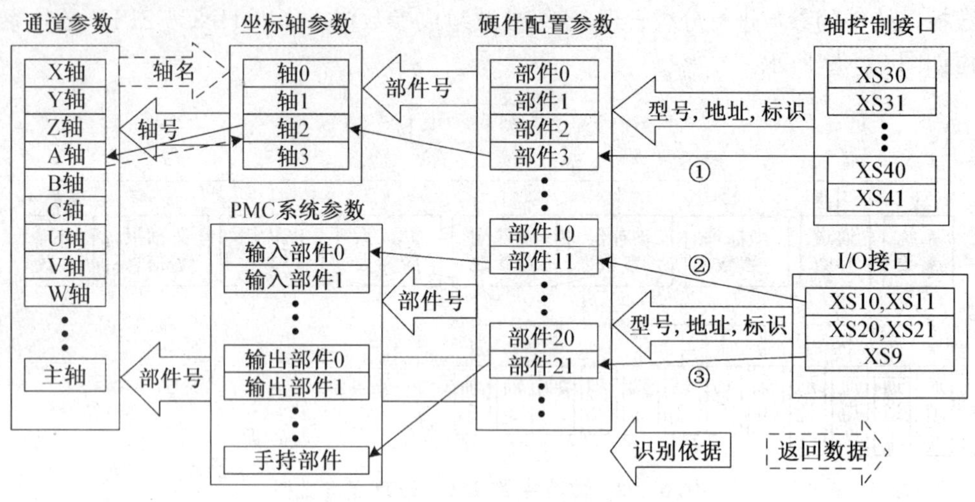

图 6－23 HNC－21TF 主要参数关系图

图 6－23 中的符号①的参数关系如下：如果在硬件配置参数中将部件 3 的型号设为"5301"，标识设为"49"，配置[0]设为"0"，将由 XS40 控制的 11 型伺服单元分配到系统硬件清单中的 3 号部件；在坐标轴参数中通过将轴 2 的部件号设为"3"而使得系统实际轴 2 控制的轴为部件 3 指定的轴，即 XS40 控制的 11 型伺服轴；在通道参数中通过将 A 轴的轴号设为 2，使得轴 2 成为逻辑轴 A 轴，相应的轴 2 的名称即为"A"。

子任务 2 数控装置 HNC－21TF 参数含义

1. 系统参数

系统参数包括有插补周期、刀具寿命管理使能、移动轴脉冲当量分母等。系统参数的单位、设定值及其说明见表 6－14。

表 6－14 系统参数

参数名	值	说明
插补周期	8	插补周期为 8 毫秒
刀具寿命管理	0	刀具寿命管理禁止
移动轴脉冲当量分母	1	移动轴内部脉冲当量 0.001 mm
旋转轴脉冲当量分母	1	旋转轴内部脉冲当量 0.001°

2. 通道参数

通道参数的管理权限、设定及说明见表 6－15。

表 6－15　通道参数

参数名	值	说明	参数名	值	说明
通道使能	1	0 通道使能	主轴编码器部件号	－1 或 23	根据实际设定
X 轴轴号	0	X 轴部件号	主轴编码器每转脉冲数	0	根据实际设定
Y 轴轴号	1	Y 轴部件号/车床设－1	移动轴拐角误差	1 000	禁止更改
Z 轴轴号	2	Z 轴部件号	旋转轴拐角误差	1 000	禁止更改
A 轴轴号	3	4 轴部件号/不用设－1	通道内部参数	0	禁止更改

3. 坐标轴参数

坐标轴参数包含有轴名称、所属通道号、轴类型、单位内部脉冲当量、正软极限位置等等，常见的坐标轴参数见表 6－16。

表 6－16　坐标轴参数

参数名	值			
	轴 0	轴 1	轴 2	轴 3
轴名	X	Y	Z	A
轴类型	0	0	0	0
伺服驱动器部件号	0	1	2	3
所属通道号	0			
外部脉冲当量分子	1			
外部脉冲当量分母	1			
正软极限位置*	8 000 000			
负软极限位置*	－8 000 000			
回参考点方式	2			
回参考点方向	＋			
参考点位置	0			
参考点开关偏差	0			
回参考点快移速度	500			
回参考点定位速度	200			
单向定位偏移值	1 000			
最大跟踪误差	12 000			
电机每转脉冲数	2 500			

参数名			值			
			轴 0	轴 1	轴 2	轴 3
速度环比例系数			2 000			
速度环积分时间常数			100			
最大力矩值			150			
额定力矩值			100			
伺服内部参数[0]	串行	STZ 电机	2			
		1FT6 电机	3			
	步进电机		步进电机拍数			
	脉冲式		0			
	模拟式		1 000 转对应 D/A 输出值			
伺服内部参数[1]	串行式		0			
	步进电机		0			
	脉冲式		反馈电子齿轮分子			
	模拟式		最小 D/A 输出对应数字值			
伺服内部参数[2]	串行式		1 或 5			
	步进电机		0			
	脉冲式		反馈电子齿轮分母			
	模拟式		D/A 输出最大对应数字量			

（续表）

参数名	值				参数名		值			
	轴 0	轴 1	轴 2	轴 3			轴 0	轴 1	轴 2	轴 3
最高快移速度*	1 000				伺服内部参数[3]	串行式	0			
最高加工速度*	500					步进电机	0			
快移加减速时间常数	100					脉冲式	0			
快移加减速度时间常数	60					模拟式	位置环延时时间常数			
加工加减速时间常数	100				伺服内部参数[4]	串行式	0			
加工加减速度时间常数	60					步进电机	0			
定位允差	20					脉冲式	0			
位置环开环增益	3 000					模拟式	位置环零漂补偿时间 ms			
位置环前馈系数	0				伺服内部参数[5]		0			

轴类型参数设置说明如下：

(1) 数控系统 PLC 未调试好以前，轴类型值设“0”：未安装！可模拟调试 PLC。PLC 及所有参数调好后，逐个轴设置此参数使其正常工作。设“1”为移动轴，“2 或 3”为旋转轴。

(2) 根据设备具体情况设置，如 3 轴系统，轴 3 的轴类型为 0；2 轴车床，轴 1 和轴 3 的轴类型设为 0。

(3) 轴 3 为旋转轴时可设为 2 或 3，在调试时均可设为 1。

4. 轴补偿参数

轴补偿参数的管理权限、设定及说明见表 6－17。

5. 硬件配置参数

硬件配置参数可以看作是系统内部所有硬件设备的清单。共可配置 32 个部件，从部件 0 到部件 31，每个部件包含五个参数。部件外部设备的型号、标识及配置见表 6－18，部件配置参数的管理权限、设定及说明见表 6－19。

表 6－17 轴补偿参数

参数名	值			
	轴 0	轴 1	轴 2	轴 3
反向间隙*	0			
螺补类型	0			

表 6－18　硬件配置参数

参数名	型号	标识	地址	配置[0]	配置[1]	参数名	型号	标识	地址	配置[0]	配置[0]
部件 0	5301	串行式 49 步进电机 46 脉冲式 45 模拟式 41/42	0	0	0	部件 20	5301	13	0	0	0
部件 1				1	0	部件 21		13		1	0
部件 2				2	0	部件 22		15		4	0
部件 3				3	0	部件 23		32		4	0
—		—		—	—	部件 24		31		5	0

表 6－19　部件外部设备的型号、标识及配置

设备说明		部件型号	标识	地址	配置[0]	配置[1]
面板开关量输入输出 输入 16 组；输出 8 组		5301	13	0	0	0
外部开关量输入输出 输入 5 组；输出 4 组					1	
主电机驱动单元 D/A 接口 XS9			15		4	
主轴编码器接口 XS9			32			
手摇脉冲发生器接口 XS8			31		5(6)	
串行伺服接口 （HSV－11 伺服） XS40～XS43	XS40		49		0	
	XS41				1	
	XS42				2	
	XS43				3	
其他进给驱动接口 XS30～XS33	步进驱动		46		注[1]	注[4]
	脉冲接口伺服		45		注[2]	0
	模拟接口伺服		41/42		注[3]	

注[1]：D0～D3（二进制）；轴号，0000－1111

D4～D5（二进制）；00－（缺省）单脉冲输出；01－单脉冲输出；10－双脉冲输出；11－AB 相输出。

注[2]：D0～D3（二进制）；轴号，0000－1111

D4～D5（二进制）；00－（缺省）单脉冲输出；01－单脉冲输出；10－双脉冲输出；11－AB 相输出。

D6～D7（二进制）；00－（缺省）AB 相反馈；01－单脉冲反馈；10－双脉冲反馈；11－AB 相反馈。

注[3]：D0～D3（二进制）；轴号，0000－1111

D6～D7（二进制）；00－（缺省）AB 相反馈；01－单脉冲反馈；10－双脉冲反馈；11－AB 相反馈。

注[4]：0－编码器 Z 脉冲边沿；8－编码器 Z 脉冲高电平；－8－编码器 Z 脉低电平；其他－以开关量代替 Z 脉冲。

6．PMC 系统参数

PMC 系统参数的管理权限、设定及说明表 6－20。

数控系统中的参数在系统中可达几十个到上百个，而多数没有注释，要求必须保存好技术手册，以便对照检查。

表 6-20 PMC 系统参数

参数名	值	说明	参数名	值	说明
开关量输入总组数	46		输出模块 0 部件号	21	外部输出开关量
开关量输出总组数	38		组数	28	
输入模块 0 部件号	21	外部输入开关量	输出模块 1 部件号	22	主轴 D/A 对应数字量
组数	30		组数	2	
输入模块 1 部件号	20	编程键盘与机床操作面板输入开关量	输出模块 2 部件号	20	输出到编程键盘与机床操作面板开关量
组数	16		组数	8	
输入模块 N 部件号	-1	N=2~7	输出模块 N 部件号	-1	N=3~7
组数	0		组数	0	
手持单元 0 部件号	24		—	—	—

子任务 3 数控装置 HNC-21TF 参数设置与调整

【参数查看与设置】

在华中 HNC-21TF 数控装置中主操作界面下，按 F3 键进入“参数功能”子菜单，如图 6-24 所示。

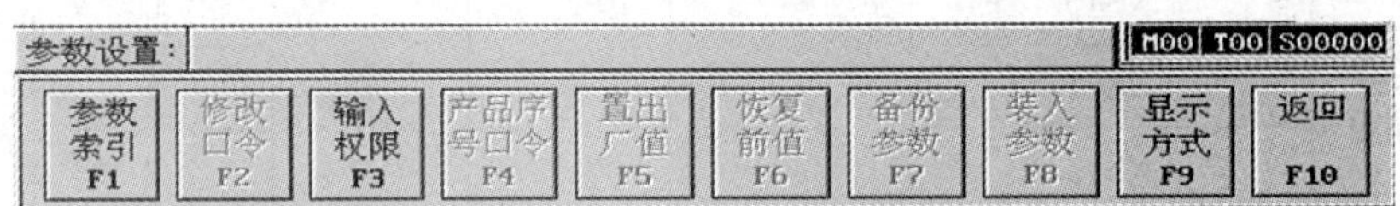

图 6-24 参数功能子菜单

参数查看与设置具体操作步骤如下：

(1) 在“参数功能”子菜单下，按 F1 键，系统将弹出如图 6-25 所示的“参数索引”子菜单。

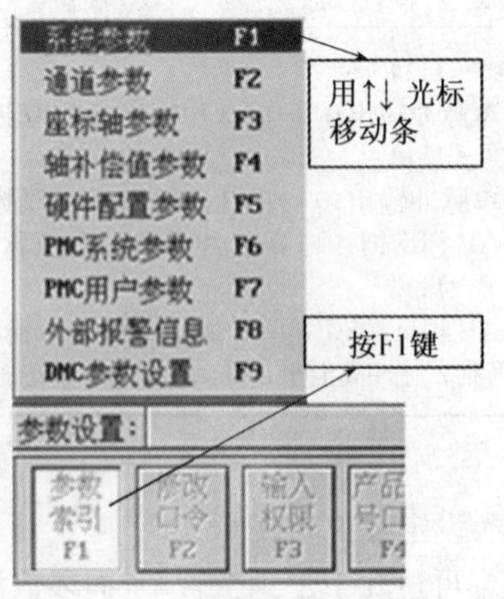

图 6-25 “参数索引”子菜单

(2) 用↑、↓键选择要查看或设置的选项，按 Enter 键进入下一级菜单或窗口。

(3) 如果所选的选项有下一级菜单，例如“坐标轴参数”，系统会弹出该选项的下一级菜单；如图 6-26 所示的“坐标轴参数”菜单。

(4) 用同样的方法选择、确定选项，直到所选的选项没有下一级的菜单为止，此时，图形显示窗口将显示所选参数块的参数名及参数值，例如在“坐标轴参数”菜单中选择“轴 0”，则显示如图 6-26 右上所示的“坐标轴参数-轴 0”窗口；用↑、↓、→、←、PgUp、PgDn 等键移动蓝色光标条，到达所要查看或设置的参数处。

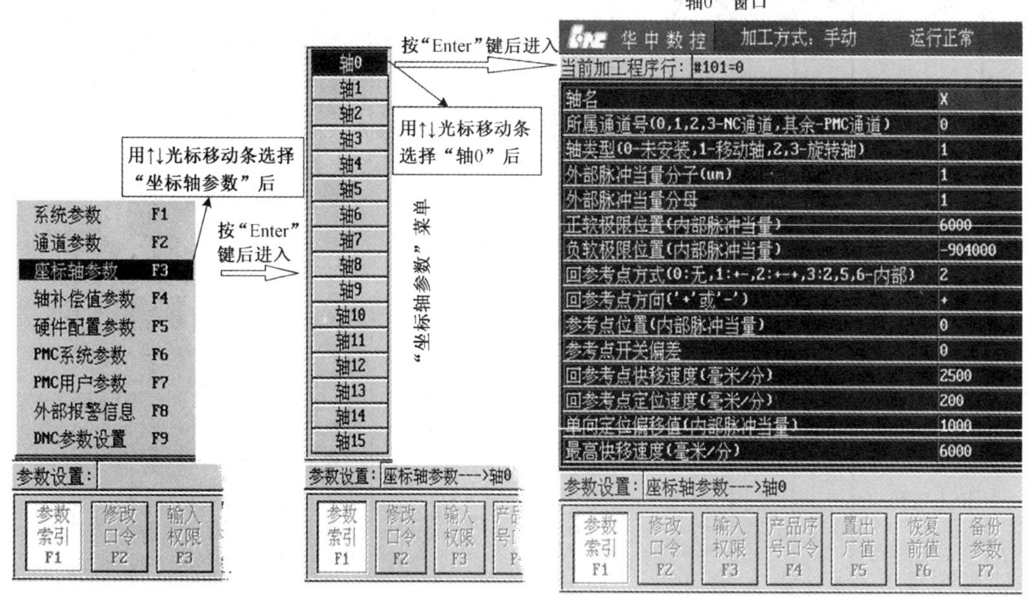

图 6-26　“坐标轴参数-轴 0”窗口

(5) 坐标轴参数的类型

由图 6-26 所示的“坐标轴参数-轴 0”窗口的参数可知，坐标轴参数的类型有功能型参数和真实值型参数。

【数控装置接口及连接部件的标识】

在 HED-21S 实训实验台中，HNC-21TF 数控装置接口如图 6-27 所示。

HNC-21TF 数控装置 XS30 口接脉冲接口的雷塞步进驱动 M535(S)，作为数控系统的 X 轴进给驱动，指令脉冲形式为单脉冲；步进电动机转动一圈对应的脉冲数为 1 600，步进电动机的拍数为 4。通常部件号为 0，轴号为 0。

HNC-21TF 数控装置 XS32 口接三洋交流驱动器 QS1A01AA0，作为数控系统的 Z 轴进给驱动，指令脉冲形式为单脉冲；交流伺服电动机转动一圈码盘反馈 2 500 个脉冲，脉冲形式为 A、B 相脉冲。通常部件号为 2，轴号为 2。

HNC-21TF 数控装置 XS9 口接日立变频器 SJ100。通常部件号为 22，标识为 15。

HNC-21TF 数控装置 XS8 口接手摇脉冲发生器。通常部件号为 24，标识为 31。

HNC-21TF 数控装置面板按钮的输入/输出量。通常部件号为 20，标识为 13。

HNC-21TF 数控装置 XS10 口接输入开关量。通常部件号为 21，标识为 13。

HNC－21TF 数控装置 XS20 口接输出开关量。通常部件号为 21，标识为 13。

HNC－21TF 数控装置 XS31 口接光栅尺，光栅尺反馈的是脉冲信号，脉冲形式为 A、B 相脉冲。通常部件号为 1，轴号为 1。

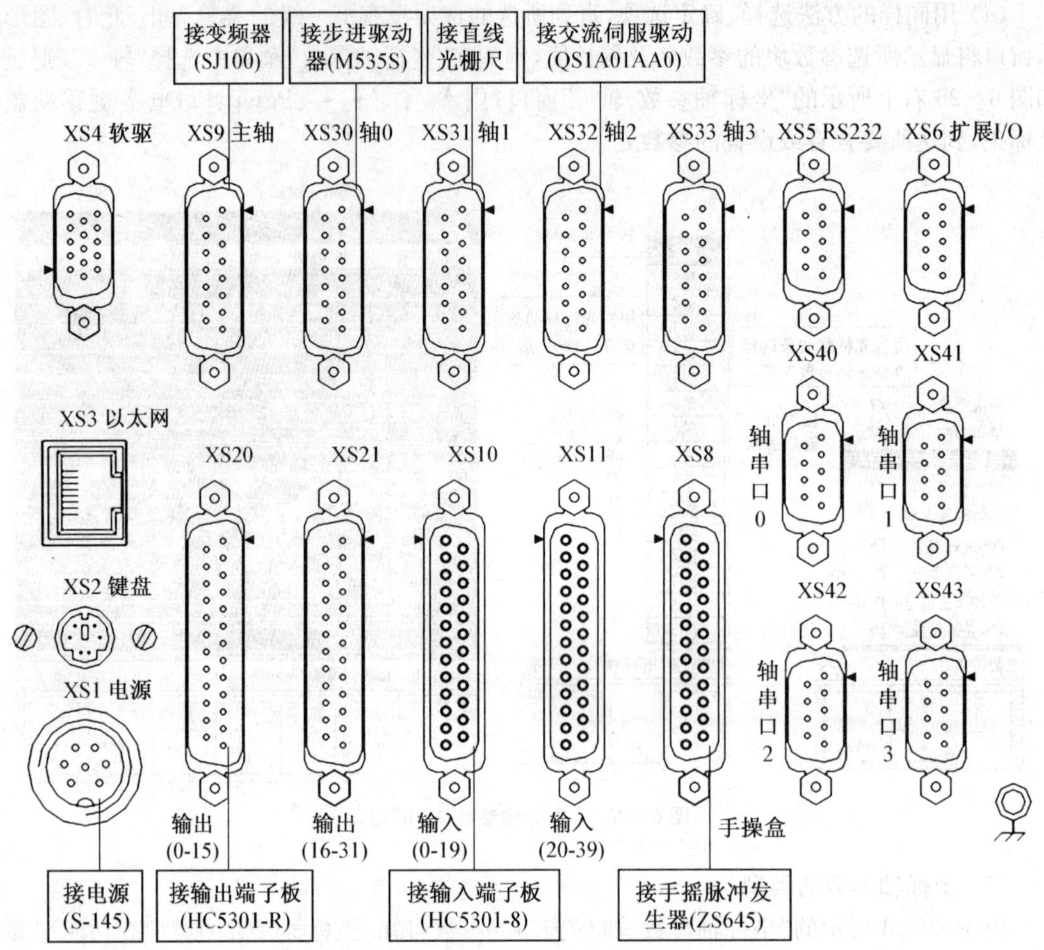

图 6－27 HNC－21TF 数控装置接口

【硬件配置参数的设置】

在硬件配置参数中设置 HNC－21TF 数控装置的各部件硬件配置参数，如表 6－21 所示。

表 6－21 硬件配置参数的设置

参数名	型号	标识	地址	配置[0]	配置[1]
部件 0	5301	46	0	1	0
部件 1	5301	45	0	1	0
部件 2	5301	45	0	2	0
部件 20	5301	13	0	0	0
部件 21	5301	13	0	1	0
部件 22	5301	15	0	4	0
部件 24	5301	31	0	5	0

【PMC 系统参数的设置】

在 HNC－21TF 中主要包含三种开关量或数字量接口：编程面板和机床操作面板、用户使用的外部开关量接口及主轴 D/A 接口。在 PMC 系统参数中设置 HNC－21TF 数控装置的 PMC 系统参数，如表 6－22 所示。

编程面板和机床操作面板：包含 16 组内部开关量输入和 8 组开关量输出；

用户使用的外部开关量：包含 5 组外部开关量输入和 4 组外部开关量输出；还可以扩展远程 I/O 端子板（最多 16 组输入开关量和 16 组输出开关量）；系统保留 9 组输入开关量和 8 组输出开关量。因此，在 PMC 系统参数中将该部分外部开关量输入和外部开关量输出分别设置为 30 组和 28 组；

主轴 D/A：占两个字节；

以上共有 16＋30＝46 组输入开关量，8＋28＋2＝38 组输出开关量。

表 6－22　PMC 系统参数的设置

参数名	参数说明	参数设置
开关量输入总组数	开关量输入总字节数	46
开关量输出总组数	开关量输出总字节数	38
输入模块 0 部件号	XS10 输入的外部开关量部件号	21
输入模块 0 组数	XS10 输入的开关量字节数	30
输入模块 1 部件号	编程键盘和机床操作面板按钮输入开关量部件号	20
输入模块 1 组数	编程键盘和机床操作面板按钮输入开关量字节数	16
输出模块 0 部件号	XS20 输出的外部开关量部件号	21
输出模块 0 组数	XS20 输出的外部开关量字节数	28
输出模块 1 部件号	主轴模拟电压指令对应的数字量部件号	22
输出模块 1 组数	主轴模拟电压指令对应的数字量字节数	2
输出模块 2 部件号	编程键盘和机床操作面板按钮输出开关量部件号	20
输出模块 2 组数	编程键盘和机床操作面板按钮输出开关量字节数	8
手持单元 0 部件号	手摇脉冲发生器的部件号	24

【坐标轴参数的设置】

1. X 坐标轴参数的设置

HNC－21TF 数控装置的 X 坐标轴（进给轴）参数设置见表 6－23。

表 6－23　X 坐标轴参数的设置

参数名	参数说明	参数范围
伺服驱动器型号	脉冲接口伺服驱动器型号代码为 45	45
伺服驱动器部件号	X 轴对应的硬件部件号	0
最大跟踪误差		10 000

（续表）

参数名	参数说明	参数范围
电动机每转脉冲数	电动机转动一圈对应的输出脉冲当量数	2 500
伺服内部参数[0]	设置为 0	0
伺服内部参数[1]	反馈电子齿轮分子	1
伺服内部参数[2]	反馈电子齿轮分母	1

2. Y 坐标轴参数的设置

HNC－21TF 数控装置的光栅尺占用了一个轴接口，作为数控系统的 Y 坐标轴，因此光栅尺相当于电动机码盘的作用，但不是用来控制坐标轴，而是用来显示坐标轴的实际位置。应注意将定位允差、最大跟踪误差必须设置为 0，否则坐标轴一移动，系统就会报警。Y 坐标轴参数的设置见表 6－24。

表 6－24　Y 坐标轴参数的设置

参数名	参数说明	参数范围
伺服驱动型号	脉冲接口伺服驱动型号代码为 45	45
伺服驱动器部件号	Y 轴对应的硬件部件号	1
定位允差		0
最大跟踪误差		0
伺服内部参数[0]	设置为 0	0

3. Z 坐标轴参数的设置

HNC－21TF 数控装置的 Z 坐标轴（进给轴）参数设置见表 6－25。

表 6－25　Z 坐标轴参数设置

参数名	参数说明	参数范围
伺服驱动型号	脉冲接口伺服驱动型号代码为 45	45
伺服驱动器部件号	Z 轴对应的硬件部件号	2
电动机每转脉冲数	电动机转动一圈对应的输出脉冲当量数	1 600
伺服内部参数[0]	步进电动机拍数	4

4. 通道参数的设置

HNC－21TF 数控装置的标准设置选“0 通道”，其余通道不用，参数设置见表 6－26。

【数控装置 HNC－21TF 的参数设置确认与调整】

1. 与主轴相关参数的设置确认与调整

（1）在“硬件配置参数”选项和“PMC 系统参数”选项中确认主轴 D/A 相关参数设置的正确性。

（2）检查主轴变频驱动器的参数是否正确。

（3）用主轴速度控制指令（S 指令）改变主轴速度，检查主轴速度的变化是否正确。

（4）调整设置主轴变频驱动器的参数，使其处于最佳工作状态。

表 6－26　通道参数的设置

参数名	参数值	参数说明	参数名	参数值	参数说明
通道使能	1	“0 通道”使能	移动轴拐角误差	20	禁止更改
X 轴轴号	0	X 轴部件号	旋转轴拐角误差	20	禁止更改
Y 轴轴号	2	光栅尺部件号	通道内部参数	0	禁止更改
Z 轴轴号	1	Z 轴部件号	—	—	—

2. 使用步进电动机时有关参数的设置确认与调整

（1）确认步进驱动单元接收脉冲信号的类型与 HNC－21TF 所发脉冲类型的设置是否一致；

（2）确认步进电动机拍数（伺服内部参数 P[O]）的正确性；

（3）在手动或手摇状态下，使电动机慢速转动，然后使电动机快速转动。若电动机转动时，有异常声音或堵转现象，应适当增加快移加减速时间常数、快移加速度时间常数、加工加减速时间常数、加工加速度时间常数。

3. 使用脉冲接口伺服驱动单元时有关参数的设置确认与调整

（1）确认脉冲接口式伺服单元接收脉冲信号的类型与 HNC－21TF 所发脉冲类型的设置是否一致。

（2）确认坐标轴参数设置中的电动机每转脉冲数的正确性。该参数应为伺服电动机或伺服驱动装置反馈到 HNC－21TF 数控装置的每转脉冲数。

（3）确认电动机转动时反馈值与数控装置的指令值的变化趋势是否一致。控制电动机转动一小段距离，根据指令值和反馈值的变化，修改伺服内部参数 P[1]或伺服内部参数 P[2]的符号，直至指令值和反馈值的变化趋势一致。

（4）控制电动机转动一小段距离（如 1 mm），观察坐标轴的指令值与反馈值是否相同。如果不同，应调整伺服单元内部的指令倍频数（通常有指令倍频分子和指令倍频分母两个参数），直到 HNC－21TF 数控装置屏幕上显示的指令值与反馈值相同。

（5）使调试的坐标轴运行 10 mm 或 10 mm 的整数倍的指令值，观察电动机是否每 10 mm 运行一周，如果不是，应该同时调整轴参数中的伺服内部参数[1]、伺服内部参数[2]和伺服单元内部的指令倍频数参数。

子任务 4　数控装置 HNC－21TF 的 PLC 调试

【I/O 信号与 X/Y 的对应关系】

在“PMC 系统参数”选项中给各部件（部件 20、部件 21、部件 22）中的输入、输出开关量分配占用的 X、Y 地址，即确定接口中各 I/O 信号与 X/Y 的对应关系。

数控装置 HNC－21TF 的 PMC 系统参数中关于输入/输出开关量设置如图 6－28 所示。

将部件 21 中的开关量输入信号设置为“输入模块 0”，共 30 组，则占用 X[00]～X[29]；将部件 20 中的开关量输入信号设置为“输入模块 1”，共 16 组，则占用 X[30]～X[45]；输入开关量总组数即为 30+16=46 组。

将部件 21 中的开关量输出信号设置为“输出模块 0”，共 28 组，则占用 Y[00]～Y[27]；将部件 22 中的开关量输出信号设置为“输出模块 1”，共 2 组，则占用 Y[28]～Y[29]；将部件 20 中的开关量输出信号设置为“输出模块 2”，共 8 组，则占用 Y[30]～Y[37]；输出开关量总组数即为 28+2+8=38 组。

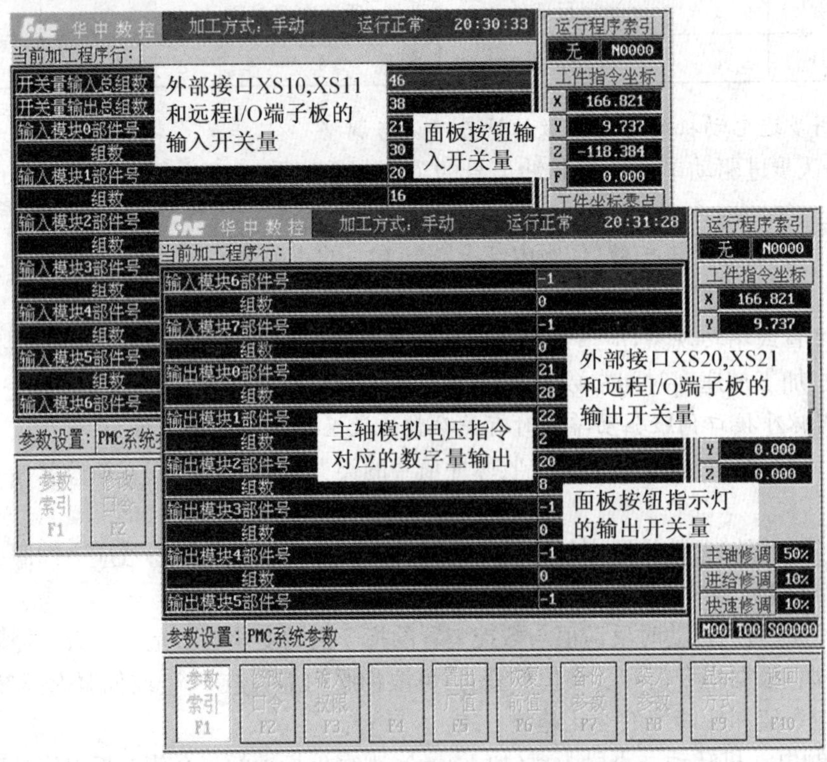

图 6-28 PMC 系统参数中关于输入/输出开关量的设置

在“PMC 系统参数”选项中所涉及的部件号与“硬件配置参数”选项中的部件号是一致的。输入/输出开关量每 8 位一组，占用一个字节。例如 HNC-21TF 数控装置 XS10 接口的 I0～I7 开关量输入信号占用 X[00]组，I0 对应于 X[00]的第 0 位、I1 对应于 X[00]的第 1 位……。按以上参数设置，I/O 开关量与 X/Y 的对应关系见表 6-27。

HNC-21TF 数控装置的机床操作面板按钮共 3 排，其中

(1) 第一排有 15 个按钮输入开关量信号依次为 X[30]和 X[31]的第 0～6 位，指示灯输出开关量信号依次为 Y[30]和 Y[31]的第 06 位；

(2) 第二排有 14 个按钮输入开关量信号依次为 X[32]和 X[33]的第 0～5 位，指示灯输出开关量信号依次为 Y[32]和 Y[33]的第 0～5 位；

(3) 第三排有 15 个按钮输入开关量信号依次为 X[34]和 X[35]的第 0～6 位，指示灯输出开关量信号依次为 Y[34]和 Y[35]的第 0～6 位。

表 6－27　I/O 开关量与 X/Y 的对应关系

类别	信号名	X/Y 地址	部件号	模块号	说明
输入开关量地址定义	I0～I39	X[00]～X[04]	21	输入模块 I	XS10、XS11 输入开关量
	I40～I47	X[05]			保留
	I48～I175	X[06]～X[21]			HNC－21 远程输入开关量
	I176～I239	X[22]～X[29]			保留
	I240～I367	X[30]～X[45]	20	输入模块 1	面板按钮输入开关量
输出开关量地址定义	O00～O31	Y[00]～Y[03]	21	输出模块 O	XS20、XS21 输出开关量
	O32～O159	Y[04]～Y[19]			HNC－21 远程输出开关量
	O160～O223	Y[20]～Y[27]			保留
	O224～O239	Y[28]～Y[29]	22	输出模块 1	主轴模拟电压指令数字输出量
	O240～O303	Y[30]～Y[37]	20	输出模块 2	面板按钮指示灯输出开关量

【I/O(输入/输出)开关量的接口】

在系统程序、PLC 程序中，机床输入的开关量信号定义为 X(即各接口中的 I 信号)，输出到机床的开关量信号定义为 Y(即各接口中的 O 信号)。

将各个接口(HNC－21TF 本地、远程 I/O 端子板)中的 I/O(输入/输出)开关量定义为系统程序中的 X、Y 变量，需要通过设置参数中的“硬件配置参数”选项和“PMC 系统参数”选项来实现。

HNC－21TF 数控装置的输入/输出开关量占用硬件配置参数中的三个部件(一般设为部件 20、部件 21、部件 22)，如图 6－29 所示。

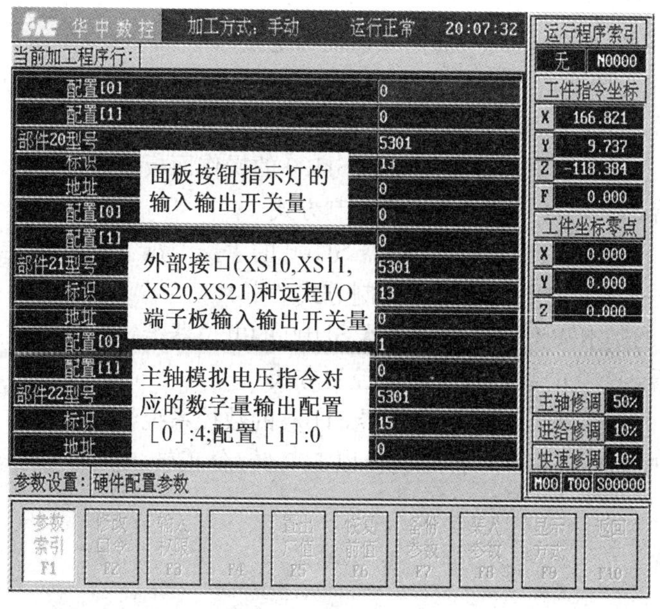

图 6－29　输入/输出开关量在硬件配置参数中的设置

主轴模拟电压指令输出的过程为：PLC 程序通过计算给出数字量，再将数字量通过转换用的硬件电路转化为模拟电压。PLC 程序处理的是数字量，共 16 位，占用两个字节，即两组输出信号。因此，主轴模拟电压指令也作为开关量输出信号处理。

实践训练 1 变频调速主轴单元的参数设置与调试

【实训目的与要求】

1. 了解变频器数字操作键盘的使用和参数设置的方法；
2. 掌握变频器常见功能的测试；
3. 掌握主轴控制的几种方式。

【实训仪器与设备】

1. HED-21S 数控综合实训台一台；
2. 工具包；
3. HED-21S 数控综合实训台的电气原理图一套。

【实训内容】

变频调速主轴单元的实训内容：

1. 数控系统与主轴伺服系统的连接；
2. 日立变频器 SJ100 面板的认识；
3. 日立变频器 SJ100 的参数设置；
4. 日立变频器 SJ100 的常见功能测试；
5. 日立变频器 SJ100 的控制方式；
6. 主轴变频器的典型故障与分析原因。

【实训步骤】

1. 数控装置 HNC-21TF 与主轴伺服系统的连接

按图 6-8、附录Ⅳ图 3 进行数控装置 HNC-21TF 与主轴伺服系统的连接。

2. 日立变频器 SJ100 面板的认识

按照子任务 2 的基本知识对日立变频器 SJ100 的操作面板进行操作。

3. 日立变频器 SJ100 的手操键盘给定控制方式

按照子任务 2 的基本知识对日立变频器 SJ100 的手操键盘给定控制方式进行操作。

4. 日立变频器 SJ100 的电位器给定控制方式

按照子任务 2 的基本知识对日立变频器 SJ100 的电位器给定控制方式进行操作。

5. 日立变频器 SJ100 的数控系统给定控制方式

按照子任务 2 的基本知识对日立变频器 SJ100 的数控系统给定控制方式进行操作。

如在 MDI 下执行 M03 S500，电机就会以 500 转/分正转，将实训现象与结果记录在表 6-28中。

表 6－28　实验记录表

序号	设置方法	现象	原因
1	将步进电机的三相电源中的两相进行互换，运行主轴，观察出现的现象		
2	将变频器的模拟电压取消或极性互调，运转主轴，观察现象		
3	将变频器的 H 组参数中的极数设置为 6 或 2，运行主轴，观察现象		
4	将主轴的正反转信号取消，运行主轴，观察现象		

【实训总结与思考】

1. 总结日立变频器 SJ100 的控制方式。

2. 如果将日立变频器 SJ100 改成三菱 FR－E700 系列、西门子系列 MM440 系列变频器，又如何进行接线、参数设置与调试呢？

实践训练 2　伺服驱动单元的参数设置与调试实训

【实训目的与要求】

1. 熟悉交流伺服系统的构成及原理；
2. 掌握伺服电机、驱动器、数控系统的连接；
3. 掌握交流伺服电机及驱动器的性能与特性；
4. 熟悉交流伺服系统的动态特性及其基本参数调整；
5. 熟悉反馈装置如编码器、光栅、磁栅的组成与工作原理。

【实训仪器与设备】

1. HED－21S 数控综合实训台一台；
2. 工具包；
3. HED－21S 数控综合实训台的电气原理图一套。

【实训内容】

1. 数控系统与交流伺服驱动器的连接；
2. 世纪星 HNC－21TF 配伺服驱动时的参数设置；
3. 伺服驱动器的调节与参数设置；
4. 反馈部件的装配与安装使用技术要求。

【实训步骤】

1. 空载下调试及运行

为了判断伺服驱动系统的功能是否正常，可以直接利用伺服驱动器对电机进行控制，实验台的 Z 轴采用的交流伺服电机，可以完成此项功能的调试。

2. 通过修改伺服驱动器的通用参数，改变驱动器的运动性能

(1) 更改驱动器的位置比例增益 PA000，让系统以固定的频率给驱动器发送脉冲，即让 Z 轴以一个固定的速度运行，然后选择系统跟踪误差显示模式，记录下来运行稳定时的跟踪误差值，填入表 6－29 中。

表 6-29 位置比例增益 PA000 与系统跟踪误差的关系

位置比例增益值	5	20	30	500	1 000	1 200
系统跟踪误差						
Z 轴运行状态						

(2) 更改驱动器的速度比例增益 PA002，让系统以固定的频率给驱动器发送脉冲，即让 Z 轴以一个固定的速度运行，然后选择系统跟踪误差显示模式，记录下来运行稳定时的跟踪误差值，填入表 6-30。

表 6-30 速度比例增益值 PA002 与系统跟踪误差的关系

速度比例增益值	5	20	30	500	1 000	1 200
系统跟踪误差						
Z 轴运行状态						

(3) 更改驱动器的速度积分时间常数 PA003，让系统以固定的频率给驱动器发送脉冲，即让 Z 轴以一个固定的速度运行，然后选择系统跟踪误差显示模式，记录下来运行稳定时的跟踪误差值，填入表 6-31 中。

(4) 通过修改参数，观察电机的运行性能，观察什么情况下电机出现抖动、啸叫、超调，在参数不同的情况下，电机运转时观察坐标的变化情况，系统跟踪误差的大小，回零时的不同现象，将电机调节到比较理想状态，电机动作时的不同现象。

表 6-31 速度积分时间常数 PA003 与系统跟踪误差的关系

速度积分时间常数	800	400	20	6	1
系统跟踪误差					
Z 轴运行状态					

(5) 根据表 6-32 对伺服电机进行调试，把观察到的工作台的运行状态，伺服电机的运行及系统的状态填入表中。

表 6-32 速度积分时间常数 PA003 与系统跟踪误差的关系

速度积分时间常数	800	400	20	6	1
位置环比例增益值					
系统跟踪误差					
Z 轴运行状态					

3. 步进电机绕组的并联与串联接法实验

步进驱动器是两相驱动器，利用两相驱动器来控制四相步进电机，可以将四相步进电机的绕组线圈两两进行并联或串联，当作两相电机进行使用。现将串联接法改为并联接法：

(1) 将电机绕组端子 A+、C-并在一起接到驱动器 A+端子上；

(2) 将电机绕组端子 A-、C+并在一起接到驱动器 A-端子上；

(3) 将电机绕组端子 B+、D-并在一起接到驱动器 B+端子上；

(4) 将电机绕组端子 B－、D＋并在一起接到驱动器 B－端子上。

4. 测定步进电机的空载起动频率

(1) 设置 X 轴的加减速时间常数为 2，并将快移与加工速度分别设为 6 000、5 000；

(2) 在步进电机轴处作一标记，由世纪星设置步进整数转的位移和速度，让步进电机空载起动；

(3) 步进电机处于静止状态下，起动旋转一圈后停止，从轴标记判断步进电机是否失步活出现堵转现象；

(4) 在工作台上增加一定负载，按上述步骤测定步进电机的空载起动频率；

(5) 将步进电机驱动器的电流减为原来 1/3，再按上述步骤测定空载频率，比较三次的区别，实验结果记录在表 6－33 中。

5. 反馈装置(编码器)的连接

XS9 接口的 A、A* 、B、B* 、Z、Z* 分别连接到编码器 A、A* 、B、B* 、Z、Z* 。

表 6－33　实验结果记录表

序号	设置方法	现象	原因
1	步进驱动器 A＋与 A－互换，手动运行 X 轴，观察现象		
2	将步进驱动器的电流设定值调到最小，运行 X 轴与正常情况下比较		
3	将 X 轴的指令线中的 CP＋、CP－进行互换，运行 X 轴与正常情况下比较		
4	将 X 轴的指令线中的 DIR＋、DIR－任意取消一根，运行 X 轴与正常情况下比较		
5	将 X 轴的指令线中的 DIR＋、DIR 互换，运行 X 轴与正常情况下比较		
6	只将线圈 A、B 与步进驱动器连接，将 C、D 两线圈与驱动器断开，运行 X 轴，观察现象		
7	只将线圈 A、C 与步进驱动器连接，将 B、D 两线圈与驱动器断开，运行 X 轴，观察现象		

【注意事项】

在做实验时如果发生 Z 轴啸叫、抖动或其他不良情况，请务必将急停拍下或将伺服电机强电断路，然后将参数恢复，以防损坏设备。

【实训报告与思考】

1. 根据实验现象，将伺服驱动器的调节结果记录填入表 6－29、表 6－30、表 6－31、表 6－32、表 6－33。

2. 简述反馈部件工作原理。

实践训练 3　HNC－21TF 数控装置的参数设置与调试实训

【实训目的与要求】

1. 熟悉 HNC－21TF 数控装置与各部件之间的连接，能独自完成接线；
2. 了解参数设置对数控系统运行的作用及影响；
3. 能够正确设置 HNC－21TF 数控装置常用参数并熟悉各接口；
4. 掌握 HNC－21TF 数控装置的调试及运行方法。

【实训仪器与设备】

1. HED－21S 数控综合实训台一台；
2. 扳手、起子等工具一套；
3. HED－21S 数控综合实训台的电气原理图一套；
4. 专用连接线一套；
5. 万用表一只，PC 键盘一个。

【实训内容】

1. HNC－21TF 数控装置的连接；
2. HNC－21TF 数控装置的参数设置与调整；
3. HNC－21TF 数控装置参数的典型故障设置并分析故障原因。

【实训步骤】

1. HNC－21TF 数控装置的连接

首先按照《数控综合实验台电气原理图》，一一连接数控系统与各个部分。

(1) 主电源电源回路的连接

(2) 数控系统刀架电机的连接

(3) 数控系统继电器和输入输出开关量控制接线的连接

(4) 数控装置和手摇单元的连接

(5) 数控装置和步进电机驱动器、变频器、交流伺服驱动器的连接

(6) 工作台上的电机电源线、反馈电缆及其其他控制信号线的连接

2. HNC－21TF 数控装置的参数设置与调整

(1) HNC－21TF 数控装置的参数查看

具体操作步骤如见任务 5 的相关知识。

(2) 数控设置的接口及连接部件的标识

(3) 硬件配置参数的设置

HNC－21TF 数控装置的硬件配置参数设置填入表 6－34 中。

(4) PMC 系统参数的设置

HNC－21TF 数控装置的参数设置填入表 6－35 中。

(5) 坐标轴参数的设置。

HNC－21TF 数控装置的 X、Y、Z 坐标轴参数设置填入表 6－36。

(6) 数控系统参数的调整

① 与主轴相关参数的调整。

② 使用步进电动机时有关参数的调整。

③ 使用脉冲接口伺服驱动单元时有关参数的调整。

表 6－34　硬件配置参数的设置

参数名	型号	标识	地址	配置[0]	配置[1]
部件 0					
部件 1					
部件 2					
部件 20					
部件 21					
部件 22					
部件 24					

表 6－35　PMC 系统参数的设置

参数名	参数值	参数名	参数值
开关量输入总组数		输出模块 0 部件号	
开关量输出总组数		输出模块 0 组数	
输入模块 0 部件号		输出模块 1 部件号	
输入模块 0 组数		输出模块 1 组数	
输入模块 1 部件号		输出模块 2 部件号	
输入模块 1 组数		输出模块 2 组数	
手摇脉冲 0 部件号			

表 6－36　坐标轴参数的设置

参数名	X 坐标轴参数值	Y 坐标轴参数值	Z 坐标轴参数值
伺服驱动器型号			
伺服驱动器部件号			
最大跟踪误差			
电动机每转脉冲数			
伺服内部参数[0]			
伺服内部参数[1]			
伺服内部参数[2]			

【实验结果记录】

将 HNC－21TF 数控装置的参数设置与调试实验结果记录在表 6－34、表 6－35 和表 6－36中。

【实训总结与思考】

1. 如用 HNC－21TF 车床数控装置、松下 MSDA023AIA 交流伺服单元、MSMA022A1C

交流伺服电动机、光栅尺设计一个全闭环控制系统,该怎样设置和调整数控系统交流伺服轴的参数?

2. 简述数控系统参数设置的过程。

实践训练4 输入输出PLC单元的参数设置与调试实训

【实训目的与要求】

1. 了解标准PLC基本原理和结构;
2. 能够熟练修改标准PLC各个输入输出点及PLC所提供的各项功能;
3. 了解用C语言编写PLC程序的方法,掌握数控系统PLC调试方法。

【实训仪器与设备】

1. HED-21S数控综合实训台一台;
2. 工具包;
3. HED-21S数控综合实训台的电气原理图一套;
4. 万用表;
5. PC键盘一个。

【实训内容】

1. 主轴挡位及PLC输出点定义实验。
2. 主轴转速的调整。
3. 刀架信号输入点定义。
4. 用实验台所带的乒乓开关控制主轴的正反转。
5. 将机床信号输入口XS10的输入电缆代替接口XS11。
6. 自动润滑功能的设定。
7. 华中数控PLC程序的编写及其编译。
8. 简单程序的编写与调试。

【实训步骤】

1. 开机进入PLC配置界面

开始主轴挡位及输出点定义实验,自动换挡为Y,本配置界面定义的输出点才有效,在变频换挡或手动换挡为Y时,应关闭此菜单选项中的所有输出点。

2. 主轴转速的调节

主轴转速是通过变频器与PLC中的相关参数来进行控制,标准PLC中的主轴转速设定参数,主要包括电机最大转速。设定所有速度上限、实测电机上限/下限。

3. 刀架信号输入点定义

(1) 在标准PLC的刀库配置界面中对刀具输入点进行定义,在位编辑行对应的编辑框中输入“-1”表示该输入点无效。在刀号输入点编辑框中输入“1”表示对应的输入点在此刀位中有效,为“0”表示对应的输入点在此刀位中无效。

(2) 当前系统刀架主持刀具总数为4把,输入的组为第1组,输入的有效为4位,分别是X1.1、X1.2、X1.3、X1.4。

(3) 刀架的正转为Y0.3,反转为Y0.4,如果PLC这样配置,编译后系统正常运行。

(4) 此时刀架运转正常，将 PLC 的刀架正、反转输出信号 Y0.3、Y0.4 进行互换，重新编译后，运行刀架有什么现象记录下来，分析原因；

(5) 将电断开，把输入接线板的刀架刀位信号 X1.3、X1.4 的输入位置向后平移两个点，重新上电进行换刀操作，有什么现象，分析原因。

4. 用实验台所带的乒乓开关控制主轴正反转

(1) 进入车床标准 PLC 的编辑状态，按键 ALK+K 进入 PLC 配置界面；

(2) 找到主轴正、反转的输入点定义，并把它分别更改成 X0.6、X0.7；

(3) 退出 PLC 后编译，观察利用乒乓开关控制主轴正反转的实验现象，并分析原因。

5. 将机床信号输入口 XS10 的输入电缆代替 XS11

将机床的输入口 XS 上的输入电缆接口接到 XS11 上面，然后通过更改标准 PLC 的输入点进行调节。

(1) 将 PLC 的输入点定义栏的各输入点记下，查出其对应的 DB25 插头的管脚号；

(2) 查出 XS11 和 XS10 相同管脚号对应的输入点；

(3) 进入标准 PLC 的编辑界面，将 PLC 的输入点定义栏更改为 XS11 各对应的输入点；

(4) 退出 PLC 进行编译，然后进入系统检查系统是否正常运行。

6. 自动润滑功能的设定

(1) 进入 PLC 编辑状态，定义自动润滑开的输出信号点位 Y0.6；

(2) 退出 PLC 并进行重新编译。

7. 华中数控 PLC 程序的编写及其编译

(1) 在 DOS 环境下，进入数控软件系统的 PLC 目录；C:\HNC-21tf\PLC。

(2) 敲入 C:\HNC-21tf\plc>edit 1.cld。

(3) 在数控系统的 PLC 目录下，修改 M.BAT。

(4) 运行 M.BAT 文件，系统就会对 PLC 的源文件进行编译。

(5) PLC 源程序编译后，将产生一个 DOS 可执行的.com 文件。

8. 简单 PLC 程序的编写

进入系统文件 PLC 目录，利用 DOS 命令 EDIT 新建一个源程序文件 1.cpp，源程序编写如下：

```
# pragma inline
#include "plc.h"
Void init (void) { }
Void plc1 (void)
{   if (X[31]&0X40)
    Y[31]! =0X40;
}
Void plc 2 (void) { }
```

把编好的程序进行编译，把生成的程序加载到数控系统文件中，进入系统，按下循环启动按键，观察出现的现象。

【实验结果记录】

1. 标准 PLC 配置实训结果记录

表 6－37 标准 PLC 配置实训结果记录表

序号	PLC 配置方法	现象	原因
1	将自动换挡选项设位 Y，运行主轴		
2	将 PLC 的刀架正反转输出信号 Y0.3、Y0.4 进行互换，编译后，运行刀架观看现象		
3	把输入转接板刀架刀位信号 X1.3、X1.4 输入位置改为 X1.5、X1.6 进行换刀，看现象		
4	主轴正反转的输入点定义为 X0.6、X0.7，将 K6、K7 接通，观看主轴运行状态		
5	将机床信号输入点 XS10 更换为 XS11，并进行相应 PLC 配置，观察系统是否正常运行		
6	将自动润滑开的输入信号定义为 Y0.6，编译后观察现象		

2. PLC 编程结果记录

运行上述程序后，观察按下循环启动键后的现象。

【实训总结与思考】

如果按下循环启动键后，点亮进给保持灯，如果松开，则灯熄灭。如果按下进给保持灯按键，点亮循环启动灯，如果松开，则灯熄灭。如何让编写 PLC 程序可实现此功能。

实践训练 5 HED－21S 数控综合实训台的机电联调实训

【实训目的与要求】

1. 熟悉 HED－21S 综合实训台的数控装置 HNC－21TF 各接口；
2. 读懂电气原理图，通过电气原理图能独立进行 HNC－21TF 数控装置与各部件连接；
3. 掌握数控系统的调试及运行方法。

【实训仪器与设备】

1. HED－21S 数控综合实训台一台；
2. 扳手、起子等工具一套；
3. HED－21S 数控综合实训台的电气原理图一套；
4. 专用连接线一套；
5. 万用表一只。

【实训内容】

包括数控装置、由变频器和三相异步电动机构成的主轴驱动系统、由交流伺服单元和交流伺服电动机构成的进给伺服驱动系统（或由步进电动机驱动器和步进电动机构成的进给伺服驱动系统）的数控系统可实现主轴驱动系统的速度控制，进给伺服驱动系统的开环、半闭环控制。HED－21S 数控综合实训台各组成部分的电气原理图如附录Ⅳ图 7 所示。

(1) 电源部分如附录Ⅳ图1、附录Ⅳ图2所示。

(2) 继电器与输入/输出开关量如附录Ⅳ图3所示。

(3) 数控装置HNC－21TF与手摇单元和光栅尺的连接如附录Ⅳ图3所示。

(4) 数控装置HNC－21TF与主轴的连接如附录Ⅳ图5所示。

(5) 数控装置HNC－21TF与步进驱动器的连接如附录Ⅳ图4所示，其连接方法是：电动机绕组A和C，B和D短接后，再将电动机绕组A接驱动器的绕组A，将电动机绕组C接驱动器的绕组A，将电动机绕组B接驱动器的绕组B，将电动机绕组D接驱动器的绕组B。

(6) 数控装置HNC－21TF与交流伺服单元的连接如附录Ⅳ图4所示。

(7) 数控装置HNC－21TF与刀架电动机的连接如附录Ⅳ图1、附录Ⅳ图3所示。

【实训步骤】

1. HED－21S数控综合实训台的电气回路连接

(1) 电源回路的连接。

① 参照图附录Ⅳ图1连接HED－21S数控综合实训台的电源回路，注意不要连接其他电气设备。接完线后仔细复查，确保接线的正确。

② 断开所有空气开关，接入三相AC 380 V电源，用万用表测量QF1进线端的电压是否为380 V，系统急停控制回路如附录Ⅳ图2所示。

③ 合上QF1，测量TC1的初级线圈、次级线圈和QF2的进线端电压，测量整流电路输出端的电压(应为＋35 V左右)。

④ 合上QF2，测量QF2输出端和TC2初级线圈、次级线圈的电压。

⑤ 合上QF4，这时开关电源VC1的指示灯亮，测量开关电源VC1的输出电压(应为＋24 V)。

⑥ 断开所有的空气开关，断开380 V电源。

(2) 数控系统继电器和输入/输出开关量的连接。

① 参照附录Ⅳ图1连接数控系统的继电器和接触器。

② 参照附录Ⅳ图3连接数控系统的输入开关量。

③ 参照附录Ⅳ图3连接数控系统的输出开关量。

(3) 数控装置和手摇单元的连接。

① 参照附录Ⅳ图3连接数控装置和手摇单元。

② 参照附录Ⅳ图5连接数控装置和光栅尺。

(4) 数控装置和变频主轴的连接。

① 参照附录Ⅳ图4连接主轴变频器和主轴电动机强电电缆。

② 连接数控装置和主轴变频器信号线。

③ 确保地线可靠且正确地连接。

(5) 数控装置和步进电动机驱动器的连接。

① 参照图连接步进电动机驱动器和步进电动机。

② 连接步进电动机驱动器的电源。

③ 连接数控装置和步进电动机驱动器。

④ 确保地线可靠且正确地接地。

(6) 数控装置和交流伺服的连接。

① 参照图连接交流伺服单元和交流伺服电动机的强电电缆和码盘信号线。

② 连接交流伺服单元的电源。

③ 连接数控装置和交流伺服单元的信号线。

④ 确保地线可靠且正确地接地。

(7) 数控系统刀架电动机的连接。参照附录Ⅳ图1连接刀架电动机。

2. HNC－21TF 数控装置的调试

(1) 线路检查:由强到弱,按线路走向顺序检查以下各项。

① 变压器规格和进出线的方向和顺序。

② 主轴电动机、伺服电动机强电电缆的相序。

③ DC24 V 电源极性的连接。

④ 步进电动机驱动器(或称步进驱动器)直流电源极性的连接。

⑤ 所有地线的连接。

(2) 系统通电与调试。

① 按下急停按钮,断开系统中所有空气开关。

② 合上空气开关 QFl。

③ 检查变压器 TCl 电压是否正常。

④ 合上控制电源 DC24 V 的空气开关 QF4,检查 DC24 V 是否正常。HNC－21TF 数控装置通电,检查面板上的指示灯是否点亮,HC5301－8 开关量接线端子和 HC5301－R 继电器板的电源指示灯是否点亮。

⑤ 用万用表测量步进驱动器直流电源＋V 和 GND 两脚之间电压(应为 DC＋35 V 左右),合上控制步进驱动器直流电源的空气开关 QF3。

⑥ 合上空气开关 QF2。

⑦ 检查变压器 TC1 的电压是否正常。

⑧ 检查设备用到的其他部分电源的电压是否正常。

⑨ 通过查看 PLC 状态,检查输入开关量是否和原理图一致。

(3) 系统功能检查。

① 左旋并拔起操作台右上角的“急停”按钮,使系统复位;系统默认进入“手动”方式,软件操作界面的工作方式变为“手动”。

② 按住“＋X”或“－X”键(指示灯亮),X 轴应产生正向或负向的连续移动。松开“＋X”或“－X”键(指示灯灭),X 轴即减速运动后停止。以同样的操作方法使用“＋Z”、“－Z”键可使 Z 轴产生正向或负向的连续移动。

③ 在手动工作方式下,分别点动 X 轴、Z 轴,使之压限位开关。仔细观察它们是否能压到限位开关,若到位后压不到限位开关,应立即停止点动;若压到限位开关,仔细观察轴是否立即停止运动,软件操作界面是否出现急停报警,这时一直按压“超程解除”按键,使该轴向相反方向退出超程状态;然后松开“超程解除”按键,若显示屏上运行状态栏“运行正常”取代了“出错”,表示恢复正常,可以继续操作。

检查完 X 轴、Z 轴正、负限位开关后,以手动方式将工作台移回中间位置。

④ 按一下“回零”键,软件操作界面的工作方式变为“回零”。按一下“＋X”和“＋Z”键,检查 X 轴、Z 轴是否回参考点。回参考点后,“＋X”和“＋Z”指示灯应点亮。

⑤ 在手动工作方式下，按一下“主轴正转”键(指示灯亮)，主轴电动机以参数设定的转速正转，检查主轴电动机是否运转正常；按住“主轴停止”键，使主轴停止正转。按一下“主轴反转”键(指示灯亮)，主轴电动机以参数设定的转速反转，检查主轴电动机是否运转正常；按住“主轴停止”键，使主轴停止反转。

⑥ 在手动工作方式下，按一下“刀号选择”键，选择所需的刀号，再按一下“刀位转换”键，转塔刀架应转动到所选的刀位。

⑦ 调入一个演示程序，自动运行程序，观察十字工作台的运行情况。

(4) 关机。

① 按下控制面板上的“急停”按钮。

② 断开空气开关 QF2、QF3。

③ 断开空气开关 QF4。

④ 断开空气开关 QFl，断开 380 V 电源。

【实训总结与思考】

1. 如用 HNC－21M 铣床数控装置、西门子 SINAMICS V60 交流伺服驱动器单元、1FL5 交流伺服电动机、光栅尺设计一个全闭环控制系统，该怎样设置和调整数控系统交流伺服轴的参数？

2. 如用 HNC－21M 铣床数控装置、西门子 MM440 变频器、三相异步电动机、光电编码器设计一个主轴变频调速单元，该怎样设置和调整数控系统的主轴参数？

3. 总结解决机电设备安装、调试与维修过程中出现的常见问题。

模块 7　数控机床的安装与调试

数控机床是现代典型的机电设备之一，数控机床的安装与调试工作涉及机械、电气、控制系统的安装调试工作，主要包括主传动系统、进给运动系统、换刀装置、变频器、伺服驱动器、PLC 输入输出、数控系统 CNC 及整机机电联调等安装调试工作。

任务 1　机械部件的安装与调试

模块7任务1

【任务知识目标】

1. 掌握数控机床主传动系统的安装调试；
2. 掌握数控机床进给运动系统的安装调试；
3. 掌握数控机床二维工作台的安装调试；
4. 掌握数控机床换刀装置的安装调试。

【任务技能目标】

1. 会正确安装调试数控机床主传动系统；
2. 会正确安装调试数控机床进给运动系统；
3. 会正确安装调试数控机床的二维工作台；
4. 能安装调试数控机床的换刀装置。

子任务 1　主传动系统的安装与调试

主传动系统是数控机床的重要组成部分，包括主轴箱、主轴头、主轴本体、轴承等。主轴部件是机床的重要执行元件之一，主轴部件的结构尺寸、形状、精度及材料等，对机床的使用性能都有很大的影响，影响机床的加工精度。

主轴箱通常由铸铁铸造而成，主要用于安装主轴零件、主轴电动机、主轴润滑系统等。主轴头用于实现 Z 轴移动、主轴旋转等功能。主轴本体是主传动系统最重要的零件，在数控车床/车削中心中用于安装卡盘，装夹工件；而在数控铣床/加工中心中用于装夹刀具执行零件加工。主轴材料的选择主要根据刚度、载荷特点、耐磨性和热处理变形等因素确定。主轴电动机是机床加工的动力元件，电动机功效的大小直接关系到机床的切削力度。

主传动系统应满足下述几个方面的要求：

(1) 调整范围大，低速大转矩功能，速度较高，能进行超高速切削；

(2) 低温升、热变形小;

(3) 旋转精度高和运动精度高;

(4) 高刚度和抗振性;

(5) 主轴组件必须有足够的耐磨性。

主传动系统能提供刀具或工件所需的切削功率,且在尽可能大的转速范围内保证恒功率输出,同时为使数控机床获得最佳的切削速度,主传动须在较宽的范围内实现无级变速。现行数控机床采用高性能的伺服主轴电动机,较普通机床的机械分级变速传动链大为简化。

对主轴组件的精度、刚度、抗振性和热变形性能要求,可以通过主轴组件的结构设计和合理的轴承组合及选用高精度专用轴承加以保证。为提高生产率和自动化程度,主轴应有刀具或工件的自动夹紧、松开、切屑清理及主轴准停机构。最近日本又开发研制了新型的陶瓷主轴,重量轻,热膨胀率低,用在加工中心上,具有高的刚性和精度。

数控机床主轴的传动形式有带变速齿轮、通过带传动和高速主轴三种。

如图7-1所示,带有变速齿轮的主传动是通过两对齿轮变速,实现了高、低两挡变速范围,在低挡变速范围扩大了输出转矩,以满足主轴对高输出转矩特性的要求。主轴正反转、起停与制动均是靠直接控制电动机来实现的。滑移齿轮的移位大都采用液压拨叉或直接由液压缸带动齿轮实现。

通过带传动的主传动主要应用在小型数控机床上,由伺服电动机通过皮带直接带动主轴。此种传动方式可以避免齿轮传动所引起的振动与噪声。同步齿形带综合了带、链传动的优点,可实现主动、从动带轮无相对滑动的同步传动。

高速主轴(电主轴)的主传动是高速主轴由内装交流高频伺服电动机直接驱动,具有转速高、功率大、结构简单的优点,高转速下可保持良好的动平衡。

图7-1　主传动系统的齿轮变速箱

主轴部件是数控机床机械部分中的重要组成部件,对零件加工质量有着直接的影响,主要由主轴、轴承、主轴准停装置、自动夹紧和切屑清除装置组成,对其润滑、冷却与密封要重视。

数控车床为加工螺纹需配主轴编码器,加工中心要完成自动换刀需配有刀具自动夹紧装置等。如图7-2所示,CK7185型数控车床主轴部件采用轴承支承主轴,其中前端为三个角接触球轴承,后端为圆柱滚子轴承外接主轴编码器,可配置液压卡盘。主轴工作时的转速范围15～5 000 r/min;靠近主轴端面的主轴回转精度 0.01 μm,距主轴端面 300 mm 处的主轴回转精度 0.02 μm。

1. CK7185 型数控车床主轴部件的拆卸步骤

(1) 切断总电源及主轴脉冲发生器电器线路;

(2) 切断液压卡盘油路;

(3) 拆下液压卡盘及主轴后端液压缸;

(4) 拆下电动机传动带及主轴后端带轮 14 和键;

(5) 拆下主轴后端螺母 15;

(6) 松开螺钉 2,拆下支架 3 的螺钉,拆去主轴脉冲发生器(含支架、同步带);

(7) 拆下同步带轮 13 和后端油封件;

(8) 拆下主轴后支承处轴向定位盘螺钉;

(9) 拆下主轴前支承套螺钉;

(10) 拆下(向前端方向)主轴部件;

(11) 拆下圆柱滚子轴承 12 和轴向定位盘及油封;

(12) 拆下螺母 4 和螺母 5;

(13) 拆下螺母 7 和螺母 8 以及前油封;

(14) 拆下主轴 6 和前端盖 10;

(15) 拆下角接触球轴承 9 和前支承套 11。

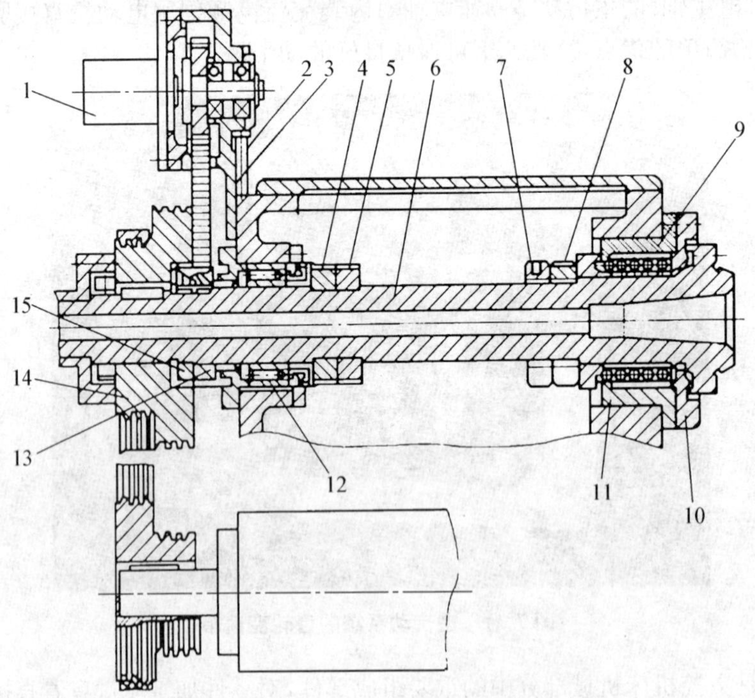

图 7-2 CK7185 型数控车床主轴部件结构

2. CK7185 型数控车床主轴部件装配与调整

(1) 装配前应清洗各零部件,并预先在涂油部位涂油;

(2) 零件 7、8、9、10、11 与前端轴以主轴零件 6 为装配基准件装成组件,并预先将零件 4、5 及油封后端轴承装入主轴上。调整前端轴承预紧。

(3) 将第三步组件装入主轴箱孔中;

(4) 装入后端端盖零件,固定后端轴承外圈;

(5) 装入同步带轮、同步带、带轮等零件;

(6) 装入编码器支架、编码器,并紧固;

(7) 调整后端轴承轴向位置并紧固定位。

3. CK7185 型数控车床主轴部件装配与调整要点

(1) 前端三个角接触球轴承,应注意前面两个大口向外,朝向主轴前端,后一个大口向里(与前面两个相反方向)。预紧螺母 8 的预紧量应适当(查阅制造厂家说明书),预紧后一定要注意用螺母 7 锁紧,防止回松。

(2) 后端圆柱滚子轴承的径向间隙由螺母 15 和螺母 4 调整。调整后通过螺母 5 锁紧防止回松。

(3) 为保证主轴脉冲发生器与主轴转动的同步精度,同步带的张紧力应合理。

调整时,先略松开支架 3 上的螺钉,然后调整螺钉 2,使之张紧同步带。同步带张紧后,再旋紧支架 3 上的紧固螺钉。

子任务 2　进给运动系统的安装与调试

1. 进给运动系统的要求

(1) 减小摩擦阻力

进给传动系统要求运动平稳,定位准确,快速响应特性好,必须减小运动件的摩擦阻力和动、静摩擦系数之差,所以现在的进给传动系统普遍用滚珠丝杆螺母副。

(2) 提高传动精度和刚度

进给传动系统的高传动刚度主要取决于丝杆螺母副(直线运动)或蜗轮蜗杆副(回转运动)及其支承部件的刚度。刚度不足与摩擦阻力一起会导致工作台产生爬行现象以及造成反向死区,影响传动准确性。

(3) 减小运动惯量

进给系统由于经常需进行起动、停止、变速或反向,若机械传动装置惯量大,会增大负载并使系统动态性能变差。因此在满足强度与刚度的前提下,应尽可能减小运动部件的重量以及各传动元件的尺寸,以提高传动部件对指令的快速响应能力。

2. 进给传动系统结构特点

进给传动系统由伺服电动机驱动,通过滚珠丝杠螺母副带动刀具或工件完成各坐标方向的进给运动。

为确定进给传动精度和工作稳定性,进给传动系统结构具备以下特点:

(1) 采用低摩擦、轻拖动、高效率的滚珠丝杠和直线滚动导轨。

(2) 采用大转矩、宽调速的伺服电动机直接与滚珠丝杠相连接,缩短和简化进给传动链。

(3) 通过消隙装置消除滚珠丝杠螺母副和联轴器的传动间隙。

(4) 对滚动导轨和滚珠丝杠预加载荷、预拉伸。

电机与丝杆间的连接通常有带有齿轮传动的进给运动、经同步带传动的进给运动、电动机通过联轴器直接与丝杠连接三种形式。直线电机直接驱动,如图 7-3 所示,是发展趋势。

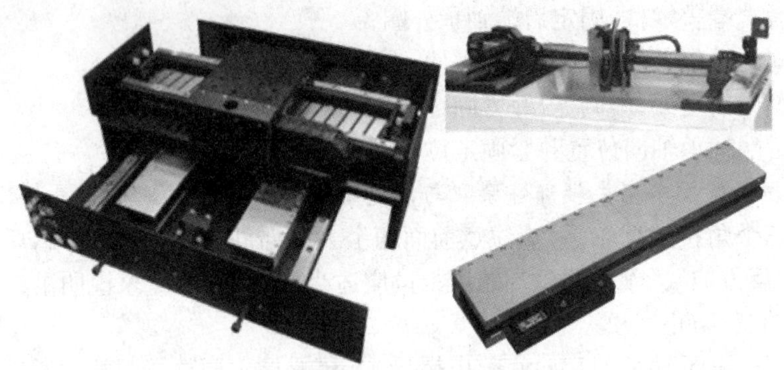

图 7-3 直线电机直接驱动

轴向间隙通常是指丝杠和螺母无相对转动时,丝杠和螺母之间的最大轴向窜动。除了结构本身的游隙之外,在施加轴向载荷之后,轴向间隙还包括弹性变形所造成的窜动。

通过预紧方法消除滚珠丝杠副间隙时应考虑预加载荷能够有效地减小弹性变形所带来的轴向位移等情况,但过大预加载荷将增加摩擦阻力,降低传动效率,并使寿命大为缩短。故一般要经过几次调整才能保证机床在最大轴向载荷下既消除间隙又灵活运转。

综上所述,数控机床的进给驱动系统基本上由数控机床导轨、滚珠丝杠螺母副、轴承、丝杠支架、联轴器、伺服电机及工作台组成。其中机床导轨用于支承和引导运动部件沿一定的轨道进行运动;丝杠螺母副用于直线运动与回转运动相互转换;轴承主要用于安装和支撑丝杠,使其能够转动,安装在丝杠的两端;丝杠支架主要用于安装滚珠丝杠和传动工作台;联轴器是伺服电动机与丝杠之间的连接元件,电动机的转动通过联轴器传给丝杠,进而丝杠带动工作台移动;伺服电动机是工作台移动的动力元件,传动系统中传动元件的动力均由伺服电动机产生,每根滚珠丝杠螺母副都会安装伺服电动机。

如图 7-4 所示,数控二维十字工作台由底板、中滑板、上滑板、直线导轨副、滚珠丝杠副、轴承座、轴承内隔圈、轴承外隔圈、轴承预紧套管、轴承座透盖、轴承闷盖、丝杠螺母支底、圆螺母、限位开关、手轮、齿轮、等高垫块、轴端挡片、轴用弹性挡圈、角接触轴承,深沟球轴承等组成。下面结合数控二维十字工作台的拆卸操作步骤和装配步骤阐述进给系统的装配。

图 7-4 数控二维十字工作台

1. 数控二维十字工作台拆卸步骤

(1) 拆下工作台与导轨滑块、螺母支座的定位销钉和连接螺钉，取下工作台(拖板)。

(2) 检查工作台上导轨滑块的接触面、螺母支座的接触面与工作台面的平行度并作记录。

(3) 检查导轨与滚珠丝杠的平行度并作记录。

(4) 卸下滚珠丝杠支架与底座连接定位销和螺钉，取下滚珠丝杠螺母副，松开联轴器，卸下驱动电动机。

(5) 检查底座上滚珠丝杠支架接触面与导轨平行度。

(6) 卸下滚动导轨与底座连接的定位销钉和螺钉，取下滚动导轨。

(7) 检查底座上滚动导轨的安装面的平面度以及安装面和导向面的直线度，并作记录。

(8) 清洗已经拆卸的各个部件，准备进行组装。

(9) 在底座上安装滚动导轨并检查安装精度，应达到拆卸前的精度值。

(10) 将滚珠丝杠组件安装在底座上，并检查丝杠与导轨的平行度，应达到拆卸前的精度，然后安装驱动电动机，紧固联轴器。

(11) 将工作台安装在导轨滑块上，再将丝杠螺母座连接到工作台上。

(12) 安装完毕后，检查几何精度。

2. 二维工作台的机械装配步骤

(1) 将丝杠螺母支底固定在丝杠的螺母上，如图7－5所示。

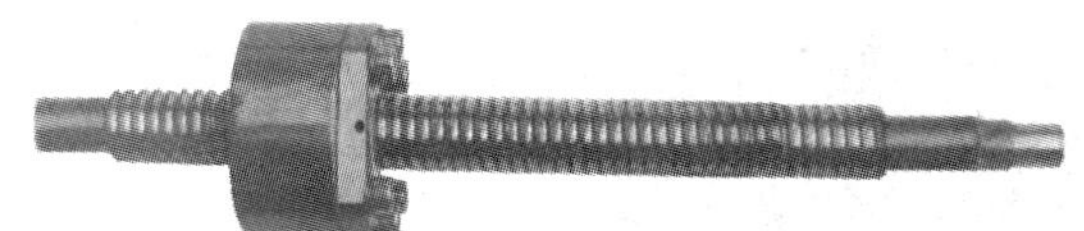

图7－5　固定丝杠螺母支底

(2) 用轴承安装套筒将两个角接触轴承、深沟球轴承安装在丝杠上，两角接触轴承间加内、外轴承隔圈；安装两角接触轴承前应先把轴承座透盖装在丝杠上，如图7－6所示。

(3) 轴承安装完成，如图7－7所示。

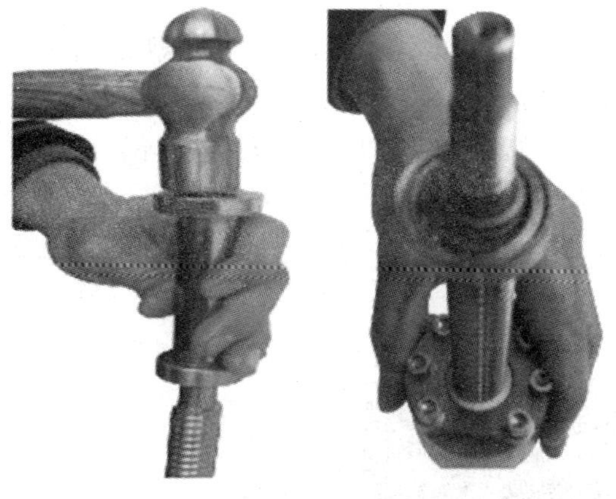

图7－6　安装轴承

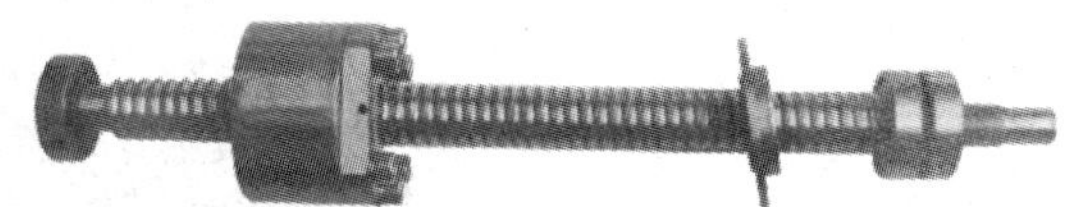

图7－7　轴承安装完成

(4) 用游标卡尺测量两轴承座的中心高、直线导轨、等高块的高度进行记录且计算差值，如图7－8所示。

(5) 将轴承座安装在丝杠上,如图 7－9 所示。

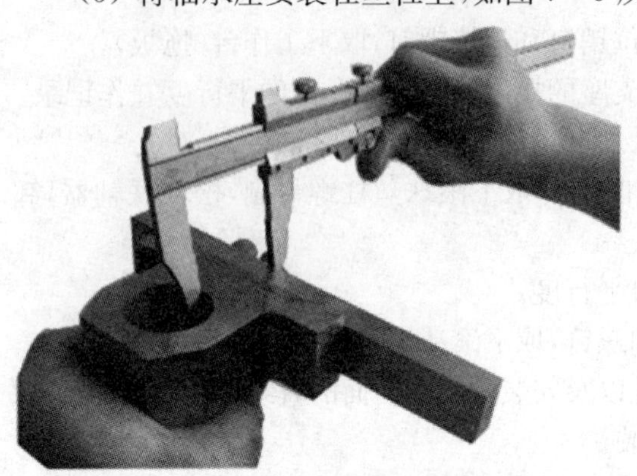
图 7－8 测量相关尺寸

图 7－9 安装轴承座

(6) 如图 7－10 所示,将直线导轨放到底板上,用内六角螺丝预紧导轨,用深度游标卡尺测量导轨与基准面距离,调整导轨与基准面距离使导轨与基准面距离达到图纸要求。

(7) 如图 7－11 所示,将杠杆百分表吸在直线导轨的滑块上,百分表的测量头接触在基准面上,沿直线导轨滑动滑块,通过橡胶锤调整导轨,使导轨与基准面的平行度符合要求后将导轨固定。

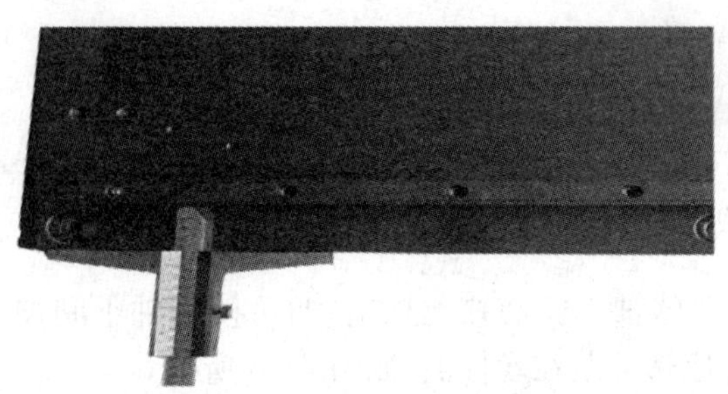
图 7－10 用深度游标卡尺测量

图 7－11 百分表测量导轨与基准面的平行度

(8) 如图 7－12 所示,将另一根直线导轨装在底板上,先用游标卡尺测量两导轨之间的距离,将两导轨之间的距离调整到图纸所要求的距离,然后以已安装好的导轨为基准,将杠杆百分表吸在基准导轨的滑块上,百分表的测量头打在另一根直线导轨的侧面,沿基准导轨滑动滑块,用橡胶锤调整导轨使两导轨的平行度符合要求,将导轨固定。

图 7－12 测量与调整两导轨间的平行度

(9) 如图 7-13 所示，用内六角螺丝，加与前面测量轴承座的中心高差相等厚度的调整垫片，将轴承座预紧到底板上。

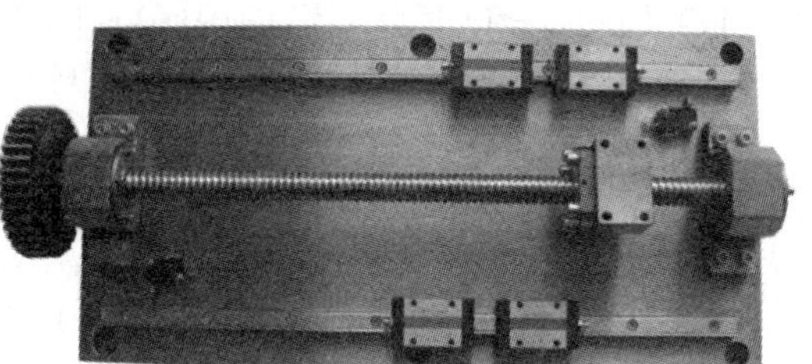

图 7-13　加调整垫片

(10) 如图 7-14 所示，分别将丝杠螺母移动到丝杠两端，用杠杠表测量螺母在丝杠两端的高度，调整所加调整垫片的厚度，使轴承座得的中心高相等。

(11) 如图 7-15 所示，用游标卡尺测量丝杠与两导轨之间的距离，调整轴承座的位置，使丝杠位于两导轨的中间位置。

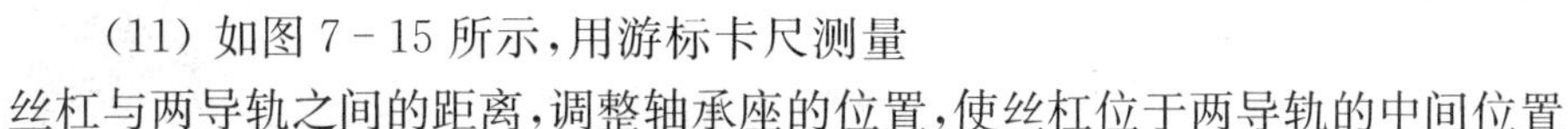

图 7-14　测量与调整两端的丝杠螺母高度

图 7-15　测量丝杠与两导轨间的距离

(12) 如图 7-16 所示，分别将丝杠螺母移动到丝杠的两端，杠杆表吸在直线导轨滑块上，用杠杆表打在丝杠螺母上测量丝杠与导轨是否平行，通过橡胶锤调整轴承座，使丝杠与导轨平行。

(13) 如图 7-17 所示，将等高块分别放在导轨的滑块上，将中滑板放在等高块上调整滑块的位置，用螺丝将等高块、中滑板固定在导轨滑块上。用塞尺测量丝杠螺母座与中滑板间的间隙大小，然后将螺丝旋松，在丝杠螺母座与中滑板间加入与测量间隙厚度相等的调整垫片。

图 7-16　测量丝杠与导轨是否平行

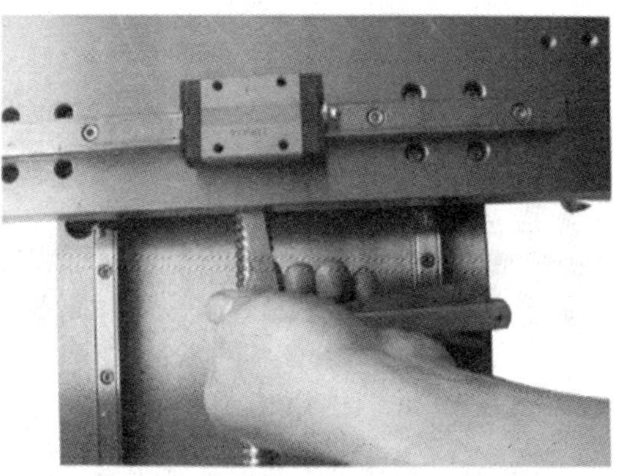

图 7-17　测量丝杠螺母座与中滑板的间隙

(14) 如图 7-18 所示,用(6)～(9)相同的方法,将两根导轨安装中滑板上。

(15) 如图 7-19 所示,将中滑板的螺栓预紧,用大磁性百分表固定 90°角尺,使角尺的一边与中滑板侧面的导轨侧面紧贴在一起。将杠杆百分表吸在底板的合适位置,百分表触头打在角尺的另一边上,同时将手轮装在丝杠上面。摇动手轮使中滑板左右移动。用橡胶锤轻轻打击中滑板,使中滑板移动时百分表示数不再发生变化说明上、下两层导轨已达垂直。

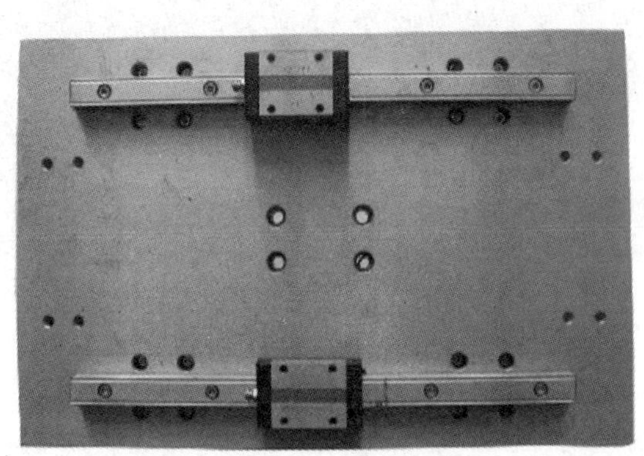

图 7-18　在中滑板上安装两根导轨

图 7-19　调整中滑板验证两层导轨是否垂直

(16) 如图 7-20 所示,用(1)～(5)的方法,装配中滑板上的丝杠。

(17) 如图 7-21 所示,用(9)～(12)相同的方法,将中滑板丝杠安装在中滑板上。

(18) 重复(15)的方法,用上滑板基准将上滑板安装在工作台上,完成整个工作台的安装与调整,如图 7-4 所示。

图 7-20　装配中滑板上的丝杠

图 7-21　在中滑板上安装中滑板丝杠

工作台是数控机床的重要部件,为了提高数控机床的生产效率,扩大其工艺范围,对于数控机床的进给运动除了沿坐标轴 X、Y、Z 三个方向的直线进给运动之外,还常常需要有分度运动和圆周进给运动。

分度工作台的功用是完成分度辅助运动,将工件转位换面和自动换刀装置配合使用,实现工件一次安装能完成几个面的多道工序的加工。分度工作台的分度、转位和定位是按照控制系统的指令自动进行的，每一次转位可回转一定的角度（45°、60°、90°等）。分度工作台按其定位机构的不同分为端面齿盘式和定位销式两类。分度工作台的分度工作过程由工作台抬起、分度、定位、消隙与夹紧组成。

当需要分度时，首先由机床的数控系统发出指令，使六个均布于固定工作台圆周上的夹紧液压缸上腔中的压力油流回油箱，活塞被弹簧顶起，分度工作台处于放松状态。同时消隙液压缸活塞也卸荷，液压缸中的压力油经管导流回油箱。中央液压缸由管道进油，使活塞上升，通过止推螺钉、止推轴套把止推轴承向上抬起一定高度以顶在转台座上。分度工作台用四个螺钉与转台轴相连，而转台轴用六角螺钉固定在轴套上，所以当轴套上移时，通过转台轴使工作台抬高相应高度，固定在工作台面上的定位销从定位衬套中拔出，完成了分度前的准备工作。当工作台抬起之后发出信号使液压马达驱动减速齿轮，带动固定在工作台下面的大齿轮转动进行分度运动。分度工作台的回转速度由液压马达和液压系统中的单向节流阀来调节，分度初作快速运动，由于在大齿轮上沿圆周均布八个挡块，当挡块碰到第一个限位开关时减速，碰到第二个限位开关时准停。此时，新的定位销正好对准定位套的定位孔，准备定位。分度完毕后数控系统发出信号使中央液压缸卸荷，油液经管道流回油箱，分度台靠自重下降，定位销插入定位套孔中。定位完毕后，消隙液压缸通入压力油，活塞顶向工作台面以消除径向间隙。夹紧液压缸上腔进油，活塞下降，通过活塞杆上端的台阶部分将工作台夹紧。

分度工作台的回转部分支承在加长型双列圆柱滚子轴承和滚针轴承中，轴承的内孔带有锥度，可用来调整径向间隙。轴承内环固定在转台轴和轴套之间，并可带着滚柱在加长外环内作一定距离的轴向移动。轴承装在轴套内，能随轴套作上升或下降移动，并作另一端的回转支承。轴套内还装有推力球轴承使工作台回转很平稳。

子任务 3　换刀装置的拆卸与装配

回转刀架的结构类型多种多样，按工位数的不同回转刀架分四方、六方、八方等；按回转轴位置不同回转刀架分立式、卧式；按驱动动力源形式不同，回转刀架分电动、液压及气动刀架。回转刀架要满足换刀动作可靠准确、换刀时间短、刀具重复定位精度高等基本要求。

如图 7－22 所示，数控车床常用回转刀架换刀作为自动换刀装置。

立式四方电动回转刀架工作过程如下：主机系统发出转化信号，刀架电机电源接通后开始正转，电机带动蜗杆 11 转动，带动蜗轮 7 转动，蜗轮与螺杆 9 用键连接，螺杆转动把上刀体 13 抬起来，使上刀体与下刀体 6 的齿盘脱开，此时离合销 23 进入离合盘 14 槽内，同时反靠销 24 离开反靠盘槽子 10，然后带动 13 旋转，当转到所需的刀位后，发讯盘 22 上霍尔元件与磁钢 20 对准，发出到化讯号给主机系统，后系统发出电机反转延时讯号，电机反转，上刀体稍有反转，反靠销进入反靠盘槽子，而离合销脱离离合盘槽，上刀体只能下落与下刀体啮合并锁紧，电机反转定位锁紧延时结束。即刀架工作的特点是正转寻刀，反转定位锁紧。

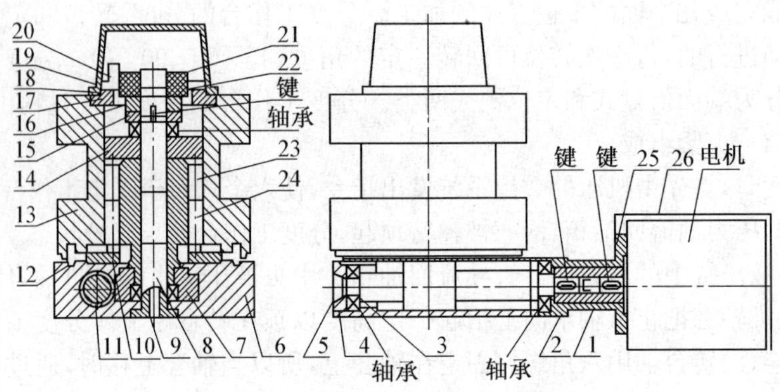

图 7-22　立式四方电动回转刀架结构

1—电动机；2—联轴器；3—蜗杆轴；4—轴承盖；5—闷头；6—下刀体；7—蜗轮；8—定轴；9—螺杆；10—反靠盘槽子；11—蜗杆；12—防护圈；13—上刀体；14—离合盘；15—止退圈；16—大螺母；17—罩座；18—铝盖；19—电刷座；20—磁钢；21—小螺母；22—发讯盘；23—离合销；24—反靠销；25—联接座；26—电机罩。

四方电动回转刀架的拆卸步骤如下：

步骤 1. 拆下闷头 5，用内六角扳手顺时针转动蜗杆 11，使上下齿盘松开；

步骤 2. 拆下铝盖 18，罩座 17；

步骤 3. 拆下刀位线，拆下小螺母 21，取出发讯盘 22；

步骤 4. 拆下大螺母 16，止退圈 15，取出键，轴承；取出离合盘 14，离合销 23 及弹簧；夹住反靠销逆时针旋转上刀体，取出上刀体 13，取出反靠销 24；

步骤 5. 拆下电机罩 26，电机，联接座 25，轴承盖 4，蜗杆 11；

步骤 6. 拆下反靠盘 10，蜗轮 7，螺杆 9，轴承，防护圈 12；

步骤 7. 拆下螺钉，取出定轴 8。

按四方电动回转刀架的拆卸反顺序装配刀架，装配前要将所有零件清洗干净，传动部件加润滑脂。

数控加工中心的换刀装置通常是通过带刀库的自动换刀系统自动换刀。刀库是用来储存加工刀具及辅助工具的装置。目前常用的刀库结构形式有圆盘式刀库、链式刀库和格子盒式刀库三种，一般能够安装 10～60 把刀具，如图 7-23 所示。

图 7-23　带刀库的自动换刀系统

数控加工中心通过自动选刀指令选择刀具，即数控装置发出刀具选择指令，从刀库中将所需要的刀具转换到取刀位置。目前选择刀具通常采用顺序选择刀具和任意选择刀具两种方法，其中任意选择刀具可以通过刀具编码方式、刀座编码方式及编码附件方式选择刀具。

任务 2　典型数控机床的电气接线

模块7任务2

【任务知识目标】

1. 掌握数控机床的强电回路原理图；
2. 掌握数控机床的电源回路原理图；
3. 掌握数控机床的控制回路原理图；
4. 掌握数控机床的 PLC 输入输出回路原理图；
5. 掌握数控机床的进给驱动系统回路原理图；
6. 掌握数控机床的主轴驱动系统回路原理图。

【任务技能目标】

1. 能正确连接数控机床的强电回路；
2. 能正确连接数控机床的电源回路；
3. 能正确连接数控机床的控制回路；
4. 能正确连接数控机床的 PLC 输入输出回路；
5. 能正确连接数控机床的进给驱动系统回路；
6. 能正确连接数控机床的主轴驱动系统回路。

以典型的数控机床 HNC－21TD 为例分析数控机床的电气接线，其电气原理图见附录Ⅴ。数控机床 HNC－21TD 的电气原理图包括强电回路图、电源回路图、交流控制回路图、直流控制回路图、PLC 输入单元图、PLC 输出单元图、主轴驱动单元图、伺服进给驱动单元图、单元外接图、CNC 单元接线图、互联线缆图。

1. 强电回路分析

数控机床 HNC－21TD 的强电回路如附录Ⅴ图 1 所示，其主电路有 5 台电动机。第 1 台电动机是主轴电机＋M－M1，用于控制主轴的主运动；第 2 台电动机是 Z 轴伺服电机＋M－MZ，用于控制进给轴 Z 轴的进给运动；第 3 台电动机是 X 轴伺服电机＋M－MX，用于控制进给轴 X 轴的进给运动；第 4 台电动机是冷却电机＋M－M2，用于控制冷却液的开关；第 5 台电动机是刀架电机＋M－M3，用于控制刀架的正反转。

主轴电机＋M－M1、冷却电机＋M－M2 及刀架电机＋M－M3 的三相交流电压为 380 V，都是采用全压直接起动并且通过磁环＋T－ZM 和电源开关＋T－QF1 引入。主轴电机＋M－M1 的转速是通过 MM440 主轴变频器＋T－CON 来控制。

Z 轴伺服电机＋M－MZ 和 X 轴伺服电机＋M－MX 的单相交流电压是 80 V，也是采用全压直接起动，依次通过电源开关＋T－QF1、经控制变压器器＋T－TC1、单相开关＋T－QF5 进入 Z 轴伺服驱动单元＋T－SDMZ 和 X 轴伺服驱动单元＋T－SDMX，属于步进开环驱动系统。

刀架电机＋M－M3 的运行与停止则是由接触器的主触点来控制，其中接触器＋T－KM2、

＋T－KM3 分别控制刀架电机＋M－M3 的正反转，并且使用了接触器互锁功能。刀架电机的控制电压为三相交流 380 V 是直接经过电源开关＋T－QF1、＋T－QF4 获得的。

冷却电机＋M－M2 的运行与停止也是由接触器＋T－KM1 的主触点来控制的。冷却电机的控制电压为三相交流 380 V 是直接经过电源开关＋T－QF1、＋T－QF3 获得的。

2. 电源回路分析

数控机床 HNC－21TD 的电源回路如附录Ⅴ图 2 所示。电源回路是从 380 V 三相交流电源经电源开关＋T－QF1 后经控制变压器器＋T－TC1 变换成单相交流 24 V、80 V 和 220 V的电压。其中交流电压 80 V 用于驱动进给轴 X 轴、Z 轴的伺服驱动器和伺服电机的；交流电压 24 V 仅仅用于工作指示灯照明；交流电压 220 V 则有三个用途：一是为电柜风扇提供的 220 V 电源的；二是为冷却电机和刀架电机提供 220 V 交流控制电源的；三是经过低通滤波器＋T－ZL 和整流器＋T－VC1 为整个数控车床和吊挂风扇提供直流 24 V 控制电源的。

3. 交流控制回路分析

数控机床 HNC－21TD 的交流控制回路如附录Ⅴ图 3 所示。交流控制回路用于控制冷却电机的起停和刀架电机的正反转。通过 PLC 输出继电器板 HC5301－R 上的中间继电器＋T－KA4、＋T－KA5，控制接触器＋T－KM2、＋T－KM3，进而控制刀架电机＋M－M3 的正反转，且使用接触器＋T－KM2、＋T－KM3 互锁功能。通过 PLC 输出继电器板 HC5301－R 上的中间继电器＋T－KA3 控制接触器＋T－KM1，进而控制冷却电机＋M－M1 的起停。

4. 直流控制回路分析

数控机床 HNC－21TD 的直流控制回路如附录Ⅴ图 4 所示。直流控制回路用于控制冷却电机的起停和主轴电机的正反转。通过 PLC 输出继电器板 HC5301－R 上的中间继电器＋T－KA1、＋T－KA2 控制变频器，进而控制主轴电机＋M－M1 的正反转。通过 PLC 输出继电器板 HC5301－R 上的中间继电器＋T－KA3 控制冷却电机＋M－M1 的起停。

直流控制回路还通过中间继电器＋T－KA9 用于控制外部运行允许等；其中外部运行允许包括急停、进给轴 X 轴和 Z 轴的超程（限位）及超程解除。＋P－CBD－SB1、＋P－CBD－SB2、SQX－1、SQX－3、SQZ－1 和 SQZ－3 分别控制急停、超程解除、X 轴正限位、X 轴负限位、Z 轴正限位和 Z 轴负限位开关。

5. PLC 输入回路分析

数控机床 HNC－21TD 的 PLC 输入回路如附录Ⅴ图 5 所示。PLC 输入回路用来接收来自外部运行允许、驱动报警、主轴电机过热、刀架电机过热、冷却电机过热、X 轴回零、Z 轴回零、X 轴正限位、X 轴负限位、Z 轴正限位、Z 轴负限位、1 号刀到位、2 号刀到位、3 号刀到位及 4 号刀到位等信号。

6. PLC 输出回路分析

数控机床 HNC－21TD 的 PLC 输出回路如附录Ⅴ图 6、7 所示。PLC 输出回路用来发出急停、超程解除、驱动使能、主轴正转、主轴反转、刀架正转、刀架反转、冷却电机起停、X 轴回零、Z 轴回零、X 轴正限位、X 轴负限位、Z 轴正限位、Z 轴负限位、1 号刀到位、2 号刀到位、3 号刀到位及 4 号刀到位等信号。

7. 进给驱动回路分析

数控机床 HNC－21TD 的进给驱动回路如附录Ⅴ图 8 所示。进给驱动回路中的伺服驱动器＋T－SDMZ、＋T－SDMX 接收来自数控装置接口 XP32、XP30 的脉冲和方向信号，进而控制五相步进电机+M—MZ、+M—MX 达到控制进给轴 Z 轴、X 轴的位移与移动速度。

8. 主轴驱动回路分析

数控机床 HNC－21TD 的主轴驱动回路如附录Ⅴ图 9 所示。主轴驱动回路中的变频器接收来自数控装置接口 XP9 的模拟信号，进而控制主轴电机+M—M1 的转速。

9. CNC 单元接线分析

数控机床 HNC－21TD 的 CNC 单元接线如附录Ⅴ图 11 所示。CNC 单元通过输入接口 XP10 接收来自 PLC 输入回路的外部运行允许、驱动报警、主轴电机过热、刀架电机过热、冷却电机过热、X 轴回零、Z 轴回零、X 轴正限位、X 轴负限位、Z 轴正限位、Z 轴负限位、1 号刀到位、2 号刀到位、3 号刀到位及 4 号刀到位等信号；通过输出接口 XP20 输出 PLC 输出回路的急停、超程解除、驱动使能、主轴正转、主轴反转、刀架正转、刀架反转、冷却电机起停、X 轴回零、Z 轴回零、X 轴正限位、X 轴负限位、Z 轴正限位、Z 轴负限位、1 号刀到位、2 号刀到位、3 号刀到位及 4 号刀到位等信号。

任务 3　数控系统 CNC 的参数调试

模块7任务3

【任务知识目标】

1. 看懂数控机床中的电气接线图纸；
2. 看懂数控机床中的 PLC 接线。

【任务技能目标】

1. 会根据图纸进行数控机床的电气接线；
2. 会正确调试数控机床的 PLC。

以四方回转刀架为例，说明刀架电气控制主电路及 PLC 控制的 CNC 参数调试。

刀架在正向旋转的过程中不停地对刀位输入信号进行检测，每把刀具各有一个霍尔位置检测开关。各刀具按顺序依次经过发磁体位置产生相应的刀位信号。当产生的刀位信号和目的刀位寄存器中的刀位相一致的时候，PLC 认为所选刀具已到位。电动刀架各时序的切换及间隔是系统控制的关键，反向锁紧所用时间取决于电动刀架生产厂家推荐指标，过长会引起电机发热甚至烧毁。为保证电动刀架安全运动，在电动刀架交流 380 V 进线处应加装快速熔断器和热继电器。刀架电气控制主电路与控制电路如图 7－24 所示。

1. 正反转互锁

刀架监控时间是指电机长时间正转(如 20 s)，而检测不到刀位信号，则认为故障，立即停止电机。检测到所选刀位的有效信号，停止刀架电机，并延时(如 50 ms)。刀架锁紧时间是指延时结束后刀架电机反转锁死刀架，并延时(10 s)后停止刀架电机，换刀完成。

在急停、刀架电机过载或程序测试等情况下，换刀被禁止。

2. 刀架换刀过程顺序

接到换刀信号后电机开始正转，同时换刀监控延时启动；接下来就是上刀体抬升转位，如

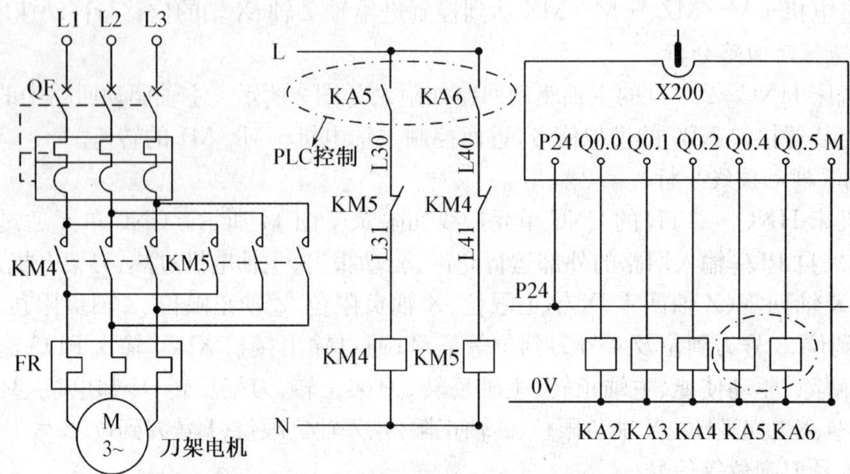

图 7-24　刀架电气控制主电路及控制电路

果检测到刀位信号符合给定位置信号则电机正转停止，同时反转延时启动，反转开始粗定位后精定位（齿盘啮合），刀体锁紧（电机堵转）到反转延时结束时电机停止，换刀过程完毕。刀架换刀过程顺序如图 7-25 所示。

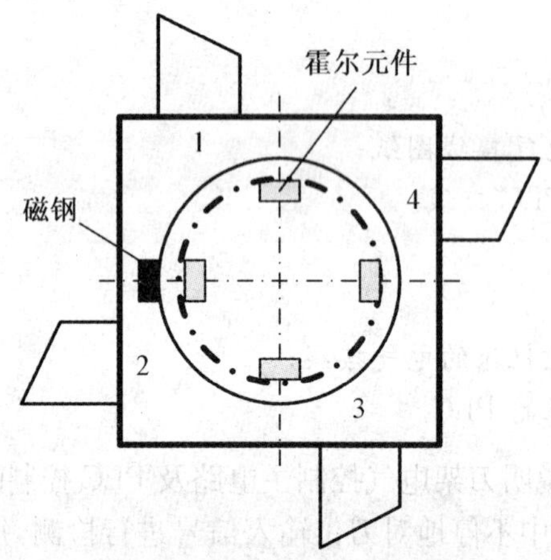

图 7-25　刀架换刀过程

刀架控制方式分执行 T 指令代码和点动换刀，具体条件和说明见表 7-1。

表 7-1　刀架控制方式

分类	条件	说明
执行 T 代码	自动或 MDA 方式下，通过零件加工程序 T 指令启动 按 AUTO 键：V31000000.0“ON” 按 MDA 键：V31000000.1“ON”	刀架正转信号有效。信号一直保持到实际刀位与编程中 T 代码一致，然后刀架反转信号自动生效。反转信号的保持时间由机床参数设定（指定刀位换刀）
点动换刀	手动方式下通过短促按下手动换刀键 K4 启动 按 JOG 键：V31000000.2 为“ON”	刀架正转信号有效，直至刀架转过一个刀位，然后刀架反转信号自动生效（邻刀位换刀）

PLC 换刀过程具体如下：零件加工程序调刀指令 T 开始执行时或手动调刀时，首先输出刀架正转信号，使刀架正转，当接收到指定刀具的到位信号后，关闭刀架正转信号，延时一段时间后，刀架开始反转进行锁紧，并开始锁紧延时时间，紧锁时间到则关闭刀架反转信号，换刀结束。程序转入下一程序段继续执行。如执行的刀号与现在的刀号（自动记录）一致时，则换刀指令立刻结束，并转入下一程序段执行。换刀动作流程如图 7－26 所示。

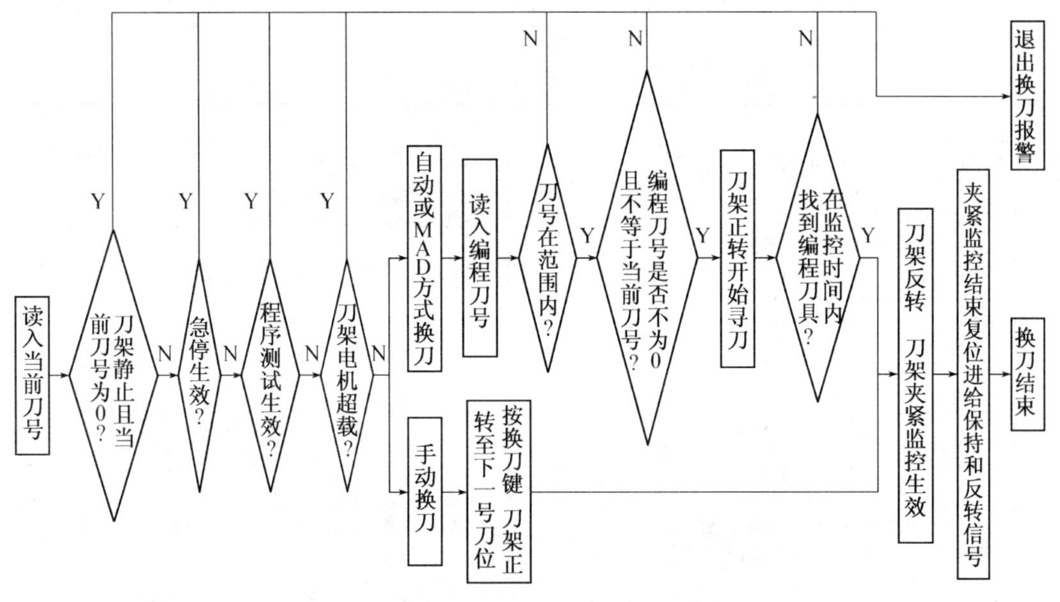

图 7－26　换刀动作流程

刀架涉及输入输出信号地址、名称和意义见表 7－2。

表 7－2　信号地址、名称和意义

I/O	类型	地址及名称	意义
输入信号	I/O→PLC	I1.0、I1.1、I1.2、I1.3 刀位反馈信号	刀架在 T1 位时，I1.0 为"ON"
	NCK→PLC	V25002000.0、V25002000.1、V25002000.2、V25002000.3 零件程序中的 T1、T2、T3、T4	读入程序指令 T1，则 V25002000.0 为"ON"
	MCP→PLC	V10000000.3 手动换刀键（K4）	按下（K4），则 V10000000.3 为"ON"
输出信号	PLC→I/O	Q0.4、Q0.5 刀架正反转	输出正反转信号
	PLC→MCP	V11000000.3 刀架运动状态	刀架正反转时 LED4 亮

JOG 方式手动换刀的 I/O 配置表见表 7－3。对应的 PLC 梯形图如图 7－27 所示。

表 7－3　PLC 的 I/O 配置表

输入			输出	
I0.0	手动换刀键(面板上 K4 键)	NO(复位)	Q0.4	接正转中间继电器 KA5
I1.0	1♯刀位信号		Q0.5	接反转中间继电器 KA6
I1.1	2♯刀位信号		Q0.6	故障报警指示灯
I1.2	3♯刀位信号		Q0.7	JOG 手动运行方式指示灯
I1.3	4♯刀位信号			
I1.7	手动方式按键(面板上 JOG 键)	NO(不复位)		

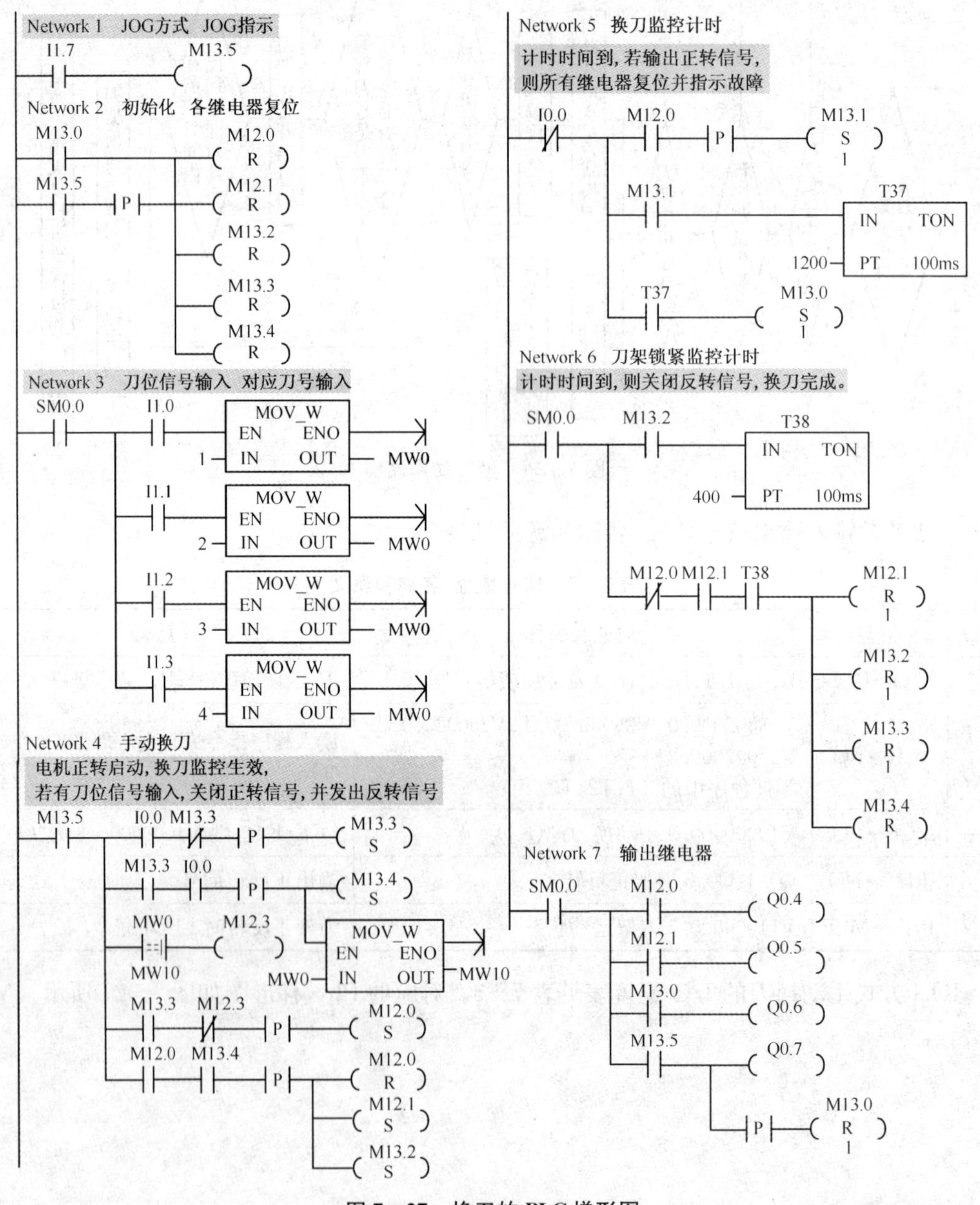

图 7－27　换刀的 PLC 梯形图

模块7任务4

任务 4　数控机床的精度检测

【任务知识目标】

1. 了解验收数控机床精度检测的工具；
2. 掌握数控机床的几何精度调试；
3. 掌握数控机床的位置精度调试。

【任务技能目标】

1. 会使用验收数控机床精度检测的工具；
2. 会正确调试数控机床的几何精度；
3. 会正确调试数控机床的位置精度。

数控机床精度调试主要有几何精度的调试、位置精度的调试、数控功能的调试等内容。精度调试按照机床验收的标准进行，对不合格的项目，要调整机床相关部件以达到预设要求。

1. 几何精度调试

几何精度调试有工作台运动的垂直度、各轴向间的垂直度、工作台与各运动方向的平行度、主轴锥孔面的偏摆、主轴中心与工作台面的垂直度等内容。调试验收几何精度的检具有千分表、大理石方尺、水平仪及标准芯棒等。

如图 7－28 所示，垂直度检验调试是将两个水平仪以相互垂直方式放置在工作台上，其中一个与 X 轴方向平行、一个与 Y 轴方向平行。在检测时将工作台沿 X 轴方向移动，在左、中、右三个点上分别查看水平仪数据。比较这些数据的差值，使其最大值不超过允差值为限。

如果机床垂直度不能够达到标准要求，可通过调整机床地脚螺栓使其达到要求，如图 7－29所示。在调整地脚螺栓的过程中，把机床看成一个既有一定刚性，又有一定塑性的整体。通过调整几个关键的地脚螺栓，将数控机床的垂直度调好。

图 7－28　相互垂直放置水平仪

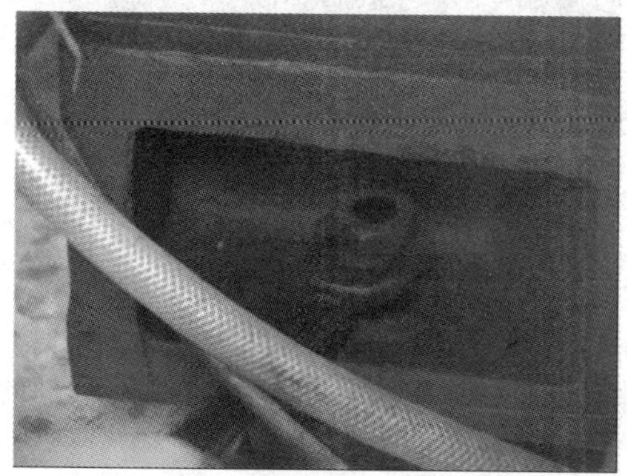
图 7－29　调节地脚螺栓

以三轴数控铣削机床有X轴、Y轴、Z轴为例说明机床各轴相互间垂直度检验与调试。三轴各轴向间的垂直度有XY间垂直度、XZ间垂直度及YZ间垂直度。

如图7－30所示，检查XY垂直度检验时，先将方尺平放在工作台上；然后用千分表找平两个轴方向(X轴方向或Y轴方向)的任意一边，再用千分表检验两个轴方向的另一边(Y轴方向或X轴方向)；千分表在两端读数的差值即为XY垂直度精度。

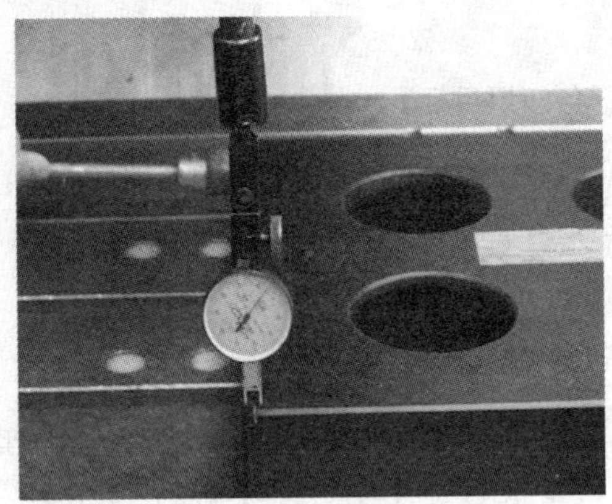

图7－30 XY垂直度检验

如图7－31所示，检验XZ垂直度时先将检验方尺沿X轴方向放置，然后将千分表夹持在Z轴上，把千分表靠在方尺检验面上，沿Z轴上下移动，千分表在上下读数的差值即XZ精度值。

YZ间的垂直度的检验方法和XZ间垂直度的检验方法一致，只不过将检验方尺的方向做一个九十度的旋转。YZ垂直度检验如图7－32所示。

图7－31 XZ垂直度检验

图7－32 YZ垂直度检验

如图7－33所示，检验主轴中心对工作台的垂直度时，首先将千分表置于主轴上，而主轴置于空挡或易于手动旋转的位置上，然后把千分表环绕主轴旋转，设置并确认千分表的触头相对与主轴中心的旋转半径，让千分表在工作台上旋转一周，记录下其在前后以及左右的读数差值，此两组差值就反映了主轴相对与工作台面的垂直度。

图 7-33　主轴中心相对与工作台的垂直度

工作台面与 X 向、Y 向运动的平行度由工作台与 X 向运动的平行度和工作台与 Y 向运动的平行度两项组成。

如图 7-34 所示，检验工作台与 X 向运动的平行度时，先将千分表夹持在 Z 轴上，并把千分表触头置于工作台面上，然后将工作台从 X 原点移至负方向的最远点，记录移动过程中千分表出现读数的最大值及最小值，最大值和最小值的差值为工作台与 X 向运动的平行度精度值。同理，检验工作台与 Y 向运动的平行度时，先将千分表夹持在 Z 轴上，并把千分表触头置于工作台面上，然后将工作台从 Y 原点移至负方向的最远点，记录移动过程中千分表出现读数的最大值及最小值，最大值和最小值的差值为工作台与 Y 向运动的平行度精度值。

图 7-34　工作台与 X 向、Y 向运动的平行度

检查工作台面与 X 向、Y 向运动的平行度时，要注意梯形槽或者其他能够引起表针跳动的因素。

如图 7-35 所示，检验梯形槽跳动时，用千分表去拉工作台上的主梯形槽，读出千分表的最大值及最小值，最大值和最小值的差值为梯形槽的跳动值。

如图 7-36 所示，检验主轴轴向跳动时，将千分表顶住主轴端面，旋转主轴千分表会出现测量值的变动，此变动数值即为主轴轴向跳动。也可将千分表顶住标准芯棒的下端，旋转主轴，观察千分表的变化。

图 7-35 梯形槽跳动

图 7-36 主轴轴向跳动

如图 7-37 所示，检验主轴锥孔偏摆时，首先在主轴上装入测量长 300 mm 的标准芯棒，然后用千分表顶住主轴近端以及下端 300 mm 处，记录主轴旋转过程中千分表变化的最大值，分别为主轴近端和主轴远端 300 mm 两处的主轴锥孔偏摆精度值。

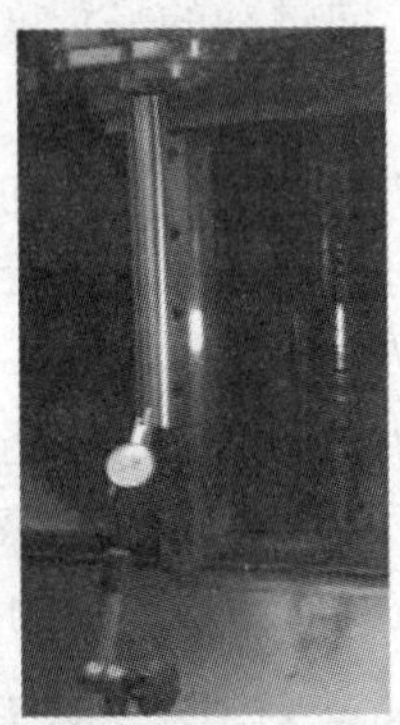

图 7-37 近端与远端主轴锥孔偏摆

2. 数控机床位置精度

数控机床的位置精度主要包括定位精度、重复定位精度和反向偏差。定位精度是指机床运行时到达某一个位置的准确程度。定位精度是系统性的误差，可通过各种方法进行调整。重复定位精度是指机床在运行时反复到达某一个位置的准确程度。重复定位精度对于数控机床则是一项偶然性误差，不能够通过调整参数来进行调整。机床在运行时各轴在反向时产生的运行误差称反向偏差。一般采用双频激光干涉仪作为数控机床位置精度的检测仪器。

模块 8　典型机电设备的维护

模块8

【任务知识目标】

了解机电设备维护的基本知识。

【任务技能目标】

知道维护机电设备的基本过程。

数控机床加工零件的质量在很大程度上取决于机床自身性能，机床本身的各种问题都可能导致加工零件的质量不合格。如在零件加工完毕后进行质量检查，不仅造成大量不合格零件，还会导致机床长时间停机和材料成本大大增加。

因此，只有坚持做好对机床的日常维护工作才能延长元器件的使用寿命，延长机械部件的磨损周期，防止意外恶性事故发生，争取机床长时间稳定工作，充分发挥数控机床加工优势，确保数控机床正常工作。数控机床维护能够延长平均无故障时间、增加机床的开动率、便于及早发现故障隐患、避免停机损失及保持数控设备的加工精度。故数控机床维护人员要具备以下基本要求：

(1) 在思想上重视维护与保养工作；

(2) 提高操作人员的综合素质；

(3) 数控机床良好的使用环境；

(4) 严格遵循正确的操作规程；

(5) 提高数控机床的开动率；

(6) 要冷静对待机床故障，不可盲目处理；

(7) 严格执行数控机床管理的规章制度。

目前，日本在引进美国的预防维修制的基础上发展起来的一种点检管理制度常用于数控机床维修。点检就是按有关维护文件的规定，对设备进行定点、定时的检查和维护。点检的优点是可以把出现的故障和性能的劣化消灭在萌芽状态，防止过修或欠修。点检的缺点是定期点检工作量大。点检已经成为现代维修管理体系的核心，如图 8-1 所示。

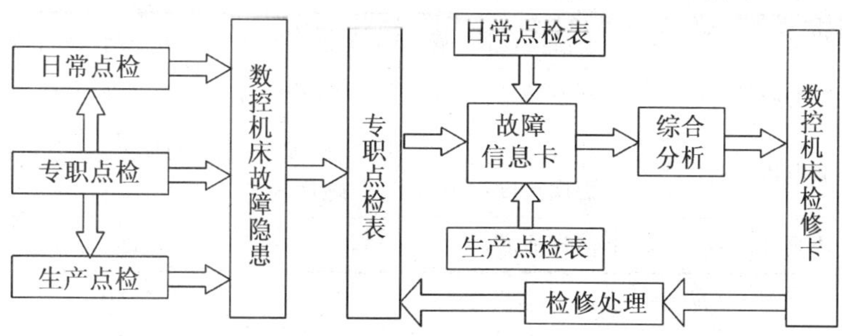

图 8-1　点检在现代维修管理体系的地位

点检包括定点(确定维护点)、定标(对维护点制订标准)、定期(定出检查周期)、定项(明确检查项目)、定人(落实到人)、定法(确定检查方法)、检查步骤、记录、分析(找出薄弱环节)等内容。点检可以分为日常点检(机床的一般部位进行点检)、专职点检(机床的关键部位和重要部位进行点检)和生产点检(对生产运行中的数控机床进行点检)。

点检的主要项目主要包括日检、周检、季检和年检等。其中日检的主要项目包括液压系统、主轴润滑系统、导轨润滑系统、冷却系统、气压系统;周检的主要项目包括机床零件、主轴润滑系统,应该每周对其进行正确的检查,特别是对机床零件要清除铁屑,进行外部杂物清扫;季检的主要项目包括机床床身、液压系统、主轴润滑系统。如某加工中心的点检主要项目由日检、月检、季检、半年检、年检及不定期点检组成。其中每月点检的内容包括电源电压在正常情况下额定电压 380 V,频率 50 Hz,如有异常,要对其进行测量、调整;空气干燥器应该每月拆一次,然后进行清洗、装配。每季点检的内容主要包括检查机床精度、机床水平是否符合手册中的要求;检查时如有问题,应分别更换新油,并对其进行清洗;不定期点检则是主要检查各轴轨道上镶条、按机床说明书调整压紧滚轮松紧状态;检查冷却水箱液面高度,如太脏则更换、清理水箱底部、经常清洗过滤器;经常清理排屑器的铁屑、检查有无卡住;及时抽取油池中废油,以免外溢;按机床说明书调整主轴驱动带松紧;该加工中心的日检、半年检及年检的主要项目见表 8-1。

表 8-1　加工中心日检、半年检及年检的主要项目

	点检部位	点检项目
日检	导轨润滑油箱	① 油量;② 及时添加润滑油;③ 润滑泵能定时起动及停止
	XYZ 轴导轨面	① 清除切屑及脏物;② 检查润滑油是否充分;③ 导轨面有划伤损坏
	压缩空气气源压力	① 检查是否在正常范围;② 气源自动分水滤水器和自动空气干燥器;③ 清理分水器中滤出的水分,自动保持空气干燥器正常工作
	机床液压系统	① 油箱、液压泵无异常噪音;② 压力表指示正常;③ 管路及各接头无泄漏;④ 工作油面高度正常
	液压平衡系统	① 平衡压力指示正常;② 快速移动时平衡阀工作正常
	CNC 的输入输出单元	① 光电阅读机清洁;② 机械结构润滑良好
	电气柜散热通风装置	① 各电柜冷却风扇工作正常;② 风道过滤网无堵塞
	防护装置	导轨、机床各种防护罩等应无松动
半年检	滚珠丝杠	清洗滚珠丝杠旧润滑脂,涂上新的油脂
	液压油路	清洗溢流阀、减压阀、滤油器及油箱箱底、更换或过滤液压油
	主轴润滑恒温油箱	油量、及时添加润滑油、润滑泵能定时起动及停止
年检	直流伺服电机碳刷	检查并更换直流伺服电机碳刷;检查换向器表面,吹净碳粉;去毛刺、更换长度过短的电刷,跑合后使用
	润滑液压泵、滤油器	清理池底,更换滤油器

一、机械部分维护

数控机床机械部分的维护与保养主要包括：机床主轴部件、进给传动机构、导轨等的维护与保养。

1. 主轴部件的维护

主轴部件是数控机床机械部分中的重要组成部件，主要由主轴、轴承、主轴准停装置、自动夹紧和切屑清除装置组成。数控机床主轴部件的润滑、冷却与密封是机床使用和维护过程中值得重视的几个问题。

（1）良好的润滑效果可以降低轴承的工作温度，延长使用寿命；一般地，低速时采用油脂、油液循环润滑；高速时采用油雾、油气润滑方式。但是，在采用油脂润滑时，主轴轴承的封入量通常为轴承空间容积的 10%，切忌随意填满，因为油脂过多，会加剧主轴发热。对于油液循环润滑，在操作使用中要做到每天检查主轴润滑恒温油箱，看油量是否充足，如果油量不够，则应及时添加润滑油；同时要注意检查润滑油温度范围是否合适。

为了保证主轴有良好的润滑，减少摩擦发热，同时又能把主轴组件的热量带走，通常采用循环式润滑系统，用液压泵强力供油润滑，使用油温控制器控制油箱油液温度。高档数控机床主轴轴承采用了高级油脂封存方式润滑，每加一次油脂可以使用 7～10 年。

新型的润滑冷却方式不单要减少轴承温升，还要减少轴承内、外圈的温差，以保证主轴热变形小。

常见主轴润滑方式有两种，一是油气润滑方式，近似于油雾润滑方式，但油雾润滑方式是连续供给油雾，而油气润滑则是定时定量地把油雾送进轴承空隙中，这样既实现了油雾润滑，又避免了因油雾太多而污染周围空气。二是喷注润滑方式，是用较大流量的恒温油喷注到主轴轴承，以达到润滑、冷却的目的。这里较大流量喷注的油必须靠排油泵强制排油，而不是自然回流。同时，还要采用专用的大容量高精度恒温油箱，油温变动控制在±0.5 ℃。

（2）主轴部件的冷却是以减少轴承发热，有效控制热源为主。

（3）主轴部件的密封不仅要防止灰尘、屑末和切削液进入主轴部件，还要防止润滑油的泄漏。主轴部件的密封有接触式和非接触式密封。对于采用油毡圈和耐油橡胶密封圈的接触式密封，要注意检查其老化和破损；对于非接触式密封，为了防止泄漏，重要的是保证回油能够尽快排掉，要保证回油孔的通畅。

2. 进给传动机构的维护与保养

进给传动机构的机电部件主要有：伺服电动机及检测元件、减速机构、滚珠丝杠螺母副、丝杠轴承、工作台、主轴箱、立柱等运动部件。

（1）滚珠丝杠螺母副轴向间隙的调整

滚珠丝杠螺母副除了对本身单一方向的进给运动精度有要求外，对轴向间隙也有严格的要求，以保证反向传动精度。因此，在操作使用中要注意对由于丝杠螺母副的磨损而导致的轴向间隙采用调整方法加以消除。

（2）滚珠丝杠螺母副密封与润滑的日常检查

滚珠丝杠螺母副密封与润滑的日常检查是我们在操作使用中要注意的问题。对于丝杠螺母的密封，就是要注意检查密封圈和防护套，以防止灰尘和杂质进入滚珠丝杠螺母副。对于丝杠螺母的润滑，如果采用油脂，则定期润滑；如果使用润滑油时则要注意经常通过注油孔注油。采用润滑脂润滑的滚珠丝杠，每半年清洗丝杠上的旧润滑脂，换上新的润滑脂；用润滑油润滑的滚珠丝杠,每次机床工作前加油一次。

3. 机床导轨的维护

(1) 导轨的润滑

导轨润滑的目的是降低摩擦系数、减少磨损、防止导轨面锈蚀,避免低速爬行与降低温升,因此导轨的润滑很重要。对于滑动导轨,采用润滑油润滑;而滚动导轨,则采用润滑油或者润滑脂均可。

导轨的油润滑一般采用自动润滑,我们在操作使用中要注意检查自动润滑系统中的分流阀,如果它发生故障则会造成导轨不能自动润滑。

此外,必须做到每天检查导轨润滑油箱油量,如果油量不够,则应及时添加润滑油。

同时要注意检查润滑油泵是否能够定时起动和停止,并且要注意检查定时起动时是否能够提供润滑油。

(2) 导轨的防护

在操作使用中要注意防止切屑、磨粒或者切削液散落在导轨面上,否则会引起导轨的磨损加剧、擦伤和锈蚀。导轨面上应有可靠的防护装置。常用的有刮板式、卷帘式和叠层式防护罩。需要经常进行清理和保养。

4. 回转工作台的维护与保养

数控机床的圆周进给运动一般由回转工作台来实现,对于加工中心,回转工作台已成为一个不可缺少的部件。因此,在操作使用中要注意严格按照回转工作台的使用说明书要求和操作规程正确操作使用。特别注意回转工作台传动机构和导轨的润滑。

5. 自动换刀装置的维护

(1) 手动装刀时要确保装到位,装牢;

(2) 严禁超重、超长刀具装入刀库;

(3) 采用顺序选刀方式的,注意刀库上刀具的顺序;

(4) 注意保持刀柄和刀套的清洁;

(5) 开机后,先空运行检查机械手和刀库是否正常。

6. 液压系统的维护

(1) 定期对油箱内的油进行检查、过滤、更换;

(2) 检查冷却器和加热器的工作性能,控制油温;

(3) 定期检查更换密封件,防止液压系统泄漏;

(4) 定期检查清洗或更换液压件、滤芯,定期检查清洗油箱和管路;

(5) 严格执行日常点检制度,检查系统的泄漏、噪声、振动、压力、温度等是否正常。

7. 气压系统的维护

(1) 选用合适的过滤器,清除压缩空气中的杂质和水分;

(2) 检查系统中油雾器的供油量,保证空气中有适量的润滑油来润滑气动元件,防止生锈、磨损造成空气泄漏和元件动作失灵;

(3) 保持气动系统的密封性,定期检查更换密封件;

(4) 注意调节工作压力;

(5) 定期检查清洗或更换气动元件、滤芯。

二、数控系统的维护

1. 数控系统在通电前的检查

(1) 确认交流电源的规格是否符合 CNC 装置的要求；

(2) 检查 CNC 装置与外界之间的全部连接电缆是否符合随机提供的连接技术手册的规定；

(3) 确认 CNC 装置内的各种印刷线路板上的硬件设定是否符合 CNC 装置的要求；

(4) 检查数控机床的保护接地线。

2. 数控系统在通电后的检查

(1) 检查数控装置中风扇；

(2) 直流电源是否正常；

(3) 确认 CNC 装置的各种参数；

(4) 在接通电源的同时，作好按压紧急停止按钮的准备；

(5) 手动状态下，低速进给移动各个轴，并且注意观察机床移动方向和坐标值显示是否正确；

(6) 检查数控机床是否有返回基准点的功能；

(7) CNC 系统的功能测试。

3. 数控装置的日常维护

(1) 严格遵守操作规程和日常维护制度

有资料表明，首次采用数控机床或由不熟练工人来操作，在使用的第一年内，有三分之一以上的系统故障是由于操作不当引起的。

(2) 应尽量少开数控柜和强电柜的门

① 夏天为使数控系统能超负荷长期工作，采取打开数控柜门来散热，但最终将导致数控系统加速损坏。

② 正确方法：降低数控系统外部环境温度。

注意：除非进行必要的调整和维修，否则不允许随意开启数控柜和强电柜的门。

③ 一些已受外部尘埃、油雾污染的电路板和接插件，可采用专用电子清洁剂喷洗。

注意：自然干燥的喷液台在非接触表面形成绝缘层，使其绝缘良好。

(3) 定时清扫数控柜的散热通风系统

① 每天检查数控柜上的风扇工作是否正常。

② 每半年或季度检查一次风道过滤器是否有堵塞现象。

注意：数控柜内温度过高(一般不允许超过 55 ℃)，将造成过热报警或数控系统工作不可靠。

③ 清扫方法

a. 拧下螺钉，拆下空气过滤器；

b. 在轻轻振动过滤器的同时，用压缩空气由里向外吹掉空气过滤器内的灰尘；

c. 过滤器太脏时，可用中性清洁剂(清洁剂和水的配方为 5/95)冲洗(但不可揉擦)，然后置于阴凉处晾干即可。

(4) 数控系统的输入/输出装置的定期维护

(5) 定期检查和更换直流电动机电刷

① 断电状态，电动机已经完全冷却情况下进行检查；

② 取下橡胶刷帽，用螺丝刀拧下刷盖取出电刷；

③ 测量电刷长度，如磨损到原长的一半左右时必须更换同型号的新电刷；

④ 仔细检查电刷的弧形接触面是否有深沟或裂缝，以及电刷弹簧上有无打火痕迹，如有上述现象必须用新电刷替换，并在一个月后再次检查；

⑤ 将不含金属粉末、不含水份的压缩空气导入电刷孔，吹净粘在孔壁上的电刷粉末。如果难以吹净，可用螺丝刀尖轻轻清理，直至孔壁全部干净为止。但要注意不要碰到换向器表面；

⑥ 重新装上电刷，拧紧刷盖。

(6) 经常监视数控系统的电网电压

(7) 定期更换存储器用电池

① 电池每年更换一次；

② 更换应在系统供电状态下进行，以免参数丢失；

(8) 数控系统长期不用时的维护

① 经常给数控系统通电；

② 对于直流电动机应将电刷取出，以免腐蚀换向器。

(9) 备用电路板的维护

(10) 做好维修前的准备工作

附录Ⅰ FR－E700 变频器的其他控制功能参数

表 1 简单设定运行模式参数

参数	名称	设定范围	最小设定单位	初始值
Pr. 0	转矩提升	0～30%	0. 1%	6/4/3%
Pr. 1	上限频率	0～120 Hz	0. 01 Hz	120 Hz
Pr. 2	下限频率	0～120 Hz	0. 01 Hz	0 Hz
Pr. 3	基准频率	0～400 Hz	0. 01 Hz	50 Hz
Pr. 4	多段速设定(高速)	0～400 Hz	0. 01 Hz	50 Hz
Pr. 5	多段速设定(中速)	0～400 Hz	0. 01 Hz	30 Hz
Pr. 6	多段速设定(低速)	0～400 Hz	0. 01 Hz	10 Hz
Pr. 7	加速时间	0～3 600/360 s	0. 1/0. 01 s	5/10 s
Pr. 8	减速时间	0～3 600/360 s	0. 1/0. 01 s	5/10 s
Pr. 9	电子过电流保护	0～500 A	0. 01 A	变频器额定电流
Pr. 79	运行模式选择	0,1,2,3,4,6,7	1	0
Pr. 125	端子 2 频率设定增益频率	0～400 Hz	0. 01 Hz	50 Hz
Pr. 126	端子 4 频率设定增益频率	0～400 Hz	0. 01 Hz	50 Hz
Pr. 160	用户参数组读取选择	0,1,9 999	1	0

表 2 输入输出端子功能分配参数

参数		名称	设定范围	最小设定单位	初始值
输入端子功能	Pr. 178	STF 端子功能选择	0～5,7,8,10,12,14～16,18,24,25,60,62,65～67,9 999	1	60
	Pr. 179	STR 端子功能选择	0～5,7,8,10,12,14～16,18,24,25,61,62,65～67,9 999	1	61
	Pr. 180	RL 端子功能选择	0～5,7,8,10,12,14～16,18,24,25,62,65～67,9 999	1	0
	Pr. 181	RM 端子功能选择		1	1
	Pr. 182	RH 端子功能选择		1	2
	Pr. 183	MRS 端子功能选择 1		1	24
	Pr. 184	RES 端子功能选择 1		1	62

（续表）

参数		名称	设定范围	最小设定单位	初始值
输出端子功能	Pr. 190	RUN 端子功能选择	0,1,3,4,7,8,11～16,20,25,26,46,47,64,90,91,93,95,96,98,99,100,101,103,104,107,108,111～116,120,125,126,146,147,164,190,191,193,195,196,198,199,9 999	1	0
	Pr. 191	FU 端子功能选择		1	4
	Pr. 192	ABC 端子功能选择	0,1,3,4,7,8,11～16,20,25,26,46,47,64,90,91,95,96,98,99,100,101,103,104,107,108,111～116,120,125,126,146,147,164,190,191,195,196,198,199,9 999	1	99

表 3　数字输入输出参数

参数		名称	设定范围	最小设定单位	初始值
输入参数	Pr. 300	BCD 输入偏置	0～400 Hz	0.01 Hz	0
	Pr. 301	BCD 输入增益	0～400 Hz、9 999	0.01 Hz	50
	Pr. 302	BIN 输入偏置	0～400 Hz	0.01 Hz	0
	Pr. 303	BIN 输入增益	0～400 Hz、9 999	0.01 Hz	50
	Pr. 304	数字输入及模拟量输入补偿选择	0、1、10、11、9 999	1	9 999
	Pr. 305	读取时钟动作选择	0、1、10	1	0
输出参数	Pr. 313	DO0 输出选择	0、1、3、4、7、8、11～16、20、25、26、46、47、64、90、91、93、95、96、98、99、100、101、103、104、107、108、111～116、120、125、126、146、147、164、190、191、193、195、196、198、199、9 999	1	9 999
	Pr. 314	DO1 输出选择		1	9 999
	Pr. 315	DO2 输出选择		1	9 999
	Pr. 316	DO3 输出选择		1	9 999
	Pr. 317	DO4 输出选择		1	9 999
	Pr. 318	DO5 输出选择		1	9 999
	Pr. 319	DO6 输出选择		1	9 999

表 4　模拟量及继电器输出

参数		名称	设定范围	最小设定单位	初始值
模拟量	Pr. 306	模拟量输出信号选择	1～3,5,7～12,14,21,24,52,53	1	2
	Pr. 307	模拟量输出零时设定	0～100%	0.1%	0
	Pr. 308	模拟量输出最大时设定	0～100%	0.1%	100
	Pr. 309	模拟量输出信号电压/电流切换	0、1、10、11	1	0

（续表）

参数		名称	设定范围	最小设定单位	初始值
模拟量	Pr. 310	模拟量仪表电压输出选择	1～3，5，7～12，14，21，24，52，53	1	2
	Pr. 311	模拟量仪表电压输出零时设定	0～100％	0.1％	0
	Pr. 312	模拟量仪表电压输出最大时设定	0～100％	0.1％	100
	Pr. 323	AM0 0 V 调整	900％～1 100％	1％	1 000
	Pr. 324	AM1 0 mA 调整	900％～1 100％	1％	1 000
	Pr. 329	数字输入单位选择	0、1、2、3	1	1
继电器	Pr. 320	RA1 输出选择	0，1，3，4，7，8，11～16，20，25，26，46，47，64，90，91，95，96，98，99，9 999	1	0
	Pr. 321	RA2 输出选择		1	1
	Pr. 322	RA3 输出选择		1	4

表 5　PID 运行参数

参数	名称	设定范围	最小设定单位	初始值
Pr. 127	PID 控制自动切换频率	0～400 Hz、9 999	0.01 Hz	9 999
Pr. 128	PID 动作选择	0，20，21，40～43，50，51，60，61	1	0
Pr. 129	PID 比例带	0.1％～1 000％，9 999	0.1％	100％
Pr. 130	PID 积分时间	0.1％～3 600 s，9 999	0.1s	1s
Pr. 131	PID 上限	0～100％，9 999	0.1％	9 999
Pr. 132	PID 下限	0～100％，9 999	0.1％	9 999
Pr. 133	PID 动作目标值	0～100％，9 999	0.01％	9 999
Pr. 134	PID 微分时间	0.01～10.00 s、9 999	0.01 s	9 999

表 6　电机常数参数

参数	名称	设定范围	最小设定单位	初始值
Pr. 80	电机容量	0.1 kW～15 kW、9 999	0.01 kW	9 999
Pr. 81	电机极数	2，4，6，8，10，9 999	1	9 999
Pr. 82	电机励磁电流	0～500 A(0～****)，9 999	0.01 A	9 999
Pr. 83	电机额定电压	0～1 000 V	0.1 V	400 V
Pr. 84	电机额定频率	10～120 Hz	0.01 Hz	50 Hz
Pr. 89	速度控制增益(磁通矢量)	0～200％，9 999	0.1％	9 999
Pr. 90	电机常数(R1)	0～50 Ω(0～****)，9 999	0.001 Ω	9 999
Pr. 91	电机常数(R2)	0～50 Ω(0～****)，9 999	0.001 Ω	9 999

（续表）

参数	名称	设定范围	最小设定单位	初始值
Pr. 92	电机常数(L1)	0～1 000 mH(0～50 Ω, 0～****)9 999	0.1 mH (0.001 Ω,1)	9 999
Pr. 93	电机常数(L2)	0～1 000 mH(0～50 Ω, 0～****),9 999	0.1 mH (0.001 Ω,1)	9 999
Pr. 94	电机常数(X)	0～100%(0～500 Ω, 0～****),9 999	0.1%(0.01 Ω,1)	9 999
Pr. 96	自动调谐设定/状态	0、1、11、21	1	0

表 7　清除参数初始值变更清单参数

参数	名称	设定范围	最小设定单位	初始值
Pr. CL	清除参数	0、1	1	0
ALLC	参数全部清除	0、1	1	0
Er. CL	清除报警历史	0、1	1	0
Pr. CH	初始值变更清除			

表 8　监视器功能与重要控制参数

参数		名称	设定范围	最小设定单位	初始值
监视器	Pr. 52	DU/PU 主显示数据选择	0,5,7～12,14,20,23～25,52～57,61,62,100	1	0
	Pr. 55	频率监视基准	0～400 Hz	0.01 Hz	50 Hz
	Pr. 56	电流监视基准	0～500 A	0.01 A	额定电流
重要控制	Pr. 40	RUN 键旋转方向选择	0,1	1	0
	Pr. 59	遥控功能选择	0,1,2,3	1	0
	Pr. 72	PWM 频率选择	0～15	1	1
	Pr. 73	模拟量输入选择	0,1,10,11	1	1
	Pr. 77	参数写入选择	0,1,2	1	0
	Pr. 78	反转防止选择	0,1,2	1	0
	Pr. 158	AM 端子功能选择	1～3,5,7～12,14,21,24,52,53,61	1	1

附录Ⅱ　SINAMICS V60 驱动器参数

编号	参数名称	所有参数值设置说明
P01	参数写入保护	0-所有其他参数都是只读的；1-可对所有参数进行读取和写入；系统默认缺省值为0；每次上电后 P01 将被自动复位 0。
P05	内部使能	0-需要外部使能 JOG 模式；1-内部使能 JOG 模式；系统默认缺省值为 0；每次上电后 P05 将被自动复位 0。
P16	电机最大电流限制	此参数将电机的最大电流(2 倍的额定电流)限制至给定的比例；缺省值 100%；范围 0～100%。
P20	速度环比例增益	参数规定了控制回路的比例大小(比例环节增益 K_p)：设置的数据越大，增益和刚性参数就越高；参数值取决于具体的驱动和负载。一般情况下负载惯量越大，设置数据越大。
P21	速度环积分作用时间	参数规定了控制回路的积分作用时间(积分环节 T_n)：设置的数据越小，增益和刚性参数就越高；参数值取决于具体的驱动和负载。参数设置范围为 0.1～300.0(ms)。
P26	最高转速限制	参数规定了可能的最高转速限制；参数设置范围为 0～2 200.0 r/min。
P30	位置比例增益	1. 设置位置环调节器的比例增益；参数设置范围 0.1～3.2(1 000/min)；系统缺省值 3.0(2.0)； 2. 设定值越大，增益越高，刚度越大，相同频率指令脉冲条件下，位置滞后量越小，但数值太大可能会引起振荡或超调； 3. 参数数值根据具体的伺服驱动系统型号和负载情况确定。
P31	位置前馈增益	1. 设置位置前馈增益；参数设置范围为 0%～100%；系统缺省值 85(0)%； 2. 设定 100%时，表示在任何频率的指令脉冲条件下，位置滞后量总为 0； 3. 位置环的前馈增益增大，控制系统的高速响应特性提高，但可能会引起系统的位置环不稳定，容易产生振荡； 4. 除非需要很高的响应特性，位置环的前馈增益通常为 0。
P34	最大可允许跟随误差	参数规定了所允许的最大跟随误差。当实际跟随误差值大于此参数时，驱动发出位置超差(A43)报警；参数设置范围为 20～999(100 个脉冲)，系统缺省值 500(100 个脉冲)。
P36	输入脉冲倍率	参数定义输入脉冲倍率，如 P36＝100 时，输入频率＝1 kHz，输出频率＝1 kHz×100＝100 kHz； 脉冲频率设定值＝实际脉冲频率×输入脉冲倍率；且 P36＝100 或 1 000 时速度会发生波动。
P41	抱闸打开延迟时间	在驱动使能后会在设定的延迟时间后才打开抱闸，在下列情况下可以使能驱动：参数设置范围为 20～2 000(ms)；系统缺省值 100(ms) 1. 当同时满足下列三个条件时：(1) 已使能端子 65(外部使能)；(2) 驱动已接收到 NC 的使能信号；(3) 驱动未探测到报警。 2. 当同时满足下列两个条件时：(1) 已激活端子 65(外部使能)；(2) 电机通过功能菜单项“JOG -RUN”来运行。 3. 当同时满足下列两个条件时：(1) P05＝1(可以内部使能 JOG 模式)；(2) 电机通过功能菜单项“JOG -RUN”来运行。

（续表）

编号	参数名称	所有参数值设置说明
P42	电机运转时抱闸关闭时间	在电机转速大于 30 r/min 且驱动器出现报警时，若在此参数设置的时间内电机转速仍然大于 P43 设定的速度值，则驱动器在出现报警后的此参数设置的时间后关闭抱闸。参数设置范围 20～2000(ms)；系统缺省值 100(ms)
P43	电机运转时抱闸关闭速度值	在电机转速大于 30 r/min 且驱动器出现报警时，若在参数 P42 设置的时间内电机转速已经小于此参数设定的速度值，则驱动器会在电机转速等于此参数设定的速度值时关闭抱闸。 参数设置范围为 0～2 000(r/min)；系统缺省值 100(r/min)
P44	电机停止时抱闸关闭后的使能时间	在电机转速小于 30 r/min 时，驱动器会在抱闸后在此参数设定的时间内继续保持使能。 参数设置范围为 20～2 000(ms)；系统缺省值 600(ms)
P46	JOG 速度	参数设置了 JOG 模式下的电机转速；参数设置范围为 0～2 000(r/min)；系统缺省值 200(r/min)
P47	电机加/减速时间常数	参数定义电机从 0 加速至 2 000 r/min 或从 2 000 r/min 减速至 0 的时间； 参数设置范围为 0.0～10.0(s)；系统缺省值 4(s)

附录Ⅲ　SINUMERIK 808D 电气接线图

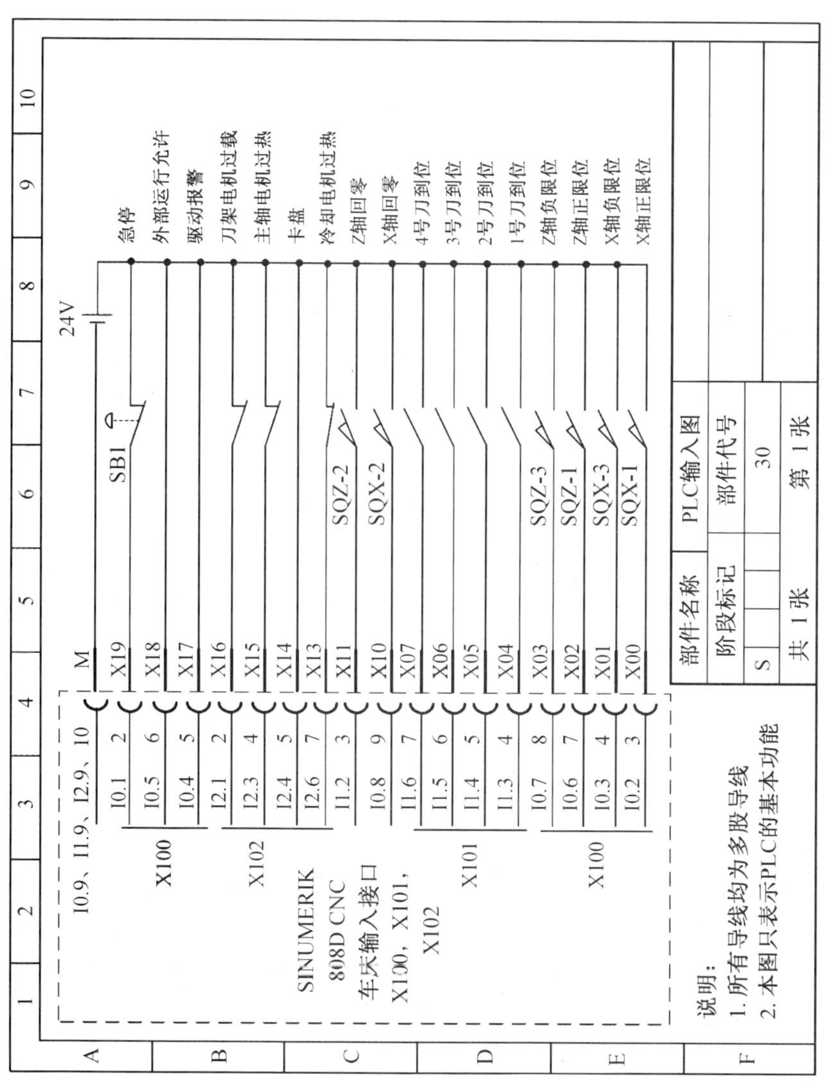

图 1　808D 控制车床的 PLC 输入

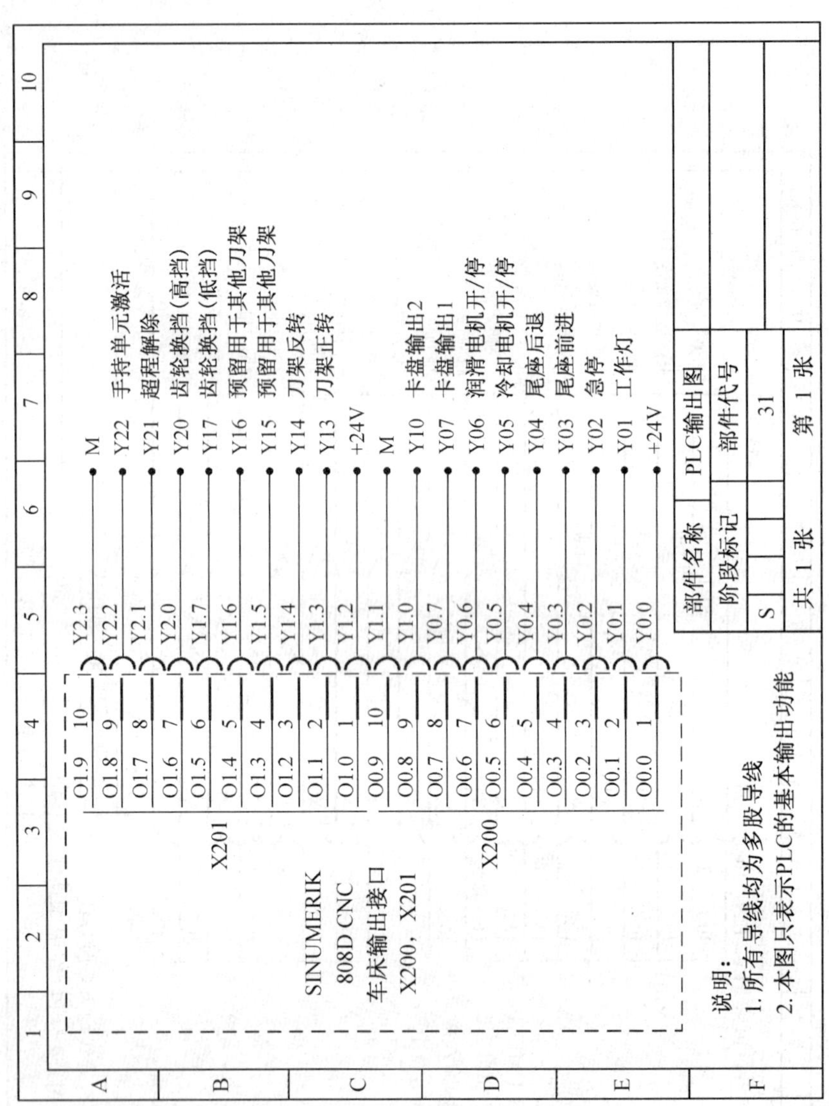

图 2 808D 控制车床的 PLC 输出图

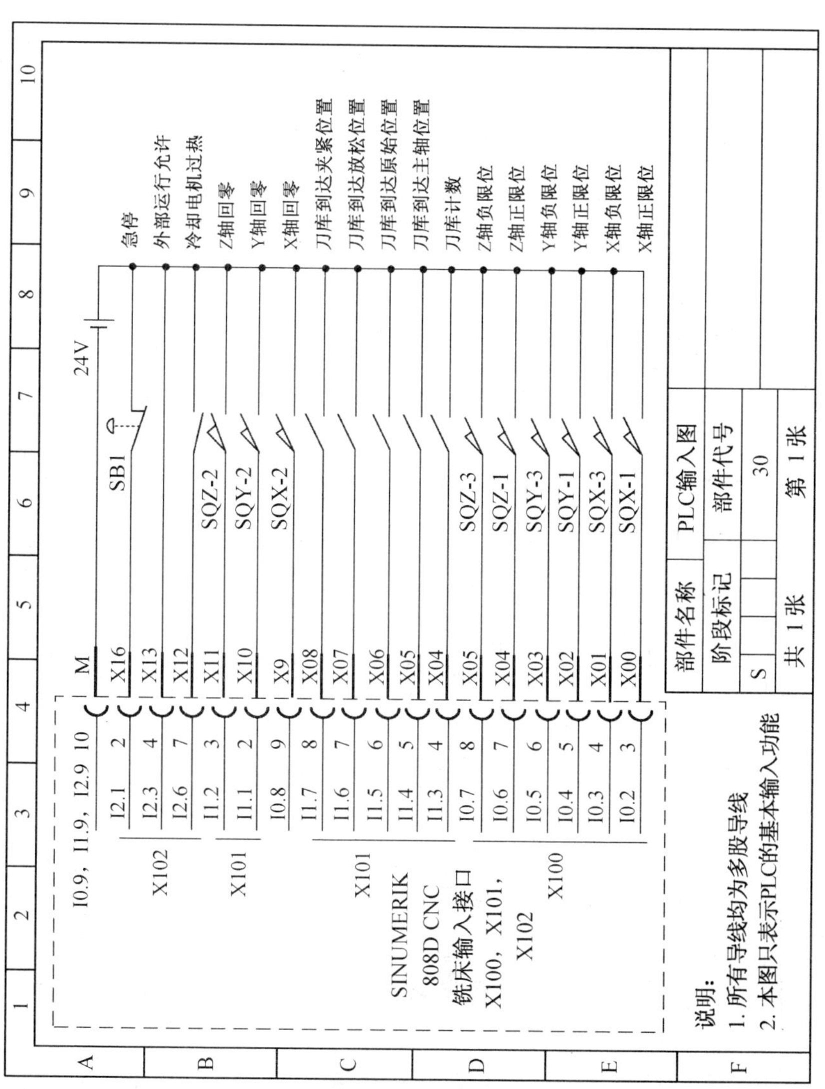

图 3 808D 控制铣床的 PLC 输入图

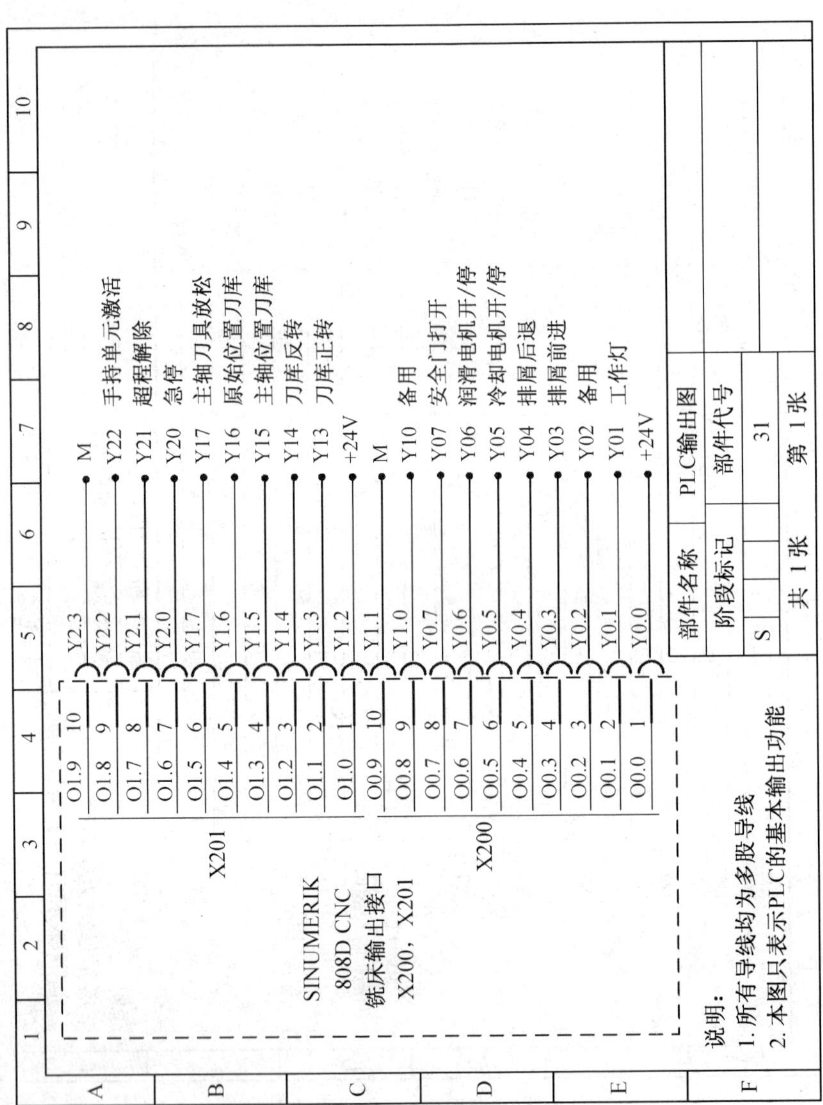

图 4　808D 控制铣床的 PLC 输出图

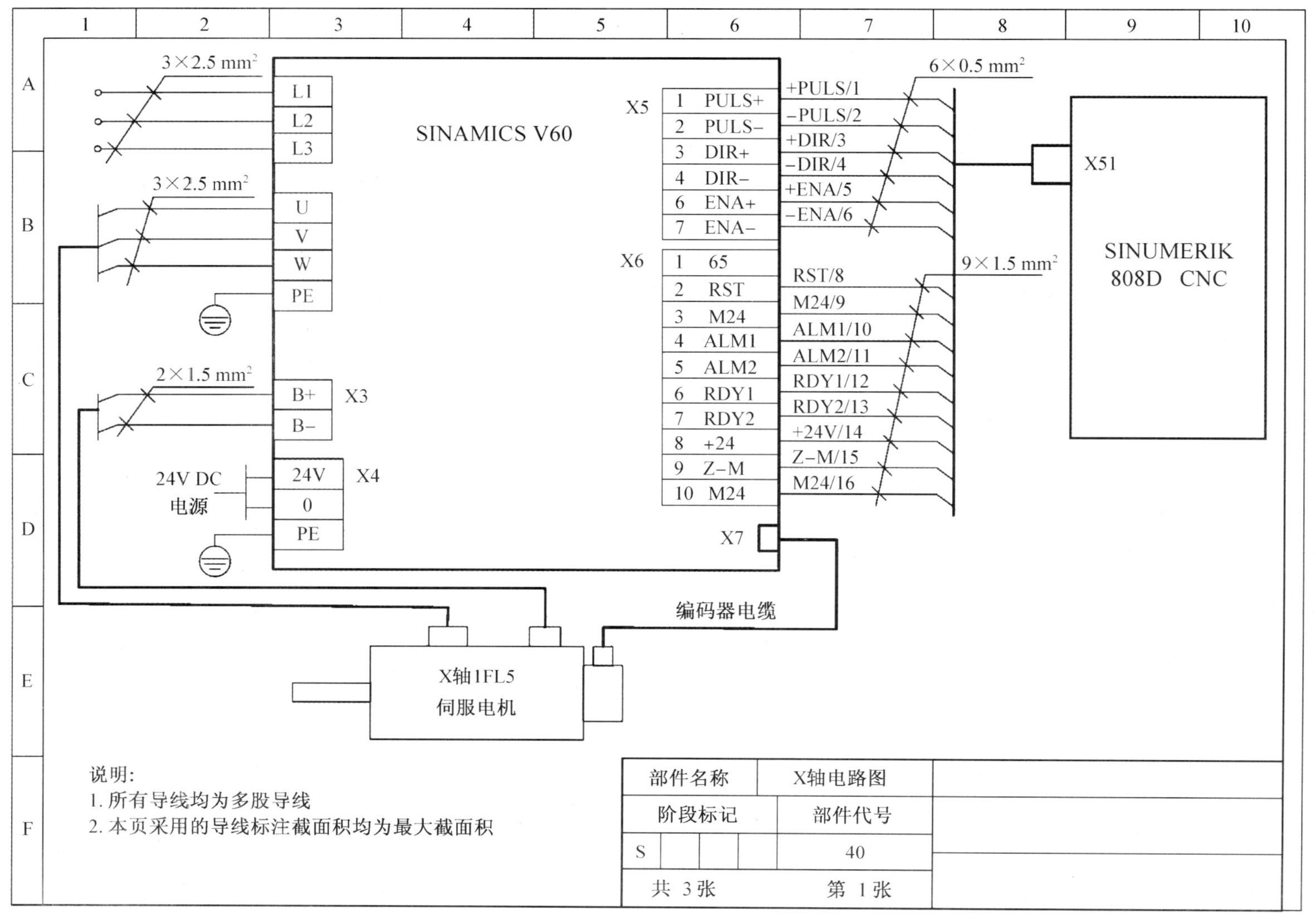

图 5　808D 控制机床的 X 进给单元图

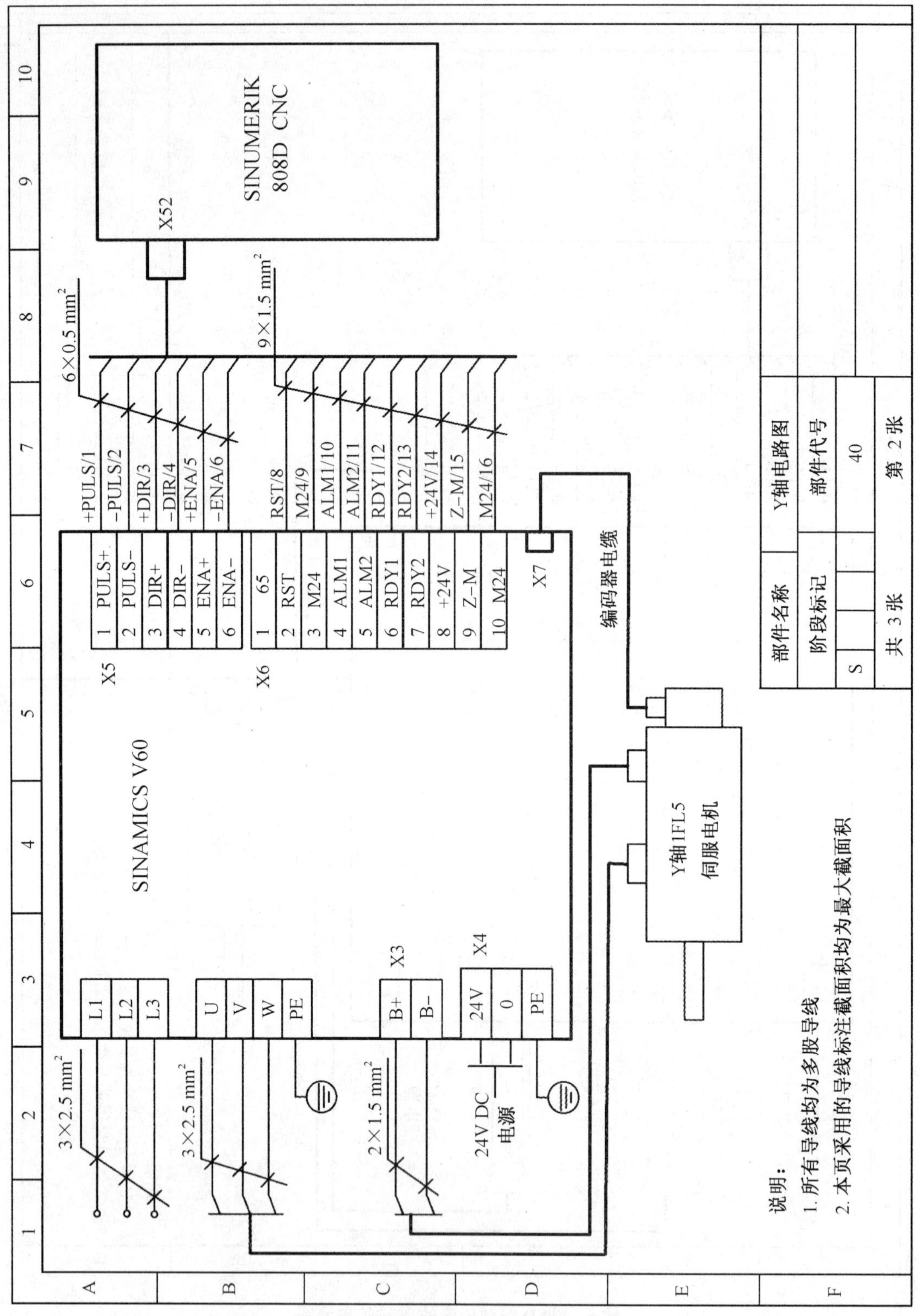

图6 808D控制机床的Y进给单元图

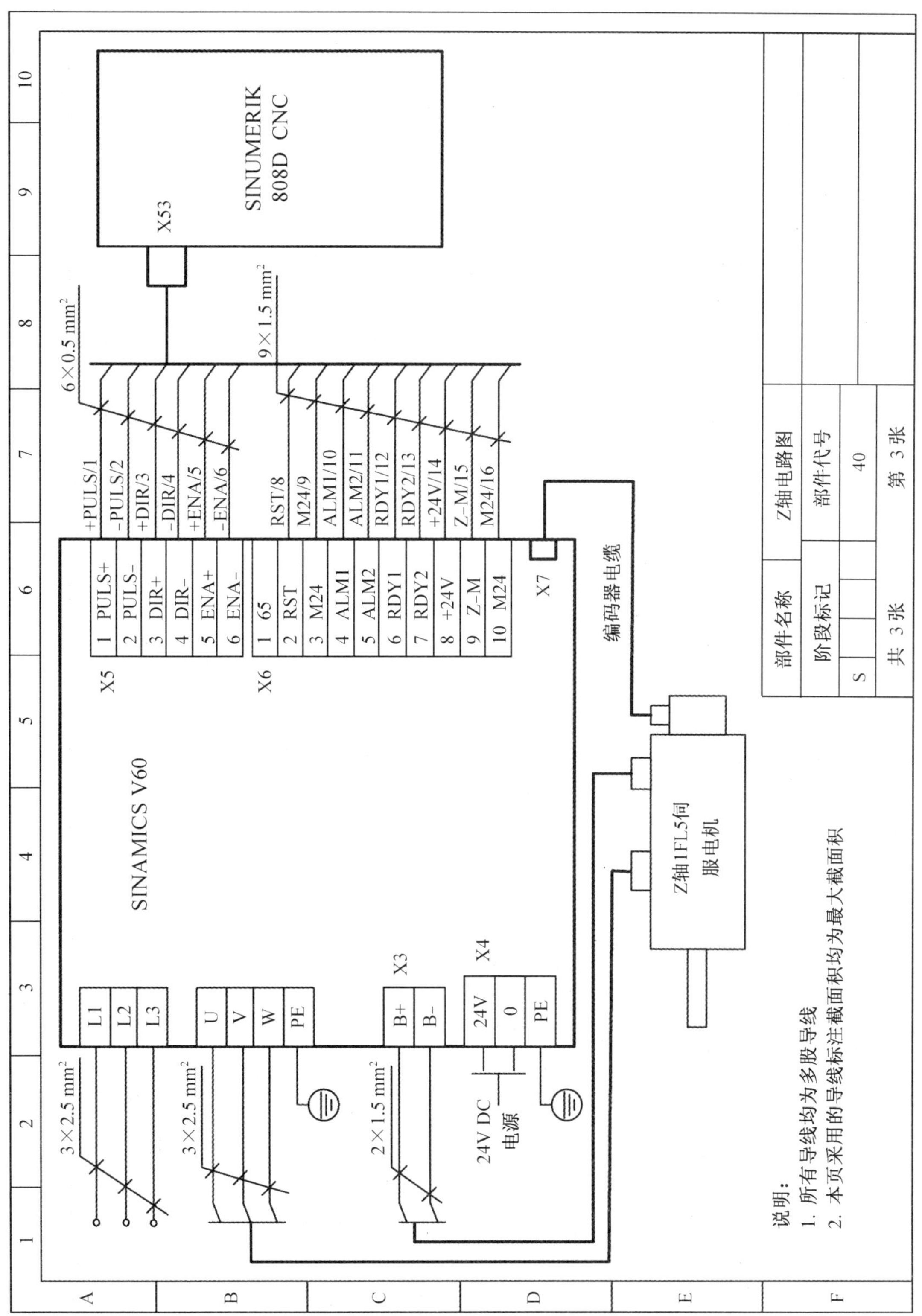

图 7 808D 控制机床的 Z 进给单元图

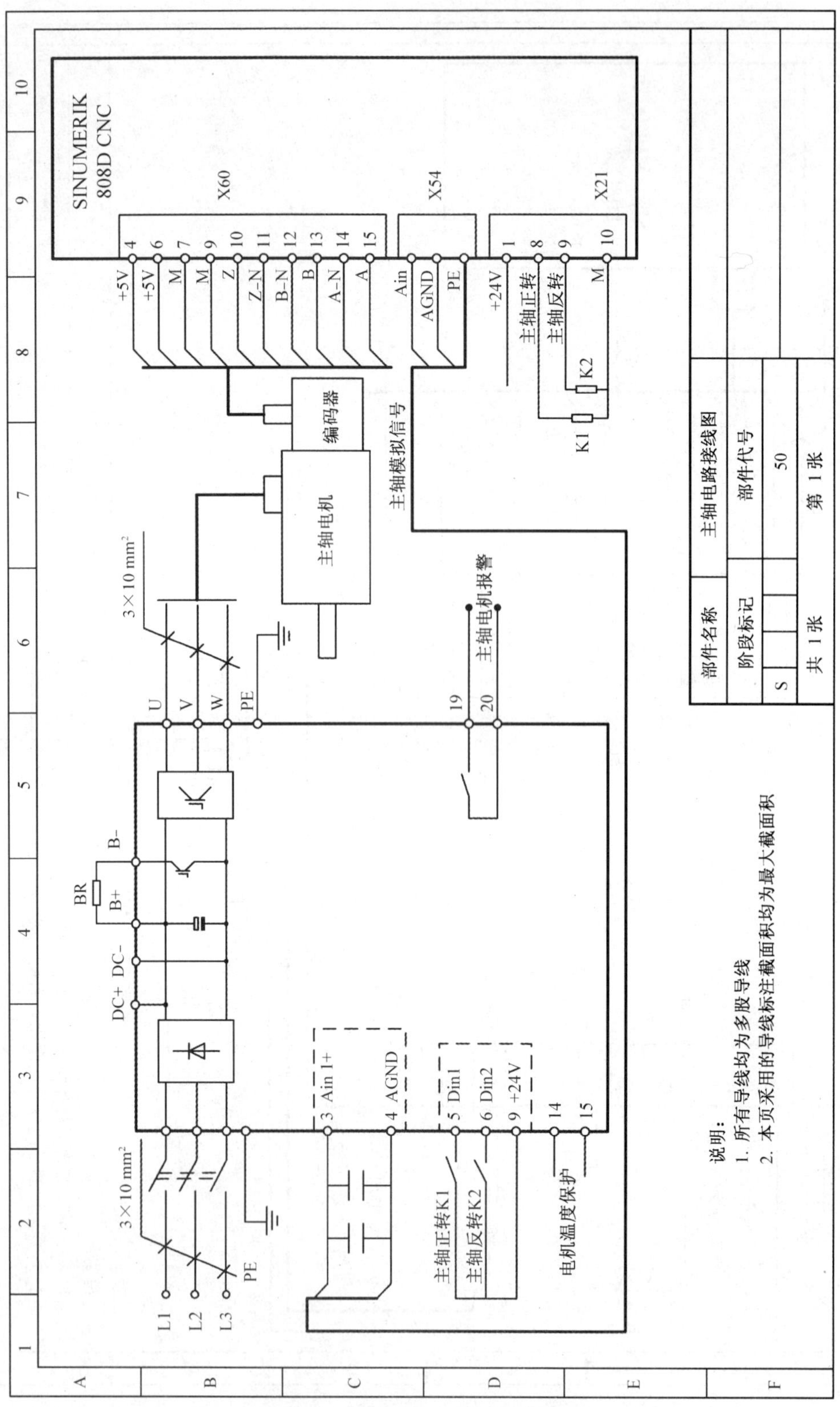

图 8 808D 控制机床的主轴电机接线图

附录Ⅳ　HED－21S 数控综合实训台电气原理图

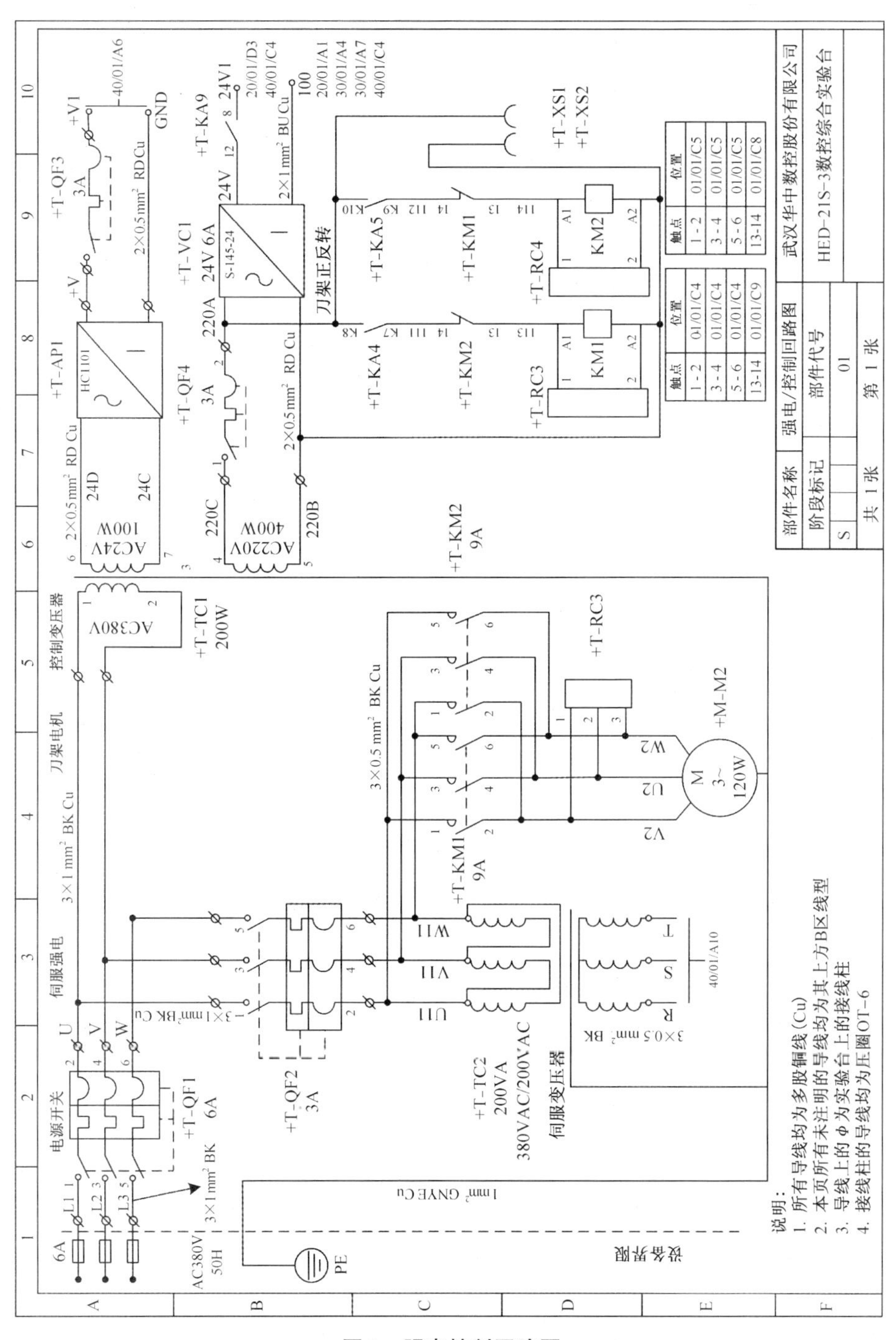

图 1　强电控制回路图

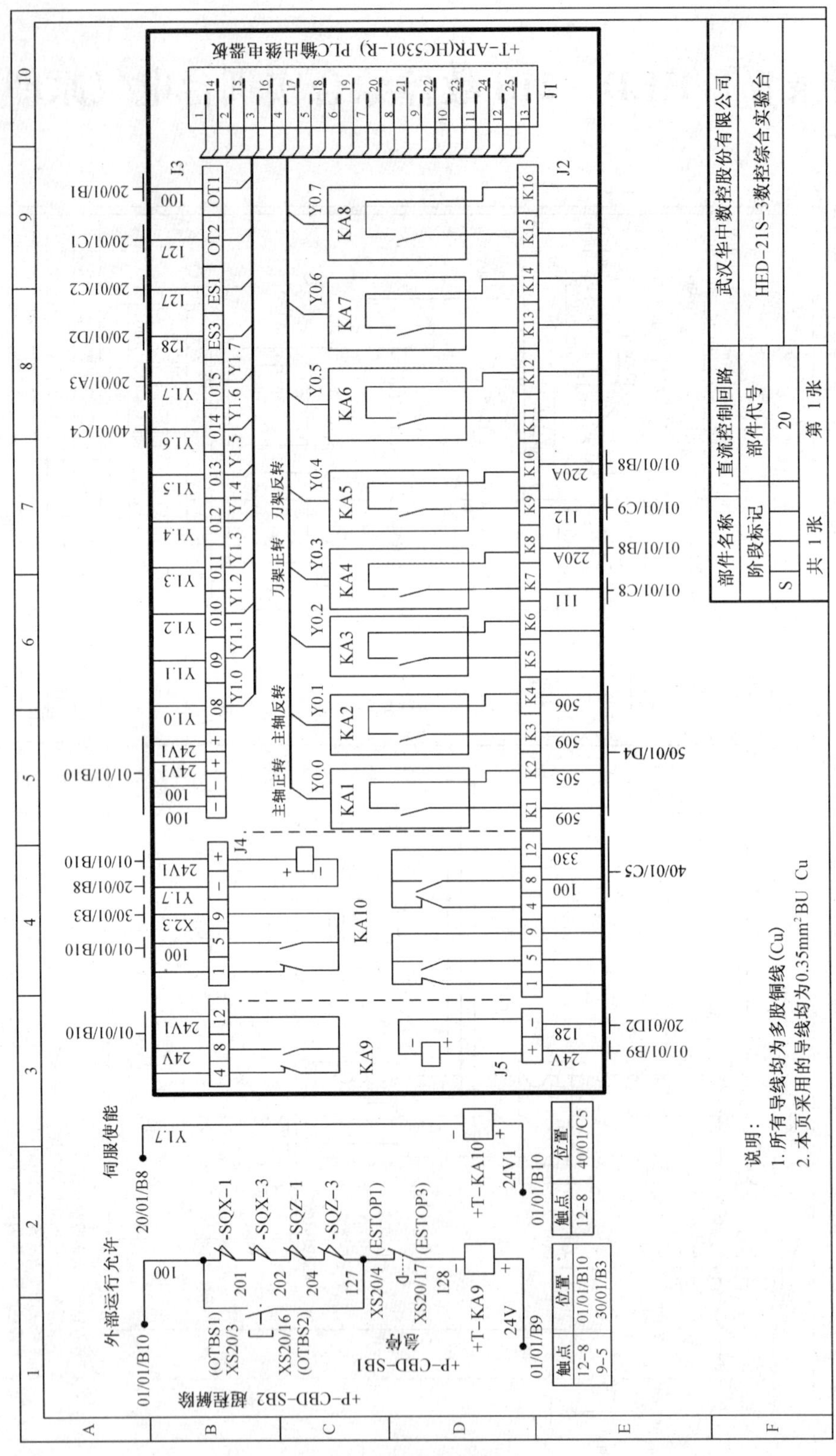

图 2 直流控制回路图

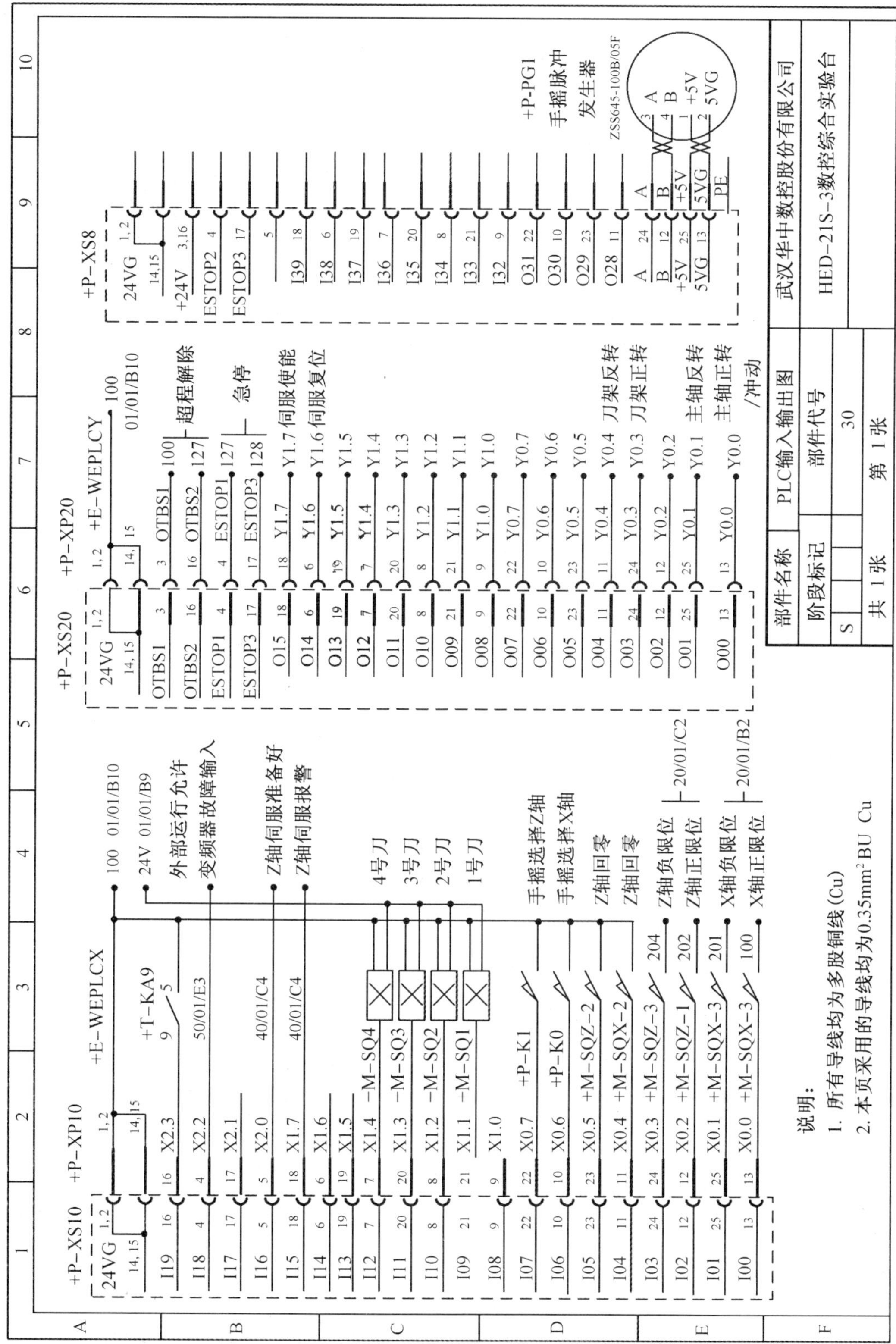
武汉华中数控股份有限公司
HED-21S-3数控综合实验台
部件名称
PLC输入输出图
阶段标记
部件代号
30
共 1张
第 1张
说明:
1. 所有导线均为多股铜线(Cu)
2. 本页采用的导线均为0.35mm² BU Cu
+P-XS10
+P-XP10
+E-WEPLCX
+P-XS20
+P-XP20
+E-WEPLCY
+P-XS8
+P-PG1
手摇脉冲
发生器
ZSS645-100B/05F
外部运行允许
变频器故障输入
Z轴伺服准备好
Z轴伺服报警
4号刀
3号刀
2号刀
1号刀
手摇选择Z轴
手摇选择X轴
Z轴回零
Z轴负限位
Z轴正限位
X轴负限位
X轴正限位
超程解除
急停
伺服使能
伺服复位
刀架反转
刀架正转
主轴反转
主轴正转
/冲动

图3　PLC输入输出图

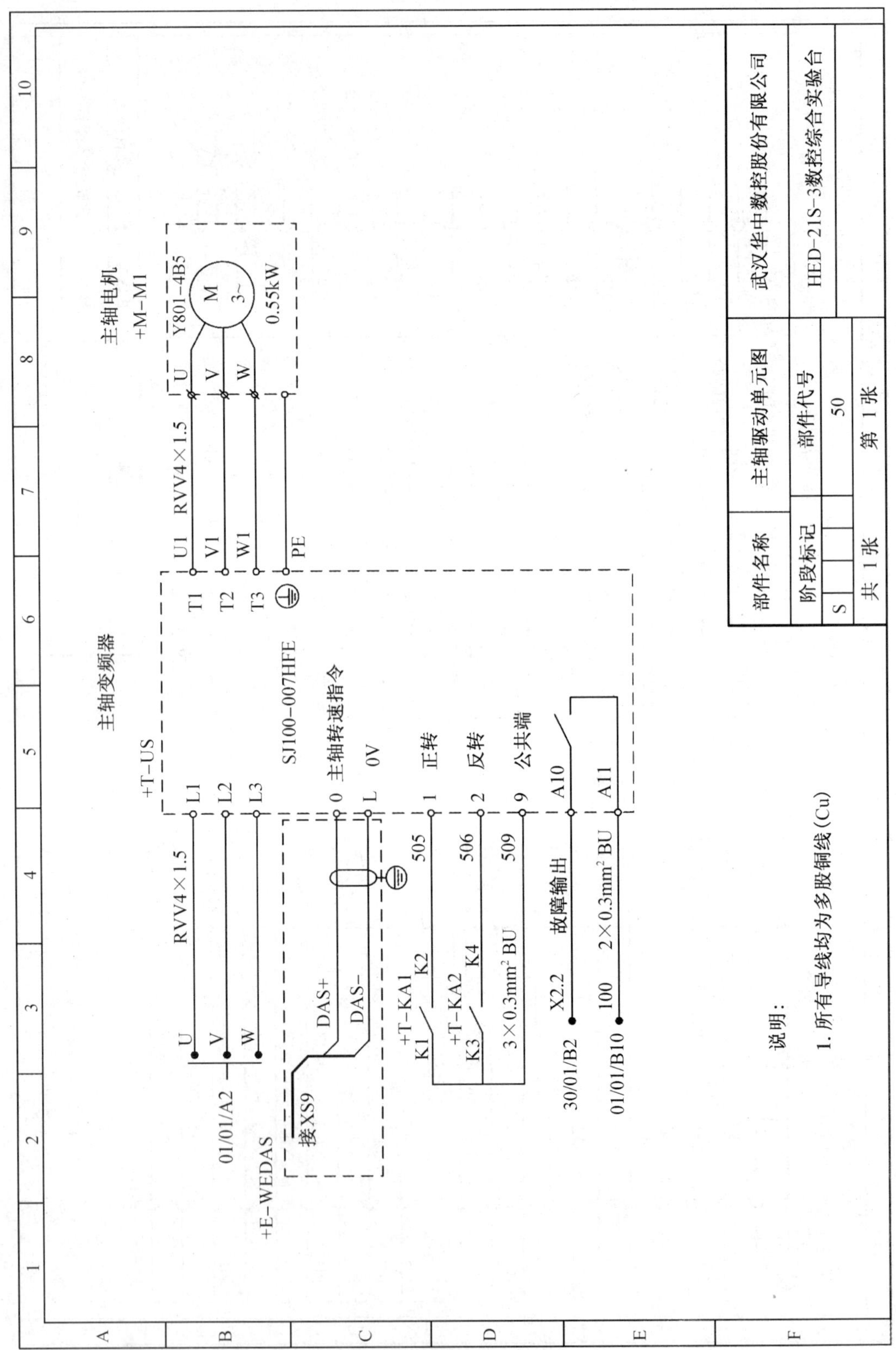
主轴电机
+M-M1
Y801-4B5
M
3~
0.55kW
U
V
W
RVV4×1.5
U1
V1
W1
PE
T1
T2
T3
主轴变频器
+T-US
SJ100-007HFE
L1
L2
L3
0 主轴转速指令
L 0V
1 正转
2 反转
9 公共端
A10
A11
505
506
509
故障输出
2×0.3mm² BU
RVV4×1.5
U
V
W
01/01/A2
+E-WEDAS
DAS+
DAS-
接XS9
+T-KA1
K1
K2
+T-KA2
K3
K4
3×0.3mm² BU
X2.2
30/01/B2
100
01/01/B10
说明：
1. 所有导线均为多股铜线(Cu)
武汉华中数控股份有限公司
HED-21S-3数控综合实验台
部件名称
主轴驱动单元图
阶段标记
部件代号
S
50
共 1张
第 1张

图 4　进给驱动单元图

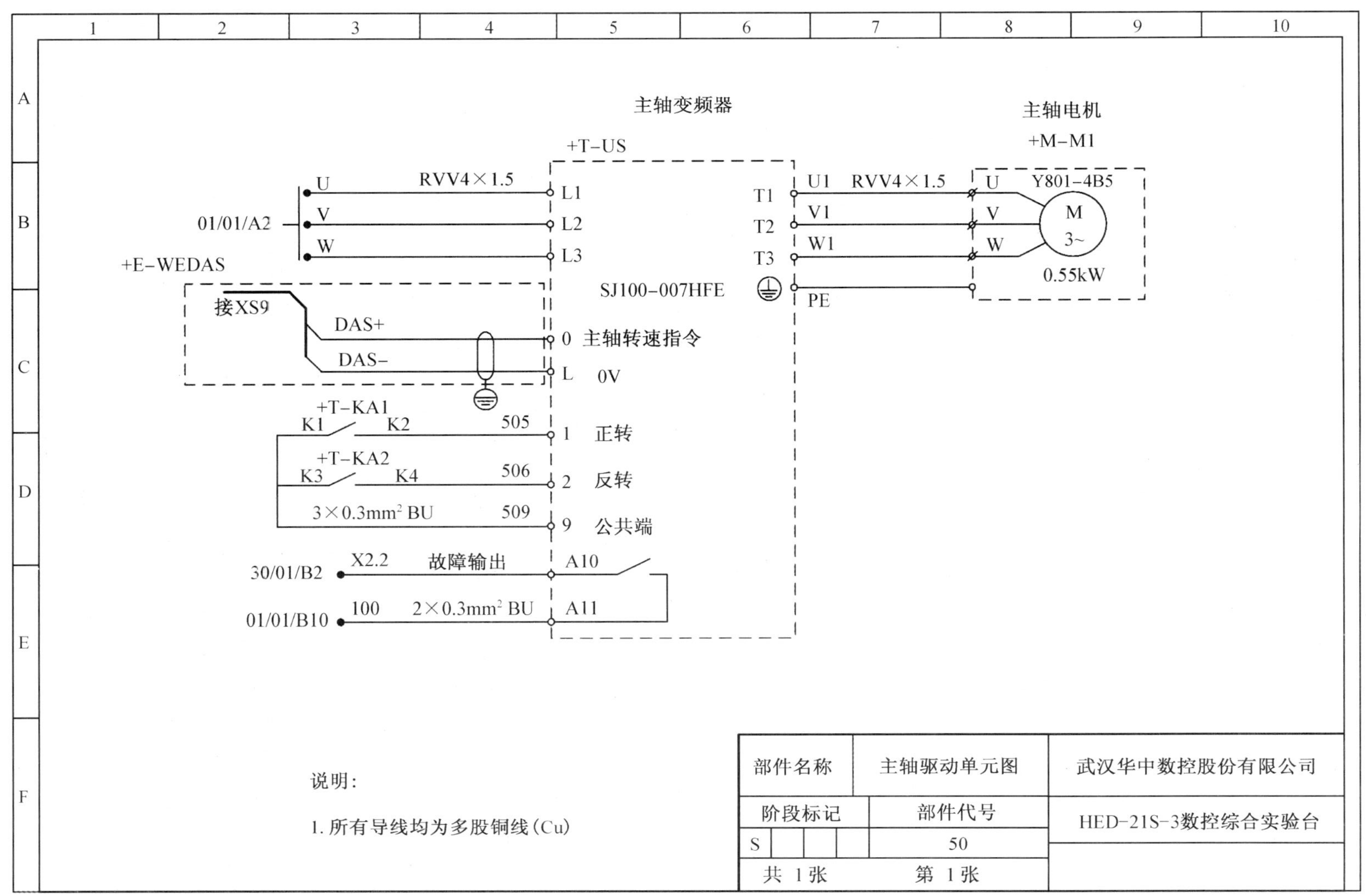
1
2
3
4
5
6
7
8
9
10
A
B
C
D
E
F
主轴变频器
+T-US
主轴电机
+M-M1
U
V
W
01/01/A2
RVV4×1.5
L1
L2
L3
T1
T2
T3
U1
V1
W1
PE
RVV4×1.5
U
V
W
Y801-4B5
M
3~
0.55kW
SJ100-007HFE
+E-WEDAS
接XS9
DAS+
DAS-
0 主轴转速指令
L 0V
+T-KA1
K1
K2
505
1 正转
+T-KA2
K3
K4
506
2 反转
3×0.3mm² BU
509
9 公共端
30/01/B2
X2.2
故障输出
A10
01/01/B10
100
2×0.3mm² BU
A11
说明：
1. 所有导线均为多股铜线(Cu)
部件名称
主轴驱动单元图
武汉华中数控股份有限公司
阶段标记
部件代号
HED-21S-3数控综合实验台
S
50
共 1张
第 1张

图5　主轴驱动单元图

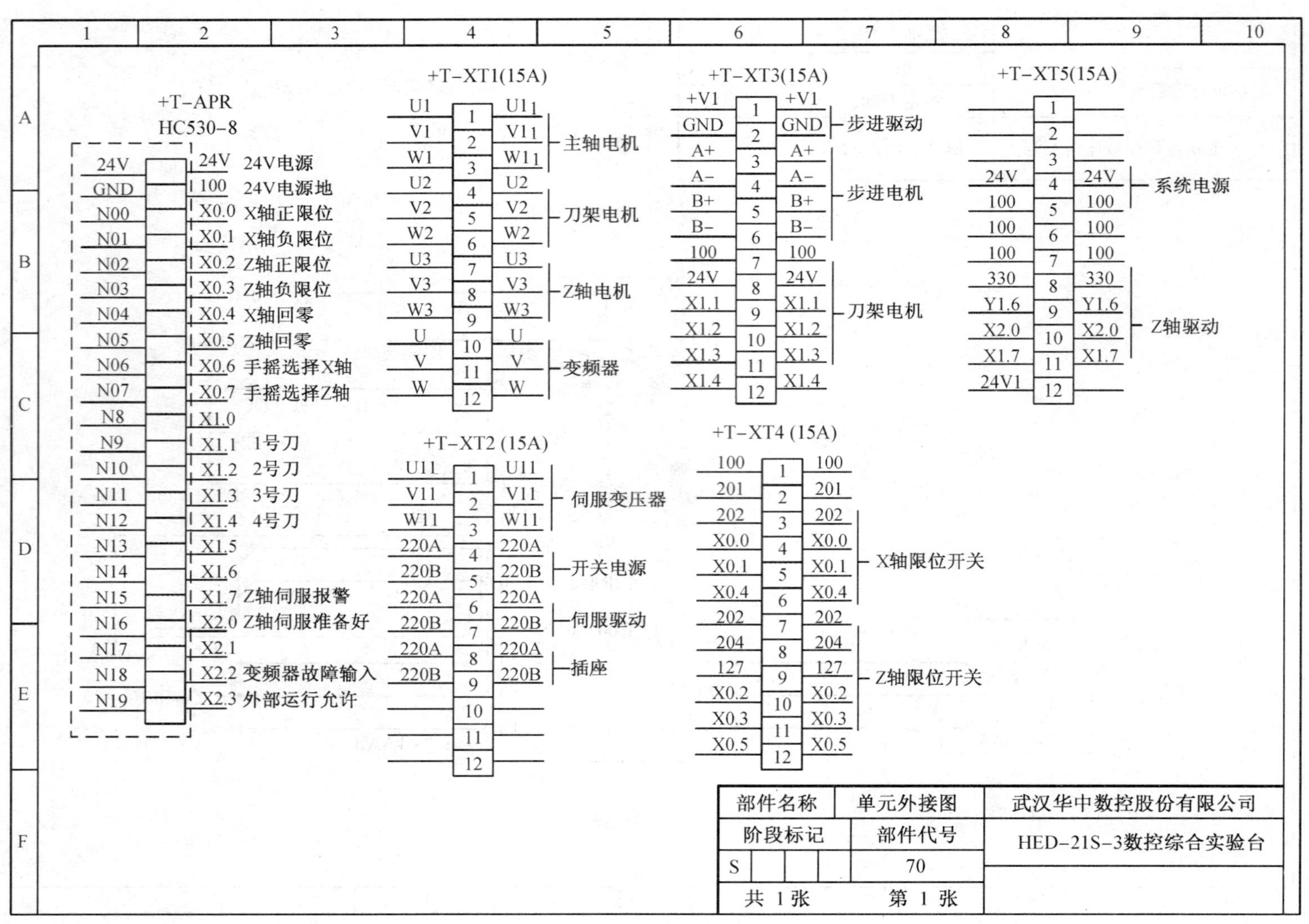
+T-APR
HC530-8
24V电源
24V电源地
X轴正限位
X轴负限位
Z轴正限位
Z轴负限位
X轴回零
Z轴回零
手摇选择X轴
手摇选择Z轴
1号刀
2号刀
3号刀
4号刀
Z轴伺服报警
Z轴伺服准备好
变频器故障输入
外部运行允许
+T-XT1(15A)
主轴电机
刀架电机
Z轴电机
变频器
+T-XT2 (15A)
伺服变压器
开关电源
伺服驱动
插座
+T-XT3(15A)
步进驱动
步进电机
刀架电机
+T-XT4 (15A)
X轴限位开关
Z轴限位开关
+T-XT5(15A)
系统电源
Z轴驱动
部件名称
单元外接图
阶段标记
部件代号
S
70
共 1 张
第 1 张
武汉华中数控股份有限公司
HED-21S-3数控综合实验台

图 6　单元外接图

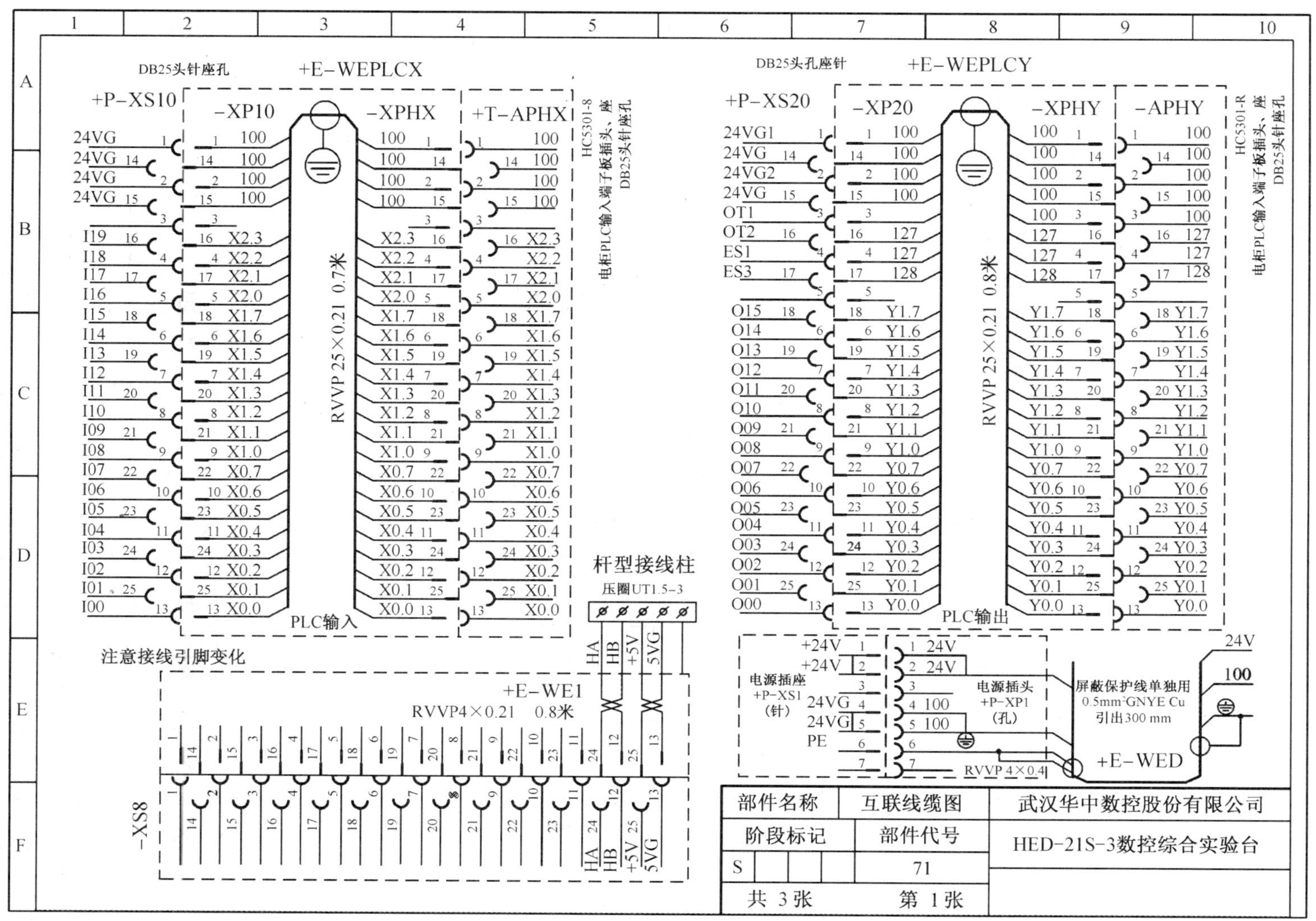
DB25头针座孔
+E-WEPLCX
+P-XS10
-XP10
-XPHX
+T-APHX
HC5301-8
电柜PLC输入端子板插头、座
DB25头针座孔
PLC输入
RVVP 25×0.21 0.7米
DB25头孔座针
+E-WEPLCY
+P-XS20
-XP20
-XPHY
-APHY
HC5301-R
电柜PLC输入端子板插头、座
DB25头针座孔
PLC输出
RVVP 25×0.21 0.8米
杆型接线柱
压圈UT1.5-3
注意接线引脚变化
+E-WE1
RVVP4×0.21 0.8米
-XS8
电源插座
+P-XS1
(针)
电源插头
+P-XP1
(孔)
屏蔽保护线单独用
0.5mm²GNYE Cu
引出300 mm
+E-WED
RVVP 4×0.4
部件名称 互联线缆图
阶段标记 部件代号
71
共 3张 第 1张
武汉华中数控股份有限公司
HED-21S-3数控综合实验台

图 7 互联线缆图

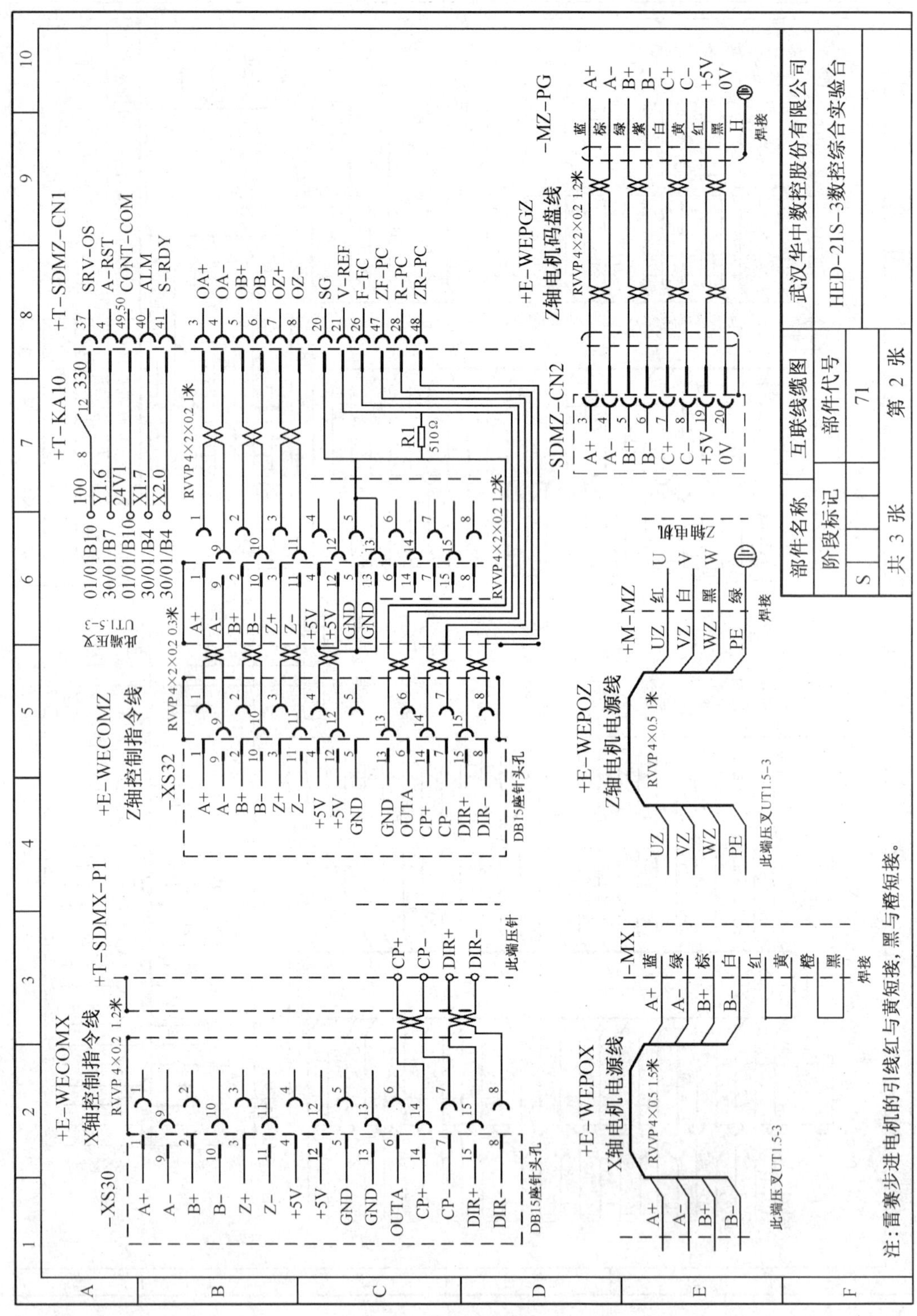

+E-WECOMX
X轴控制指令线
RVVP 4×0.2 1.2米
-XS30
DB15座针头孔
+T-SDMX-P1
此端压针
+E-WEPOX
X轴电机电源线
RVVP 4×0.5 1.5米
此端压叉UT1.5-3
-MX
焊接
+E-WECOMZ
Z轴控制指令线
-XS32
DB15座针头孔
+T-KA10
+T-SDMZ-CN1
SRV-OS
A-RST
CONT-COM
ALM
S-RDY
OA+
OA-
OB+
OB-
OZ+
OZ-
SG
V-REF
F-FC
ZF-PC
R-PC
ZR-PC
R1
510Ω
+E-WEPOZ
Z轴电机电源线
RVVP 4×0.5 1米
+M-MZ
Z轴电机
+E-WEPGZ
Z轴电机码盘线
RVVP 4×2×0.2 12米
-SDMZ-CN2
-MZ-PG
部件名称
互联线缆图
阶段标记
部件代号
S
71
共 3 张
第 2 张
武汉华中数控股份有限公司
HED-21S-3数控综合实验台
注：雷赛步进电机的引线红与黄短接，黑与橙短接。

图 8　互联线缆图

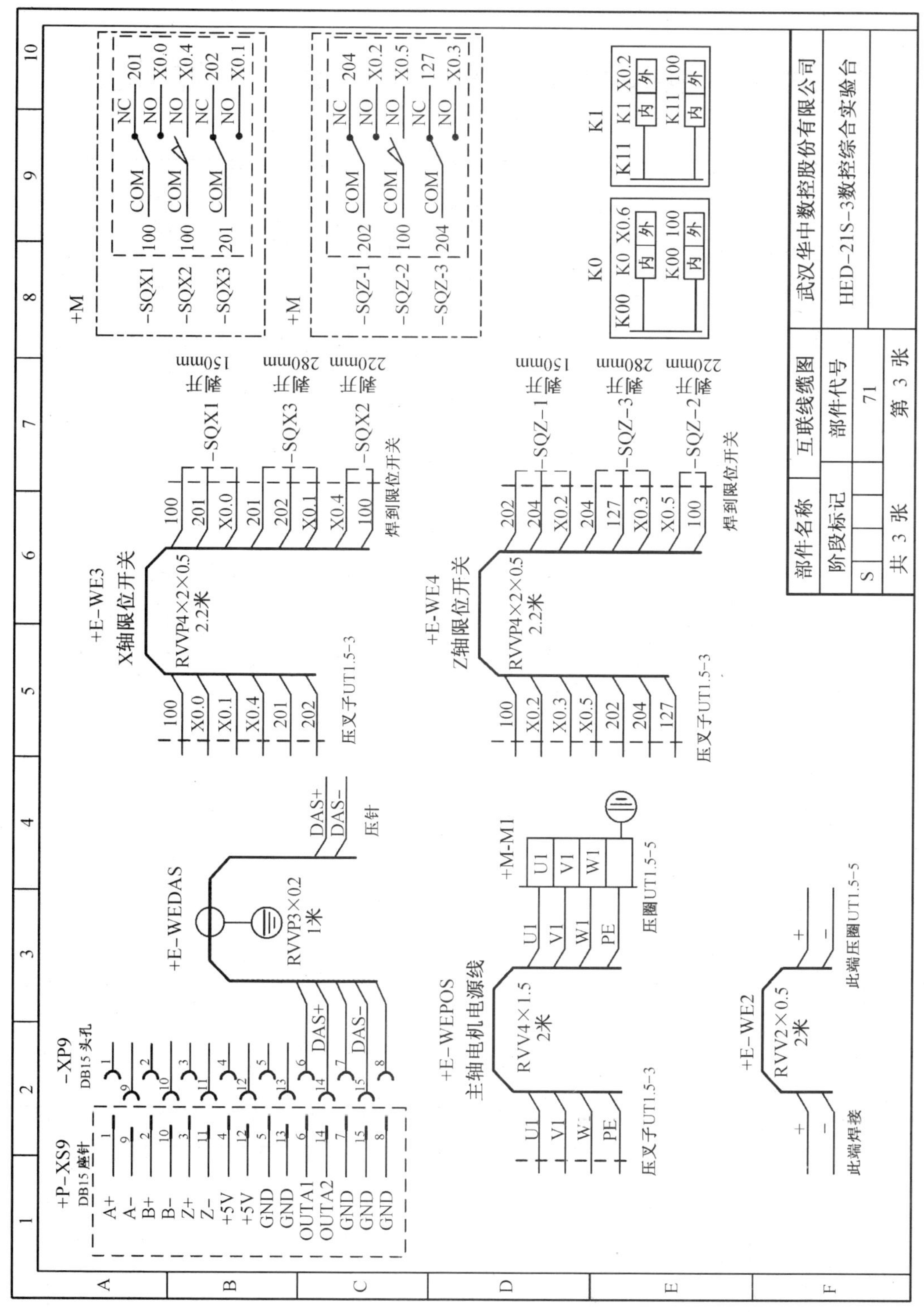
武汉华中数控股份有限公司
HED-21S-3数控综合实验台
部件名称
互联线缆图
阶段标记
部件代号
S
71
共 3 张
第 3 张
+E-WE3
X轴限位开关
RVVP4×2×0.5
2.2米
+E-WE4
Z轴限位开关
+E-WEDAS
RVVP3×0.2
1米
+E-WEPOS
主轴电机电源线
RVV4×1.5
2米
+E-WE2
RVV2×0.5
2米
+M-M1
+P-XS9
DB15座针
-XP9
DB15头孔
K0
K1
+M
压叉子UT1.5-3
压圈UT1.5-5
压针
焊到限位开关
此端焊接
此端压圈UT1.5-5

图 9 互联线缆图

附录Ⅴ　数控机床 HNC－21TD 电气原理图

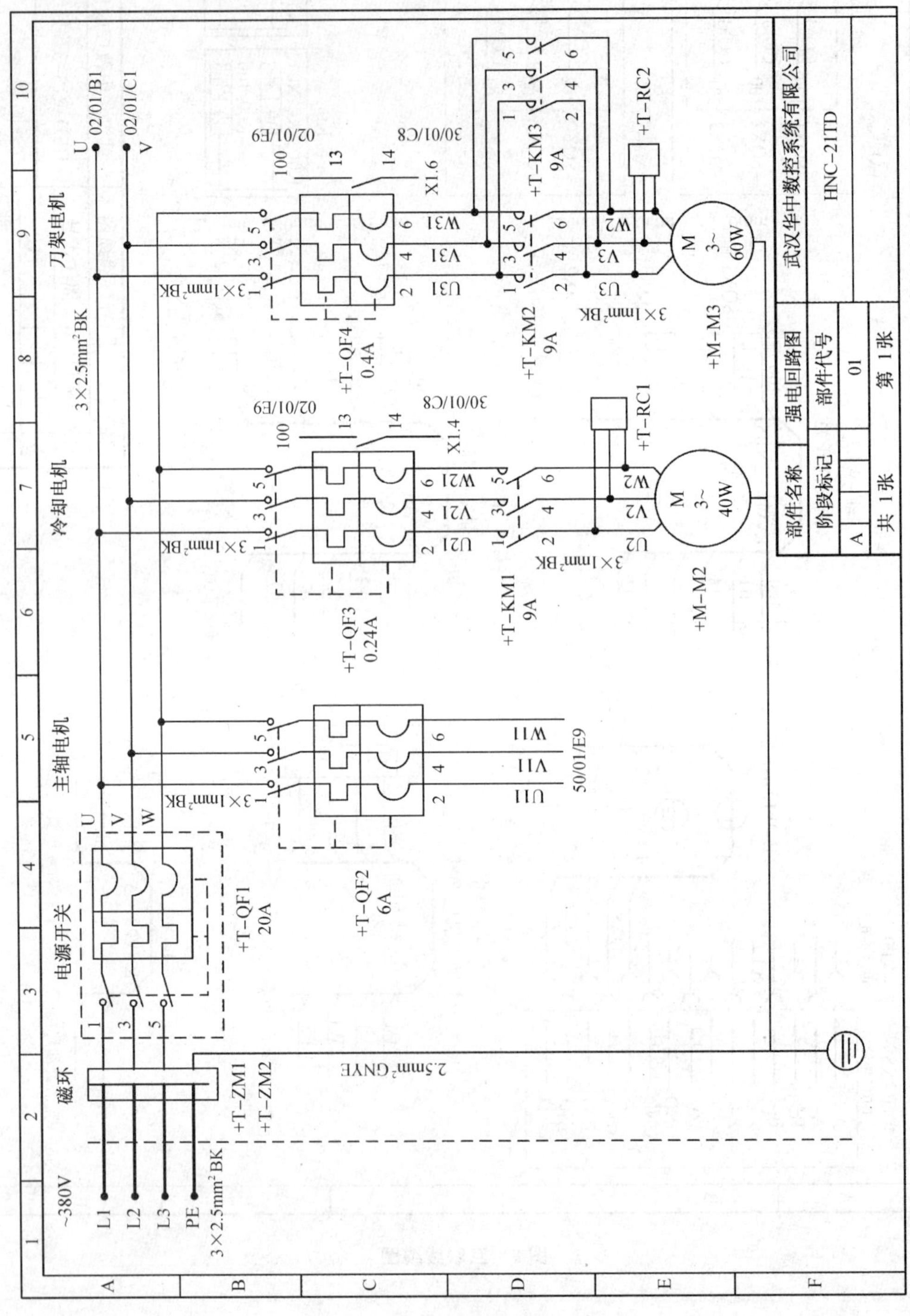

图 1　强电回路图

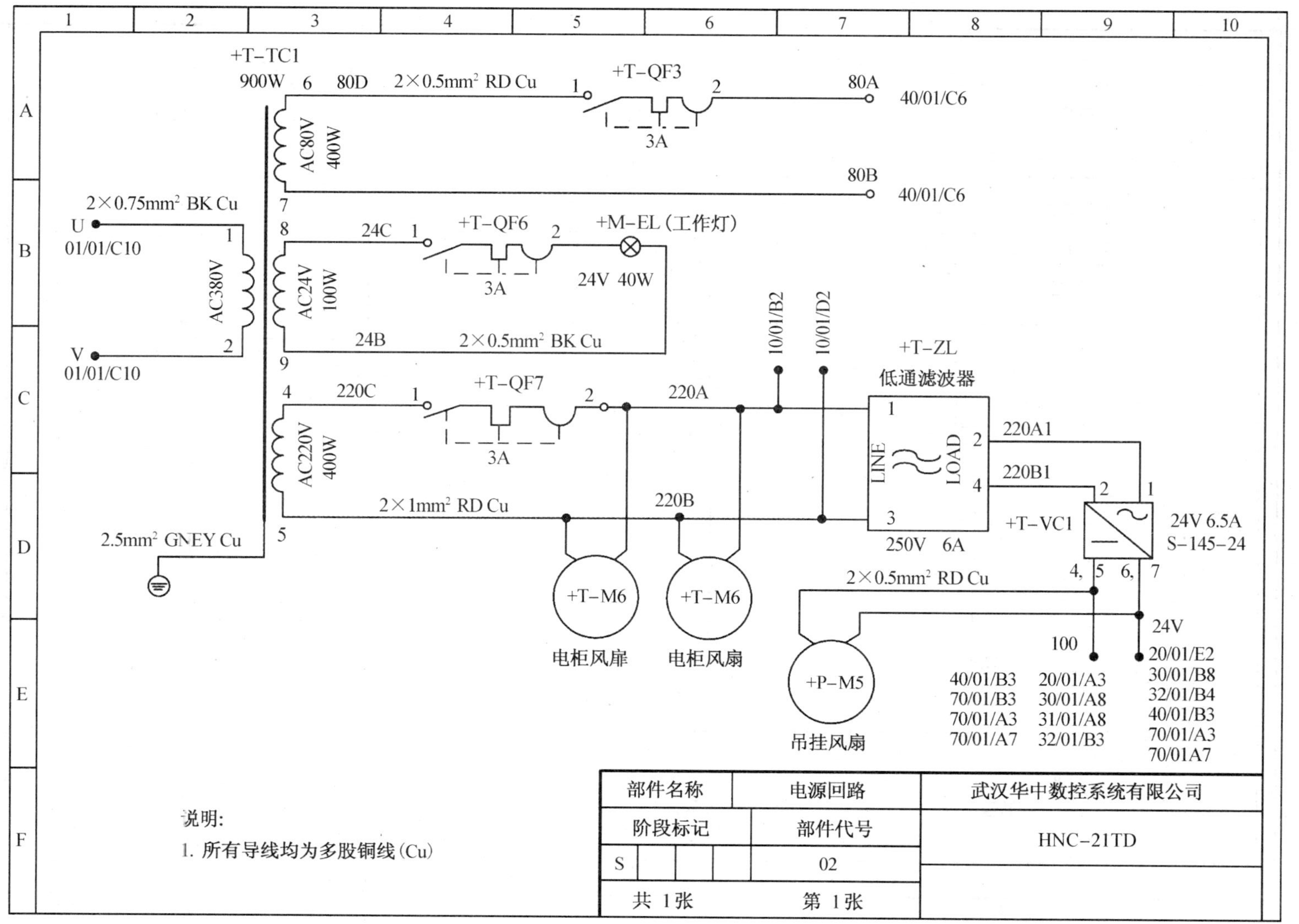

+T-TC1
900W
6
80D
2×0.5mm² RD Cu
+T-QF3
3A
80A
40/01/C6
AC80V
400W
80B
40/01/C6
2×0.75mm² BK Cu
U
01/01/C10
AC380V
V
01/01/C10
24C
+T-QF6
3A
+M-EL (工作灯)
24V 40W
AC24V
100W
24B
2×0.5mm² BK Cu
220C
+T-QF7
3A
220A
10/01/B2
10/01/D2
AC220V
400W
2×1mm² RD Cu
220B
2.5mm² GNEY Cu
+T-ZL
低通滤波器
LINE
LOAD
250V 6A
220A1
220B1
+T-VC1
24V 6.5A
S-145-24
2×0.5mm² RD Cu
24V
100
+T-M6
电柜风扉
+T-M6
电柜风扇
+P-M5
吊挂风扇
40/01/B3
70/01/B3
70/01/A3
70/01/A7
20/01/A3
30/01/A8
31/01/A8
32/01/B3
20/01/E2
30/01/B8
32/01/B4
40/01/B3
70/01/A3
70/01A7
说明:
1. 所有导线均为多股铜线(Cu)
部件名称
电源回路
武汉华中数控系统有限公司
阶段标记
部件代号
HNC-21TD
S
02
共 1张
第 1张

图 2　电源回路图

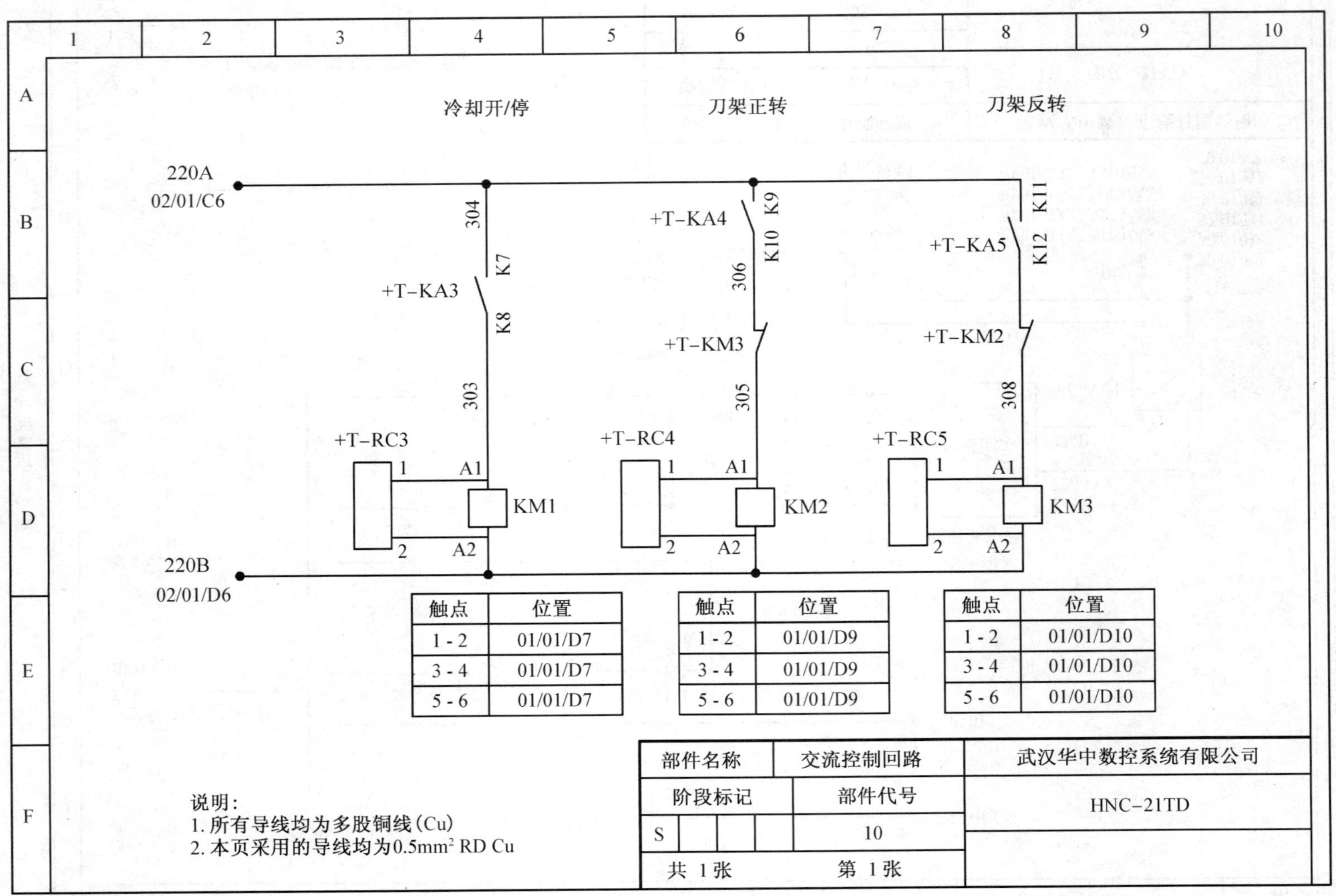

冷却开/停
刀架正转
刀架反转
220A
02/01/C6
220B
02/01/D6
304
K7
+T-KA3
K8
303
+T-KA4
K9
K10
306
+T-KM3
305
+T-KA5
K11
K12
+T-KM2
308
+T-RC3
+T-RC4
+T-RC5
1
2
A1
A2
KM1
KM2
KM3
触点 位置
1 - 2 01/01/D7
3 - 4 01/01/D7
5 - 6 01/01/D7
触点 位置
1 - 2 01/01/D9
3 - 4 01/01/D9
5 - 6 01/01/D9
触点 位置
1 - 2 01/01/D10
3 - 4 01/01/D10
5 - 6 01/01/D10
说明：
1. 所有导线均为多股铜线(Cu)
2. 本页采用的导线均为0.5mm² RD Cu
部件名称 交流控制回路
武汉华中数控系统有限公司
阶段标记 部件代号
HNC-21TD
S 10
共 1张 第 1张

图 3　交流控制回路图

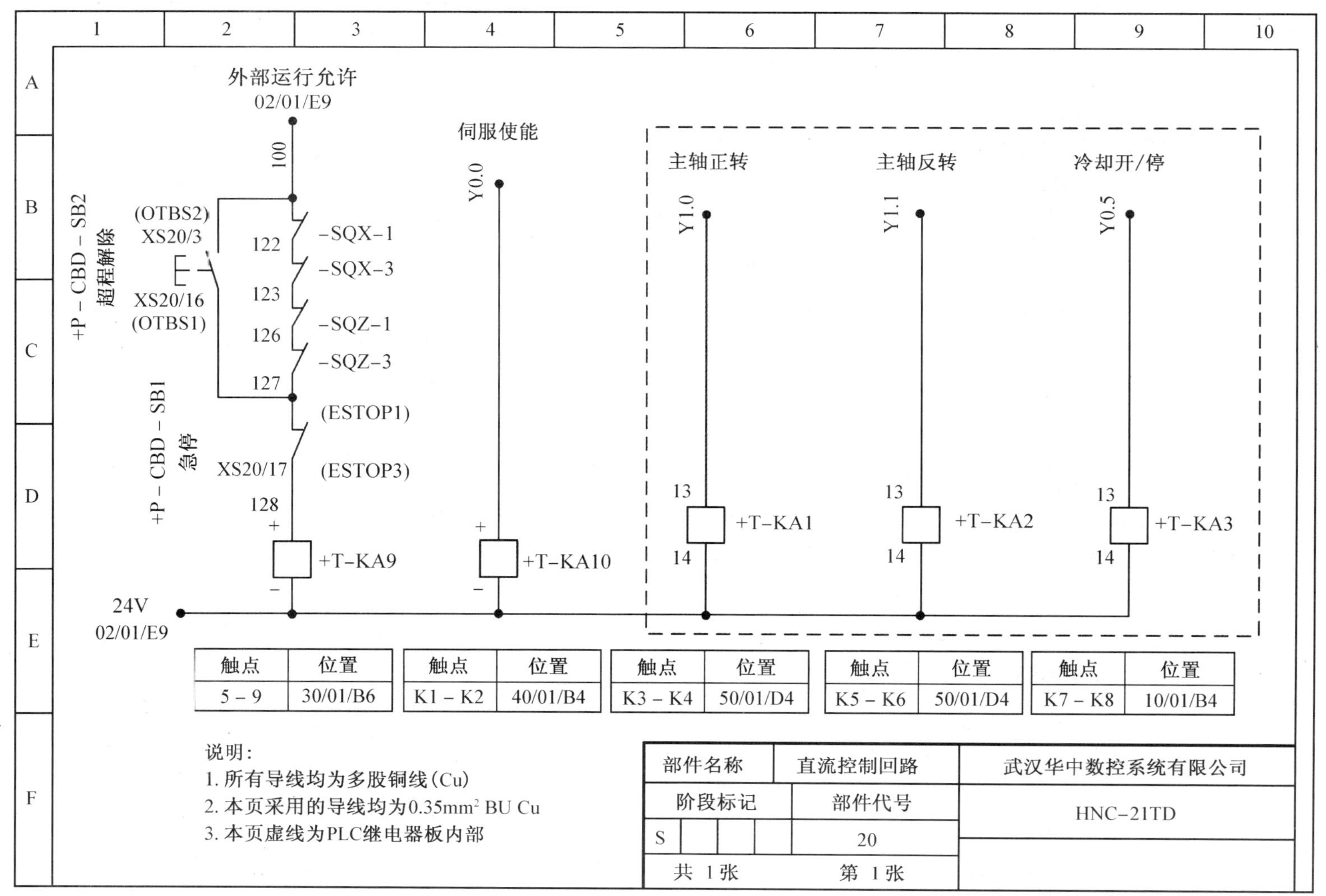
外部运行允许
02/01/E9
100
-SQX-1
-SQX-3
-SQZ-1
-SQZ-3
122
123
126
127
(ESTOP1)
(ESTOP3)
XS20/17
128
+T-KA9
+P-CBD-SB2
超程解除
(OTBS2)
XS20/3
XS20/16
(OTBS1)
+P-CBD-SB1
急停
24V
02/01/E9
伺服使能
Y0.0
+T-KA10
主轴正转
Y1.0
+T-KA1
主轴反转
Y1.1
+T-KA2
冷却开/停
Y0.5
+T-KA3
13
14
触点 5-9 位置 30/01/B6
触点 K1-K2 位置 40/01/B4
触点 K3-K4 位置 50/01/D4
触点 K5-K6 位置 50/01/D4
触点 K7-K8 位置 10/01/B4
说明：
1. 所有导线均为多股铜线(Cu)
2. 本页采用的导线均为0.35mm² BU Cu
3. 本页虚线为PLC继电器板内部
部件名称 直流控制回路
武汉华中数控系统有限公司
阶段标记 部件代号
HNC-21TD
S 20
共 1张 第 1张

图 4　直流控制回路图

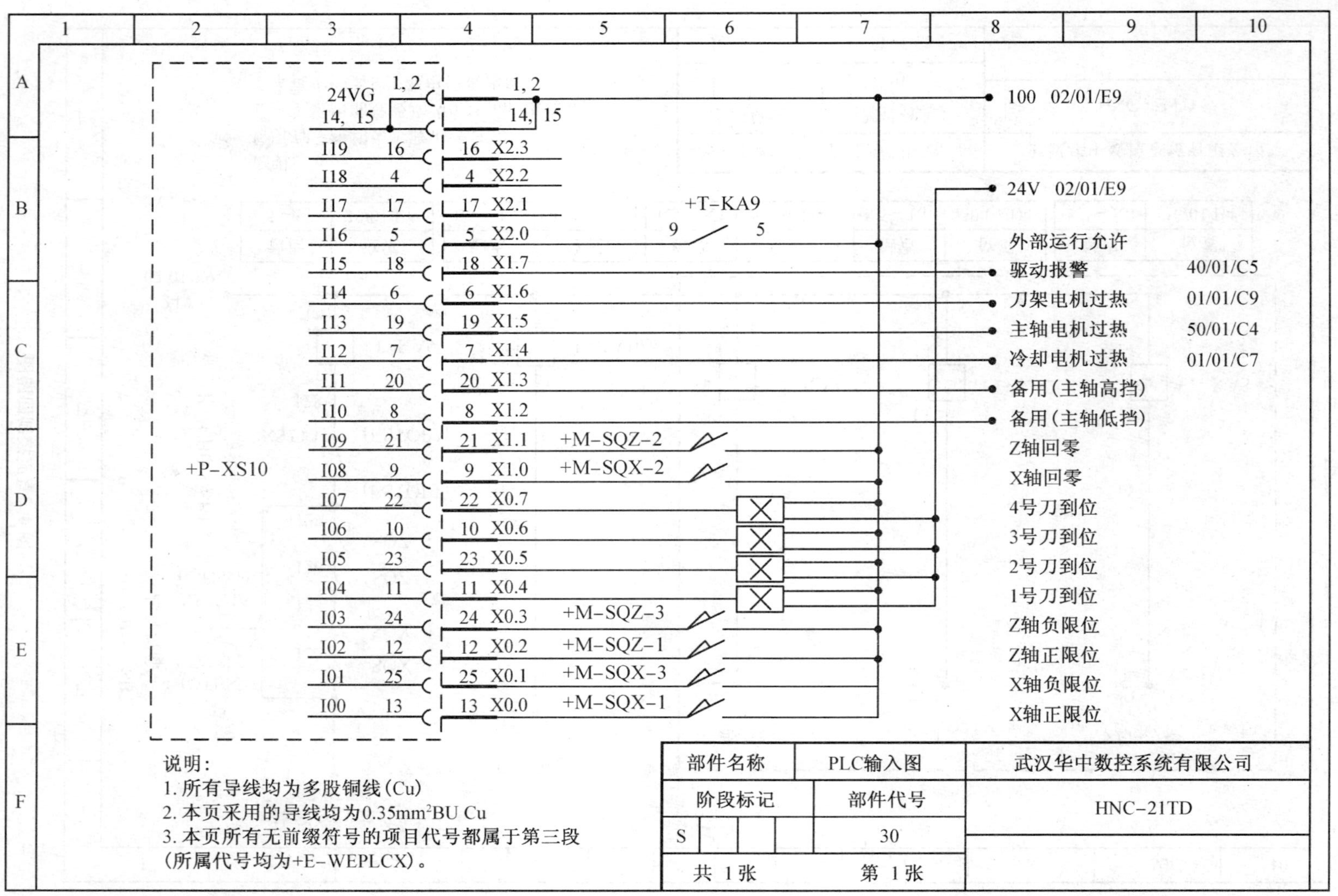
100 02/01/E9
24V 02/01/E9
+T-KA9
外部运行允许
驱动报警 40/01/C5
刀架电机过热 01/01/C9
主轴电机过热 50/01/C4
冷却电机过热 01/01/C7
备用(主轴高挡)
备用(主轴低挡)
Z轴回零
X轴回零
4号刀到位
3号刀到位
2号刀到位
1号刀到位
Z轴负限位
Z轴正限位
X轴负限位
X轴正限位
+M-SQZ-2
+M-SQX-2
+M-SQZ-3
+M-SQZ-1
+M-SQX-3
+M-SQX-1
+P-XS10
24VG
I19 I18 I17 I16 I15 I14 I13 I12 I11 I10 I09 I08 I07 I06 I05 I04 I03 I02 I01 I00
X2.3 X2.2 X2.1 X2.0 X1.7 X1.6 X1.5 X1.4 X1.3 X1.2 X1.1 X1.0 X0.7 X0.6 X0.5 X0.4 X0.3 X0.2 X0.1 X0.0
说明：
1. 所有导线均为多股铜线(Cu)
2. 本页采用的导线均为0.35mm²BU Cu
3. 本页所有无前缀符号的项目代号都属于第三段（所属代号均为+E-WEPLCX）。
部件名称 PLC输入图
阶段标记
部件代号 30
共 1张
第 1张
武汉华中数控系统有限公司
HNC-21TD

图 5　PLC 输入图

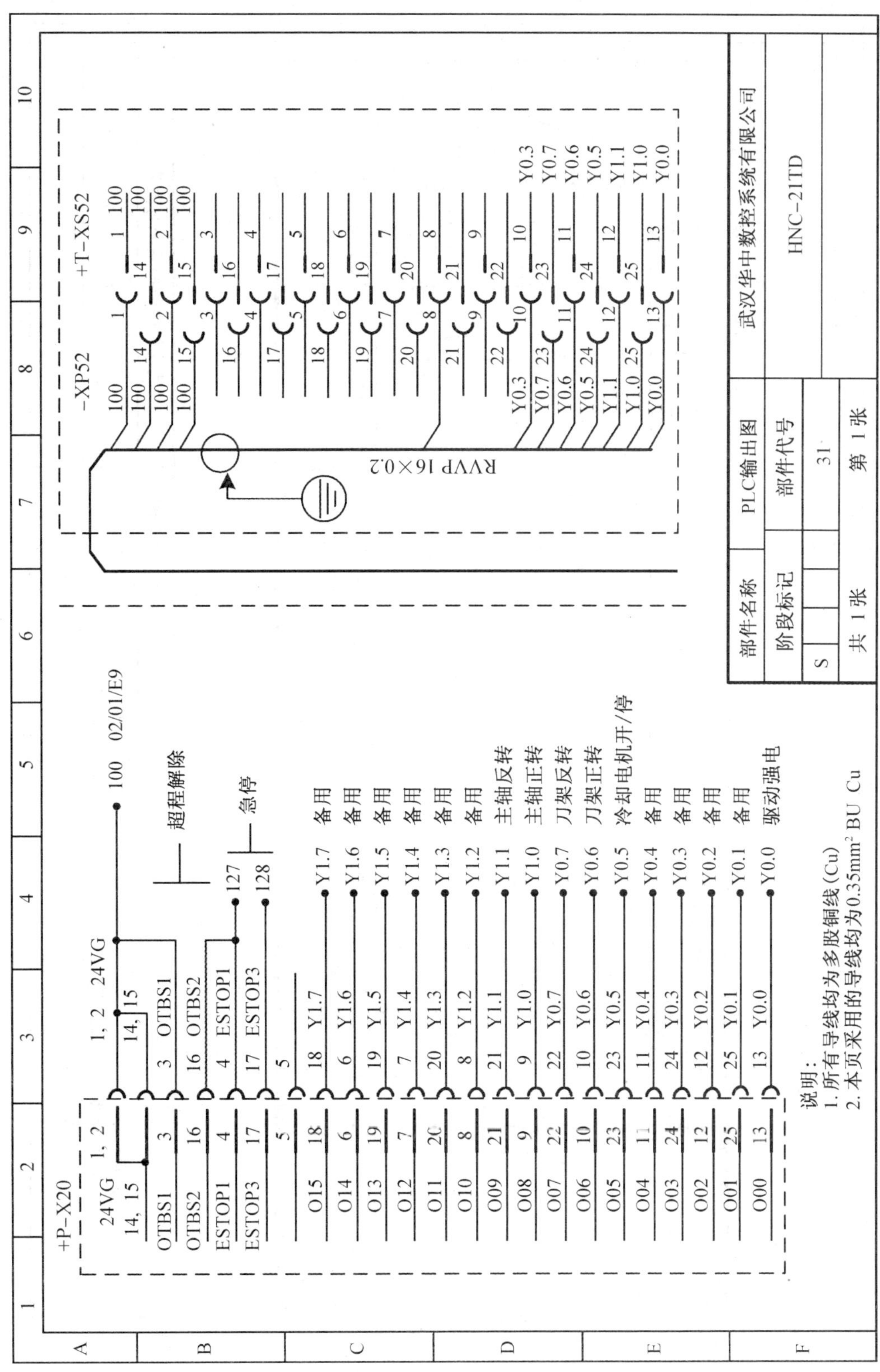
武汉华中数控系统有限公司
HNC-21TD
部件名称
PLC输出图
阶段标记
部件代号
31
S
共 1张
第 1张
+P-X20
-XP52
+T-XS52
RVVP 16×0.2
24VG
OTBS1
OTBS2
ESTOP1
ESTOP3
超程解除
急停
100 02/01/E9
备用
主轴反转
主轴正转
刀架反转
刀架正转
冷却电机开/停
驱动强电
说明：
1. 所有导线均为多股铜线(Cu)
2. 本页采用的导线均为0.35mm² BU Cu

图 6　PLC 输出图

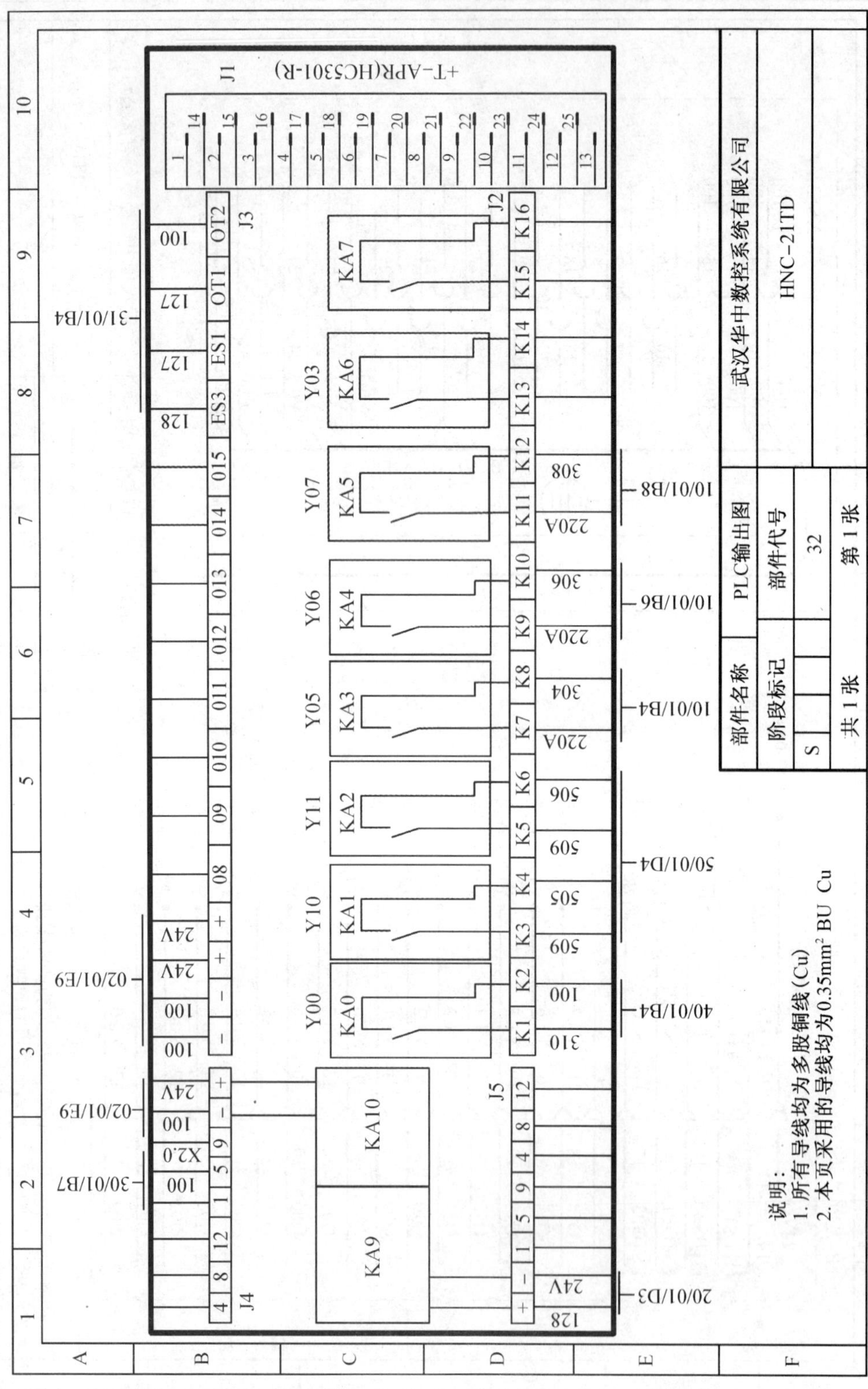
+T-APR(HC5301-R)
J1
J2
J3
J4
J5
KA0
KA1
KA2
KA3
KA4
KA5
KA6
KA7
KA9
KA10
Y00
Y10
Y11
Y05
Y06
Y07
Y03
31/01/B4
02/01/E9
30/01/B7
10/01/B8
10/01/B6
10/01/B4
50/01/D4
40/01/B4
20/01/D3
武汉华中数控系统有限公司
HNC-21TD
部件名称
PLC输出图
阶段标记
部件代号
S
32
共1张
第1张
说明：
1. 所有导线均为多股铜线(Cu)
2. 本页采用的导线均为0.35mm² BU Cu

图7　PLC输出图

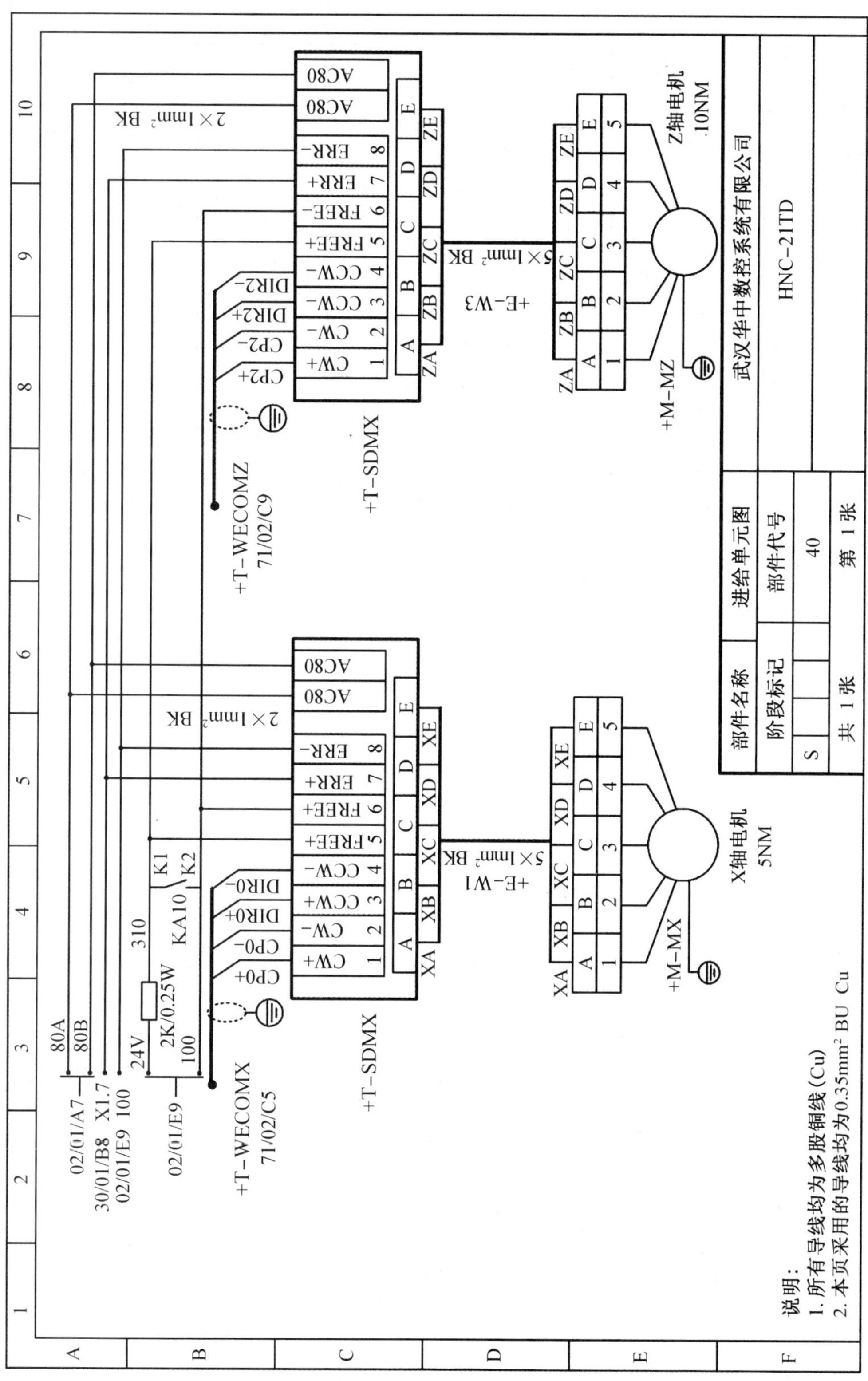

图 8　进给驱动单元接线图

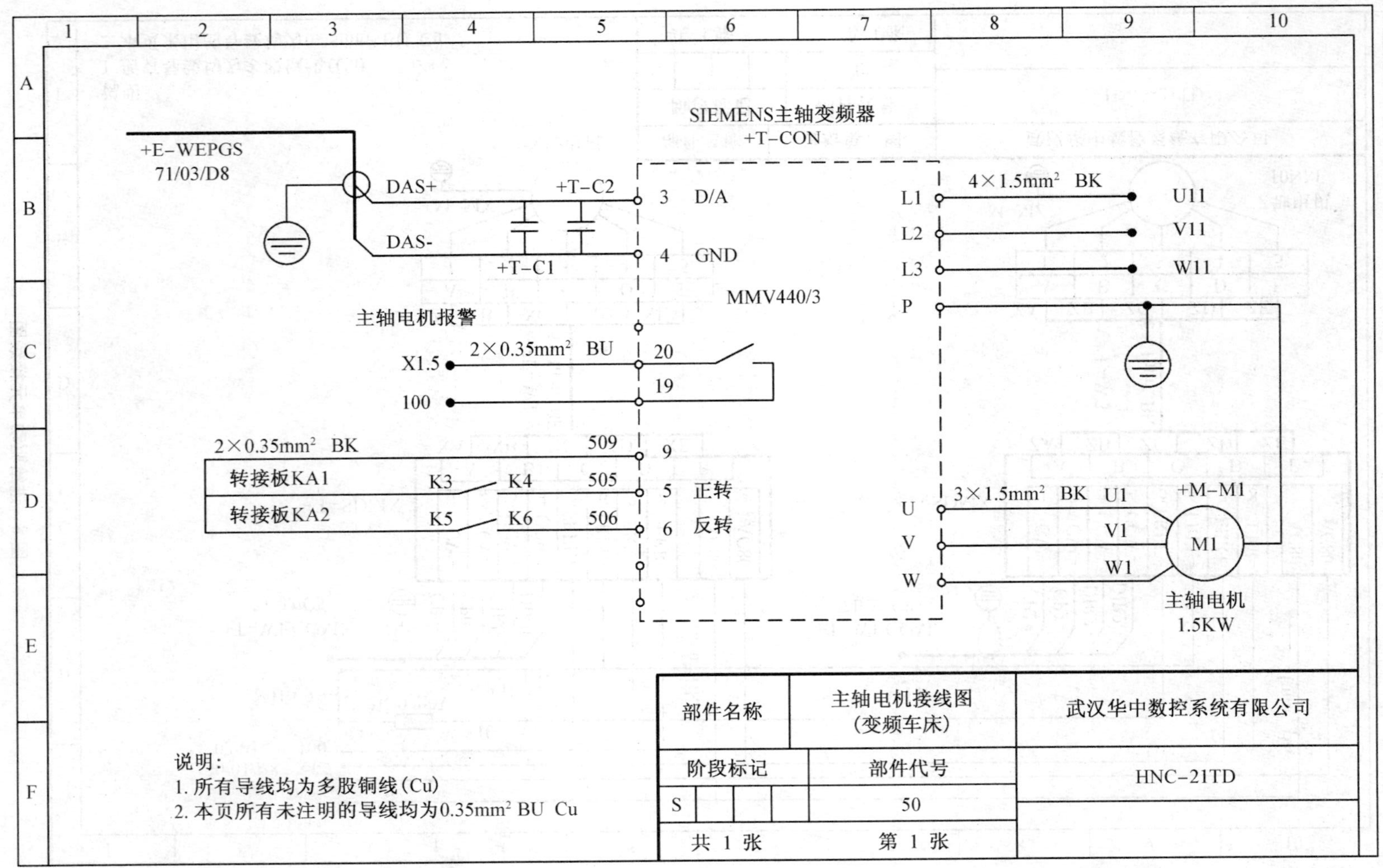

SIEMENS主轴变频器
+T-CON
+E-WEPGS
71/03/D8
DAS+
DAS-
+T-C2
+T-C1
3 D/A
4 GND
MMV440/3
主轴电机报警
X1.5
100
2×0.35mm² BU
20
19
2×0.35mm² BK
转接板KA1
转接板KA2
K3
K4
K5
K6
509
505
506
9
5 正转
6 反转
L1
L2
L3
P
4×1.5mm² BK
U11
V11
W11
U
V
W
3×1.5mm² BK U1
V1
W1
+M-M1
M1
主轴电机
1.5KW
部件名称
主轴电机接线图
(变频车床)
武汉华中数控系统有限公司
阶段标记
部件代号
S
50
HNC-21TD
共 1 张
第 1 张
说明:
1. 所有导线均为多股铜线(Cu)
2. 本页所有未注明的导线均为0.35mm² BU Cu

图 9 主轴电机接线图

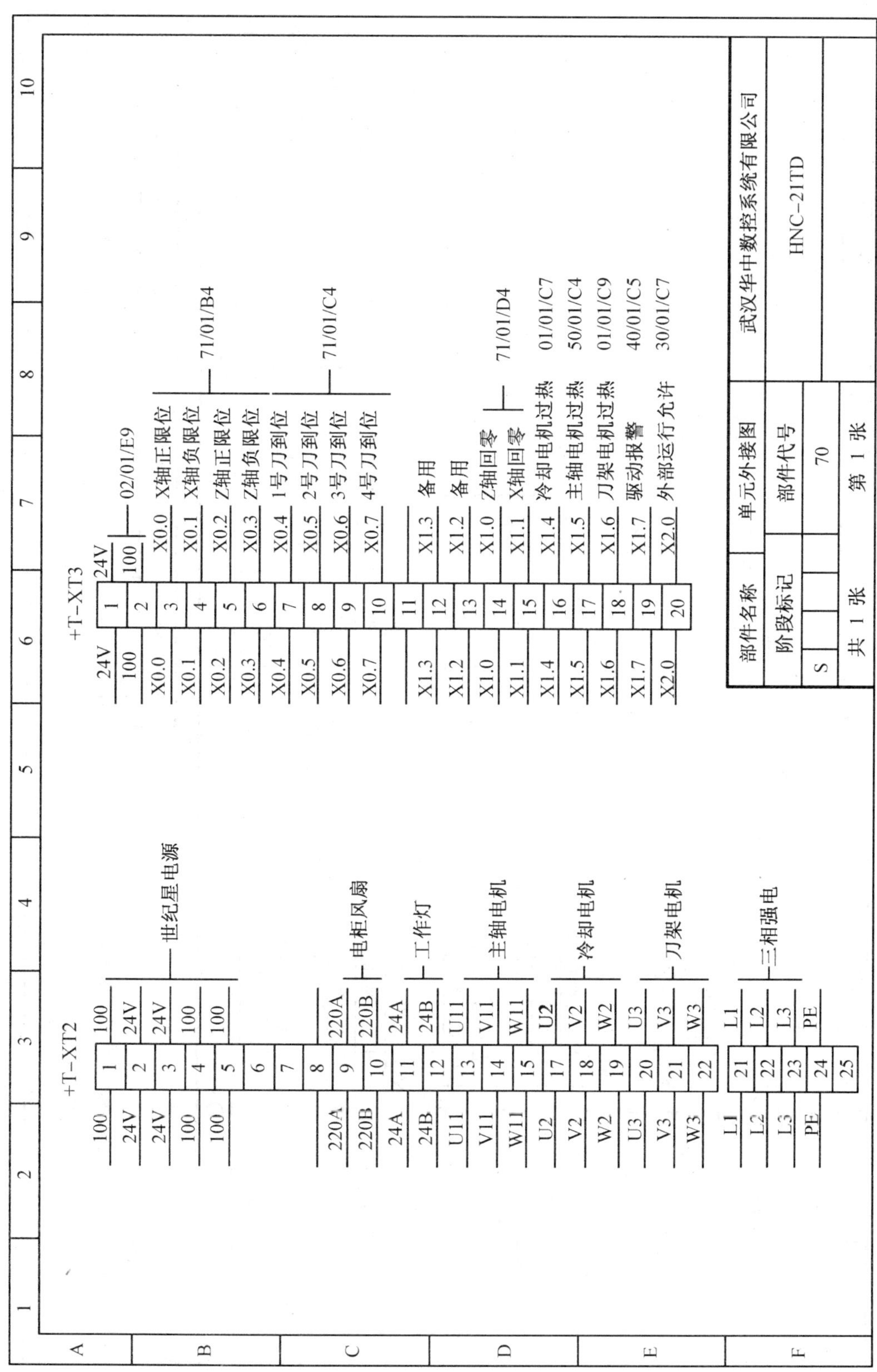
+T-XT2
100
24V
24V
100
100
世纪星电源
220A
220B
电柜风扇
24A
24B
工作灯
U11
V11
W11
主轴电机
U2
V2
W2
冷却电机
U3
V3
W3
刀架电机
L1
L2
L3
PE
三相强电
+T-XT3
24V
100
02/01/E9
X0.0
X0.1
X0.2
X0.3
X0.4
X0.5
X0.6
X0.7
X1.3
X1.2
X1.0
X1.1
X1.4
X1.5
X1.6
X1.7
X2.0
X轴正限位
X轴负限位
Z轴正限位
Z轴负限位
71/01/B4
1号刀到位
2号刀到位
3号刀到位
4号刀到位
71/01/C4
备用
备用
Z轴回零
X轴回零
71/01/D4
冷却电机过热
01/01/C7
主轴电机过热
50/01/C4
刀架电机过热
01/01/C9
驱动报警
40/01/C5
外部运行允许
30/01/C7
部件名称
单元外接图
武汉华中数控系统有限公司
阶段标记
S
部件代号
70
HNC-21TD
共 1 张
第 1 张

图10 单元外接图

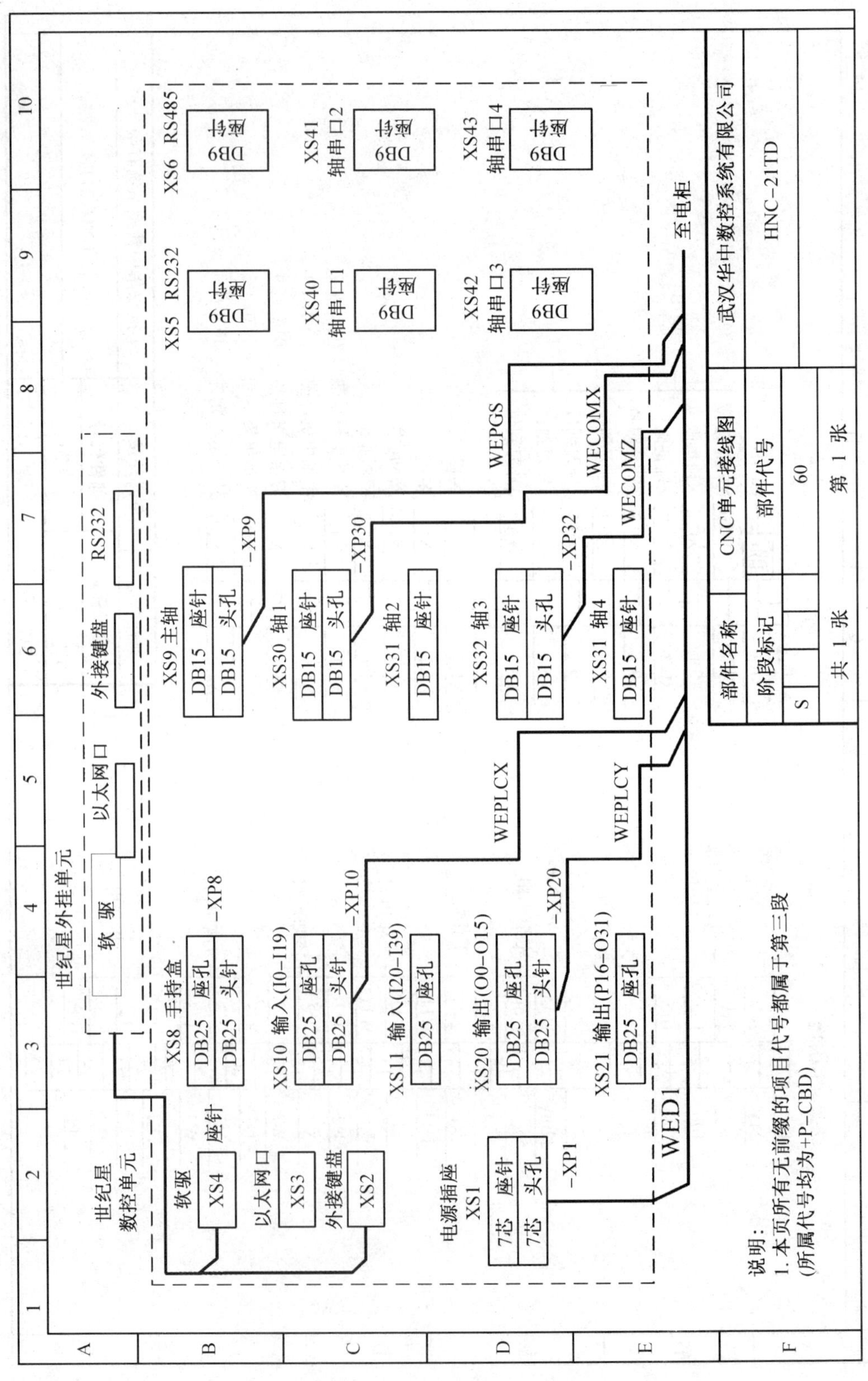

图 11 数控车床的 CNC 单元接线

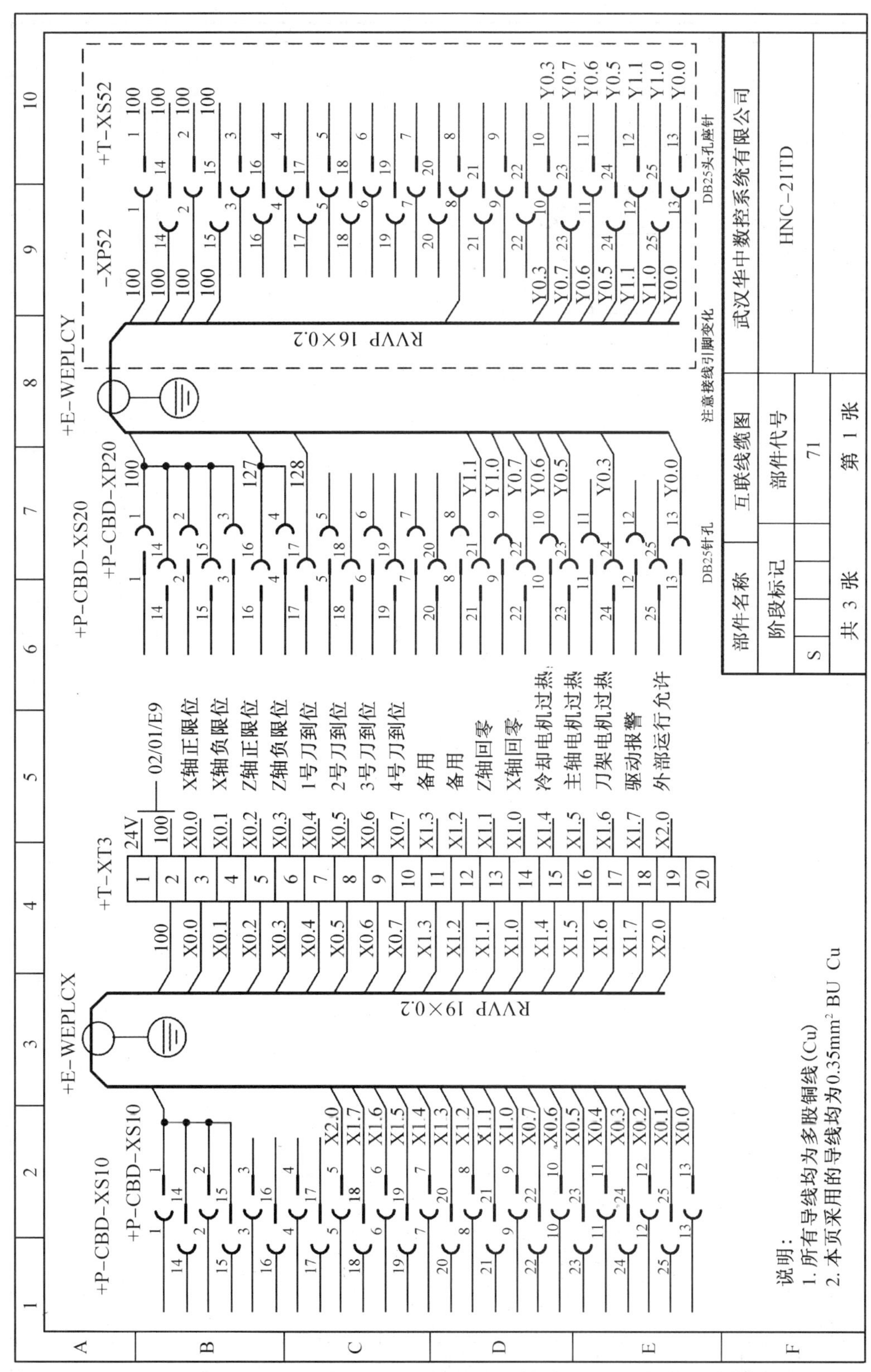

图 12　数控车床的互联线缆

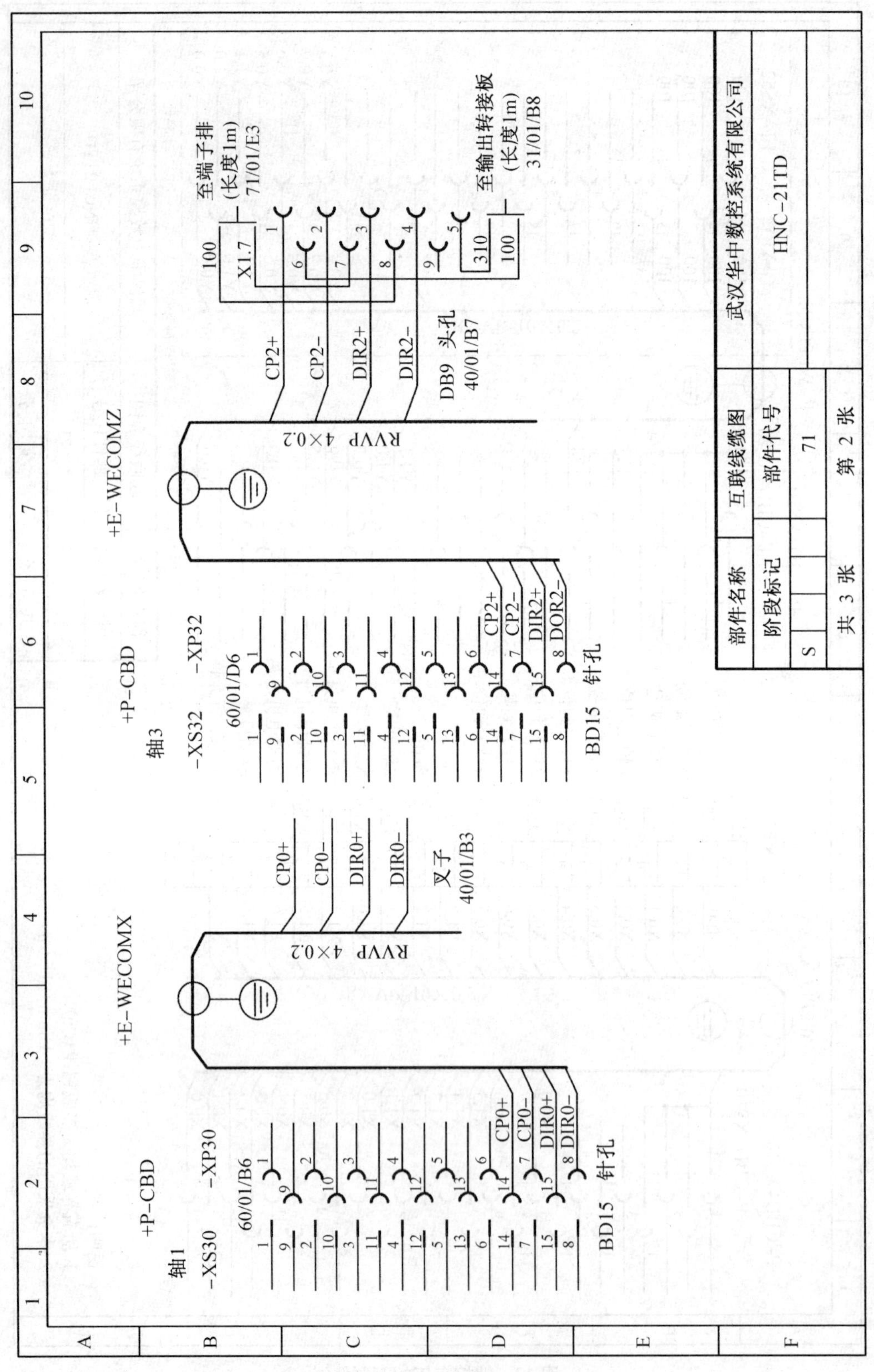

图 13 数控车床的互联线缆

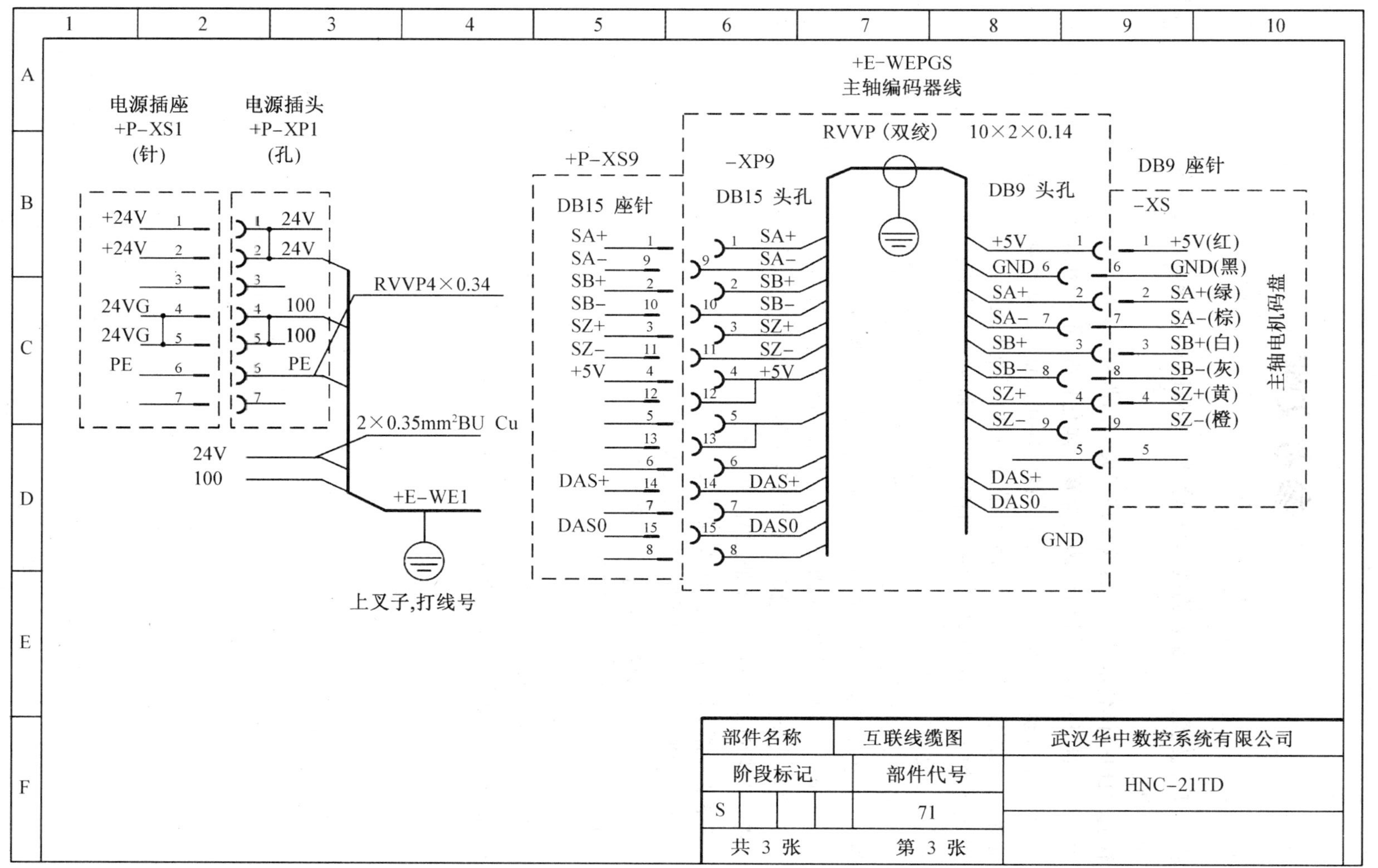

图 14　数控车床的互联线缆

参考文献

[1] 王方. 现代机电设备安装调试、运行检测与故障诊断、维修管理实务全书. 金版电子出版公司,2003.

[2] 徐航. 机电一体化基础. 北京:北京理工大学出版社,2010.

[3] 韩鸿鸾. 数控机床电气系统装调与维修一体化教程. 北京:机械工业出版社,2014.

[4] 韩鸿鸾. 数控机床机械系统装调与维修一体化教程. 北京:机械工业出版社,2014.

[5] 张光跃. 数控机床电气连接与调试. 北京:机械工业出版社,2011.

[6] 周兰. 数控系统连接调试与 PMC 编程. 北京:机械工业出版社,2015.

[7] 吕景泉. 数控机床安装与调试. 北京:中国铁道出版社,2014.

[8] 汤彩萍. 数控系统安装与调试. 北京:机械工业出版社,2009.

[9] 陈吉红. 数控机床实验指南. 武汉:华中科技大学出版社,2003.

[10] 王霞. 电气控制与 PLC 应用. 北京:人民邮电出版社,2011.

[11] 邵泽强. 数控机床电气线路装调. 北京:机械工业出版社,2014.

[12] SINUMERIK808D 调试手册. 2012.

[13] 三菱变频器 E700 使用手册(基础篇). 2002.

[14] 三菱变频器 E700 使用手册(应用篇). 2002.

[15] 华中 HNC-21 数控装置连接说明书. 2001.

[16] SINAMICS V60 调试手册. 2012.

[17] 日立变频器 SJ100 说明书. 2003.

[18] 马霄. 互换性与测量技术基础. 北京:北京理工大学出版社,2008.

[19] 曹甜东. 数控机床. 武汉:华中科技大学出版社,2005.